講談社文庫

福島第一原発事故の「真実」 検証編

NHKメルトダウン取材班

講談社

◆本書では、特に断りのない限り、敬称を省略しています。
また年齢や肩書は当時（取材時点）のものです。

◆東京電力が公開している、福島第一原発事故に関連する写真については、出典を省略しています。

◆本書は、「ＮＨＫスペシャル『メルトダウン』シリーズ」の取材成果を元に制作されました。

文庫版まえがき

事故からどんなに時間が経っても新たな謎が生まれてくる。

福島第一原子力発電所事故の検証取材を続けていると、こうした思いに駆られてくる。事故当初の大きな謎は、1号機で唯一動いていた冷却装置が停止していたことを、なぜ、長時間にわたって見過ごしてしまったのかということだった。日本中が固唾を飲んで待っていたベントの実施が、かくも遅れたことも謎だった。さらに、原子炉を冷やすために大量の水を注入したのに、一向に原子炉は満水にならず、冷却効果もあがらないことも、不可思議な謎だった。こうした謎は、事故の詳細を知る当事者が重い口を開き、最先端の科学的調査やシミュレーションのメスが入ることで、次第に解き明かされていく。本書は、その謎解きの過程を克明に追うことで、事故はなぜ起き、なぜ防ぎ得なかったかに迫ったものである。

検証取材を継続していくと、放射能の厚いベールに包まれていた原子炉や格納容器の中が、少しずつ見えてくることによって、それまで信じられていた事故像を覆す新たな発見に出会うこともある。事故から10年を超えた頃、2号機の原子炉や格納容器の中の調査が進み、溶け落ちた核燃料デブリの状態がわずかずつだが、見えてきた。

そこには、様々な金属が溶け切れずに残っていて、原子炉の中が、思いのほか高温に達していなかった可能性が浮かび上がってきている。事故から4日目の2011年3月14日夕方。2号機では、それまで動いていた冷却装置も止まり、高温高圧状態になった原子炉に、現場の悪戦苦闘の末、なんとか水を入れようとした矢先に、消防車が燃料切れして、注水できなくなってしまった。事故後、吉田所長が「このまま水が入らないと、核燃料が格納容器を突き破り、放射性物質がまき散らされ、東日本一帯が壊滅すると思った」と述懐した場面である。吉田所長が「最大の危機だった」と振り返ったこともあって、2号機は、1号機、3号機に比べて最も過酷な状態に陥ったという事故像ができあがっていた。ところが、最新の研究では、2号機は、1号機、3号機に比べて原子炉温度が高温に達していなかったことが判明している。その理由は、奇妙なことに、肝心な時に水が入らなかったためと見られている。メルトダウンは、核燃料に含まれるジルコニウムという金属と水が化学反応して促進される。注水の量とタイミングにもよるが、水が少ないと反応が鈍くなり、温度の上昇が抑制されることがある。核燃料デブリの最新の分析結果を踏まえて、専門家は、2号機が高温に達しなかったのは、偶然にも注水が一時途絶えたためではないかと推定しているのである。

吉田所長が「東日本壊滅」を覚悟した2号機で、格納容器が破壊されるまで至らなかったのは、高温高圧になった格納容器に様々な隙間ができて、放射性物質が漏れ出たことで圧が下がったことや、3日間辛うじて冷却装置が稼働していたことなどが複雑に絡み合った結果ではないかと専門家は見ている。そして、事によると、肝心な時に水が入らなかったことは、事故の進展を食い止めた可能性すらあるというのである。最悪の事態に至らなかったメカニズムの詳細は、未だに解き明かされてはいない。さらに、2号機よりも過酷な状態に陥った1号機や3号機で、なぜ、原子炉から溶け落ちた核燃料が格納容器を突き破り、放射性物質をまき散らすという最悪の事態にまで至らなかったのか。この大きな謎は、事故から13年を経た今も、私たちの前に立ちはだかったままである。

本書は、福島第一原発事故を13年にわたって検証取材してきた報告書である。事故を巡る様々な謎を解き明かす過程をできるだけ詳細に記録することで、この事故が突きつける意味と危機における教訓を読み取って頂きたいと執筆した。内容は、2021年2月に刊行された『福島第一原発事故の「真実」』の第2部「検証――事故はなぜ起きたのか？　本当に防ぐことはできなかったのか？」をもとに新たに判明した事実を加筆修正している。なお、福島第一原発の事故現場と東京電力本店さらに総理官邸で、何が起き、人々がどう対応したかを、時系列に沿って分刻みで再現した第1部「ドキュメント福島第一原発事故」は、文庫版では「ドキュメント編」として同時刊行した。興味のある方は、是非併読願いたい。『福島第一原発事故の「真実」』は、刊行後、ありがたいことに、様々な書評で取り上げられ、2022年には、科学ジャーナリスト大賞を頂いた。私たち取材班は、福島第一原発事故が突きつけているのは「人間は核を制御できるのか」という根源的な問いだと考えている。本書がその答えに近づく一助になれば、これ以上の喜びはない。

検証編・目次

column

福島第一原発事故の「真実」 検証編

（CG ©NHK　監修 秋田県立大学　鶴田 俊 教授）

第１章

なぜイソコン停止は見過ごされたのか？

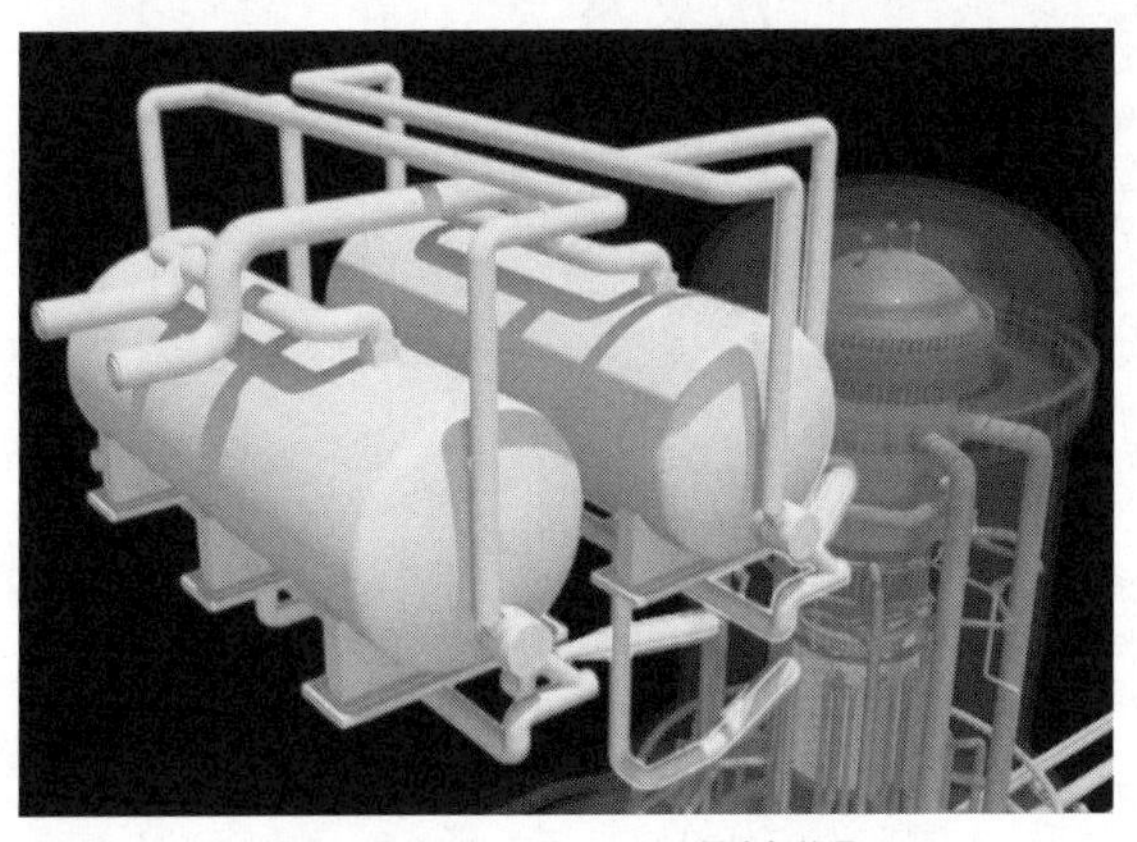

福島第一原子力発電所１号機で唯一残った原子炉冷却装置イソコン
(©NHK)

吉田が悔やむ失敗

福島第一原子力発電所の事故を検証するうえで、最も重要な原資料は何かと問われると、長年検証を続けている取材者や研究者の多くは、まず「吉田調書」をあげるのではないだろうか。

吉田調書は、福島第一原発の吉田昌郎（よしだまさお）所長※が、のべ28時間にわたる政府の事故調査委員会の聞き取りに答えた証言の全文記録で、紙にするとおよそ400枚にのぼる。未曾有（みぞう）の事故の最前線で危機対応にあたった現場責任者の証言がこれだけ詳細な形で公表されたのは日本の事故史上例がない。フランスでは、福島第一原発事故から教訓を引き出すために、事故報告書ではなく、吉田調書の全文がフランス語に翻訳されている。その証言は豪放磊落（ごうほうらいらく）な振る舞いを好んだ吉田らしく、極めて赤裸々に語られている。吉田は、事故に関わった政治家や専門家を、ときに「あのおっさん」とか「馬鹿野郎」と歯に衣着せぬ口調で手厳しく批判し、自らが事故にどう対応し、何を考えていたのか自省や悔恨の言葉も織り交ぜて語っている。

吉田調書を読んでいくと、「大反省」とか「極めて今も反省です」と言って、吉田が感情を露（あら）わにして悔やんでいることに気が付く。それは、津波で電源を失ったとき

※年齢・肩書はすべて当時のもの

に、1号機で唯一動き続けるはずだった非常用の冷却装置・イソコン（正式名称はアイソレーションコンデンサー。日本名は非常用復水器）を巡る対応である。3月11日午後3時37分、津波によって電源が失われたとき、吉田はイソコンが動いていると考え、事故対応を続けていく。ところが実際には、このときイソコンは止まっていたことが判明している。吉田は11日深夜まで8時間にわたって1号機は冷却されていると思い込み、事故対応の指揮をとっていく。吉田は、調書の中で「ＩＣ〔イソコン〕というのはものすごく特殊なシステムで、はっきり言って、私もよくわかりません」と吐露している。

このイソコンを巡る初動対応こそ、福島第一原発事故の進展のなかで最大の分岐点ではなかっただろうか。イソコンは、1号機で唯一、地震と津波の被害を免れた冷却装置だった。原発には、原子炉を冷却する二重三重のバックアップがあり、1号機は、ＨＰＣＩと呼ばれる高圧注水系や非常用海水ポンプ系など、主に5つの冷却系が用意され、どのような重大事故が起きても何らかの冷却系が機能し、冷温停止できると考えられてきた。

しかし、巨大地震と15メートルの津波は、多重の冷却系を機能停止に陥れた。地震によって、発電所に繋がる送電線の受電装置が壊れ、外部電源は喪失。最後の砦だった非常用ディーゼル発電機やバッテリーも津波に襲われ海水をかぶって機能を止めた。1号機は、5つの冷却系のうち4つが機能を失ったが、唯一、動くことが可能だったのがイソコンだった。

イソコンは、原子炉で発生した高温の水蒸気で駆動し、いったん起動すれば、電気がなくても動き続け、冷却水タンクを通って冷やされた水が原子炉に注がれる。少なくとも8時間程度は稼働し、原子炉を冷やし続けることができると想定されていた。この間に、他の冷却系を復活させれば、原子炉を100℃以下の冷温停止に持って行く道が開けるはずだった。しかし1号機は、地震発生時にイソコンが自動起動したものの、津波発生後、イソコンの本来の冷却機能を発揮させることができなかった。このことが、その後の事故対応を決定的に難しいものにしていく。

1号機とともに運転中だった2号機と3号機は、津波に襲われた後、それぞれ異なる冷却系が動いていた。バッテリーが生き残っていた3号機は、最初はＲＣＩＣ（原子炉隔離時冷却系）を起動させ、その後ＨＰＣＩを動かして1日半、原子炉を冷却していた。2号機は、電源喪失の直前に起動させたＲＣＩＣで3日間、原子炉を冷やし続けていた。

一方、電源を失った1号機の現場では、懸命の電源復旧作業が続けられ、津波から24時間が経った3月12日午後3時半すぎ、非常用電源車との接続が完了し、電源盤にランプが点灯しようとしていた。1号機の電源復旧が実現すれば、電源融通システムで結ばれている2号機、3号機も電源が復活し、喪失したSLCと呼ばれるホウ酸水注入系やCRDという制御棒駆動機構など複数の冷却系を動かすことが可能だった。

しかし、冷却系を動かすための電源がまさに復旧しようとした瞬間に、1号機は水素爆発を起こし、電源復旧は水泡に帰した。この瞬間から複数の原子炉の同時メルトダウンという悪夢の連鎖が始まったのである。

イソコンが本来持つ冷却機能を生かしていれば、1号機のメルトダウンや水素爆発を何とか防ぐことができ、福島第一原発事故の進展は変わっていた可能性がある。

地震や津波の被害を免れたイソコンを、なぜ使いこなすことができなかったのか。その原因を粘り強く検証していけば、不確実で先が見えない危機を乗り越えるための今に通じる大切な教訓が浮かび上がってくるはずである。

最初動の躓き

午後2時46分の地震発生から、午後11時50分に吉田がイソコン停止を確信するまで9時間あまり。事故対応の最前線で操作にあたる中央制御室も、事故対応の指揮をとる吉田をリーダーとする免震重要棟もイソコンを巡る情報やデータを的確に取り扱うことができず、節目節目ですれ違うかのように情報共有に失敗し、イソコン停止に気が付くチャンスを失っていく。その深層には何があるのだろうか。

津波直撃までは、マニュアル通りの対応がとられていた。巨大地震に襲われ、外部から電力を供給する送電線の受電装置が故障したことで、外部電源が失われるが、非常用ディーゼル発電機が起動。電源は確保される。地震によって、吉田ら社員がつめていた事務棟も大きく壊れるが、8ヵ月前に完成した免震棟に移動し、すぐに緊急対応にあたっている。1号機は、緊急停止した6分後の午後2時52分にイソコンが自動起動し、原子炉の冷却が始まる。運転員は、マニュアル通りにイソコンを操作し、冷温停止に向けて着実に歩み始めていた。事態は、ほぼ想定通りに進んでいたのである。

ところが、午後3時41分、津波の直撃ですべての電源を失ってから状況が一変する。

中央制御室は暗闇に包まれ、制御盤や計器盤は一切見えなくなる。東京電力が最悪の事態を想定して準備していた緊急対応のマニュアルは、中央制御室の計器盤を見ることができ、制御盤で操作が可能なことを前提に記されていた。事態は、マニュアルを超えた未知の領域に入り込んだのである。ここから本当の危機が始まった。中央制御室は、原子炉や冷却装置がどのように動いているのか、判断する情報がない状況に追い込まれた。このとき、イソコンの動作はどうなっていたのだろうか。

この危機の最初動に中央制御室は大きく躓いている。実は、津波に襲われた時点で、イソコンを操作していた運転員は、イソコンは動いていないと認識していたのである。電源喪失直前にイソコンを停止する操作をしていたためだった。イソコンは急速に原子炉を冷却するため、津波の直撃を受ける前、マニュアルに沿って、原子炉をあまりに急速に冷却させないように弁を一定時間開けた後、いったん閉じ、再び開けるという操作を繰り返していた。そして電源喪失の直前には、弁を閉じる操作をしていたのである。さらに計器を確認していた別の運転員もイソコンは動いていないと認識していた。ところが、中央制御室を束ねるリーダーの当直長は、そのことを知らず、イソコンの動作状況は不明だと思っていたのである。

この事実は、事故後公表された政府や国会、東京電力などの各事故調査報告書には記されていない。吉田調書にもまったく語られていない。事故から5年近くを経た2015年11月下旬になって明らかにされた思わぬ真相だった。突き止めたのも意外な組織だった。新潟県の「原子力発電所の安全管理に関する技術委員会」である。新潟県は、福島第一原発と同じ沸騰水型の柏崎刈羽原発を抱え、福島第一原発事故の徹底した検証なくしては、再稼働の判断はできないという立場から、大学教授やメーカーの技術者など15人の専門家からなる技術委員会で独自の検証調査を続けていた。技術委員会は、吉田調書をはじめ、政府や東京電力の調査報告書を読み込んで時系列に整理したうえで、それぞれの場面で、誰がどのような対応をとったのか、関係者から改めて聞き取り調査をするよう東京電力に求めた。

技術委員会は、中央制御室も免震棟もイソコンに関する知識が不足していて、イソコンについての情報が的確に中央制御室から免震棟に報告されていなかったとみていた。事故から5年近くを経て、詳細な再調査を東京電力に求めたのは、福島第一原発事故は、1号機のイソコンの状態を把握していれば、被害を軽減できたのではないかという問題意識があったからである。聞き取り調査の対象は、中央制御室でイソコンを操作していた複数の運転員と当直長、それに当直長とホットラインで連絡を取っていた免震棟の発電班の副班長。さらに中央卓にいる吉田に情報を伝える発電班長だった。この聞き取り調査をまとめた東京電力の報告から浮かび上がったのが、電源喪失の際イソコンを操作していた主機操作員が、電源喪失直前にイソコンの弁を閉じていたという事実だった。さらに近くで計器盤を確認していた当直副主任も電源が失われた時点で原子炉圧力が上昇中だったためイソコンは動いていないと認識していた。中央制御室で操作や計器確認を担当する最前線の運転員はイソコンが動いていないことを認識していたのである。では、中央制御室のリーダーである当直長はどうしていた

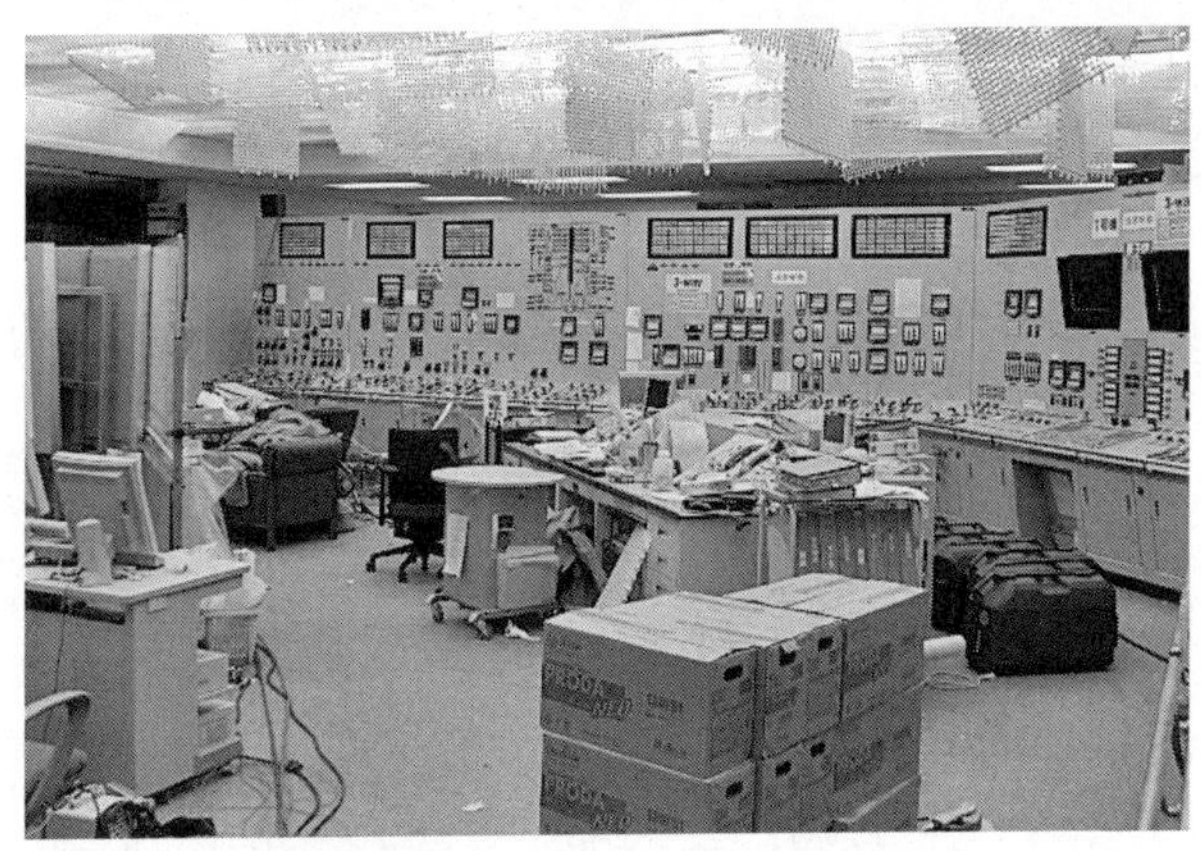

福島第一原発1号機中央制御室

のか。

当時、1、2号機の中央制御室では、総勢14人で操作にあたっていた。小学校の教室2つ分ほどの広さの部屋のほぼ中央に当直長が座り、斜め右側前方の壁面に並ぶ計器盤と操作盤の前で、1号機担当の主機操作員がイソコンを操作していた。主機操作員と当直長の間には、当直主任が配置され、電源喪失直後、当直長は、当直主任にイソコンの動作状況を確認したが、当直主任は「わからない」と回答。当直長も当直主任も、直接、操作を担当する主機操作員にイソコンの動作状況を確認していなかったという。一方、イソコンの操作や計器確認をしていた運転員の側もイソコンが止まっているという重要情報を積極的に報告している形跡はない。電源喪失という危機に突入した最初期に、中央制御室では、イソコンの動作状況という極めて重要な情報をリーダーである当直長が把握できず、チーム全体として共有できていなかったのである。経験のない危機に陥り、情報が錯綜する中で、重要な情報がリーダーに届かず、その後の事故対応を難しくさせていく。この現象は、この後、吉田をリーダーとする免震棟でも起きている。

埋もれた警告

免震棟の幹部が集まる円卓で、午後5時15分、技術班が重要な発言をした。

「1号機水位低下、現在のまま低下していくとTAF（燃料先端）まで1時間！」

1号機の原子炉水位が燃料の先端まで到達するのに、あと1時間の猶予しかない。事態が切迫していることを告げる極めて重要な予測だった。この予測の根拠は、午後4時45分頃に中央制御室で一時的に見えた原子炉水位が刻々と低下しているというデータだった。それを見逃さなかった運転員が有線電話で免震棟に伝え、技術班が解析した結果だった。技術班の予測は、免震棟の円卓だけでなく、テレビ会議を通して本店にも伝えられた。イソコンが動いていないことを示す重要な警告だった。イソコンでの冷却が機能していれば、このような急激な水位低下は起きるはずがない。

しかし、この警告に対して、免震棟も東京本店も、緊急度の高さを読み取ることができず、イソコンが止まっていると気がつくことができなかったのである。

吉田調書では、政府事故調査委員会の聞き取りを担当した検察官がこのときの経緯を取り上げ、「ＴＡＦまで1時間」という報告をどう受け止めたのか吉田に尋ねている。

これに対して、吉田の第一声は、なんと「聞いていない」だった。そして、報告があったこと自体に疑問を示し、こう語っている。「今の水位の話も、誰がそんな計算したのか知らないけれども、多分、本部の中で発話していないと思いますよ」

いぶかる吉田に、検察官は、免震棟の発話内容を記録した情報班のメモを見せている。この段階で、ようやく吉田は「発話しているんでしょうね」と自らの認識を改めたうえで、当時の対応を振り返って、次のように語っている。「今、おっしゃった情報班の話は、私のそのときの記憶から欠落している。何で欠落しているのか、本店といろいろやっていた際に発話されているのか。逆に言うと、こんなことは班長がもっと強く言うべきですね」

吉田が認識を改めるきっかけとなった情報班の記録。その一枚のコピーを取材班は長期にわたる検証取材の中で入手した。そこには、「ＴＡＦまで1時間」という発言の前後に、午後5時10分から午後5時28分まで免震棟で様々な担当者がマイクで発言した11の発言内容が時系列順に記されていた。

「1710　北門閉鎖している」

「1715　事務本館入室禁止!!」

「1721　4号裏、軽油タンク火災の疑い。煙が5メートルほど昇っている」

「1725　東京から高圧電源車が来るが、何時間ぐらいかかるか確認してください」

巨大地震と巨大津波の被害が、原発の至る所で勃発していた。免震棟には、対応すべきことが次から次に押し寄せていたのである。メモの最後尾には、「1728　発電所から帰ろうとしている。時速10キロで流れている」という発言も記されていた。原子炉の冷却作業に携わらない社員や作業員、5000人あまりはバスやマイカーで原発を後にした。構内は、2キロにわたって車が数珠つなぎになっていたのである。

吉田をはじめ免震棟の幹部は、事故対応だけではなく、構内にいる社員と協力会社のすべての作業員の安全確保も行わなければならなかった。この日は6350人もの人が働いていた。吉田は、協力会社から入ってくる安否の情報を気にしながら、原子炉の初動対応にもあたっていたのである。当時免震棟にいた幹部の一人は、「TAFまで1時間」という報告を自分も聞いていなかったと明らかにしたうえで、「事故初動の時間帯は、次から次へと情報が押し寄せる魔の時間帯だった。とてもでないが、報告一つ一つに注意を払えなかった」と吐露している。中央制御室との連絡役を務めていた発電班の副班長は「免震棟の円卓はテレビ会議のマイクの空きを各班が待つような状態だった。あれだけ大きなことが一度に起きると、みんなで共有することが非常

東日本大震災発生直後に福島第一原発から退避する東京電力社員や関連会社社員。構内の斜面には亀裂が走っているのが見える

に厳しかった」と話している。

1号機の水位低下の情報は、洪水のように押し寄せる他の報告の中に埋もれてしまうことが必然だったのだろうか。

しかし、取材班は、免震棟にいた当事者への取材を継続していくなかで、「TAFまで1時間」の報告を、非常に気がかりな情報としてよく覚えていると話す社員に複数人出会った。

そのうちの一人は「あと数時間で燃料がむき出しになるんだと危機感を持っていた」と語り、「事故後、吉田所長が記憶にないと語っていたことを知って驚いた」と打ち明けた。事故対応にあたった当事者は、この報告にどの程度注意を払っていたのだろうか。実は、事故から6年経った2017年3月、新潟県の技術委員会が事故対応にあたった東電社員を対象に、「TAFまで1時間」の報告についてアンケート調査を行っている。アンケートは、前年11月からおよそ5ヵ月、東京電力のイントラネットなどを使って、3月11日午後5時15分テレビ会議で発話された技術班の予測を聞いていたかを尋ねている。アンケートには、当時免震棟にいた743人が回答をよせ、13・5%にあたる100人が「聞いた」と答えている。さらに東京本店の緊急時対策室にいた535人も回答し、7・7%にあたる41人が「聞いた」と答えた。

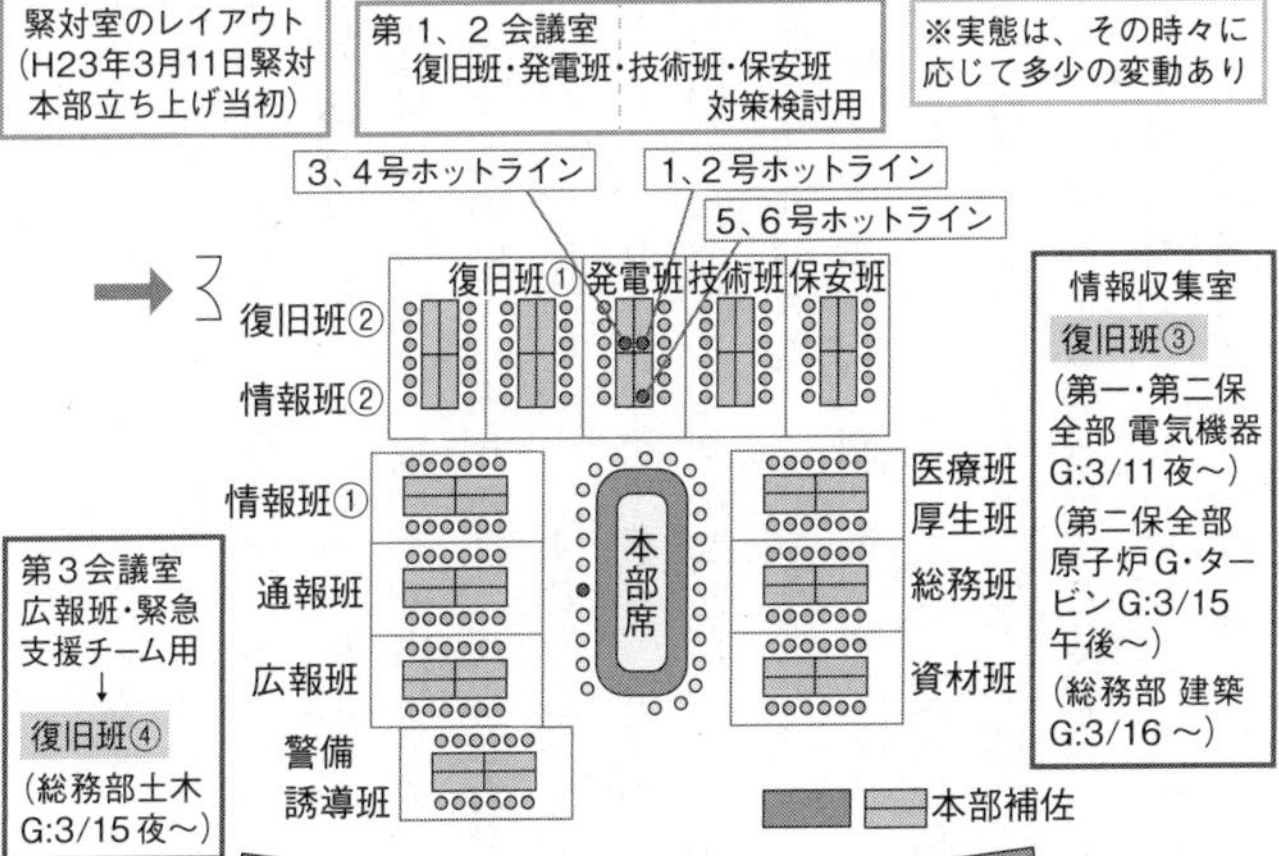

緊急時対策室のレイアウト（東京電力資料より）

1号機の水位低下の報告は、免震棟では8人に1人が、気になる情報として頭にとどめていたのである。情報が極めて錯綜していた事故対応の初動において、この割合は、決して少なくない。1号機の水位低下の報告は、イソコンが動いていないことに気が付くチャンスだった。その情報をリーダーである吉田に確実に届ける方策はなかったのだろうか。

水位低下の報告を覚えていた社員は、取材に対して、肝心の報告が淡々と発話するだけだったと明かしている。後からでも繰り返し発話できなかったのかと悔しがっの責任者が情報の重要性をもっと強調して所長に伝えるべきだったと述べている。実は、東京電力は、事故の反省から原発の緊急対応の体制を大幅に変えている。改善された体制は、アメリカの軍隊や消防などの緊急組織体制から学んだもので、2013年3月に公表した「福島原子力事故の総括および原子力安全改革プラン」で説明している。この中では事故の際、現場が混乱し、迅速・的確な意思決定ができなかった要因として、免震棟での情報共有と指揮命令系統が混乱したことをあげている。その原因として、リーダーの所長が、発電班、復旧班、総務班など12もの班をすべてフラットな形で管理する体制が問題だったと記し、あらゆる情報が所長に集中し、情報の輻輳と混乱をきたしたと指摘している。

新たな緊急対応体制では、所長の直下に実務と後方支援を担当する5人の責任者を置くことにしている。5人は、復旧統括2人に、計画・情報統括、資材担当、総務担当である。いわばリーダーの下に部門ごとに5人のサブリーダーを置き、そのサブリーダーが情報を取捨選択する体制にしたのである。危機対応において、情報は、優先順位をつけていかなければ、有効な対策に結びついていかない。その意味では、リーダーの直下に情報の優先度を判断するサブリーダーを配置した体制は有効な方策の一つかもしれない。ただ先が見えない危機対応の中で、部門ごとにどの情報がその後の対応を左右する重要なものなのかを瞬時に判断し、どの情報をリーダーまで伝えるかを選ぶことは容易ではない。優先すべき情報を埋没させずにリーダーに伝え、組織全体が共有するための体制や仕組み作りに終わりはない。平時でも絶え間なく訓練を繰り返していかなければならない。

ブタの鼻を巡る迷走

一連のイソコンを巡る対応を時系列に沿って追っていくと、時間帯ごとにイソコン停止に気が付くチャンスがあることに気が付く。最も早い午後4時台には、イソコンの挙動を巡って重要な分岐点が訪れる。全電源喪失した午後4時以降、イソコンの動作状況がわからなくなった当直長は、免震棟にイソコンの排気口、「ブタの鼻」から蒸気が出ているか確認してほしいと依頼する。ブタの鼻は、1号機の原子炉建屋西側の壁、高さ20メートルにある2つの排気口のことで、イソコンが稼働すると蒸気を外に排出する。当直長は、運転員の先輩から、イソコンが作動すると、ブタの鼻から白い蒸気が勢いよく出るという話を伝え聞いていたのである。ブタの鼻は、1号機の北西にある免震棟からは、よく見える位置にあった。この情報のやりとりについて、新

1号機原子炉建屋の西側の壁、高さ20メートルのところにあるイソコンの排気口。通称「ブタの鼻」

潟県の技術委員会は、「この時点で、当直長から依頼を受けた発電班は、イソコンの動作が確認できていないことを吉田に報告したのか」と質問している。

東京電力の回答は、「発電班長は、イソコンは動いていると考えていたため吉田に報告していない」だった。もしこの時点で発電班がイソコンの動作にこだわって当直長と情報のやりとりをしていれば、中央制御室がイソコンの動作を確認できていないことに行き着

1号機と2号機の事故対応にあたる中央制御室は、原子炉建屋から50メートルの距離に位置している。1、2号機の中央制御室と免震重要棟の距離は350メートル（©NHK）

き、イソコンは動いているという免震棟の思い込みを是正することが可能だったのではないだろうか。しかし、そうした情報のやりとりはなされず、吉田がイソコンの動作状況を疑うチャンスを失っている。

午後4時44分になって当直長に、ホットラインを通じて免震棟から「ブタの鼻から蒸気がもやもやと出ている」という報告が届いた。免震棟にいた発電班の社員が、駐車場に出て、目で確認した結果だった。蒸気が出ているという報告から免震棟では、イソコンが動いていると受け止めていた。一方、当直長は、「もやもや」という表現から蒸気の発生量が不足しているためイソコンの動作に疑問をもったと技術委員会に回答している。当直長は、イソコンが稼働した時に出る蒸気を実際に一度も見たことはなかったが、かつて先輩から蒸気は勢いよく出てくると聞いていた。このため、当直長の考えはイソコンが動いていないほうに傾き始めていたのである。ただ、この認識は免震棟と共有していない。当時、福島第一原発の所員たちもやもやという蒸気の状態は、何を意味するのか。当時、福島第一原発の所員たちは、正確に判断できたのだろうか。調書の中で、吉田は、1971年に福島第一原発1号機が稼働してからイソコンが実際に動いたのは、今回が初めてだと証言している。そのうえで、イソコンが動いた時にどういう挙動を示すかということに、「十分な知見がない」と打ち明けている。この時、福島第一原発にいる誰一人として、実際にイソコンが動いたところを見た者はいなかったのである。1号機は運転を開始して以降40年間、イソコンが作動するトラブルが起きていなかった。さらに、イソコンを試験的に動かすことも、運転開始前の試運転の期間に行われた程度で、その後、行われた記録はない。東京電力の公式見解ではイソコンは40年間一度も動いていなかったのである。

イソコンが動くと、どのような蒸気が噴き出すのだろうか。取材班は、2013年1月アメリカ東海岸にあるニューヨーク州のナイン・マイル・ポイント原子力発電所に飛んだ。ナイン・マイル・ポイント原発は、福島第一原発と同じ時期に作られ、イソコンが配備された原発だった。取材して判明したのは、ナイン・マイル・ポイント原発は、福島第一原発とは異なり、5年に一度イソコンを実際に動かす「実動作試験」を行っていたことだった。実動作試験は原発の重要機器を実際に動かして正常に作動するかどうかや機能が十分にあるかを確認するためのものだった。実動作試験によって定期的にイソコンを動かしているので、原発の所員は、必然的にイソコンの挙動の詳細を知ることになる。ナイン・マイル・ポイント原発の幹部グレッグ・ピットは、実動作試験を行っているので運転員なら誰でも、イソコンが動いた時の蒸気の状態を知っていると説明した。ピットは、「大量の水蒸気が出て、うるさいどころか轟音がする。心の準備ができていないと、びっくりするほどだ」と証言した。

２０１０年の実動作試験の時に撮影された写真には、もやもやどころか、原子炉建屋全体を覆い尽くすほどの大量の蒸気が出ている様子が写っていた。では、もやもやとした蒸気は、何を意味するのか。取材に対し、ピットは「もやもやとした蒸気は、装置停止から2〜3時間の間に出る蒸気の状態だ」と明言した。もやもやとした蒸気とは、イソコンが止まっていることを意味していたのだ。ところが、免震棟では、蒸気が出ていれば、イソコンは動いていると受け止めていた。取材に対して、1号機の当直長の経験もあり、福島第一原発を古くから知る発電班の副班長は、こう振り返っている。

「過去、私も、イソコンが実際に動いている状態を見た経験はありませんから、多少なりとも蒸気が出ているとと聞いていたので、もしかすると動いているかもしれないと考えてしまった。止まっているという確信を誰もあげていなかったし、所長クラスに、しっかり判断できる材料を誰も進んで言えなかったということだと思います」

ブタの鼻から出ていたもやもやとした蒸気こそ、イソコンが止まっていることに気がつくチャンスだった。しかし、イソコンを40年間動かしていなかったという福島第一原発では、多くの者がブタの鼻から出る蒸気の挙動を熟知していなかった。ここでもチャンスは見過ごされてしまったのである。

謎の放射線感知

午後5時台、イソコンを巡って中央制御室が見過ごせない対応をしていく。

ブタの鼻からの蒸気はもやもやと出ていたという報告から当直長は、イソコンが動いているか疑わしいと考え、新たな指示を出す。午後5時19分、2人の運転員をイソコンがある原子炉建屋4階に向かわせたのだ。現場でイソコンの動作を確認するためだった。ところが、午後5時50分、2人の運転員が原子炉建屋1階の二重扉を開けようとした時、持っていたガイガーカウンターの針が振り切れた。2人は防護服や防護

ナイン・マイル・ポイント原発のイソコンの実動作試験の様子。大量の水蒸気が噴き上がっている（©NHK）

マスクを装着しておらず、正確な数値をはかる放射線測定器も所持していなかった。２人は、中央制御室に戻るしかなかった。こうして中央制御室はイソコン停止を突き止めるチャンスを失ってしまったのである。後に東京電力は、ガイガーカウンターが計測したのは３００ＣＰＭだと公表している。ＣＰＭは、1分間に計器に入ってきた放射線の数を示し、通常の原子炉建屋であれば、数十ＣＰＭから１００ＣＰＭ程度だという。国際機関のガイドラインでは、身体の表面について除染が必要なのは1万３０００ＣＰＭ以上とされている。３００ＣＰＭという放射線量は、通常よりやや高い値と言えるだろう。では、なぜ、この時、通常より高い放射線量が感知されたのだろうか。この謎を解くためには、午後5時台に原子炉の中がどうなっていたかシミュレーションを行う必要がある。

事故後、日本独自の計算プログラム「サンプソン（SAMPSON）」を駆使して、エネルギー総合工学研究所の内藤正則（ないとうまさのり）（現・アドバンスソフト理事）は、事故進展を秒単位で解析している。「サンプソン」は、原子炉内で起きる物理現象のみを手がかりに事故進展を再現するプログラムで、入力したデータを忠実に反映して原子炉の中で起きた現象を再現するとされている。内藤のチームは、欧米や韓国、ロシアなど世界11ヵ国の機関とともに、福島第一原発の事故進展を解析するBSAF（Benchmark Study of the Accident at the Fukushima Daiichi Nuclear Power Station 福島第一原発事故ベンチマーク解析）とよばれる国際プロジェクトに参加し、2015年3月に解析結果をまとめ、各国の機関と議論を重ねながら、解析の更新を続けている。2023年時点の解析では、1号機の原子炉は、午後5時55分に、水位は燃料の先端に到達していたとみられる。水位が燃料先端に到達した時間は、他の機関の解析でも午後5時30分から午後6時の間で、ほぼ一致している。

免震棟では、午後5時15分に、1時間後の午後6時15分に1号機の水位が燃料先端に到達すると発話されていたが、この予測はほぼあたっていたと言える。では、午後5時50分に放射線量の異常を感知したのは、原子炉水位が燃料先端に達していたためなのだろうか。取材に対して、内藤は、「その影響は考えられない」と答えている。この段階では原子炉の燃料はほぼ水に浸っていて炉心温度はまだ上昇していないため通常以上の放射線量を原子炉の外に放出する可能性はないというのである。取材班が複数の専門家や東京電力関係者を取材した結果でも内藤と同じ見解を示した。だとすると、なぜこのとき、放射線量の異常を感知したのだろうか。取材に対して、当時免震棟にいた複数の東京電力の社員が、全電源喪失で原子炉建屋の換気機能が失われたことが影響しているのではないかと話した。原子炉建屋は、原子炉に通じる配管などの周辺に微量の放射性物質が存在している。通常、建屋内は放射性物質を除去するフィルター付きの空調設備によって換気されている。しかし、このときは電源喪失によって換気機能がすべて失われて、建屋内は微量の放射性物質が通常より多く存在していた可能性があると言うのである。ガイガーカウンターは、その微量の放射性物質を検知したのではないかと推測される。当時免震棟にいた放射線に詳しい社員は、300CPMであれば、防護マスクと防護服を装着し、正確な放射線量をはかる放射線測定器で放射線量を注視しながらであれば、原子炉建屋内を移動して4階のイソコンの動作を確認することは可能だったと話した。中央制御室では最初動の段階で、放射線について十分な準備をして対応にあたっていたとは言い難い状況だったのである。

免震棟と中央制御室　情報共有の失敗

イソコンの稼働状況を目視で確認するチャンスを失ってからおよそ1時間後の午後6時台。中央制御室と免震棟は、イソコンの情報共有を巡って最大の分岐点を迎える。

午後6時18分、イソコン動作確認をあきらめた運転員が戻ってきた中央制御室では、イソコンの弁の状態を示すランプが、うっすらと点灯する。イソコンのランプは緑。動いていないことを示していた。この時点で、当直長はイソコン停止を確信した。

当直長は、すぐにイソコンを動かすよう指示し、イソコンは再起動した。

当直長は、免震棟にホットラインでイソコン起動を報告した後、運転員に、外に出て1号機の原子炉建屋の「ブタの鼻」から蒸気が発生するか確認するよう命じた。1号機の原子炉建屋越しでも、蒸気が勢いよく出れば、見えると考えたのである。その報告は、最初は勢いよく出ていた蒸気が、「もくもく」という感じになって見えなくなったというものだった。

当直長は、蒸気の発生が少なくなったのは、イソコンのタンクの冷却水が残りわずかで、空焚きになる恐れがあると考え、午後6時25分、イソコンを再び停止した。

このとき、中央制御室と免震棟の情報伝達は、どうだったのか。

新潟県の技術委員会の調査に対し、当直長は、「閉操作を発電班に連絡したかどうか記憶があいまいだ」と答えている。一方、発電班は、「イソコンを再起動させ、更に手動で停止操作したということは知らなかった」と回答。午後6時25分にイソコンを停止した重要情報は、免震棟の円卓にもリーダーの吉田にも伝わっていなかったのである。この調査結果から東京電力は「当直からイソコン停止連絡がなされなかった可能性がある」として、「当直と発電班との連絡が的確に実施されなかった可能性が高い」と結論づけ、中央制御室と免震棟の情報共有の〝失敗〟を認めている。

イソコンを止めた後、中央制御室は、どうしようとしていたのか。技術委員会の調査に対して、当直長は、「消火ポンプなどによる注水で原子炉を冷却しようと考えていた」と答えている。その言葉を裏付けるように中央制御室は、午後6時30分に防護服とマスクを装備した5人の運転員を原子炉建屋に送り出し、消火用ポンプから原子炉に水を流す一本道を作る作業に乗り出している。しかし、この大きな方針転換も免震棟には伝わっていない。

運転員たちは原子炉建屋で作業をしている午後8時すぎに、原子炉圧力計をみて69※気圧と確認する。消火用ポンプの圧力は7気圧程度。水を原子炉に入れるには、原子炉圧力を大幅に減圧する必要がある。ところが、原子炉を減圧させる弁を開くために

※原子炉圧力の単位はゲージ圧。これ以降の原子炉圧力もゲージ圧

は、120ボルトの電圧が必要だった。電源喪失の中で、120ボルトの電圧を確保するのは至難の業で、少なくとも免震棟の復旧班の全面的な支援が不可欠だった。しかし、免震棟は、中央制御室が消火用ポンプによる原子炉冷却に向けて作業していることを知らなかったのである。結局、当直長は、消火用ポンプによる注水を見合わせる。この後、当直長らは、マニュアルからイソコンは冷却水の補給がなくても10時間程度は動くという記述を見つけ、方針を再び転換し、午後9時30分にイソコンを再起動させるのである。全電源喪失から6時間。イソコンを巡る対応は、その場その場で方針が大きく変わり、迷走していたと言わざるを得ない。

一連の対応を検証していくと、何よりも印象に残るのは、イソコンを巡る情報が、中央制御室と免震棟の間で、すり抜けるかのように、共有できていない姿である。なぜ、情報共有はうまくいかなかったのだろうか。

検証から浮かび上がってくるのは、イソコンの動作状況について、中央制御室は、イソコンの稼働状況が不明なことや停止したことを、免震棟に正確に報告する意識が希薄だったという実態である。一方、事故対応の指揮をとる免震棟は、情報を待つだけの姿勢だった。吉田は、調書の中で、電源喪失した当初、原発の操作に関しては、運転員たちのほうがプロなので、箸の上げ下ろしまで指示するのは、所長の仕事ではなく、運転操作は、中央制御室の運転員や発電班長ら現場に任せておく考えだったと述べている。しかし、その日の聞き取りの後半では、「イソコンは大丈夫なのかということを何回も確認すべきだった」と、現場の情報を自ら積極的に取りに行くべきだったと繰り返し反省の弁を述べている。聞き取りの中で、吉田は、調査にあたった検察官から、イソコンを停止した午後6時25分から再起動させる午後9時30分までの3時間あまり、中央制御室は、原子炉冷却に手が打てない状況だったから、免震棟に連絡や相談があってもよさそうだと疑問を投げかけられている。吉田は、「現場からSOSが来ていない」と嘆き、「SOSが来ていれば、人を手配するなり何らかの手を打った」と悔しがっている。

イソコンの対応を巡る情報共有の在り方を振り返ると、中央制御室は、困難を自分たちだけで抱え込むのではなく、免震棟にもっと支援を求めていくべきだったし、免震棟は、中央制御室を孤立させないために積極的に情報を取りに行くべきだったのではないだろうか。

確かに、現場の運転員にとってみると、大きな余震や津波に繰り返し襲われ、行動が制限されているうえに、計器をいっさい見ることができない暗闇の中で、免震棟との連絡手段はホットライン1本だけという極めて厳しい環境だった。

しかも、電話は免震棟の発電班の副班長が受けて、内容に応じて、円卓にいる発電班長に口頭で伝えられる。さらに内容に応じて発電班長から口頭で所長の吉田に伝えられる仕組みだった。テレビ会議システムのように、会議の参加者全員がリアルタイムで情報を共有できるものではなく、伝言ゲームのように、当初の情報が変わってしまったり、間に入る人間の判断によっては、吉田まで伝えられなかったりしてしまう仕組みだった。この反省から事故後、東京電力は、柏崎刈羽原発の中央制御室と免震棟の連絡方法を変えている。

緊急時には、各号機の当直長は、ヘッドセットをつけた携帯電話を繋ぎっぱなしの状態で、運転員たちに指示を出す。一方、免震棟にいる所長の席には、各号機の会話を聞くことができるスピーカーを置き、各号機の中央制御室での会話をすべてリアルタイムで聞こえるようにしたのである。最大で7つあるすべての号機の状況を同時に聞くことになるため、新たなシステムは、「聖徳太子システム」と名付けられている。さすがに、各号機の細かな会話まで把握することはできないが、ある号機で異常が起きた場合、早い段階で気づくことができ、中央制御室のブラックボックス化を防ぐ対策と言える。ただ、複数号機がメルトダウンした福島第一原発事故では、リーダーの吉田に、1号機だけでなく、2号機や3号機など他の号機の報告が集中し間断なく対応を求められている。リーダーと現場が情報共有するのが、非常に難しい環境だった。それを踏まえると、新しい伝達方法で十分と言えるだろうか。

原発の緊急対応において、中央制御室と免震棟の間の情報のやりとりは極めて重要で、記録の必要性もあると考えられる。テレビ会議が事故対応を検証するうえで大切な記録になったように、中央制御室と免震棟の間の情報のやりとりも航空機のボイスレコーダーのように記録する仕組みをもつ必要はないだろうか。

もう一つ、この午後6時台の局面には、気になる疑問が残されている。もし午後6時18分以降イソコンの弁を閉じずに、ずっと開いたままだったら、1号機のメルトダウンを防げたのだろうかという疑問である。実は、この疑問に答えるシミュレーションを、東京電力は、2015年5月に3回目の未解明事項の検証調査の中で公表している。マープ（MAAP）と呼ばれるコンピュータープログラムを使って、午後6時18分以降、イソコンが継続して動き続けた場合、原子炉水位や炉心温度、格納容器圧力などがどうなったのかシミュレーションを実施したのである。解析の結果、原子炉水位は、すでに午後6時に燃料先端に達し、燃料の露出が始まっていたため、午後6時18分からイソコンを作動しても、除熱はできるが、原子炉に水を注入していないので、水位は回復せず、燃料は再び水につかることがなかったとしている。このため炉心温度は徐々に上昇し、燃料に含まれるジルコニウムと水が反応して水素が発生。この水素がイソコンの管の中に滞留し、蒸気が流れなくなり、急激にイソコンの除熱能力が失われていくと推定している。この結果、炉心温度は、午後7時には1200℃に達し、炉心損傷が始まるとしている。炉心損傷が始まる時刻は、イソコンの弁を閉じた場合、6時40分と推定されていたので、20分ほど遅くなっただけで、東京電力は事故進展に大きな差は出ないと結論づけている。

1号機の原子炉は、電源を失って冷却されなくなると、およそ2時間で水位が燃料先端に達し、いったん、燃料が水から顔を出すと、イソコンを作動させても、炉心温度は上昇し続け、メルトダウンに至ってしまう。東京電力の解析はそう告げている。

しかし、この解析に疑問を投げかける専門家もいる。「サンプソン」で事故進展を解析してきた内藤は、午後6時半の時点で、原子炉で水素が発生し、イソコンの管の中に滞留して蒸気が流れなくなり、イソコンの除熱能力が急激に失われるという東京電力の解析とは異なる見解を示している。「サンプソン」の解析では、この時点で、炉心温度は500℃から600℃程度で、内藤はこの温度であれば、ほとんど水素は発生せず、イソコンの除熱能力は失われないまま推移するのではないかと推定している。内藤の見解では、炉心温度の上昇がある時点で止まって、イソコンのタンクに冷却水がある間は、数時間程度、炉心は、ほぼ同じ温度にとどまるとされている。すると、この猶予時間に、イソコンのタンクへの水の補給や原子炉への注水など、メルトダウンを防ぐ対応策を打ち出す可能性があったのではないかという論も生じてくる。ただし、炉心温度の上昇に伴い、どのように水素が発生し、その水素がイソコンの除熱能力にどの程度影響をもたらすか詳細な実験や分析は行われていない。イソコンが作動したとして、炉心温度の上昇に歯止めがかかったのか、かかったとしたら、どの程度なのか。正確なところはわかっていない。この点については、継続的な検証が必要ではないだろうか。

ただ、いずれにせよ午後6時台の局面は、事故対応の最も重要な分岐点だった。その対応を可能な限り的確に行うために、イソコンの稼働状況の確認は、欠くことができない大前提だった。その大前提を誤認していたゆえに、吉田は、「大反省」という言葉を使って、悔やんでも悔やみきれない思いを調書の中で包み隠さず語っているのである。イソコンの稼働状況の検証からは、不確実で不安定な危機の時こそ、リーダーと現場が積極的に歩み寄り、情報共有していかなければ、決して困難を乗り越えられないという重い教訓が浮かび上がってくる。

データが突きつける教訓

時計が午後9時を回り、吉田がイソコン停止に気が付く最後のチャンスが訪れる。

午後9時半にイソコンを再び動かし始めた後、当直長は、イソコンのタンクの水量などを確認するため、改めて運転員を原子炉建屋に向かわせた。しかし、午後9時51分、運転員が原子炉建屋の二重扉の前に来たところ、線量計が10秒で0・8ミリシーベルトを計測。

原子炉建屋はもはや人が入れないほど放射線量が上昇していることが判明する。報告を受けて吉田は「何でこんなに線量が上がるのか。おかしい」と感じるが、この前の午後9時30分に免震棟には、復活した原子炉水位計の計測で、原子炉水位は燃料の先端から45センチ上のところにあるという報告が届けられていた。さらに午後10時には、燃料先端から55センチ上部まで水があると報告され、吉田は安堵している。この段階で、原子炉建屋の放射線量上昇の情報が飛び込んできて、水位計と矛盾するデータの取り扱いに、吉田は苦慮することになる。免震棟の幹部は、水位が十分あるとい

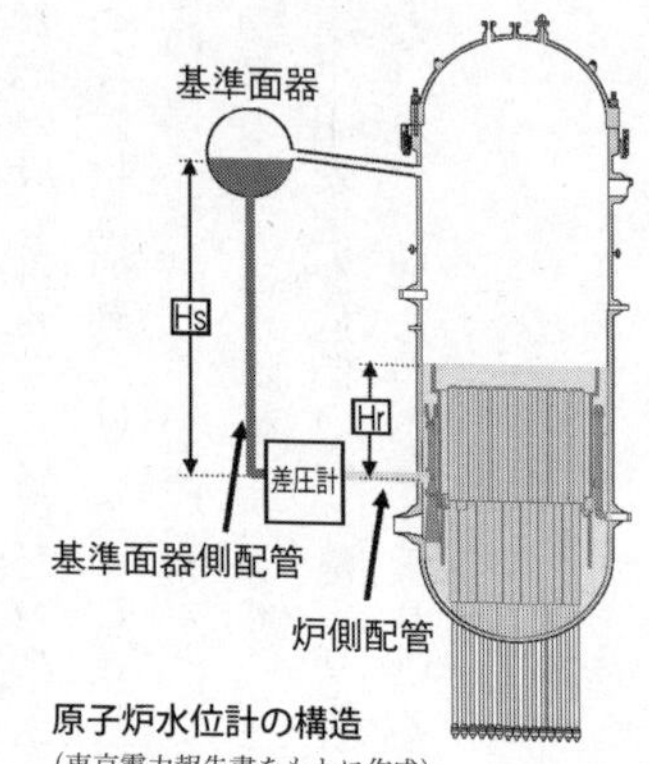

原子炉水位計の構造
（東京電力報告書をもとに作成）

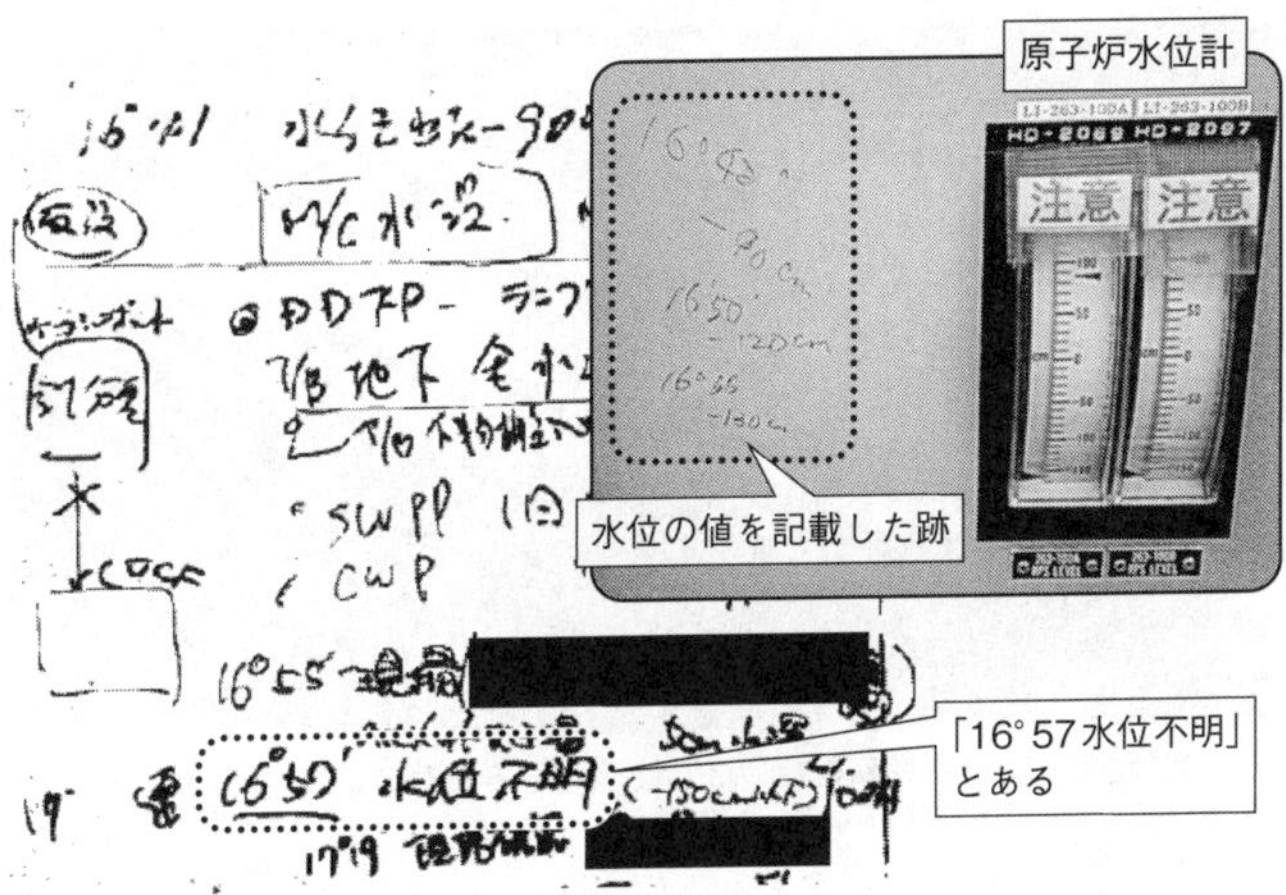

一時的に数値が確認できた原子炉水位計（写真右）。計器脇に確認した水位の値を記載した跡が残っている中央制御室内のホワイトボードの一部（写真左）。原子炉水位など各種計測で読まれた値を記載し、運転員の間で情報共有がなされた。「16時57分時点で水位不明」であることを示す記載がある

う情報にほっとしていた。一方、中央制御室の運転員は、水位計の値を疑っていた。この頃、運転員がホワイトボードに書き記した記録には、「水位計、あてにならない」という文字が残っている。実際は、どうだったのか。

　事故後、水位計は誤った数値を示していたことが判明する。その理由は水位計の構造にあった。原発の水位計は、直接水位を測るのではなく、原子炉とつながっている「基準面器」という金属製の容器を使って水位を計測する。容器の中には原子炉の水位を測るのに必要な一定量の水が常に入ってい

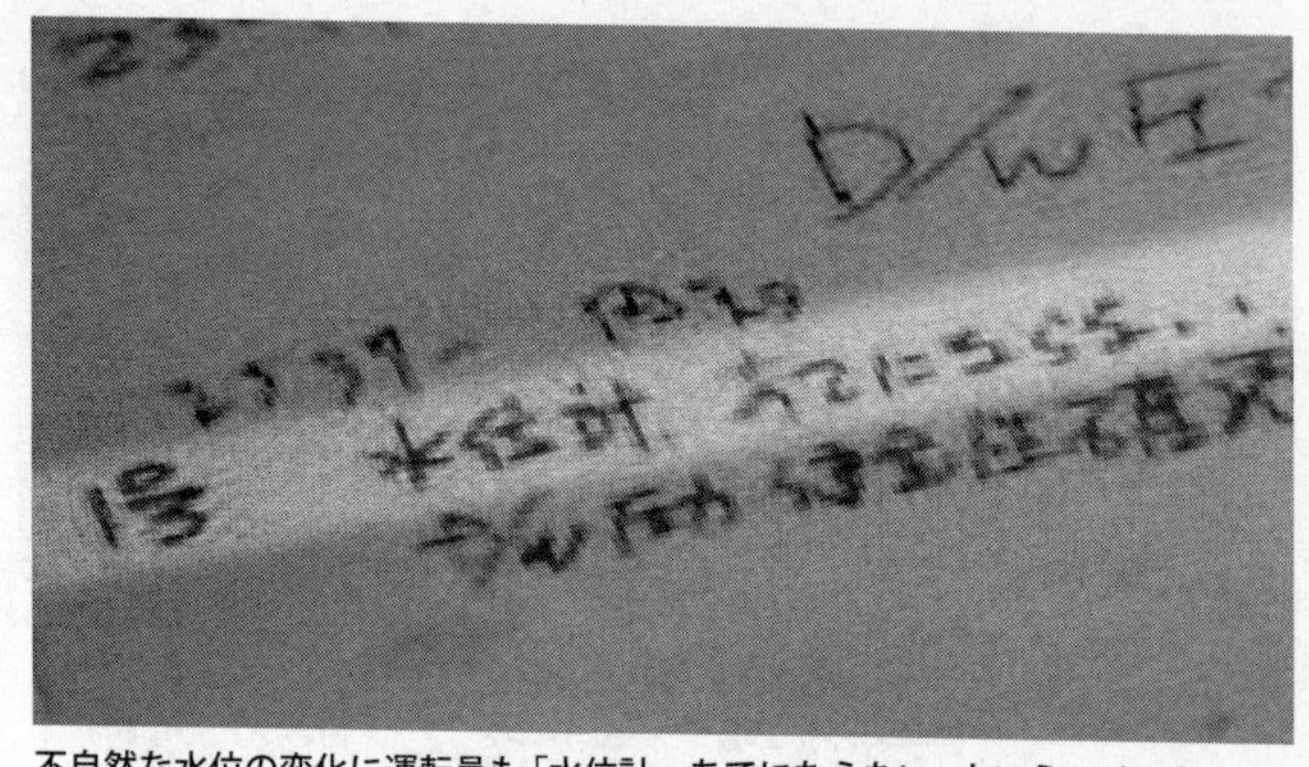

不自然な水位の変化に運転員も「水位計、あてにならない」というコメントをホワイトボードに残している（©NHK）

る。この水が水位計の「基準」となる。実は、1号機では原子炉が空焚きになった結果、容器が高温になり、「基準」となる水が蒸発してしまったのだ。このため、水位が正しく測れなくなっていたのである。さらに「基準」の水が減ると、原子炉の水は変化していないにもかかわらず、水位を示す表示は上昇していくのである。

1号機の原子炉水位計は誤っていた。しかし、吉田以下、免震棟の幹部は、水がなくなって原子炉が高温になって、水位計の「基準面器」内の水が蒸発している可能性に、とても考えがいたらなかったのである。「今にして思うと」吉田は、自嘲気味にこう語っている。「この水位計をある程度信用していたのが間違いで」「信用し過ぎていたというところについては、大反省です」

一方、原子炉建屋の放射線量上昇はなぜ起きていたのか。

「サンプソン」の最新の解析では、午後7時29分には、原子炉の中の核燃料の温度はおよそ2200℃に達し、燃料溶融、メルトダウンが始まったとしている。燃料が溶

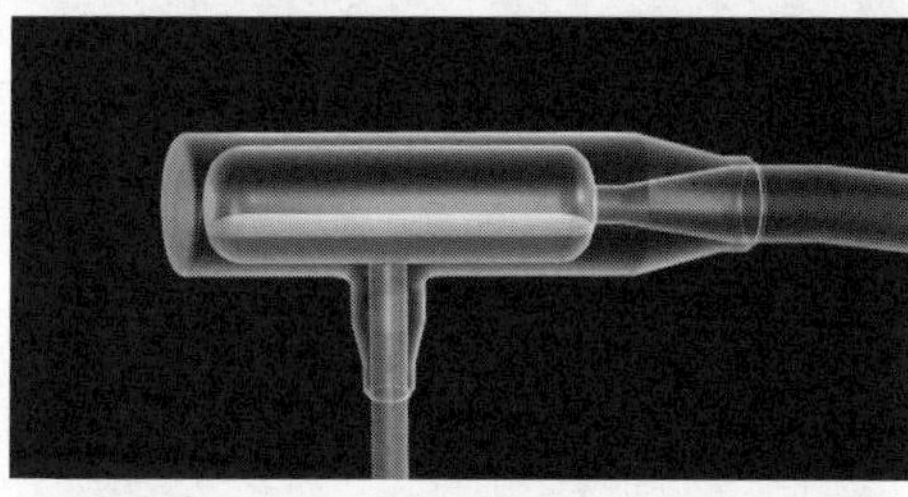

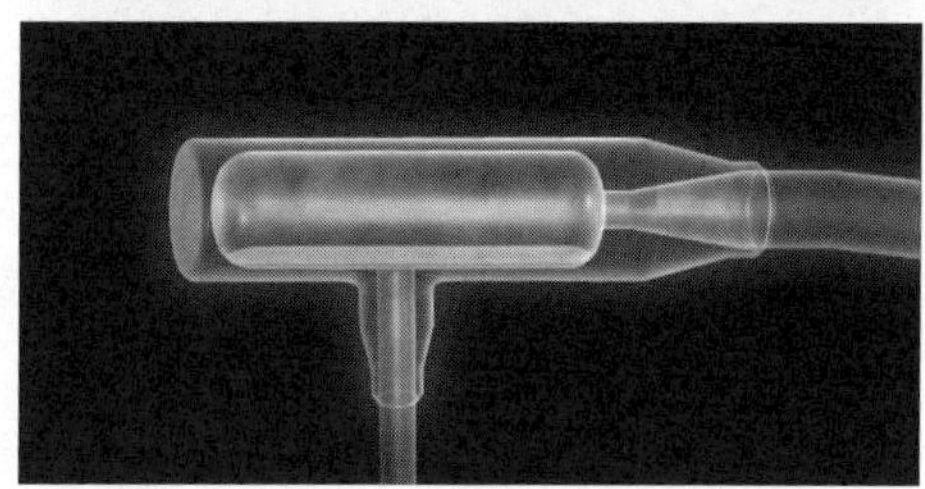

柏崎刈羽原子力発電所にある水位計（写真）。福島第一原発でもこれと同じタイプの水位計があった。水位計の内部には一定量の水が入っており、これが原子炉の水位を測る基準となる（CG上）
1号機では原子炉が過熱した結果、容器（基準面器）内の基準となる水が蒸発して、正しい水位が計測できなくなった（CG下）（写真、CGいずれも©NHK）

け始めると、原子炉から格納容器に放射性物質が漏れ出し、その放射性物質は、高温高圧にさらされた格納容器のつなぎ目などわずかに隙間になったところから、原子炉建屋内に漏れ始めたと推定されている。内藤は、原子炉建屋で午後9時51分に高い放射線量が計測されているのは、「サンプソン」が推定する原子炉の状態と符合し、原子炉がメルトダウンしていた重要な兆候だったと話している。

「サンプソン」の解析では、原子炉水位は、午後9時以降は、燃料は水につかっているどころか、むき出しの状態だったと推定されている。

午後11時には、原子炉建屋二重扉前で1時間あたり1・2ミリシーベルトの高い放射線量が測定される。水位計のデータと矛盾するため、吉田は疑心暗鬼に陥るが、イソコンが動いていないと確信するのは、格納容器圧力が通常の6倍に上昇していたデータが判明した午後11時50分になってからだった。

原子炉の中で起きていた現実は、吉田が断片的に得られたデータをつぎはぎしながら思い描いていた姿とはまったく異なり、メルトダウンへと突き進んでいたのである。免震棟の動きと「サンプソン」の解析を重ねてみていくと、原子炉の異常を早くから知らせていたデータは、原子炉建屋で実際に測定された放射線量だったことが浮かび上がってくる。電源喪失でデータが極めて乏しく、原子炉の中がまったく見えなくなった危機の中で、吉田ら免震棟がもっと向き合うべきデータは、放射線量の実測値だったのではないだろうか。

調書の中で吉田は、通常であれば、エリアモニターと呼ばれる放射線の測定器が原子炉建屋のいろんな場所の放射線データを連続的に測定しているため、線量が高くなった場所があれば、近くの配管などを調べて、異常がわかると話している。しかし、電源喪失で「計器がまったく生きていないから、何の想像もできなかった」と打ち明けている。電源喪失でエリアモニターが使えなくなった時点でほかの方法はなかったのだろうか。取材に対して、当時免震棟にいた放射線管理部門の複数の社員は、中央制御室から放射線異常の情報が入ってきたのは午後9時51分の原子炉建屋二重扉前の計測値が初めてだったと話している。午後5時50分にイソコンを確認にいった運転員2人がガイガーカウンターが異常を示したため引き返したという情報は免震棟で共有されていなかったとみられる。取材に対して、当時免震棟にいた幹部の一人は、午後5時50分の情報を知っていれば、免震棟から放射線測定を担当する社員を原子炉建屋に派遣して、細かな放射線測定を実施し、もっと早い時点で原子炉建屋の放射線異常に気が付く可能性はあったと指摘している。原子炉建屋の放射線量の実測値は、原子炉の異常を察知し、イソコン停止に気が付く道を開く重要なデータだった。1号機の放射線測定を巡る一連の動きを検証していくと、先の見えない危機に突入した際、どのデータをどう集めるかによって、その後の対応が大きく変わっていくという重い教訓が浮かび上がってくる。

イソコン停止に気が付くチャンスを見逃していく深層を探っていくと、免震棟と中央制御室の情報共有を巡る問題に加え、放射線量の実測値に象徴されるデータの取り扱いを巡る問題に行き着く。そして、もう一つ決定的だったのは、東京電力によると福島第一原発では、運転開始以来40年間にわたってイソコンが一度も動いていなかったということである。イソコンが実際に動いたところを経験した者が一人もいなければ、不確定で予想がつかない危機が進んでいく中で、イソコンへの対応が困難になっていくのは、必然だったのではないだろうか。

これに対して、アメリカの原発では、5年に一度、イソコンを実際に動かす実動作試験が行われていた。定期的にイソコンを動かしてきたナイン・マイル・ポイント原発と40年間一度も動かしていなかったという福島第一原発。そこには、危機に向き合う日米の姿勢の違いが垣間見える。これが真相だとすると、なぜ、福島第一原発では、40年にわたってイソコンを動かすことがなかったのだろうか。その深層には、今に通じる大切な教訓が潜んでいるのではないだろうか。取材班は、福島第一原発の建設時にまで遡って探ることにした。その結果については、次の第2章で詳しく述べていく。

数奇な運命　吉田調書の公表

吉田調書が公表されたのは、本人の意思からではなく、吉田が亡くなっておよそ1年、紆余曲折を経てのことだった。

事故から3年が経った2014年5月20日、朝日新聞が、吉田調書全文を入手したうえで、「所長命令に違反　原発撤退」の見出しで、2号機が危機に陥ったときに9割の所員が吉田所長の命令に違反して福島第二原発に撤退していたと1面トップで報じた。調書の中で、吉田が「本当は私、2F（福島第二原発）に行けと言っていないんですよ」と証言していたのがその根拠だった。この報道は大きく注目され、吉田調書の全文公開を求める声が一気に高まった。しかし、5月23日政府は吉田が遺した上申書を公開。そこには、吉田が事故関係者への評価や感情を率直に表現したことで誤解を生む恐れもあるとして、調書の公開を望まないと記されていた。この上申書を盾に当時の安倍自公政府は吉田調書の全文公開を拒んだのである。

ところが、8月に入って、産経新聞が吉田調書を入手。朝日新聞が引用した証言の直後に吉田が「よく考えれば2Fに行った方がはるかに正しいと思った」と語っていることを明らかにし、記事は誤りだと指摘し、朝日新聞との間で激しい議論となった。ほどなく読売新聞や共同通信も全文を入手し、同様の報道を展開し始める。時をほぼ同じくして政府は、吉田調書が断片的に報道され一人歩きするのは、本人の本意ではないとして、一転して調書を公表する方針を明らかにする。

事故から3年半となる9月11日。政府は吉田調書を全文公表する。その日の夜、朝日新聞は木村伊量（きむらただかず）社長らが緊急会見し、命令違反で撤退したとする記事を取り消すと発表。世紀のスクープとして放った特ダネは、4ヵ月後、一転して痛恨の誤報となってしまったのである。

こうして数奇な運命を辿って吉田調書は、その全文が広く読まれることになった。公表された吉田調書は、日本だけでなく海外でも読まれている。2017年5月、フランスでは『福島第一原発事故：原発所長の証言から』と題した専門書が出版された。吉田調書の一言一句をフランス語に翻訳したものだった。フランスでは、事故調査報告書は全文翻訳されていないが、吉田調書は、原子力関係者だけでなく、広く国民に読んでもらおうと、2014年以降、2冊の翻訳本が刊行され、2017年の出版で吉田調書はすべてフランス語に翻訳されたのである。この翻訳に取り組んだのは、パリ国立高等鉱業学校の研究チームだった。パリ国立高等鉱業学校は、数学者のアンリ・ポアンカレが学び、数々のノーベル賞受賞者を輩出したフランス屈指の工学系の名門大学で、卒業生には、日産元会長のカルロス・ゴーンも名を連ねている。実は、この研究チームは、翻訳準備のため2015年12月に来日したときに、取材班を訪ねてきた。取材班が手がけた番組や書籍を日本人研究者から紹介され、意見を交わしたいと面会を求めてきたのだ。研究チームを率いる大学の原子力安全研究所所長のフランク・ガルニエリは、NHKの会議室の席に座るやいなや、50基以上の原発を抱え、国内のエネルギーの70%以上を原子力に頼るフランスでは、福島第一原発事故が大変な注目を集めていると切り出し、こう言った。

「福島第一原発事故は、決して対岸のものではなく、フランスでも十分起こりえる」

ガルニエリは、福島第一原発事故が拡大したのは、政府や東京電力、それに旧原子力安全委員会や旧原子力安全・保安院などの専門家の情報共有がうまくいかなかったことが大きい。こうした情報共有の失敗は、原発事故にとどまらず、様々な危機対応に共通する普遍的な問題であり、フランスでも十分起こりえるからこそ、教訓を学びたいと熱っぽく語った。

なぜ、事故調査報告書ではなく、吉田調書を翻訳するのかを尋ねると、ガルニエリは、間髪入れずにこう答えた。

「事故対応の責任者だった原発所長がこれだけ長時間証言しているのは、歴史上初めてだ」

危機に対して、技術者が何を考え、どう行動したかのディテールに強い関心がある。事故の経緯や事実関係を分析した調査報告書よりも、現場の責任者の感情や心理が語られている生の証言にこそ教訓が詰まっている。ガルニエリは、吉田調書をフランス語に翻訳できるのはこのうえない光栄なことだと言わんばかりに、吉田調書の貴重さを繰り返し語った。

第2章

なぜイソコンは40年間動いていなかったのか?

アメリカのナイン・マイル・ポイント原発では5年に一度、定期的にイソコンの実動作試験を行っている。一方、福島第一原発では、過去40年間イソコンの実動作試験は行われたことはなかったとされる(©NHK)

40年間〝封印〟されたイソコン

福島第一原発事故から6年が経った2017年4月、日本の原子力の安全規制を担う原子力規制委員会は、原発の検査制度の大幅な見直しに着手した。事故から得た教訓を踏まえ、事故リスクを減らす検査制度に変えていくのが目的だった。この見直しで取材班が注目したのは、日本でも「実動作試験」が取り入れられるかどうかだった。実動作試験とは、原発の重要な機器を実際に動かすことで、正常に作動するかどうかを確認する試験である。アメリカではこの実動作試験が行われていたからこそイソコンが定期的に動かされていたのである。

検査制度の見直しが始まる時点で、原子力規制庁の幹部は取材班に対し、「福島第一原発事故の問題の一つは、イソコンの作動状況を誤認してしまったことだと、我々も考えている」と明らかにした。そのうえで「運転員が機器を動かす経験をきちんと積んでいるかが重要だ」と述べて、実動作試験は運転員の経験にもつながるということも踏まえて検討していく考えを示した。ただ、幹部は、実動作試験は運転中の原発で行うことがあるため、設備によってはトラブルにつながるリスクもあることから、導入は極めて慎重に検討していかなければならないとも付け加えた。

確かに、運転中の原発で、イソコンのような冷却機器を実際に動かすことは、場合によっては、原子炉の状態が変化して不安定になり、トラブルにつながりかねない。日本では、こうしたリスクに慎重になる傾向がある。一方で、実動作試験を行ってこなかったことで、運転員は、事故発生時にぶっつけ本番で冷却装置を動かすことになった。弁の開閉試験や研修は行っていたとはいえ、経験不足という大きなリスクを背負ったことも否めない。

イソコンが40年間動いていなかったとされることについて、取材班は実動作試験以外にもう一つ気になることがあった。それは、1号機の過去のトラブルについてである。

1号機では、1971年の運転開始から2011年の事故まで、原子炉が緊急停止に追い込まれるトラブルが何度か起きている。にもかかわらず、こうした場面でイソコンは一度も起動することはなかった。40年間にわたって動くことのなかったイソコンがなぜ2011年の事故で、突如起動したのか。腑に落ちない謎だった。しかし、2016年6月、その謎を解き明かす鍵を示す一通のメールが取材班に寄せられた。

専門用語がちりばめられた1100字を超える難解な文章だったが、読み始めるとすぐに、その内容に引き込まれた。メールは、事故をよく知る関係者からだった。

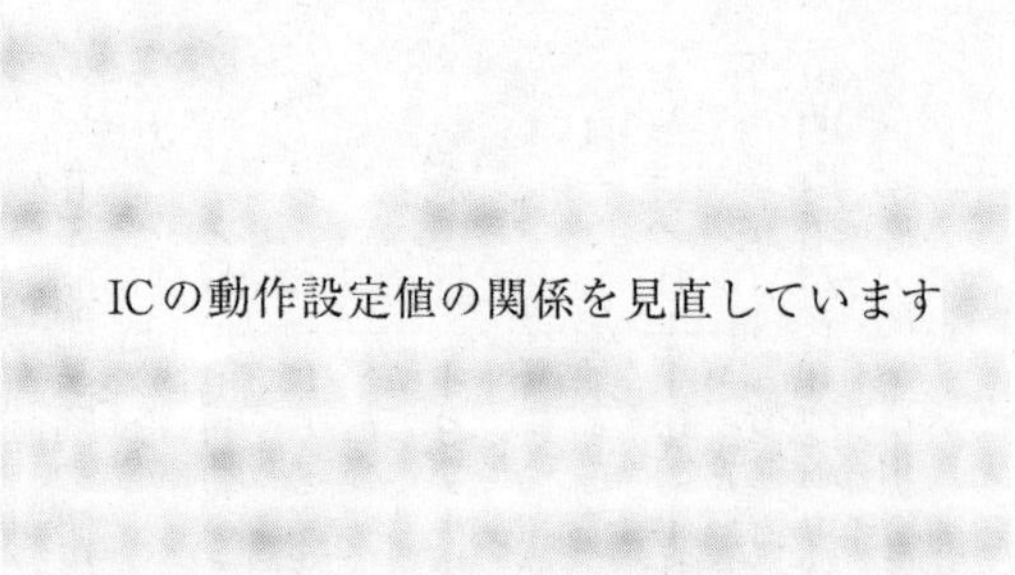

ICの動作設定値の関係を見直しています

取材班に寄せられた関係者からのメール。事故の8ヵ月前に重要な設定変更があったという（©NHK）

技術者らしい素っ気ないとも言える簡素な文章に続いて、唐突に、機微に触れる情報が記されていた。事故対応の鍵だった1号機の冷却装置・イソコンの設定が、事故の8ヵ月前に変えられ、起動しやすく変更されていたと記されていた。「だから、40年間動いていなかったイソコンが、あの日初めて動いたのか……」運命の変更に、思わず声が漏れた。

取材班に送られてきたメールには、事故の直前に設定を変えたからこそ、それまでのトラブルで動いたことがなかったイソコンが初めて起動したと綴られていた。40年間一度も動かしたことがなかったイソコンは、3月11日午後2時46分の地震発生直後、必然的に起動し、設定通りに原子炉を冷却し始めたのだった。

取材班に届いたメールは、事故の8ヵ月前に設定変更を行う以前は、イソコンが長期にわたって動きにくい状態になっていたことを示唆していた。事故のとき、イソコンを実際に動かした経験のある所員が一人もいなかった背景には、40年にわたる長い歴史的な伏線があったのである。なぜ、重要な冷却装置がかくも長きにわたって事実上〝封印〟されていたのだろうか。メールの内容が事実だとすると、いつからイソコンは、動きにくい設定になっていたのか。また、それはなぜなのか。この謎を探るため、取材班は、40年あまり前の福島第一原発の黎明期（れいめいき）を知る関係者を探し出すことにした。

忘れられない轟音と蒸気

東京電力の公式見解では、イソコンは１９７１年3月に1号機が運転を開始して以降、事故まで一度も稼働していない。稼働したことが確認できるのは、１９７０年夏から翌年春にかけて行われた試運転のときだけである。この8ヵ月間で少なくとも3回実際にイソコンを動かしていたことが、当時、日本原子力学会に提出された報告書に記されている。試運転の段階では、イソコンの実動作試験が行われていたのである。

取材班は、まず、この時期に福島第一原発に勤務していた東京電力のＯＢを探し出すことにした。半世紀ほど前のことを明確に語れる証言者をなかなか探し当てること

飯村秀文は、40年前のイソコンの試運転の様子を知る、数少ない東京電力OB。イソコンの信頼性は高かったという（©NHK）

ができなかったが、２０１６年暮れになって、ようやく目指す証言者に出会えた。

「本当にでかい音がします。そして、ぶわーっと雲のような蒸気が噴き出す。原子炉建屋が包み込まれてしまうほどの大きさです」

77歳になる飯村秀文（いいむらひでふみ）は、20代の若かりしときの記憶を、昨日のことのように語り始めた。１９６１年に東京電力に入社した飯村は、１９６９年から４年間、福島第一原発に勤務した。1号機の建設から運転開始までを見届け、このとき、1号機の試運転の段階で行われていたイソコンの実動作試験の様子を目撃していたのだ。

飯村は、１９７１年に1号機が運転開始する前、8ヵ月あった試運転の期間中にイソコンが稼働するのを何度も目撃していた。しかもイソコンは、運転開始当初は、原発が緊急停止する際に最初に起動する冷却装置として位置づけられていたと語った。

「イソコンは、何もしなくても8時間は原子炉を冷やし続けるので、運転員はこの間に状況を安定化させるための様々な手当てができる。気にすることと言えば、原子炉の鋼材を冷やしすぎないための操作だけで、信頼性はとても高かったと記憶しています」

飯村の証言からは、試運転が行われていた当時、装置としての位置づけは極めて重要で、かつ信頼性が高かったことが窺える。

これを裏付ける公的な記述は、東京電力が国に提出していた「原子炉設置変更許可申請書」の中でも確認できた。原発の建設から運転、そして廃炉に至るまでの過程で、電力会社は無数の書類を作成し、国に提出することが義務づけられている。その一つがこの申請書で、法律に基づいて、原子炉施設の安全性確保のため、電力会社が、施設の設置や変更について審査を受けるため国に提出している。福島第一原発の着工前から２０１１年の事故の前までに提出されたあわせて数千ページにものぼる申請書は、福島第一原発の45年におよぶ歴史を物語る資料だった。

初期の申請書には、１号機のあらゆる設備の性能や耐震性能の考え方、想定される事故の形態とその影響、それに復旧のシナリオなどが、細かく記されている。イソコンは正式名の「非常用復水器」と記され、装置の仕様や原子炉建屋内の設置場所などの図面とともに、稼働条件についても、次のように書かれていた。

「非常用復水器は、設定始動圧力74・５kg／㎠が約15秒間続けば、作動を開始し、原子炉の蓄積熱および崩壊熱を除去する」

何らかのトラブルで原子炉内の蒸気が逃げ場を失い、原子炉の圧力が一定の高さに達し、さらにその状態が15秒続いた場合に稼働する仕組みだ。この設定値は、のちに74・2kg／㎠、すなわち72・7気圧に引き下げられた（注：1工学気圧は0・97気圧）。当初から、イソコンは原子炉圧力を下げるために設けられている別の減圧装置よりも始動圧力が低く設定されていたのである。

つまり当時、原子炉の圧力が上昇するトラブルに対して、真っ先に稼働するようになっていたのだ。飯村の記憶とも合致する。

「原発への信頼性が今ほど高くなかった初期の設計思想として、原子炉に何か異常があった場合、とにかく運転を止めることが求められた。真っ先に稼働するよう設定されていたイソコンは、頻繁に稼働することを前提に設置されていたはずです」

飯村はそう語った。

そのイソコンが稼働した場合、どのようなことが起こるのか。飯村は、遠い記憶をたぐり寄せるように、宙を見つめながら語り出した。

「当時、私は原子炉建屋から200メートルほど南の事務所にいましたが、それでもものすごい音を聞きました。例えるとすればジェット機のエンジン音。轟音です。建

東京電力OBの飯村が描いた、イソコンが起動した直後に蒸気が噴出する様子
（©NHK）

屋の西側にある細いノズルから、勢いよく蒸気が噴き出すんです。蒸気はぶわーっと雲のように一気に広がる。原子炉建屋全体を包み込んでしまうほどの大きさでした」

　1号機の原子炉建屋の高さはおよそ50メートル。ブタの鼻と呼ばれる排気口は建屋の中央付近にあり、蒸気は25メートルを優に超える高さまで噴き出していたことになる。飯村に原子炉建屋の写真の拡大コピーに蒸気の様子を描いてもらった。蒸気は、もくもくと噴き出した雲のような様子で、原子炉建屋を包み込むほど大きかった。

「事務所の窓ガラスがびりびりと震え、心の準備ができていても何事かと驚くほどです。イソコンが稼働しているところを見た人は、その光景を二度と忘れないでしょうね」

飯村は、イソコンの稼働した状態を伝聞でしか知らない世代が直面した今回の事故を振り返った。そして、情報伝達が困難だった現場の過酷な状況を慮ったうえで、次のように指摘した。

「せっかくブタの鼻から出る蒸気を見に行ったのに、正確な情報が伝わらなかったことは残念です。稼働するとどんな音がするのか、どのように蒸気が噴くか、身をもって経験していれば、あの切迫した状況でも『動いていない』という判断ができたと思うんですね」

イソコンが動いている現場に立ち会う経験さえあれば、ブタの鼻からの蒸気を見て稼働状態を判断できる。飯村が語ったことは、逆に言えば、長期にわたってイソコンが動いてこなかったことが、現場の経験不足につながり、事故対応を困難にさせたことを意味していた。

なお、事故の発生当日の午後9時半以降、1号機の中央制御室の運転員たちは、弁を操作して再びイソコンを稼働しているが、その後、こうした音を聞いたという証言はない。これについて、取材班が専門家とともに行った検証では、すでにこの段階では原子炉の中の水がほとんど失われていて、イソコンは冷却機能を失っていたのではないかとみられている。

深夜の実動作試験の謎

8ヵ月にわたる試運転では、大量の蒸気と轟音を出して何度も動いていたイソコン。東京電力の公式見解では、1971年に1号機が運転を開始してからは、事故まで一度も動いていないことになっている。ところが、取材班は、思いがけない証言者に巡り合った。1号機の運転開始後もイソコンを実際に動かしていたのを見たという人物だった。

北山一美（きたやまかずみ）（66歳）。北山は、1号機が運転を開始した翌年の1972年に東京電力に入社。1号機の補機運転員として1年あまり福島第一原発に配属された。主に原子力の燃料畑を歩み、本店や福島第一原発を行き来し、柏崎刈羽原発の発電部長も務めている。北山は、最初に福島第一原発に勤務していた1973年までの間に少なくとも2度、イソコンを試験的に動かしている現場に立ち会ったことを明確に記憶していた。しかも奇妙なことに、それは、いずれも住民たちが寝静まるのを見計らうように、深夜に行われていたという。取材班の前で、北山は、その様子を1号機の原子炉建屋周辺の敷地図面に書き示しながら語り始めた。

午前0時を過ぎた頃、中央制御室の操作盤の前に集められた運転員たちは、イソコンを動かす人、計器を読む人、それに建屋の外から蒸気を確認する人など、役割ごとに分かれて持ち場に移動していった。入社後間もなかった北山は、上司に指示されるまま1号機の中央制御室から外に出た。イソコンを動かしたときに外に放出される蒸気の様子を屋外で監視して、中央制御室の中に伝える役割だった。ページングと呼ばれる構内放送で、イソコンを起動させたという連絡が入って間もなく、1号機の原子炉建屋にあるブタの鼻からゴーッという大きな音とともに真っ白な蒸気が噴き出した。夜空の暗闇の中、もうもうと噴き出す白い蒸気は誰が見てもはっきりと捉えられたという。北山がすぐさまその状況を中央制御室に伝えると、中央制御室の担当者はイソコンに送る蒸気の弁を閉じた。間もなく、ブタの鼻から出ていた蒸気は途絶え、何事もなかったかのように再び夜の静けさが戻った。

北山の証言では、1号機が運転開始した後も、イソコンが正常に動くかどうか、いわば「実動作試験」を行っていたことになる。しかも、それは、操作をする運転員の訓練を兼ねていたことを窺わせた。しかし、なぜ一連の作業を深夜に行わなければならなかったのだろうか。取材班の疑問に北山はこう答えた。

「イソコンを動かすとものすごく大きな音がして、住民をびっくりさせてしまう。ですから、周囲にあまり大きな影響を与えたくない気持ちがあったからではないでしょうか。当時、真夜中に起きているのは、あの周辺では我々、運転員だけ。それに周辺の集落とは2～3キロほど離れていますし、何十分もの間イソコンを噴かすことはないですから」

この実動作試験を行うにあたって使われていた蒸気が、実際に原子炉から出る蒸気だったのか、あるいはハウスボイラー等で焚いた放射性物質の含まれていない試験用の蒸気だったのかは定かでないと北山はいう。ただ、イソコンを実際に動かしていたことによって、ブタの鼻から出る蒸気や轟音は、当時の運転員の誰もが経験し、知っていたというのだ。

北山は、1973年6月に2号機の建設を担当する部署に異動する。これ以降、イソコンの実動作試験が行われていたのかはわからない。実際、1973年半ば以降、イソコンを動かしたのを見たという証言は見つかっていない。イソコンの実動作試験が行われなくなった理由については北山も知らず、「もしかすると、実際に蒸気を噴かすのをやめて、バルブの開け閉めだけで確認するということになったのかもしれませんが、よくわかりません」と語った。

退職後、母校の東京工業大学の特任教授などを務め、福島第一原発事故対応の研究を続けた北山は、事故対応において、イソコンへの対応が非常に重要だったと指摘したうえで、「イソコンに慣れている人があまりいなかった」と残念がった。

北山の証言から明らかになったイソコンの実動作試験。それは、運転開始後に一定期間続けられ、運転員がイソコンを実際に動かす経験を持つための訓練も兼ねていた。だとすると、この重要な意味をもつ実動作試験は、いつからなぜ行われなくなったのだろうか。

知られざる優先順位の変更

1973年半ば以降、イソコンの実動作試験が行われなくなるのを反映しているのか、設置変更許可申請書でも、イソコンに関する記述が次第になくなっていく。1号機が建設中だった1968年11月の申請書では、その稼働条件について従前と変わらない表記がなされているが、試運転中の1970年9月以降、1977年2月まで、実に7年にわたってイソコンの記述が途絶える。その後は、1980年12月に他の減圧装置の稼働条件を説明する中でわずかに触れられるだけで、これを最後に「非常用復水器」という文字を申請書から見つけることはできなかった。1970年代の半ばあたりから、イソコンは、フェイドアウトするように、動いた形跡がなくなっていく。それはまるで、イソコンが〝封印〟されてしまったかのようだった。

取材班が、改めて1号機のトラブルを調べていくうちに奇妙なことに気がついた。残された記録を見ると、少なくとも1980年代以降は、今回の事故と同じように、原発が緊急停止して原子炉の圧力が高まるトラブルが5年から10年ほどの間に一度のペースで起きていた。例えば、1985年8月には、1号機で2度にわたって、相次いで原子炉が緊急停止している。8月21日、原発の蒸気をタービンに送る配管を閉じる主蒸気隔離弁と呼ばれるバルブのスイッチを清掃作業中に誤って入れてしまい、原子炉の圧力が異常上昇。緊急停止している。2日後の8月23日。今度は、原子炉に給水する配管の振動によって、誤って主蒸気隔離弁のスイッチが入り、原子炉圧力が異常上昇。再び緊急停止している。このように何らかの異常で主蒸気隔離弁が閉じ、原子炉圧力が上昇して、緊急停止に至るのは、2011年3月11日の地震のときと似た状況である。

そうであれば、緊急停止後、原子炉を冷却するためにイソコンが動いているはずである。

しかし、1985年のトラブルでは、2回ともイソコンは動いていなかった。

原発には、原子炉を冷却する二重三重ものバックアップがある。当然、1号機もイソコン以外の冷却方法が用意されている。1985年のトラブルのときは、主蒸気逃

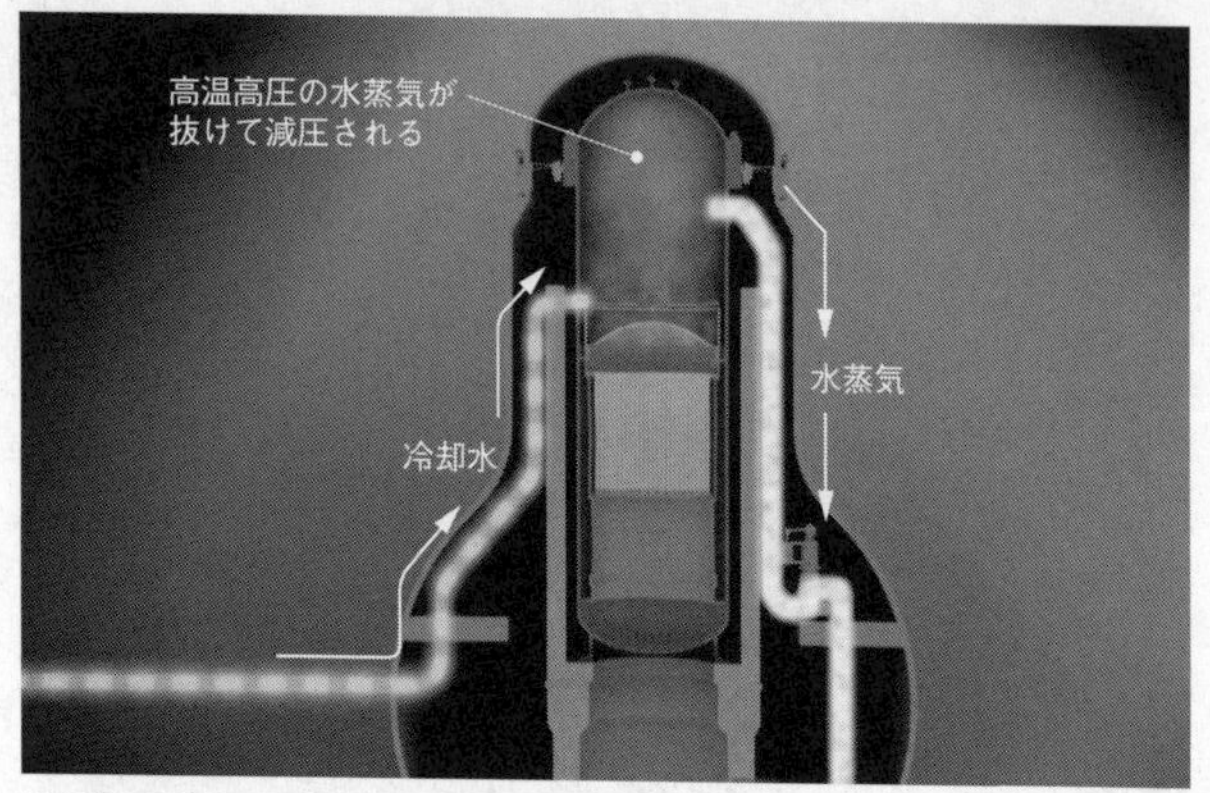

冷却装置が止まれば、原子炉の水位は急速に低下するが、注水口から冷却水を補えば、メルトダウンを防ぐことができる。ただし、冷却水を入れるためには、原子炉の内部は高温高圧の水蒸気があるため、蒸気を原子炉から逃がして圧力を下げる〝減圧〟を行う必要がある。減圧が成功すれば、原子炉内の圧力が低下し、外部からの冷却水の注水が可能になる（©NHK）

がし安全弁、SR弁（Safety Relief valve）と呼ばれるバルブが作動していた。SR弁は、原子炉の蒸気を直接、配管を通して格納容器に逃がすためのバルブである。SR弁を開いて蒸気を逃がすことで、原子炉の圧力は急速に下がる。圧力が下がった原子炉に水を注いで冷やしていくのである。1985年のトラブルは、いずれもこの方法で原子炉を冷却していた。

福島第一原発が稼働する時点では、イソコンは真っ先に起動するように設計されていたにもかかわらず、優先順位の低いSR弁が起動したとすれば、どこかの時点で、いずれかの起動の設定値が変えられたのではないか。取材班が調べたところ、1号機の運転開始前の1968年の設置変更許可申請書に、SR弁の起動設定圧力は「74・4気圧」と記されている。原子炉の圧力が74・4気圧に高まると、SR弁が作動するという意味だ。この値は、1号機試運転中の1970年の時点でも同じだった。SR弁の設定圧「74・4気圧」は、イソコンの設定圧「72・7気圧」よりも高い。つまり、原子炉の圧力が徐々に高まってきた場合、SR弁よりイソコンのほうが先に動くよう位置づけられていたのである。

その後、しばらく設置変更許可申請書からは、イソコンやSR弁の設定圧についての記述は途絶え、10年余り後の1980年の申請書に目を通し始めたときだった。突如としてSR弁についての記述が現れた。「信頼性向上のためバネ式のものに変更する」とある。作動圧力もこのタイミングで変わった可能性が高い。ページを繰っていくと、それははっきりと、しかし、さりげなく記されていた。これまで74・4気圧と記されていたSR弁の設定圧が、「72・7気圧」とイソコンと同じ設定圧にまで引き下げられていたのだ。取材班が思い描いていたシナリオが裏付けられた瞬間だった。東京電力はこのときに、SR弁が優先的に動くよう作動圧力を変えたのではないか。

取材班は、SR弁やイソコンの設定値に詳しい関係者に取材を続けた。その結果、やはり1980年に提出された申請書に基づいて、翌年の1981年にSR弁の作動圧力が突如72・7気圧に変更されたことがわかった。72・7気圧という値は、運転開始当初から変わっていないイソコンの設定値とまったく同じ値だ。

先述したように、イソコンは、原子炉の圧力が72・7気圧に達した状態で、この圧力が15秒間維持されて初めて動く仕組みになっている。一方のSR弁は72・7気圧に達した時点ですぐに弁が開いて、蒸気が格納容器へと逃げるので、ただちに減圧が開始される。すなわち、両者が同じ設定値の場合は、SR弁が優先的に開くことになるので、イソコンは動きにくくなる。

つまりこの時点で、イソコンとSR弁の優先順位が逆転し、イソコンは、事実上、封印状態に置かれるようになっていたのだ。1980年代のトラブルで、いずれもSR弁が動き、イソコンが動いていなかったのは、このためだったと推測される。イソコンとSR弁を動かす優先順位が逆転した1981年。その後、記録上、2011年の事故までイソコンは一度も動いていない。イソコンを巡る謎のベールが、少しずつはがされ、立ちこめていた霧がゆっくりと晴れてゆくようだった。

それにしてもなぜ設定値の変更が行われたのか。東京電力OBの飯村の発言にもあるとおり、イソコンに対する技術者の信頼は高く、運転開始後も、初期の段階は、実動作試験をしていたという証言もある。そのイソコンが、なぜ使われなくなっていたのだろうか。

動かすことを躊躇する装置

「イソコンを実際に動かすことに、躊躇があったというのは、率直なところなんです」

元東京電力幹部の二見常夫（ふたみつねお）（74歳）は、時折、目をつむって、自分の考えを整理しながら、言葉を嚙みしめるように、語り始めた。

東京工業大学で原子核工学を学んだ二見は、１９６７年に東京電力に入社。原子力分野を歩み、１９９７年には福島第一原発の所長に就任。原子力部門のナンバー２にあたる本店の常務も務めた。大学の先輩として、当時、通商産業省に内定していた吉田を東京電力に強く勧誘した過去があり、吉田とも親交が深かった。

二見は、１９８１年にイソコンとSR弁の作動の優先順位が逆転した経緯や理由について、直接は知らなかった。そのうえで、１９８０年前後から事故に至るまでの過去の経緯を振り返ると、躊躇という言葉を何度か口にして、イソコンを動かすことに対する「ためらい」のようなものがあったと指摘した。その理由の一つは、轟音と蒸気への懸念である。

「やはり、大きな音がしたり、大量の蒸気が出たりすることが周辺地域の人に不安を与えてしまうのではないか」

二見は、そう語った。これは、運転開始直後に実動作試験が深夜にかぎって行われていた理由について、北山が「イソコンを動かすと大きな音がして、住民をびっくりさせてしまうので、大きな影響を与えたくない気持ちがあったのでは」と証言したことにも通じる。

そして、もう一つが、放射性物質の漏洩リスクだった。イソコンは、原子炉から蒸気を通す配管をタンクに入れて冷やす仕組みになっている。その位置は、放射性物質の漏洩を防ぐ砦・格納容器の外に置かれている。配置から見ると、蒸気が通る配管を通して内部の原子炉から格納容器の外部へと貫いている装置とも言える。万一、この配管に破損があると蒸気の中に含まれていた放射性物質がブタの鼻から外部に放出されるおそれがあるのだ。

「原子炉からの生の蒸気が、配管のいわば壁一枚で外気と隔離されているというのが、非常に嫌な部分であって、実際に動かすことについて、躊躇するところがあった」

二見はそう語った。

実際にアメリカでは、1976年に福島第一原発1号機と同型機のミルストン原発

1号機で、イソコンの配管に微細な亀裂が生じ、微量の放射性物質が外部に漏れたというトラブルが報告されている。

このトラブルについて、当時、東京電力が把握していたかどうかは確認が取れず、こうしたトラブルが、イソコンとSR弁の優先順位逆転につながったかどうかはわからない。ただ、これまでの取材で、二見以外の複数の元幹部も、1970年代後半になると関係者はイソコンに放射性物質漏洩のリスクがあることを意識していたと証言していた。

福島第一原発所長を務めた二見常夫は、「イソコンは動かすことを躊躇する装置だった」と証言した（©NHK）

核燃料に詳しい別の元東京電力幹部は、イソコンの弱点として、「原子炉から出ている配管が損傷した場合、放射性物質が漏れるという運転操作上のリスクがあると言われていた」と述べ、安全にわずかでも支障があるなら使用を避けたいというイソコンへのネガティブな雰囲気があったと証言している。

1970年代半ば以降、イソコンが封印されていく背景には、放射性物質漏洩のリスクと、

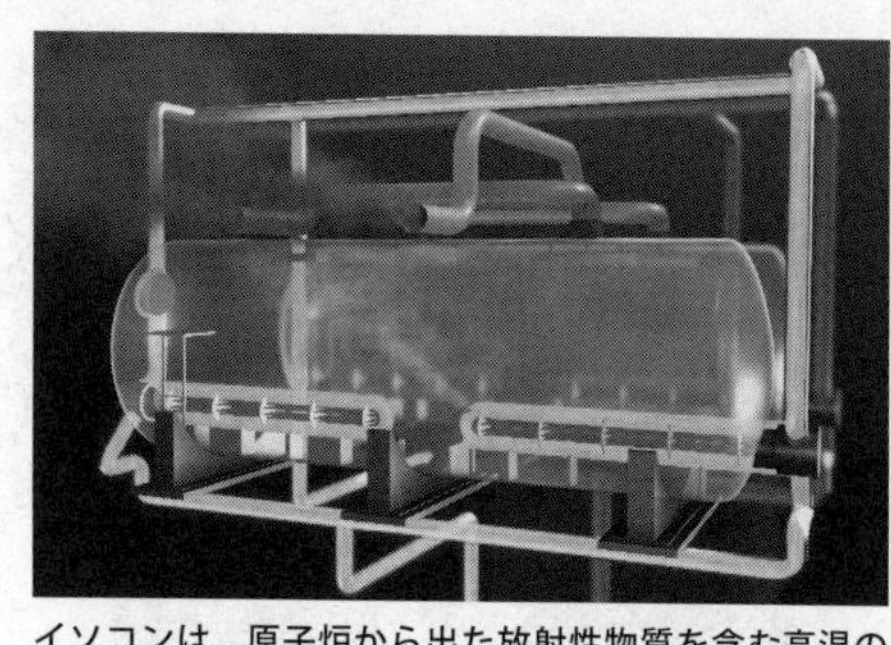

イソコンは、原子炉から出た放射性物質を含む高温の水蒸気を、タンクに貯められた冷却水で冷やす。装置自体は格納容器の外部にあるため、放射性物質の漏洩のリスクがあった（©NHK）

轟音と蒸気が周辺住民に与える不安があった。

二見は、「周辺地域の方々のことをあまりにも意識しすぎて、なんとか穏便に、ソフトランディングできないかということを考えがちだった」と語った。

そのうえで、二見は、「大きな反省としては、問題があれば、勇気をもって提起して、英知を集めて、議論して解決していくようなプロセスが大切だった」と述べて、イソコンを実際に動かす経験が途切れないように、周辺地域にも理解を得たうえで、何らかの形で実動作試験を続けていくべきだったと振り返った。

共有されなかった方針転換

轟音と蒸気がもたらす住民への不安と放射性物質漏洩のリスク。40年以上過去まで遡る取材の結果、イソコンを動かさなくなった要因が浮かび上がってきた。しかしこれだけでは、１９８１年にイソコンとＳＲ弁の優先順位を逆転させる〝方針転換〟が行われたことを説明できたとはいい難い。実は、ＳＲ弁を使った冷却にも別のリスクが存在するからだ。

ＳＲ弁は、原子炉の蒸気を格納容器に逃がすので、一気に減圧させることができる一方で、長く動作させていると原子炉の水はどんどん減ってしまい、ついには、原子炉は空焚きになるおそれがある。このため、原子炉には別の装置ですぐに水を注入し、冷却する必要がある。この注水作業が遅れると、原子炉が急激に過熱して、メルトダウンを起こす危険が出てくる。

さらに、原子炉の水には、強い放射線の影響によって生成する微量の放射性物質が含まれるので、ＳＲ弁によって格納容器に蒸気を逃がすと、格納容器にも放射性物質による汚染が生じてしまう。ＳＲ弁を使う対応は、様々な手間がかかり、リスクもある。それでもＳＲ弁を優先させたのは、よほどの理由があったはずだ。取材班は、１９８０年初頭、東京電力本店や福島第一原発で、この方針転換に関わった関係者を探す取材を続けた。その結果、方針転換を知りうる本店中枢にいた人物に会うことができた。

１９８１年当時、本店の原子力運転管理部の副部長だった澤口祐介（さわぐちゆうすけ）である。澤口は、東京大学工学部を卒業後、1956年に東京電力に入社。主に原発の技術系の重要部署を歴任し、原子力部門の副本部長も務めている。83歳になる澤口は、現役時代を彷彿させる明晰な語り方で原発の機器や技術について説明し、当時のことも驚くほど記憶していた。しかし、肝心の問いに対する答えは拍子抜けするようなものだった。澤口はこう答えた。

「この頃にSR弁の設定値を変えていたことは、いま初めて知りました。こういう話なら立場上、私に報告が上がっていてもおかしくないのですが、残念ながら思い出せません」

SR弁の作動圧力の変更は、安全審査に関わる案件のはずだが、覚えがないという答えだった。澤口は、当時は技術革新にともなって新しい装置が次々と導入される中、一つの装置の設定値の変更まで細かく覚えているほうが難しいとも説明した。さらに、この頃は、福島第二原発の運転開始に向けた審査の行方が最大の関心事で、無数の案件の中で、福島第一原発1号機のSR弁の作動圧力の変更が埋もれていった可能性もあると話した。

「説明がなかったのか。私が忘れているだけなのか。今となってはわかりません。ただ、当時はいずれにせよ、その程度のこととして扱われたのだと思います」

澤口は、終始冷静な口調で、そう語った。

イソコンの謎に迫る中で、取材班は、1981年のSR弁の設定値の変更が、重要な分岐点だったという考えに至った。しかし、複数の関係者に取材をした結果、その目的や議論の中身についての詳細はわからず仕舞いだった。見えてきたのは、この方針転換が思いのほか些末なものとして扱われていた可能性だった。

運転開始直後に、実動作試験が行われていたことを証言した北山は、1981年の設定値の変更の際、福島第一原発の技術課副長だった。北山にもSR弁の設定値変更について尋ねたがやはり、まったく知らなかったと驚いた様子だった。北山は「こうした重要な変更は、技術検討書のようなものを書いて、理由や目的を意思決定する上層部にきちんと理解してもらうとともに、関係する技術者や現場の人たちに周知すべきではないか」と語った。

しかし、その技術検討書のような記録は、一切見つからなかった。取材から浮かび上がってきたのは、1981年の方針転換は、関係部署の間でもごく限られた人間しか知らず、組織全体で情報を共有したとは、とても言えない実態だった。

結局、SR弁の設定値変更の理由について明確な証言は誰からも得られなかった。本来は重要なはずのこの変更が、関係部署にすら共有されず、また、担当者が異動などで部署が変わった途端、誰にも引き継がれず、いわば責任者不在で行われてきたことを裏付けているのではないだろうか。

なぜ、SR弁の設定値を変更したのか。証言や記録が見つからない以上、残された道は、東京電力に直接、内部調査を求めるしかない。取材班は、2017年2月上旬、文書で取材を申し込んだ。2週間近く経った後、東京電力から調査結果の回答を得た。

取材班の予想通り、変更は、1981年の定期検査にあわせて行われていた。1号機ではこれまで海外製だったSR弁を国産のSR弁に変更し、この際に作動圧力を変更したというものだった。新たなSR弁は、一定の圧力に達すると電磁弁が動作して原子炉の圧力を抜く逃がし弁の機能と、原子炉の破損を防ぐためにバネの力で強制減圧する安全弁の機能が合わさったもので、従来のSR弁よりも作動上、信頼性が高いものだったというのである。

しかし、変更の詳しい理由については、当時の資料を探してみたが「SR弁の信頼性向上のため」という記載しか書面に残されておらず、それ以上はわからなかったという答えだった。

なぜ、イソコンよりSR弁を優先させたのか。取材班は、重ねて問うた。しかし、東京電力は、「どういうロジックでSR弁を優先させたのか記録に残されておらず、確認できなかった」と繰り返すだけだった。１９８０年前後、どのような議論を経て、イソコンよりSR弁を優先させるという方針転換がなされたのか。記録がないという壁に阻まれ、方針転換の詳細は、謎に包まれたままになってしまったのである。

リスクが阻んだ実動作試験

イソコンを巡る最後の方針転換。それは、取材班に送られてきたメールが指摘した通り、事故の８ヵ月前の２０１０年７月に行われていた。取材班が、内部調査を求めたことに応じて、東京電力が最終的に文書で回答してきたのである。メールを受けてから９ヵ月が経った２０１７年３月初旬のことだった。

変更のきっかけは、２００９年２月25日に１号機で起きたトラブルだった。トラブルは、原子炉とタービンを結ぶ配管が異常振動を起こしたため、タービンバイパスの弁が閉じて、原子炉圧力が上昇。自動的に緊急停止するはずが、なかなか停止せず、最終的に手動で原子炉を止めたというものだった。

このトラブルを調べていくなかで、原子炉圧力が上昇し、すぐにSR弁が開いて原子炉圧力が下がったため、緊急停止する72・7気圧に達しなかったことが判明したという。SR弁は、1981年に72・7気圧に達すると開くよう設定されたが、実は、少し幅をもたせて設定しているため、72・7気圧より低くても弁が開くことがあるという。2009年のトラブルのときは、原子炉圧力が上昇し、72気圧に近づいた段階で、SR弁が開いてしまったのである。

このトラブルを受けて、東京電力は、設定値の全面的な見直しを迫られた。安全のためには、何らかのトラブルで原子炉圧力が上昇した場合、まず原子炉を確実に緊急停止する必要があった。このため、緊急停止する設定値をこれまでより低くすることを決めた。

東京電力は、イソコンとSR弁の作動する順番についても改めて議論した。そして、原発にトラブルが起きたとき、SR弁よりも先にイソコンを動作させたほうが、原子炉の水を失うことなく崩壊熱を冷やせることから、イソコンを優先すべきだという結論になったのである。

この結果、70気圧ある原子炉の圧力が何らかのトラブルで上昇した場合、まず70・7気圧に達したら原子炉が緊急停止。次いで71・3気圧になったらイソコンが起動して、原子炉を冷却することにしたのである。SR弁の設定値は、イソコンより高い72・7気圧に設定された。1981年の方針転換から、約30年を経て、1号機が建設された当初の設計思想に先祖返りする方針転換だった。

イソコンの設定値の変更は、原発の保安規定にも関わる安全上重要な変更である。この変更に対して、東京電力はどのような対応をとっていたのか。取材に対し、東京電力は、「設定値の変更は、保安規定の変更に関わるので、その変更の周知をし、マニュアルにも反映させた。運転員は、原子炉緊急停止の次にイソコン起動、さらにSR弁作動という順番になっていることは知っている。また、マニュアルは、現地の保安検査官は見られる立場にあるので内容は知っているし、保安検査官からは特に指摘はなかった」と答えた。

そのうえで、トラブルなどが起きたときの対応は、現場の当直長の裁量に任されていると回答した。現場の裁量に任されているならば、現場は、イソコンの詳細を熟知しておかなければならない。しかも2010年の方針転換は、長期にわたるイソコンの事実上の封印が解かれたことを意味する。現場では、すでにイソコンを動かした経験者がいなくなっていたのである。経験不足に備えるための対策は慎重になされるべきだったはずである。

取材班は、設定値の変更によって、イソコンが作動しやすくなったにもかかわらず、なぜ実動作試験や運転訓練を行ってこなかったのか、東京電力に問うた。

東京電力は、イソコンの動作確認については、弁を開け閉めさせる試験をもって担保していたと回答。運転訓練については、事故時運転操作の訓練の中で、システムの研修を行うとともに、日々の現場巡視や定期検査の中の保全活動など業務の中で装置についての知識を身につけていたと答えた。

そして、実際にこうした知識があったから、地震による原子炉の緊急停止の後、津波が来るまでの間、運転員がイソコンを操作して原子炉の水位や圧力を制御できていたと説明を加えた。

しかし、イソコンを巡る問題は、津波ですべての電源が失われてから起きている。電源喪失後、イソコンが動いているかどうかわからなくなり、ブタの鼻からの蒸気を確認したが、免震棟は、イソコンが動いているという誤った判断をしてしまった。イソコンが実際に動いたのを見た経験者がいなかったことが原因であることは否めない。なぜ、経験不足に備えるためにも実動作試験を行わなかったのか、再度東京電力に回答を求めた。

東京電力は「イソコンの配管から漏洩があった場合、実動作させることにより、大気中へ放射性物質を直接放出させるリスクがあるため」と答えた。二見が証言したように、イソコンのタンクを通る原子炉から繋がる配管が破損すると、蒸気の中に含まれていた放射性物質が外部に放出されることを、リスクと明記して、そのリスクこそ、実動作試験を阻んだ理由だったと認めたのである。

規制当局が見過ごしたイソコンの設定変更

福島第一原発事故発生から遡ること8ヵ月、２０１０年7月、東京電力はイソコンの設定値を見直し、40年近くにわたるイソコンの〝封印〟を解いた。この変更は、規制当局にも報告されていた。イソコンの設定値は保安規定に記載されているため、値を変えるには、規制当局に申請して認可を受ける必要があるからだ。実際、このとき、東京電力は保安規定の変更を当時の原子力安全・保安院に申請し、審査を受けていた。その過程で、保安院の担当者が「イソコンを真っ先に起動するよう変更するならば、ふだんから扱いに慣れておく必要がある。40年間一度も動かしていないのに、どうやって習熟するのか」などと質(ただ)していれば、実動作試験まで行うかは別にしても、装置に関する研修や操作訓練の実施など意識を高める試みがなされ、それが事故後の対応の改善に繋がったかもしれない。

取材班は、このときの審査の内容について調べるため、原子力規制庁に対し、旧保安院から引き継いだ資料の情報公開を請求した。約1ヵ月後、当時、東京電力が提出していた申請書と、役所側が作成した審査の関係資料が公開された。
文書に目を通すと、その内容は期待を大きく裏切るものだった。まず全体で10ページからなる申請書には、原子炉を自動で緊急停止する際の設定値を従来の72・7気圧から70・7気圧に引き下げると同時に、イソコンを起動する設定値を同じ72・7気圧から71・3気圧に引き下げることが記載されていた。ところが、なぜ変更するのかという理由の説明は、わずか3行しかなく、「原子炉圧力が異常に上昇したときに、SR弁が開くよりも原子炉が緊急停止することを優先させるため」という記述のみだった。

これに対する審査資料も6ページしかなく、審査担当者が上司に認可の了承を求めた起案書や、関係法令の抜粋などを除くと、審査の中身について書かれているのは、わずか1ページ半。しかも、ほとんどは、前年のトラブルをきっかけにSR弁の作動と原子炉の緊急停止の順序を見直すことを説明する記述だった。

イソコンに関する記述はわずか2行で、「本件の概要」という欄に、「非常用復水器(イソコン)系の設定値についても、上記と同様に原子炉スクラム(緊急停止)を優先するよう安全保護系設定値の変更を行う」とあるだけだ。これは、緊急停止を優先するようイソコンの設定圧を下げる、という意味だが、そもそも、この説明には納得いかいずれも同じ72・7気圧だった。原子炉の緊急停止を優先させるのであれば、その設定値だけをイソコンの設定値よりも下げていれば済む話で、わざわざイソコンの値までいじる必要はないのだ。

さらに、東京電力の申請に対し、保安院が変更を妥当だと判断した根拠はほとんど示されていなかった。「審査結果」という欄に、「保安規定の認可の際の審査に当たって確認すべき事項の内容は満足していることから、（中略）災害の防止上十分でないものと認められないため、認可して差し支えない」という記述が唯一あったが、確認すべき事項が何で、それをどのように満足していたのかは書かれていない。

もう一つ、気になる点があった。申請書と審査資料のいずれを読んでも、イソコンとSR弁の関係がまったく見えてこないことだ。先述したようにイソコンの設定圧を下げることで、SR弁より先に作動するよう順序を逆転させることがもう一つの変更の目的のはずなのに、そうとわかる記載が一切ない。申請書にはSR弁の値が載っていないため、審査官が自らイソコンとSR弁の優先順位がどうなっているのかについて、よほどの問題意識を持って調べなければ、わからないような書きぶりになっていた。

旧保安院の担当者は、設定の変更がイソコンを長年の〝封印〟から解き放つことになるという重要な意味を認識していたのだろうか。

認可の起案書には、作成した旧保安院の原子力発電検査課の担当職員の名前が記されていたほか、決裁した約10名の上司らの印影やサインがあった。まず審査を担当した職員を探したところ、経済産業省の中国地方の出先機関にいることがわかった。そこで、電話で尋ねてみたが、「正直に言って、イソコンの設定値を変更するという申請があったという記憶自体がまったくないです」と、申し訳なさそうに話すだけだった。

次に当たったのは、担当課の責任者だった。取材班が資料を見せて本題を切り出すと、「私の印鑑が押してある……これは知らないとは言えない話だな」そう言って、少し苦笑いを見せた。必死に思い出そうとしているのか、資料を目で追いながら聞いていたが、途中で「そんなことあったっけ……。本当は知っていなくてはならないのだけど、恥ずかしながら、もう忘れてしまっていて……」と、戸惑った顔をした。取材班が、イソコンがSR弁より先に起動するよう優先順位を逆転させる変更だったことを説明すると、無言で数分間資料を見つめていた元責任者はこう口を開いた。

「当時は、むしろ発端となったトラブルの対処のほうに気が回っていたような気がする。それで、併せて緊急停止とSR弁の起動の順番がおかしかったので直しますと言われて、当然だろうという感じで恐らく判子を押したのだと思う。一方で、なぜイソコンとSR弁の優先順位が従来、おかしな設定になっていたのかという疑問については、思い至らなかったのではないだろうか。いずれにしろ、申し訳ないが、当時の詳しい記憶は甦ってこない」

東京電力だけでなく、当時の規制当局も、設定変更が40年近く稼働することのなかったイソコンの〝封印〟を解く重大なものであったことを見過ごしたまま認可を下ろしてしまった可能性が高いことがうかがえる。

1号機の運転開始以来、幾度となく繰り返されてきたイソコンやSR弁の設定変更だが、取材から見えてきたのは、東京電力の内部で、設定の変更についてどのように議論され、誰の判断で変更に至ったのか、さらにその変更がどう共有されたのか、詳しい記録が残されていないために見えてこないという問題点だった。また規制当局への説明資料からも、変更の経緯や必要性について積極的に議論しようという姿勢は見受けられない。設定変更に関わった時々の東京電力の担当者たちは、原発の重要な設備の設定変更が持つ意味を安全面から熟慮を重ねたと言えるだろうか。

また、設定変更の審査にあたった規制当局も、その変更によって東京電力にどのような対応を求めるべきか、十分な検証をして認可したと言えるだろうか。もし、東京電力や規制当局が、事故の8ヵ月前に行われた設定変更が40年近く稼働していなかったイソコンの〝封印〟を解くことになる重い意味に気が付けば、緊急時の原子炉の冷却手段として優先されるイソコンについて、さらなる熟知や訓練が必要だという考えに至ったのではないだろうか。しかし、現実には、実動作試験のように実際にイソコンを動かす訓練はもとより、イソコンの挙動を熟知するための重点的な訓練も行われることはなかった。

この結果、福島第一原発の所員らは、イソコンという重要な冷却装置に対して、経験不足という重いリスクを背負ったまま、あの事故を迎えてしまったのだ。

COLUMN

見送られたイソコンを動かすチャンス

福島第一原発所長の吉田は、いわゆる吉田調書、政府事故調査・検証委員会によるヒアリング記録の中で、次のような言葉を残している。事故から4ヵ月後の2011年7月に行われた聴取の中で、調査委員会のメンバーから「福島第一原発でイソコンを起動したのは初めてか」と問われたのに対し、吉田は「1回あります。私はそのとき（福島第一原発に）いませんでしたから覚えていないんですけれども、平成3年ごろに、（中略）1号機が海水系の埋設配管が漏洩したことがあります。（中略）そのときにＩＣ（イソコン）を回したと聞いているんです」と答えている。

この内容は、イソコンは実際には動かしていなかったと後日、訂正するに至ったが、東京電力のＯＢへの取材から、実は、イソコンの稼働を本格的に検討した最初で最後のタイミングだったことが明らかになった。

１９９１年10月、1号機では、タービン建屋の地下を通していた冷却系の配管が腐食で破損し、海水が漏れ出すというトラブルが発生。原子炉は手動で停止し、放射性物質が漏れ出すような事態には至らなかったために、社会的には大騒ぎにはならなかったものの、原子炉の冷却手段が失われるという、現場では夜を徹して対応にあたる深刻な事態に陥っていた。原子炉を停止させても、核燃料は莫大な崩壊熱を出し続けるので、放っておくと原子炉の圧力が高まってくる。一刻も早く核燃料を冷やさなければならないのだが、冷却ポンプを回すと破損部分から海水が溢れ、建屋の床下のすき間から海水が溢れ出してくる。何度かポンプを動かしたり止めたりを繰り返していたが、このままではらちが明かない。そこで現地対策本部が目を付けたのがイソコンだった。しかし、イソコンを動かすことにためらいを持つ現場の担当者もいた。轟音と大量の蒸気を出すだけでなく、イソコンは非常用炉心冷却系（ＥＣＣＳ：Emergency Core Cooling System）に準ずる扱いとなっていたため、稼働させるとその後の役所や地元への説明が煩雑だからだ。

担当者は考えあぐねた挙げ句、恐る恐るイソコンを稼働させることについて本店の決裁を仰いだ。すると本店からはあっさりと決裁が下りた。当時、本店の原子力系トップにあたる原子力・立地本部長は、福島第一原発での勤務経験者でイソコンの仕組みには明るい人だったという。まさに、イソコンの封印が解かれようとしていたそのときだった。1号機の中央制御室にいた運転員から連絡が入った。イソコンを使わなくても、クリーンアップ系と呼ばれる別の系統をラインアップさせることで原子炉の冷却が可能だというのだ。この運転員の機転のため、結果としてイソコンは使われることなく、原子炉の冷却を確保することができた。

そして、このトラブルの教訓として東京電力は、配管破損の起きた冷却系の配管を、原子炉建屋とタービン建屋を繋ぐ、通称、松の廊下と呼ばれる通路の中を貫くように設置することにしたという。当時の担当者は、いわば厄介者のイソコンを使わずに済んだことに胸をなで下ろしたかも知れないが、結局、イソコンを動かすという経験のチャンスは失われることになったのだった。

第3章

歴史から学ぶアメリカ、学ばない日本

福島第一原発1、2号機の当直長は、イソコンの胴内にある冷却水がなくなっている可能性を懸念した。イソコンが空焚きによって壊れる危険があると考えて、いったん開けた戻り配管隔離弁（MO-3A）を閉じる操作を行った〈再現ドラマ〉（©NHK）

アメリカからの厳しい指摘

福島第一原発事故の悪化を決定づけた、1号機のイソコンを巡る判断。アメリカでこの問題を厳しく指摘した報告書がある。

「ＩＣ〔イソコン〕に関する詳細な知識の不足が、ＩＣが適切に運転しているか否かの診断を困難にした可能性がある」

「何人かの運転員は、〔イソコンの〕復水器タンクに十分な水があり、補給せずに10時間程度運転できることを理解していなかった」

米国原子力発電運転協会・ＩＮＰＯが２０１２年８月にまとめた「福島第一原子力発電所における原子力事故から得た教訓」に書かれている一節である。ここには、日本の政府や国会の事故調査報告書には書かれていない、具体的な知識の不足が厳しく指摘されている。ＩＮＰＯは、原発の安全性と信頼性の推進のため、アメリカの電力会社などによって１９７９年に設立された機関である。ＩＮＰＯは、事故後、東京電力の依頼を受けて、検証チームを日本に派遣し、事故当時の記録や報告書を精査し、中央制御室で事故対応に当たった運転員たちから直接聞き取り調査を行い、この報告書をまとめている。安全神話に囚われていた日本にとって、心に突き刺さる指摘がい

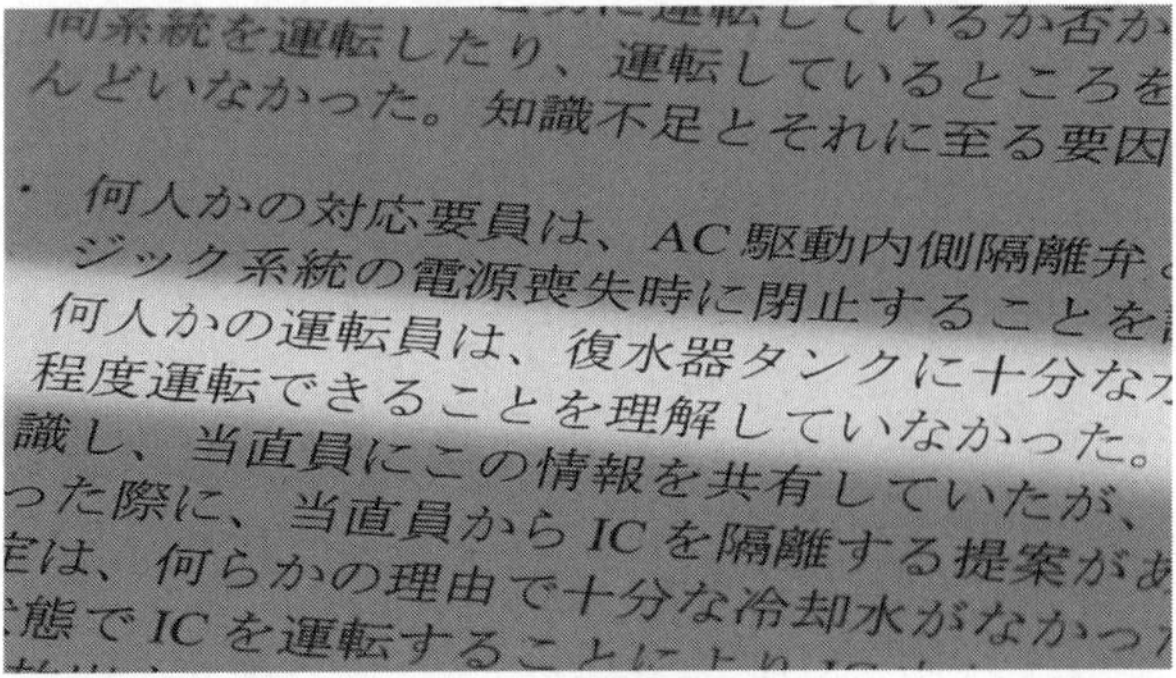
何系統を運転したり、運転しているところを
んどいなかった。知識不足とそれに至る要因
・ 何人かの対応要員は、AC 駆動内側隔離弁
ジック系統の電源喪失時に閉止することを
何人かの運転員は、復水器タンクに十分な
程度運転できることを理解していなかった。
識し、当直員にこの情報を共有していたが、
った際に、当直員から IC を隔離する提案があ
定は、何らかの理由で十分な冷却水がなかっ
態で IC を運転することにより

米国原子力発電運転協会による特別報告書追録には、イソコンに関する詳細な知識の不足を厳しく指摘している記述がある。日本語訳（参考和訳）を日本原子力技術協会（JANTI）が行っている（©NHK）

くつもされている。

この報告書の優れているところは、運転員や緊急時対応要員の知識不足を指摘するだけでなく、「なぜ、知識不足だったのか」という、より根本的な問題を指摘していることだ。

「知識不足の大半は、教育訓練に対する体系的なアプローチを用いずに作成した教材と教育訓練のあり方にさかのぼることができる」

「コンピューターベースの教育訓練環境と低頻度の再訓練（３年毎）に依存したことで、知識を保持するとともに理解を深める上での脆弱性がもたらされた」

指摘されているのは、イソコン操作の知識の欠落とそれをもたらした教育訓練の不備だった。アメリカから原発を輸入し、原発の安

全管理のノウハウを学んできたはずの日本が、なぜ危機対応や教育・訓練に重大な弱点を抱えることになったのか。取材班は、アメリカの原子力行政を統括する米国原子力規制委員会・NRCなどを取材し、危機対応の考え方や備え方に日米でどのような違いがあるのか、その深層を探ることにした。

実動作試験は実地訓練

2017年2月、取材班は雪景色のアメリカ東海岸に向かった。ニューヨークから東北東に向かって、車でおよそ3時間。コネチカット州ウォーターフォードの郊外に、ドミニオン社ミルストン原発がある。3基ある原子炉のうち最初に運転が開始された1号機は、福島第一原発と同じ時期に建設され、イソコンが備えられている。すでに営業運転が終了し、廃炉作業が始まるのを待っている状態で、取材班を快く受け入れてくれた。

出迎えてくれたのは、20年間にわたって1号機の運転員の訓練を担当していたというゲイリー・L・スタージョンだった。運転員の訓練の必要がなくなった現在は、廃炉作業が始まるまで1号機の管理を担当しているという。福島第一原発事故について、スタージョンは、非常に残念がって次のように語った。

ミルストン原発1号機の運転員の訓練を担当していたゲイリー・スタージョンは「私なら、あの状況でイソコンを止めることもなかった」と言い切った
(©NHK)

「イソコンを動かした経験があれば、排気口(ブタの鼻)から出る蒸気を見て運転状況の判断を間違えることはなかっただろうし、私なら、あの状況でイソコンを止めることもなかった」

イソコンはいったん起動したあと、停止しても、イソコンのタンクにはまだ多くの熱が残っている。そのため、バルブが閉じられ、停止した後も、ブタの鼻から蒸気が出ていることがある。そのため、イソコンが動いているときのブタの鼻の様子を見たことがない人は、目視してもイソコンが稼働しているかどうかを見極めるのは困難であり、逆に、動作中の様子がどうであるかを知っていれば、イソコンが動いていないと判断することは簡単だというのだ。

スタージョンによると、イソコンをどれぐらいの時間稼働させると、タンクの水位がどの程度下がるかは、運転員なら当然知っておくべき基礎知識であり、事故の状況下で、圧力制御のためにイソコンに頼っているのであれば、タンクの水位レベルが心配だからといって停止することはないという。また、電源喪失時には、水位がどんな状態であっても、イソコンを停止してSR弁を開放することは行わないという。SR弁を開くことによって一気に原子炉内の冷却水が失われてしまうほうが、事態をより悪化させてしまうからだ。

スタージョンが迷いなく「イソコンを稼働すべきだった」と言い切ることができるのはなぜなのか。この問いに彼はこう答えた。

「私たちは、5年に一度は実際にイソコンを起動させる試験を行っています。イソコンが原子炉を冷却する能力が十分かどうかを確認するためです」

そして、こう言葉を継いだ。

「このとき、運転員は実際にイソコンを稼働させて、学習・訓練することができます。目視で、また音で稼働状況を理解します。こうした実地訓練を行った運転員は、イソコンが稼働しているかどうかが簡単にわかるようになります」

実動作試験は、実地訓練も兼ねている。スタージョンは、5年に一度イソコンを動かす実動作試験が持つ意味をそう語ったのである。

スタージョンは、イソコンの実動作試験を行う際のマニュアルや、実際に試験を行った際の記録を見せながら、実動作試験の詳細を説明してくれた。イソコンの実動作試験の際には、中央制御室で原子炉の水位や温度、圧力、さらにイソコンのタンク内の水位や水温を確認するのはもちろん、実際にイソコンのタンクの側にも人を配置してタンクに設置されている水位計の確認も行い、さらに建物の外にも人を配置して、ブタの鼻から放出される蒸気の様子の目視確認を行うという。こうして運転員たちはイソコンのタンクの水がどれぐらいの時間でどの程度減っていくのか、さらに、イソコンを起動したとき、そして停止したときにブタの鼻から出る蒸気の様子を実際に目にすることで知識や経験を積んでいくのだ。スタージョンは実際に装置を稼働させてみることの重要性を次のように語った。

「運転員の訓練を行う中央制御室のシミュレーター（模擬施設）は、中央制御室の表示が何を示しているかを知るためには、素晴らしいものです。しかし、それだけでは、実際にシステムが作動しているのかどうかはわかりません。運転員たちはシステムで何が行われているか、どのように動作しているか、それが正常に動作しているときにはどのような音がして、どのような感じがするのかを、現場で実際に稼働させて知ることで、その知識を裏付ける必要があります。装置を操作した経験がなければ、稼働を確認する実際の能力は得られません」

実機を動かさずとも運転に必要な技能は習得できると考える日本と、実際に稼働させることで経験と知識を積み重ねていたアメリカ。日米で、イソコンの操作能力に決定的な差が開いたのは必然だったといえるだろう。

失敗から学んだアメリカ

スタージョンは、ちょうどいま、運転員の訓練が行われている最中なので、よければ案内すると誘ってくれた。テロ対策のために撮影はできないが見学だけなら構わないという。ミルストン原発の敷地内に、運転員の訓練専用の施設がある。2号機用と3号機用、それぞれ、実際の中央制御室の操作パネルなどを正確に再現したシミュレーターがあるという。訓練の様子を、大きなガラス窓越しに見学できるようになっており、十数名の運転員たちが、真剣な表情で取り組んでいた。

実は、このシミュレーターにも日本とアメリカでは違いがある。アメリカでは、それぞれの原子炉の実際の中央制御室を正確に模擬した専用のシミュレーターを用意し、運転員の訓練を行うことを義務づけている。きっかけは、1979年に起きたスリーマイルアイランド原発の事故だった。運転員の判断・操作ミスが事故の一因とされているが、その根本的な原因として、実際の中央制御室とは異なるシミュレーターを使って運転員の訓練を行っていたことが問題点として指摘されたためだった。

ところが、この教訓は、日本、そして東京電力では生かされていなかった。福島第一原発1号機専用のシミュレーターはなかったのである。1号機の運転員たちが訓練を行っていたのは、主に福島第一原発4号機や、福島第二原発2号機の中央制御室を模したシミュレーターだった。いずれのシミュレーターにも、福島第一原発1号機にしか備えられていないイソコンの操作パネルはない。INPOの報告書には、「1号機の運転員は、BWR運転訓練センターで、IC〔イソコン〕を含まない異なる設計の4号機を標準にしたシミュレーターを用いて訓練を受けていた」と指摘している。

そのうえで、1号機運転員の訓練は座学とOJT（職場で実務をさせることで行う従業員の職業教育）に大きく依存して、直流電源を喪失したときの深い知識を身につけることができない訓練内容だったと結論づけている。

東京電力では、実務中に実際にイソコンを動作させる訓練を約40年間行わなかった。実機訓練を行わないのであれば、最低でもそれに代替する教育や訓練を用意すべきだったのではないか。イソコン操作を疑似体験できる実機を再現したシミュレーターを使った訓練、アメリカでのイソコン実機訓練へ運転員を派遣するなど、できることはあったはずだ。

「日本ではスリーマイルアイランド原発事故、ましてチェルノブイリ[※]原発のような重大事故は決して起きることはない」という安全神話が生まれ、いつしか慢心が生まれていたのではないだろうか。

規制機関による強い指導

イソコンの実動作試験には放射性物質の漏洩のリスクも伴う。ミルストン原発では、いったいなぜ5年に一度という頻度で、イソコンの実動作試験を行っていたのか。スタージョンの答えは明快だった。

「NRC（米国原子力規制委員会）から実動作試験を義務付けられているからです。イソコンはECCS（Emergency Core Cooling System）と呼ばれる非常用炉心冷却系の一つに位置付けられています。そのため、定められた期間内に、イソコンであれば5年に一度、実際に起動させ、その冷却能力を確認しなければならないのです」

短く簡潔な回答の中に、日米の違いが凝縮されていた。ECCSとは、原子炉につながる配管の破断などによって冷却水が急速に失われたときなどに、緊急に炉心を冷

※旧ソ連ウクライナのチョルノービリ。以下同じ

却するために設けられている非常用の冷却設備のことだ。米国でも、日本でも、原発の安全性を担保する最重要設備の一つと認識されている。

東京電力が福島第一原発1号機の建設の許可を得るために国に提出した申請書（原子炉設置許可申請書・1966年7月）、そして、高圧注水系を追加した申請書（原子炉設置変更許可申請書・1968年11月）において、イソコンは、非常用冷却設備の筆頭に記載されている。ところが日本ではECCSの一つとは見なされなかった。そして定期的な実動作試験も、冷却能力の確認も義務付けられていなかった。いったい、いつ、どんな理由で、日米にこれほどの差が生じてしまったのだろうか。取材班は、まず、NRCが本当にイソコンの実動作試験を5年に一度行うように義務付けているのか、確認することにした。

調べてみると、NRCが個別具体的に一つ一つ指示しているわけではなかった。しかしアメリカでは原子力発電所の運転許可を得る際に、技術仕様書（Technical Specifications）を一緒に提出し、認可を受けることになっている。その技術仕様書には事業者側が定期試験に関する要件（Surveillance Requirements）を記載することになっている。ミルストン原発がNRCに提出した技術仕様書には、5年に一度、イソコンの実動作試験を行い、冷却能力を確認すると記されていた。取材班は、ミルストン原発以外の、米国内の福島第一原発と同じGE製BWRでイソコンのある原発についても調べてみた。すると、すべての原発で同様の規定があることが確認できた。では、いったいいつから、どんな理由で、5年以内に一度はイソコンの実動作試験を行うことになったのか。スタージョンに尋ねると、彼がミルストン原発で働き始めた1983年の時点で、イソコンはECCSの一つとされ、5年に一度の実動作試験が行われていたという。さらに遡って調べるためにはアメリカの原子力規制の歴史を紐解く必要がある。

原子力規制の歴史専門部署を持つNRC

取材班は、NRCで規制の歴史を担当しているトーマス・ウェロック教授に協力を求めた。ウェロックは、もともとセントラル・ワシントン大学の歴史学の教授だったが、2010年からNRCに移り、規制の歴史を担当している。実は、NRCには、規制を担当する部署とは別に、歴史専門の部署がある。原子力の規制当局がいつ、どのような情報をもとにどのような判断をしたのかをきちんと記録し、その判断は歴史的に見て、正しかったのか、足りない点があったのか、評価を行うことで、後のよりよい規制に生かすためだ。残念ながら日本の原子力規制機関では、以前の原子力安全・保安院にも、現在の原子力規制委員会および原子力規制庁にもこのような部署は存在しない。こんなところにも、歴史からの学びに対する日米の姿勢の違いを感じてしまう。

ウェロックは、取材班の依頼に快くメールで回答してくれた。

「定期試験は、少なくとも１９６８年11月に公文書で規定されたと伝えられます。その文書のタイトルは『原子炉の技術仕様書のガイド』、ＮＲＣの公文書室で閲覧することができます」

アメリカでは公文書がしっかりと保存され、閲覧できる仕組みが維持されている。取材班はワシントンＤＣにあるＮＲＣの公文書館を訪ねた。ＮＲＣが発足したのは１９７５年。ウェロックが教えてくれた公文書は１９６８年のものなので、ＮＲＣが誕生する以前のものということになる。１９６８年当時は、ＮＲＣの前身の組織にあたる米国原子力委員会（ＡＥＣ）が原子力規制を担っていた。こうした古い時代の文書は、マイクロフィッシュと呼ばれる小さなフィルムのようなものに極めて小さく転写されて保存されている。文書の内容を確認するためには、そのマイクロフィッシュを一枚ずつ専用の読み取り装置にセットし、読みたいページを一枚一枚、拡大して見る必要がある。

はたして、1968年11月の『原子炉の技術仕様書のガイド』には、どのようなことが書かれているのか。はやる気持ちを抑えて、一枚ずつ確認していくと、全29ページの文書の20ページに、検査規定の項目があった。

そこには、定期試験に求められる厳しい要件が記載されていた。

・安全上重要な設備、または事故の影響を防止・緩和するために必要な設備に重点をおく

・設備の性能や使用可能なことを確認するための試験や検査を行い、その頻度についても規定する

そして、このガイドの内容に準拠した例として、1967年8月3日に認可された実験用原子炉の技術仕様書が挙げられていた。そこには、原子炉の非常用冷却系について要約すると次のようなことが記されていた。

「非常用冷却系は通常運転では使わないので、なおさら、実際に装置がきちんと機能するのか、定期的に確認する必要がある。実機を用いた確認の頻度は、実際に稼働することによって生じる装置の劣化が問題にならない程度とする」

では実際に、イソコンについてはどのように決められていたのか。NRCの公文書館で資料を探してみると、決定的な文書が見つかった。福島第一原発1号機とほぼ同

じ時期に建設され、運転を開始したドレスデン原発2号機の技術仕様書だ。この2号機は、福島第一原発1号機と同じ、GE製BWRのマークⅠと呼ばれる型式で、非常用の冷却装置として、イソコンが設置されている。ドレスデン原発を運営する事業者は、2号機の技術仕様書をAECがガイドを発表する2ヵ月前に提出していた。

最初に提出された技術仕様書には、イソコンの実起動試験（熱除去能力の確認）を行うとは記載されていない。その後、事業者は何度も技術仕様書を修正し、AECとやりとりを繰り返していた。そしておよそ1年後の1969年12月22日に、事業者が提出した運転の許可申請とそれに伴う技術仕様書が、AECによって認可された。そこには、イソコンの検査のための試験項目として「5年ごとの熱除去能力の確認」が明記されていた。これ以降、イソコンを備えるほかの原発でも同様に、熱除去能力を確認するための5年ごとの起動試験が技術仕様書などに次々と盛り込まれていった。こうしてアメリカでは、5年に一度はイソコンを実際に起動する試験を行うことになったのだ。

日本の原子力の専門家の中には「アメリカにおけるイソコンの実動作試験は、事業者側が自主的に技術仕様書に記載し、行っているもので、規制当局から要求されたものではない」と主張する人もいる。しかし、前述の通り、イソコンの実動作試験が行われるようになったきっかけは、当時の規制当局のAECが決定した技術仕様書のガイドであり、運転許可をめぐる規制当局と事業者の議論の中で技術仕様書に加えられたものだった。また、現在の規制当局であるNRCは取材に対し、「技術仕様書は原子炉の運転許可を与える際の条件であり、規制要求である」と回答している。

なぜ、アメリカでは、1968年に技術仕様書のガイドが作られ、イソコンの実動作試験が規制要求されるようになるなど、規制が強化されていったのか。その背景を知る人物がいると聞き、訪ねた。ワシントンDCにあるNRCのオフィスから、車でおよそ30分。庭園のように手入れされた緑豊かな郊外の住宅地だった。

出迎えてくれたのは、1979年から2010年まで31年にわたってNRCで歴史担当の専門家を務めたサミュエル・ウォーカー博士。アメリカにおける核兵器の開発秘話や、スリーマイルアイランド原発事故の歴史書など、核や原子力関係の数多くの著書があり、アメリカで最も有名な核や原子力の歴史研究者の一人だ。原子力の規制の歴史についても年代ごとに5冊もの著書にまとめている。

ウォーカーによれば、規制当局が最初の技術仕様書のガイドを作った1960年代後半は、原発の安全対策の一つのターニングポイントだったという。アメリカでは、1960年代に入ると商業用の原発の建設計画が次々と立てられ、原子炉の大きさも急速に大規模化していった。当初、事故が起きても放射性物質を格納容器の中に閉じ込めておけると考えられていたが、１９６０年代半ばになると原子炉の専門家たちは、核燃料がメルトダウンし、原子炉、そして格納容器を突き破り、環境中に放射性物質が大量に放出されるような事故の可能性を心配するようになった。１９６７年にはＡＥＣがメルトダウンした核燃料が重力に引かれて地面を溶かしてゆくという調査報告書を発表、その後、地球の中心を通り抜け、反対側の中国まで溶かしていくという「チャイナ・シンドローム」という言葉を生むことになった。こうした時代背景を受けて、様々な安全対策が考えられるようになった。その中で最も重要とされたのが、非常用炉心冷却系（ＥＣＣＳ）だった。さらに規制当局は、原発運転の許可申請の際に、技術仕様書の提出も求め、それらが適切かつ十分であると判断したら運用を許可することにしたという。

「技術仕様書に書かれている内容は、安全のために不可欠なものだったからこそ記載されていたのです」

こうした議論が行われていた１９６０年代末、東京電力は、アメリカからＧＥ製ＢＷＲマークⅠ型の原子炉を導入し、日本の規制当局はその審査を行っていた。しかし、日本では、配管破断による冷却水喪失事故の際に使用するとされた高圧注水系などだけをＥＣＣＳとし、イソコンはＥＣＣＳから外され、「ＥＣＣＳに準ずる設備」とされた。さらに、ＥＣＣＳに該当する設備についても、米国のような原子炉の運転中に行う「実動作試験」は取り入れられなかったのである。[章末註]

実動作試験を取り入れなかった日本

アメリカでは１９７０年代から続けられてきた実動作試験を、なぜ、日本の規制当局は電力会社に求めてこなかったのだろうか。取材班は、原子力規制庁の幹部やその前身の原子力安全・保安院のＯＢに取材した。しかし、返ってきたのは「運転中にイソコンを動かす試験なんてできないし、必要もない」という答えだった。

原発は通常、原子炉の核分裂反応や温度、圧力が一定の状態になるよう、細心の注意を払ってコントロールされている。もし運転中の原子炉に急に冷たい水を注入すれば、温度や圧力が急激に変化し、トラブルにつながるリスクがあるという。高温状態の原子炉を覆う容器が急激に冷やされると経年劣化が早まるリスクを指摘する専門家もいた。いずれも東京電力が懸念していた放射性物質の漏洩とは違うリスクだ。

イソコンは、原子炉と冷却タンクを結ぶ配管の途中に弁があり、これが開きさえすれば、蒸気と水が循環し原子炉を冷やす仕組みのシンプルな装置だ。このため、停止中の簡便な試験で弁が開くことを確かめておけば、運転中に作動させなくても事足りるというのだ。

では、なぜアメリカの規制当局は、リスクを負ってまでも、電力会社に実動作試験を求めているのかと問うと、幹部やOBたちは一様に「本当にアメリカではそんなことをやっているのか」と半信半疑の様子だった。日本では、これまでイソコンを実際に起動してみるという発想自体がなかったかのようだった。

一方で、日本の原発は、アメリカで開発された技術を導入し、安全規制もアメリカを手本としてきた。それなのに、アメリカで行われているイソコンの実動作試験が、なぜ日本では行われてこなかったのか。それは本当に妥当だったのか。そうした疑問を規制機関の関係者にぶつけながら、取材を続けていく中で、日本でも実動作試験の必要性に気が付くチャンスがあったはずだという人物に出会った。

30年近く日本の原子力規制の行政現場にいた平岡英治（ひらおかえいじ）だった。平岡は、１９７９年に当時の通産省に入省以来、ほぼ一貫して原発の規制畑を歩み、福島第一原発の事故では、原子力安全・保安院の次長として総理大臣官邸などで対応にあたった。平岡にアメリカのドレスデン原発の技術仕様書を見せながら、なぜ日本では長年、イソコンの実動作試験が行われてこなかったのかという疑問を投げかけてみた。すると、平岡は、アメリカで定期的に実動作試験が行われていることについて、「知らなかった」と驚いた表情を見せた。しばらく資料を読んでいたが、顔を上げて「今まで考えたこともなかったけど、実動作試験を行うというのは、言われてみれば当然かもしれない」と感想を述べた。

そして平岡は、日本でもイソコンの実動作試験の必要性に気付くチャンスが、福島第一原発事故の10年前にあったと口にした。

それは、茨城県東海村にあるＪＣＯの核燃料加工施設で臨界事故が起き、作業員２人が被ばくして亡くなった１９９９年に遡る。この事故を受け、旧通産省は法律を改正し、原発や原子力関連施設の運転管理などのルールを定めた「保安規定」が現場で守られているかを、検査官が年４回チェックする保安検査を導入した。

このとき、電力各社に対し、保安規定の内容を抜本的に見直すよう求めた。保安規定は、電力会社が発電所ごとに策定し、規制当局の認可を受けるものだが、当時は極めて簡素な内容だったため、十分でないと考えられたのだ。ＪＣＯ事故を踏まえて、原発も含めて原子力施設の安全対策を抜本的に見直さなければ、失墜した原子力への信頼は到底回復できないという判断があったとみられる。

この保安規定の改定作業で、お手本とされたのがアメリカの原発の技術仕様書だった。電力各社は技術仕様書をほぼ真似る形で、トラブルや事故時に作動する安全装置の機能試験の方法や頻度などを新しい保安規定に詳しく書き込んだ。

ところが、2001年1月に旧通産省から変更を認められた福島第一原発の保安規定を紐解いてみると、イソコンについて定例試験を行うことが明記されたものの、定期検査の際に弁の開閉などを確認するだけで、実際に装置を作動させる内容とはなっていない。

平岡も「なぜアメリカの技術仕様書にあるイソコンの実動作試験が、保安規定の変更時に盛り込まれなかったのだろうか」と首をかしげた。少なくとも電力会社とメーカーは技術仕様書の内容を把握していたはずだ、と納得いかない様子だった。

見送られた実動作試験

原発事故の約10年前、日本の規制当局には、イソコンの実動作試験の導入を検討するチャンスがありながら、生かせなかったのではないか。新たな疑問が浮かび上がった。

JCO事故の翌年の2000年8月から9月にかけて、電力各社は全国17ヵ所の原発の新しい保安規定を旧通産省にそれぞれ申請していた。それらは数ヵ月の審査を経て修正され、翌年1月に一括して認可を受けている。

このとき、イソコンなどの安全機器の実動作試験を巡ってどんな議論が交わされたのだろうか。取材班は、当時の経緯を示す内部文書を入手した。「保安規定改定に係る議論について」というタイトルが付けられた通産省の文書で、A４用紙35枚に、保安規定を見直すに当たっての考え方がポイントごとにまとめられていた。

実は、通産省は、電力各社から提出された保安規定を審査するのと同時並行で、電力業界との間で、どのような考え方で規定を見直すべきかを議論していた。会合は毎週のように開かれ、電力各社が持ち回りで都内にある本店や支社の会議室を会場として提供した。毎回、役所側から5～6人、電力側からは総勢20人前後の担当者が参加したという。入手した内部文書は、２０００年の夏以降、役所と電力各社が数ヵ月間かけて議論した内容をまとめた報告書だった。

ページをめくっていくと、ある記述が目にとまった。「ＳＴＳ（米国原子力規制委員会が策定した標準技術仕様書）において、我が国では実施していないサーベランス（定例試験）が数多く要求されている。しかしながら、以下の検討から、当該運転中サーベランスを保安規定に反映しないこととする」と記されてあった。

つまり、「アメリカの技術仕様書で求められている原発運転中の実動作試験については、日本の新しい保安規定に盛り込まない」と書かれていたのである。

その理由について、報告書では、「日米の安全確保の考え方の相違」という点から説明されていた。アメリカでは、運転中の定例試験を通じて、安全装置がきちんと作動することを確認している。これは裏を返すと、不具合が見つかるギリギリまで設備が使われているとも言える。これに対し、日本では、運転停止中に集中的に試験を行い、分解検査まで行っているため、部品交換などを通じて故障を未然に防いでいる。

報告書の記述によると、日本の原発は「海外の原子力施設より高い信頼性を確保してきており、引き続きこの考え方を採り続ける限りにおいて、当該運転中サーベランスを導入する必要性はない」というのだ。

この考え方から、東京電力は福島第一原発の新しい保安規定にイソコンの実動作試験を盛り込まず、通産省の審査でも、そのまま了承された、それが取材班の辿り着いた結論だった。恐らく、なぜアメリカでわざわざ実動作試験を行っているかを深く追求することはなかったのではないか。このときの議論において、実動作試験には設備が健全であることを確認するだけでなく、訓練を通じて運転員の操作技術を習熟させる側面があることは見過ごされていったのだ。

経験の重要さという教訓

日本では、2基の原発にイソコンが設置されていたが、このうち福島第一原発1号機は事故で廃炉となり、もう一つの敦賀(つるが)原発1号機も運転期間を40年に制限する制度が導入されたのに伴い、すでに廃炉が決まっている。イソコンに関して実動作試験を行うべきか否かという議論にはもはや意味はない。

ただ、原発には、イソコン以外にも、通常の運転では使われないさまざまな非常用の設備があり、定期検査など原発を止めた状態でしか動作確認を行わないものや、電源が入るかどうかだけで点検を済ませるものもあるという。また、福島第一原発の事故では、格納容器の圧力を下げるベントができているのかどうかの確認に手間取ったが、この要因として排気筒につながる配管に設けられたラプチャーディスクと呼ばれる薄い金属膜の存在がある。これは、放射性物質を外部に漏らさないよう日本の原発にしか設けられていない設備で、一定の圧力がかからないと金属膜が破れない仕組みになっている。しかし、事故に至るまでに、実際にベントが行われたことはなく、またラプチャーディスクを破るような試験を行うこともなかった。さらに、事故を受けて設置が義務づけられた外部からの注水設備や発電機、それに放射性物質を減らしたうえで、排気して格納容器の圧力を下げる「フィルター付きベント」の設備などが新たに設けられることになったが、こうした設備が事故時に想定通り機能するのだろうか。

もちろん、これらすべてを実際に動かしてみるということは現実的ではないかもしれないが、各地で原発が再稼働し始める中で、現在の規制当局である原子力規制委員会が、教訓から何を学び取り、どう生かそうとしているのか。２０１７年2月半ば、取材班は一連の経緯を質問書にまとめ、規制委員会に回答を求めた。3月初め、Ａ４用紙5枚にわたる回答書が規制委員会の事務局にあたる原子力規制庁から届いた。広報担当者によると「委員会として正式に答えようとすると、5人の委員全員による検討や手続きが求められ、回答に時間がかかるが、重要な論点なので、可能な範囲で将来の方向性だけでも示そうということになり、幹部が集まって議論した」とのことだった。

注目すべきは、「現在、運転中に実動作試験を行っていない安全系の機器について、福島第一原発事故のイソコンをめぐる経験を踏まえ、今後、日本でも実動作試験を要求することを検討する考えはあるのか」という問いに対する回答だった。

「原子炉の温度・圧力等について過渡的な変化を伴う実動作試験の実施に当たって

は、慎重な検討が必要となります。ご指摘のとおり、米国においては、主蒸気逃がし安全弁などについて運転中の実動作試験を行っており、原子力規制庁として、前述したリスクも踏まえながら、調査・検討したいと考えています」

この回答には、当時、広報室長だった金城慎司（きんじょうしんじ）が口頭で補足した。実動作試験は一定のリスクを伴うため、軽々に「日本でもやる」とは言えないものの、アメリカの実情を詳しく調べて検討したい、ということだった。ここで言う「一定のリスク」とは、設備によってはイソコンと同様、運転中に実動作試験を行うと、原子炉の状態が不安定になり、トラブルにつながるおそれがあることだという。ただ、原子力の〝先輩〟であるアメリカで行われている以上、慎重を期しつつも十分検討に値するということだった。

取材班の問題提起がきっかけになったかどうかは定かではないが、日本の規制当局も、福島第一原発の事故を通じて、経験不足が取り返しのつかない事態を招く重大なリスクにつながるということを遅ればせながら認識したようだった。そして、実動作試験に消極的だった姿勢を転換し、検討に踏み出したのである。

リスクと向き合う覚悟

２０１７年4月、原子力規制委員会は、原発の検査制度の大幅な見直しに着手した。ＩＡＥＡ・国際原子力機関からの要請を受けて、福島第一原発事故の教訓を踏まえた、事故のリスクを減らす検査制度に変えていくのが目的だった。

実動作試験についても、原子力規制委員会では、2年半にわたりさまざまな角度から検討が重ねられた。しかし、イソコンのように原発を運転中に動かさなければならない機器もあり、運転に与える影響やリスクを考慮すべきという消極的な意見もあった。なかには「そこまでの必要性はなく、あらゆる機器を実際に動かすことは難しい」という否定的な意見もあったという。一方で、実動作試験の必要性を訴える意見もあり、委員会内部で侃々諤々（かんかんがくがく）の議論が闘わされた。

原子力規制委員会は、2年半以上の議論を経て、２０１９年12月、保安規定の検査制度を改正、翌２０２０年4月から、この新たな検査制度が運用されることとなった。そして各電力会社が原発の点検の手順や内容などを定める保安規定に、定例試験によって機器の「実条件性能確認」を求めることが新たに明文化された。これは事故などの厳しい条件下でも、機器が求められる性能を実際に発揮できるか確認することを求めるというものである。この新たな要請は、機器を動かすことまで直接言及しているわけではないものの、事故時でも機器の性能を担保できることを確認するためには、機器を動かして確かめるに越したことはない。実際、電力会社の中には、これを契機に実動作試験の導入を新たに模索する動きも出始め、実動作試験の対象となる具体的な機器や実施方法について、原子力規制委員会との間で議論が続けられている。例えば、2020年9月に行われた原子力規制庁と関西電力とのやりとりでは、福井県にある美浜原発3号機と高浜原発1、2号機において、停電などで蒸気発生器（原子炉から送られてきた熱水で、蒸気を発生させる装置）への給水ができなくなった場合に、別の場所から水を供給するためのポンプなど安全上必要な機器について、流量を最小限に絞るなどして、原発の運転中も月例の点検として行うことができないかといった提案がなされている。日本で行われてこなかった非常用の機器に対する実動作試験を具体的にどう取り入れていくのか、原発事故からおよそ10年経って、ようやく手探りの模索が始まったのである。

イソコンの実動作試験をめぐる日米の検証取材から見えてきたのは、日頃から小さなリスクに向き合ってこなければ、大きなリスクには対応できないという厳しい現実だった。東京電力は、イソコンの配管のひび割れから微量の放射性物質が漏れ、蒸気と共に大気中に放出されてしまうという小さなリスクを恐れ、長い間イソコンをできる限り動かさないようにしてきた。規制当局も実動作試験を行えば、原子炉の状態が

「新潟県原子力発電所の安全管理に関する技術委員会」が、福島第一原発1号機原子炉建屋4階にあるイソコンを調査する様子

不安定になってトラブルにつながるおそれがあり、機器の故障や人為的ミスが重なれば、事故に発展するリスクも否めないとして、実動作試験を取り入れてこなかった。

他方、イソコンを使って対応しなければならない大きな事故が起きるリスクは軽視され、実動作試験がもつ訓練の意味合いも深く考えてこなかった。その結果、事故に対応するための知識や訓練が不足するという大きなリスクを背負ってしまっていたのだ。福島第一原発の事故では、中央制御室だけでなく、事故対応の指揮をとった免震棟も含めて、誰一人として、実際にイソコンが動いているところを見たことのある人はいなかった。このため、イソコンから出る蒸気の状況からイソコンが動いていないことに気づくことができず、また、中央制御室もイソコンのタンクの冷却水が減って、配管が壊れることを恐れ、再起動させたイソコンを停止させてしまっている。仮に、実動作試験が定期的に行われ、所員がイソコンの挙動や性能を熟知していれば、イソコンが動いていないことに津波に襲われ電源を喪失した後の早い段階で気づくことが可能だったのではないだろうか。そうすれば、メルトダウンを食い止めることが可能な時間内にイソコンを再起動させたり、別の冷却手段を確保したりして、事故対応を変えることができたのではないだろうか。

リスクは、科学的には、「事象の発生頻度×起きた場合の影響」と定義される。原発で大きな事故が起きる頻度は非常に低いが、もし起きれば影響が際限なく拡大する。しかし、福島第一原発の事故以前は、電力会社も規制当局も、大事故の確率が小さいことから、いつしか大事故は起きないという過信に陥り、それを言い訳に甚大な影響が生じるリスクへの備えから目を逸らしてきたのではないだろうか。

事故後、原子力規制委員会は、「確率論的リスク評価」（ＰＲＡ：Probabilistic Risk Assessment）を導入し、原発などの原子力施設などで発生するあらゆる事故を対象に、その発生頻度と発生時の影響を評価し、その積である「リスク」がどれほど小さいかで安全性の度合いを判断していくこととなった。果たしてどのような事象がどう評価され、どう対処されようとしているのか、電力会社や規制当局はその過程を公表した上で、最新の知見や海外の状況、外部からの意見を積極的に取り入れながら、絶えず議論を重ねていくことが求められるだろう。これがイソコンをめぐる苦い教訓を踏まえた真摯な姿勢だと取材班は考えている。

章末註　米国では原子炉運転中に実動作試験が行われているのに対し、日本では原子炉を停止して行う定期検査の際に、弁の開閉を確認したり、ポンプを起動して吐出圧力や吐出流量を確認するという試験方法が取られている。また、日本では停止中でも実動作試験を行わず、制御回路の確認だけで済ませている設備もある。なお、米国でも運転中には行わず、停止中に行う実動作試験もある。

第4章

ベントはなぜかくも遅れたのか?

予定されたベント実施がなかなか実行されないことに業を煮やして、福島第一原発視察を行った菅直人首相。陸上自衛隊の要人輸送ヘリコプター「スーパーピューマ」で現地に向かった（©NHK）

難航を極めたベント

２０２１年で福島第一原発の事故から10年となる。事故後10年の間に、原子力規制委員会によって新たに作られた規制基準の審査に合格し再稼働に至った原発は5原発9基に上る。そのすべてが加圧水型と呼ばれるタイプの原発である。

福島第一原発と同じ沸騰水型と呼ばれるタイプは、再稼働していない。これは、沸騰水型の原発の申請がいずれも遅れたこともあるが、再稼働の前提となる審査が加圧水型に比べ時間がかかったことがある。その理由のひとつに、沸騰水型の原発には、事故で格納容器の圧力が高まったときに、格納容器を守るための新たな対策が求められたことがある。「フィルター付きベント」と呼ばれる設備の導入が実質的に義務づけられたのである。フィルター付きベントは、格納容器の圧力が高まったとき、外部に蒸気を放出し圧力を下げる設備だが、放出の際、フィルターを通すことによって放射性物質の多くを除去し汚染が広がらない仕組みになっている。

これに対して、加圧水型の原発は、格納容器の体積が、同じ出力の沸騰水型に比べると、数倍大きいため、重大事故が起きても格納容器の圧力を下げるため直ちに外部に蒸気を放出する必要に迫られないとして、フィルター付きベントの設置は義務づけられなかった。

なぜ、沸騰水型の原発には、フィルター付きベントという格納容器を守るために、より厳しく、より入念な対策が課せられたのか。その背景には、福島第一原発事故では、格納容器を守るはずのベントの実施が、各号機ともいずれも難航を極めたことがある。事故後、最初に格納容器の圧力が高まり、ベントの必要に迫られた1号機は、なかなかベントができず、その理由も明らかにされなかったため、日本中をやきもきさせたことは記憶に新しい。その1号機と3号機については、まがりなりにもベントは実施できたが、2号機については、ベントができなかったことが、事故後、明らかになっている。さらに、ベントが実施された際、放射性物質が想定以上に外部に放出されたことも事故後の様々な研究調査からわかってきている。

格納容器を守る最後の砦ともいえるベントが、なぜ、ここまで実施が遅れ、号機によっては、ついにできなかったのか。その理由や原因は、事故から10年たっても判然としていない。この章では謎に包まれているベントの実態について、事故から10年を経て何が明らかになってきたのかを紐解きながら、その問題点にメスを入れていく。

謎に包まれた1号機のベント

事故当時、総理大臣だった菅直人(かんなおと)が、1号機のベントがなぜできないのかにこだわったことはよく知られている。菅が福島第一原発に降り立ったのは、12日午前7時すぎ。その4時間前の午前3時には、東京電力は、ベントを実施することを記者会見で発表していた。しかし、この間、ベントは行われるどころか、ベントに関する情報は何も発せられていない。日本中が「なぜ、ベントしないのか」と、じりじりとした思いでいたのである。菅の厳しい問いかけは、ある意味、国民の強い疑問や不安を代弁していたとも言える。

1号機のイソコンが動いていないことに気がついた吉田が、ベントの準備を指示したのは、12日午前0時6分。それから、午前7時すぎの菅の視察を経て、紆余曲折の末、ベントが実施できたのは、吉田の指示から実に14時間30分も経った午後2時半のことだった。なぜ、ベント作業はかくも難航したのか。

1号機のベントをめぐる経緯は、謎に包まれている部分が多い。その大きな理由は、ベントに至るまでの間に免震棟や本店でかわされた会話の記録が残っていないためだ。

福島第一原発の事故対応の様子は、東京電力の「テレビ会議」というシステムで記録されている。

このシステムは、東京電力の本店を中心に原発やオフサイトセンターなどを中継で結んだもので、平常時にも会議などで利用されていた。新型コロナウィルスの感染拡大以降、新たな生活スタイルとしてテレワークが急速に広がっている。そのツールのひとつとして、テレビ会議システムへの注目も高まっているが、東京電力は事故の前年の２０１０年６月にテレビ会議システムを大幅に更新し、鮮明なハイビジョンの大型ディスプレイ画面で見やすくしたうえ、参加者は誰でも発言できるようにマイクの操作も簡便にされた。当時としては、時代を先取りするシステムを導入していたのである。

事故が起きた3月11日の午後6時半前。このときも、福島第二原発の社員がテレビ会議の録画スイッチを押して記録が始まった。

録画には、映像と音声の両方が記録されているはずだった。ところが後に調べてみると、録画開始から翌12日の午後11時前まで、映像は記録されていたものの、音声は記録されていなかったことがわかった。東京電力は、福島第二原発の社員が映像の録画スイッチとは別にある録音スイッチを押し忘れたのが原因だと説明している。事故の検証で、最も重要とされる初動の会話の記録がない、というのが東京電力の公式見解だ。

このため、この時間帯に何が行われていたのかを知る資料としては、政府や東京電力などの事故調査で、事後に関係者から聞き取った証言や断片的に残されていた原子炉や格納容器のデータなどをもとにした報告書に限られている。

つまり、東日本大震災が起きた3月11日午後2時46分から翌12日午後10時59分までは、現場でどのような事故対応が行われたのかを検証するための客観的な資料が残されていない、いわば「空白の32時間」となっているのだ。謎の多い1号機のベント作業を検証するうえで、このことが大きな障害となっていた。このテレビ会議の内容について、録画のほかに客観的な証拠が残されていないか取材を進めたところ、テレビ会議のやりとりを書き留めた複数のメモが存在することがわかった。

当時、東京電力のテレビ会議システムには、本店と福島第一原発の免震棟など6ヵ所の様子が、分割された画面に同時に映し出されていた。この6ヵ所のうち、どこか1ヵ所で発言をすれば、ほかの現場でその内容を聞くことができたのである。

その一つが、福島第一原発からおよそ200キロ離れた新潟県にある柏崎刈羽原発。その情報班が、地元自治体などに情報を発信するため、テレビ会議の発言を記録したメモが残されている。

通称、「柏崎刈羽メモ」である。遠く離れた参加者をリアルタイムにオンラインでつなぐという時代を先取りしたテレビ会議システムが、図らずも空白の32時間を埋めるピースの一つを残してくれたのである。取材班は、長期の検証取材のなかで、このメモの全文を入手した。

メモは、あわせて１００ページ以上にのぼり、地震直後の３月11日午後２時55分から４月30日午後７時20分まで、テレビ会議での発言内容が時系列で記されている。空白の32時間には、原子炉の水位や冷却装置の稼働状況がわからない中、現場でのベント作業をめぐる経緯も書き留めてあった。そこには１号機のベントを阻んだ高い壁の正体を解明する手がかりが記されていた。

世界初のベント実施へ

３月12日に日付が変わろうとしていた深夜、免震棟は、１号機でＩＣ（イソコン）が機能を失っていることにようやく気づく。１号機の格納容器の圧力は通常の６倍に達していた。核燃料が発する膨大な熱により原子炉の水位は低下、むき出しになった燃料が損傷し、メルトダウンを起こしている可能性があった。

原子炉からは、放射性物質を含んだ蒸気が格納容器に漏れ出てくる。このままでは格納容器の圧力はさらに高まり、耐えられなくなった容器が破損して、大量の放射性物質を含む気体が一気に放出される「最悪の事態」となる。これを防ぐためには、格納容器から蒸気を抜き、圧力を下げる「ベント」を行うほかなかった。

柏崎刈羽メモに「ベント」という言葉が初めて登場するのは、午前0時8分。吉田がベントの準備に取りかかるよう指示を出した2分後からだ。これ以降、ベントをめぐる発言が格段に増えていく。

吉田の指示を受けて、中央制御室では、運転員たちがベントの準備を急いでいた。運転員たちは、以前からベントの訓練を受けていた。しかし、その訓練は、非常用電源から電気が供給されている前提だった。電源があれば、中央制御室にある操作盤のレバーやスイッチを操作するだけで、必要な弁が開き容易にベントはできる。しかし、電源がなければ、こうした操作はまったくできない。運転員たちは、原子炉建屋に入って、手動でいくつも弁を動かさなければならなかったのである。このことは、事故前にはまったく想定されていなかった。しかも、12日未明、ベントをしなければならないと考えられていたのは、1号機だけではなかったのである。このことで現場が混乱を極めていく様子が、柏崎刈羽メモに記されている。

柏崎刈羽メモが語る迷走

柏崎刈羽メモには、1号機と2号機のどちらを優先してベントを行うべきかをめぐって、迷走した経緯が記されていた。

12日午前1時半のメモには、

「1F1[※]　格納容器ベントのタイミング　午前3時00分経済大臣が発表予定」とある。

この時点では、1時間30分後にベントが実施できるとの見通しがあったと思われる。

それから1時間がすぎた午前2時35分には、

「1F2　格納容器ベント3時頃予定、1F1は別途時間がかかるので後回しとする」とある。

1号機のベントの準備に手間取り、2号機を優先して対応するよう方針を転換している。

ところが、このすぐあとには、

「1F2　RCIC運転を現場で確認」

※福島第一原発1号機

「ベントは、1F1のみ実施の方向（1F2は水位確保できそうなため）」と記されていた。結局、より事態が深刻とみられる1号機のベントを優先するとして再度方針が改められたのである。

当初、原子炉を冷却できているかわからなかった2号機では、12日午前2時10分ごろから、現場で、ＲＣＩＣと呼ばれる冷却装置の稼働状況の確認が進められていた。その結果、ＲＣＩＣのポンプの出力が原子炉の圧力を上回っていて、原子炉への注水が続いているとみられることが初めてわかったのだ。中央制御室から免震棟の吉田にこの情報があがったのは、午前2時55分のことだった。

この情報を受けて、吉田は、冷却装置の稼働状況が不明な1号機のほうが、より深刻な事態に陥っている可能性があると判断し、急遽1号機のベントを優先させることを決めた。

同じ午前3時すぎ、東京・霞が関の経済産業省では、東京電力の小森明生常務が海江田万里経済産業大臣らと記者会見に臨んだ。小森は「午前3時くらいを目安に速やかに手順を踏めるよう指示している」と語ったが、すでに3時を過ぎていた。さらに小森が、まず2号機について圧力を下げると発表し、その理由について2号機は作動状況が見えない状況になっていると述べると、記者からは、1号機ではないのかと矢

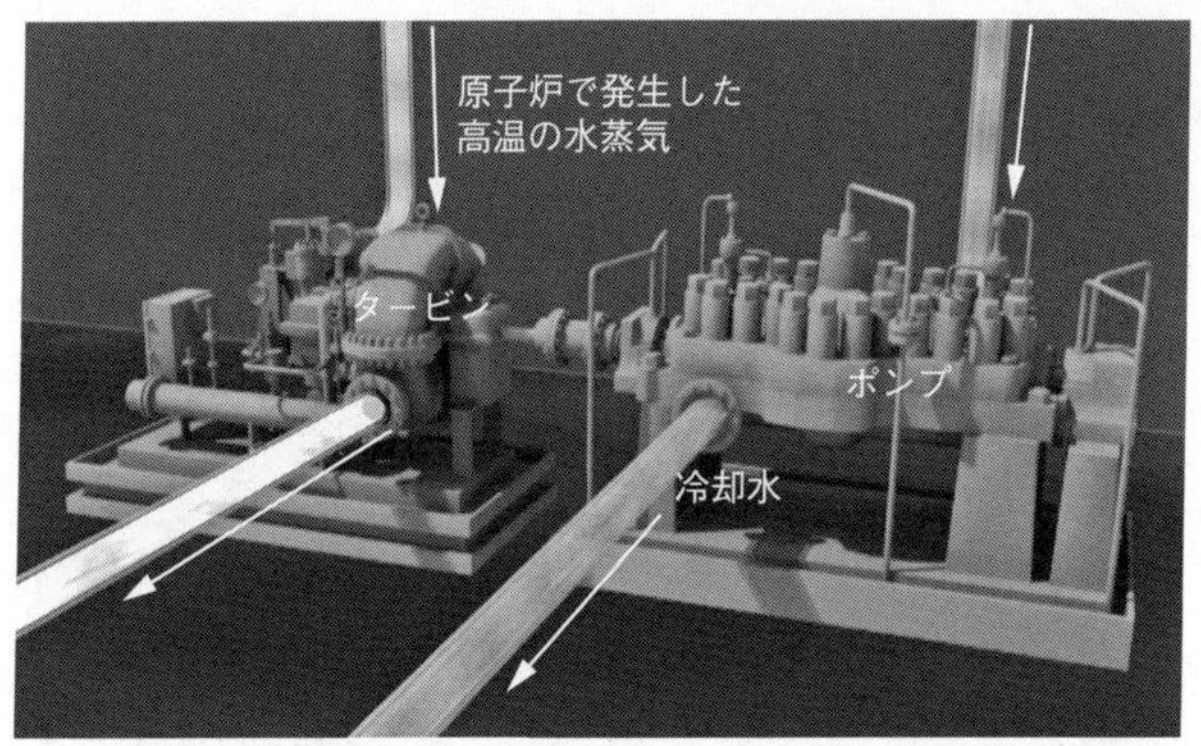

RCICの仕組み：原子炉隔離時冷却系と呼ばれるRCICは、原子炉で発生した蒸気でタービン（左）を回して、ポンプ（右）を動かし、冷却水を原子炉に戻す。起動時には電源が必要だが、いったん起動すれば電源がなくても動く。ただし、電源を使って蒸気の量をコントロールするので、電源喪失時に正常に駆動する保証はない（©NHK）

3月12日午前3時すぎ、経済産業省で開かれた記者会見で、ベントの実施状況について説明する東京電力の小森明生常務。会見時点では1号機ではなく、2号機のベントを優先すると考えていた（©NHK）

継ぎ早に質問が飛んだ。1号機の格納容器の圧力が異常上昇したので、当然、1号機からベントすると思っていたからだ。実は、このとき小森のもとには、柏崎刈羽メモにも記されている2号機の冷却装置・RCICが動いているという情報は届いていなかった。このため、会見前に準備していた「2号機のベントを優先する」という説明から離れることはできなかったのである。

会見が始まって30分近くがたった頃、東京電力の原子力担当の社員から、RCICの作動を確認したという情報が、会見場に伝えられた。ここで小森はようやく、刻一刻と変わる現場の状況に追いつくことができたのである。

この頃の状況について、柏崎刈羽メモには、「1F1の二重扉内側のサーベイを行う」と記されている。

すでに免震棟は1号機のベントに向けた準備に、動き出していた。一転して2号機ではなく、1号機の危機がクローズアップされるという錯綜する情報が、東京電力本店を翻弄させていたのである。

放射能という壁

この頃、現場の最前線である中央制御室では、一体何が起きていたのか。その詳細は吉田調書にも詳しく記されておらず、免震棟の幹部に取材してもわからなかった。

そのことを知るのは、中央制御室にいた運転員だけだ。取材班は、運転員たちから直接話を聞くため、水面下で繰り返し接触を試みた。しかし、広報を通さない非公式の取材に、東京電力の社員である運転員たちの口は堅く、限られた証言しか得られなかった。

そうした中、ようやく重要な証言者に出会うことができた。

井戸川隆太（いどがわりゅうた）。1、2号機の中央制御室の運転員で、運転操作の中核を担う主機操作員だった。3月11日は非番で自宅にいたが、地震発生後、すぐに福島第一原発の免震棟に駆け付けた。3時間後には、中央制御室で同僚たちと最前線の事故対応にあたっていた。

井戸川は、福島第一原発がある双葉町で生まれ育ち、地元の中学校を卒業後、東京電力が技術者を育てるために設立した東電学園に進んだ。2003年4月、東京電力に入社し福島第一原発に配属され、花形と言われる運転員の道を歩み始める。運転員の多くは自分と同じ地元の人たちで、ファミリーと形容される固い絆の中で、運転技術を学んできた。

しかし、事故をきっかけに政府や東京電力本店の対応に疑問が頭をもたげてくる。

最前線で事故対応にあたっている現場の人間の命が軽視されているのではないか。不信感ばかりが募っていった。

「率直に言うと、捨て駒として死んでくれと言っているのかなと正直思いましたね。線量管理という面でもひどい状態だと思いました。私は会社を信頼していませんでした」

決定的だったのが、2011年12月、政府が国内外に宣言した原発事故の「収束宣言」だった。「とても収束なんて言える状態ではない」現場で収束作業を続けてきた井戸川にとっては、信じられない出来事だった。井戸川は、翌月、東京電力を退社する。

ベントの実施を阻んだ最大の理由を、井戸川はこう切り出した。

「放射能という壁のためです」

12日未明、中央制御室には、放射能の見えない恐怖がひたひたと近づいていた。すでに11日午後10時前には、1号機の原子炉建屋は、放射線量の上昇のため立ち入り禁止になっていた。ところがいまや、原子炉建屋から50メートル離れた中央制御室でも放射線量が高まってきていたのだ。

このとき、1号機の原子炉はすでに空焚きの状態になり、メルトダウンが進み、格納容器の底に溶け出し始めていた。メルトダウンした燃料から放出される放射能の影響で、中央制御室の中も、1号機に近い場所で放射線量が上昇を続けていた。

運転員たちは、線量が高い1号機側を避け、2号機側に肩を寄せ合い、かがんだ状態で待機していた。

井戸川は、そのときの率直な思いをこう語っている。

「正直にいうともうだめかなと。すでに異常な状態で、中央制御室で線量そのものが上昇してきているっていう状況で、最悪、死もあり得るのかなと、個人的には思っていました」

しかし、そうした恐怖の気持ちを誰も表に出さず、中央制御室の運転員たちは、ベントの準備を着々と進めた。吉田がベントの準備を指示した時点から、配管や弁の図面や運転手順書を見ながら、原子炉建屋に入ってベントを行うために必要な弁を開く手順などを繰り返し確認していた。すでに原子炉建屋に入る準備は、十分できていたとみられる。

ところが、午前3時45分、ベントの実施を遅らせる決定的な情報が入る。

1号機の原子炉建屋の放射線量を測定するため、二重扉を開けた作業員が、扉の内側に白いもやのようなものが充満しているのを見て、すぐに扉を閉めたというのだ。

すでに1号機の格納容器から漏れ出した放射性物質を含む気体が、建屋に充満する事態になっていたのだ。

中央制御室で、同僚から現場の様子を聞いた井戸川はこう述べている。

「『ああ、もうすごいことになっているんだな』と思いましたね。おそらく格納容器にある弁の何ヵ所かが、完全ではないにせよ、開いてしまって蒸気が噴いている、と。ベントというのは当初から頭にあって、格納容器の圧力が規定値にきているのでベントしたかった。しかし、現場にゴーサインが出ないという状況でした」

中央制御室には、耐火服や空気ボンベなど、被ばくをできるだけ避けるための防護装備に加え、午前4時45分、免震棟から、100ミリシーベルトに近づくとアラームが鳴るようにセットした線量計が届けられた。100ミリシーベルトとは、法律で定められた緊急時の作業で許容されている被ばく限度である。後に、運転員たちは、この100ミリシーベルトの壁を嫌というほど思い知らされていく。

当時の中央制御室の雰囲気を、井戸川は、こう振り返っている。

「なるべくマイナスに考えないようにお互いに声をかけたりしていました。できることは本当に少なかったのですが、それを模索して上司の間で色々な言葉がとびかっている状態でした。たまに大きな声を出してみたり、静かになったり。それの繰り返しだったと思います」

吉田は、調書のなかでこう語っている。「みんなベントと言えば、すぐできると思っている人たちは、この我々の苦労が全然わかっておられない。ここは苛立たしいところはあるんですが、実態的には、もっと私よりも現場でやっていた人間の苦労の方がものすごく大変なんですけれども……」

しかし、放射線量が高まっていく原子炉建屋や中央制御室の過酷な状況を、そして運転員たちの心の内を、遠く離れた総理官邸で知ることができる人は皆無だった。かくて総理大臣が福島第一原発に乗り込むという事態に至るのである。

吉田と菅の攻防

「ヘリコプターを降りるなり、『なんでベントできないんだ？』って話になって、これはまったく僕も本当に考えてもなかったことでした」

事故発生から一夜明けた3月12日早朝、福島第一原発の運動場にヘリコプターで降り立った菅総理大臣を出迎えたときのことを、武藤栄（むとうさかえ）はそう振り返った。東京電力の原子力部門トップで、副社長だった武藤は、事故直後、福島第一原発から5キロ離れた大熊町にあるオフサイトセンターで、自治体への対応に追われていた。そこで総理大臣が急遽、視察に来ることを知らされ、自ら出迎え役を務めたのだ。

「菅さんは僕がきちんと答えないものだから、なおのこと苛立ったと思うのだけれども『なんでできないんだ』『いつになったらできるんだ』『どうしてできないんだ』って、そういう調子でした」

武藤は、事故から3ヵ月後に副社長を退任。東電の顧問に就任したが、翌年の3月末、顧問制度が廃止された後は、社内の役職についていない。

事故から3年半近くがたった2014年の夏以降、取材班は、武藤と複数回にわたって面会を重ね、事故の対応について多くの証言を得た。このなかで、武藤が強く印象に残っている場面として語ったのが、1号機のベントに向けて苦闘を続けていた現場に、突然菅総理大臣が現れ、厳しい口調で詰問されたときのことだった。

武藤は、総理大臣の視察の目的がベントを実施させることだったとは、夢にも思っておらず、面食らったことを詳細に語っている。ただ、このとき、現場で何が起きているのか把握できていなかったとも話している。なぜベントができないのか、何を解決しなければならないのか、現場の人間以上に知識を持ち合わせているわけではなく、現場への問い合わせもあえて控えていたという。

武藤からベントの状況について満足する回答を得られないまま、菅は午前7時す

菅総理の福島第一原発視察の際に出迎えた武藤栄。武藤は菅総理がベントを実施させるために現地に入ったことを知らなかった（©NHK）

ぎ、免震棟２階の緊急時対策室本部の隣にある会議室に入る。吉田はまだ来ていなかった。

緊迫した空気のなか、武藤は「電源が無くて苦労しているんです」とベントができない過酷な状況をなんとか説明しようとした。しかし、即座に菅が「なぜ無いんだ」と細かく問い詰め始め、武藤は答えに窮してしまった。ヘリコプターで降り立ったときと、同じ調子のやりとりが再現されそうな予感が走った。

そのときだった。吉田が会議室に入ってきた。手には１号機の原子炉建屋の図面を持っていた。吉田は、図面に記された弁のいくつかを指さしながら、「電源が無いので、建屋に入って、この弁とこの弁を開かなければならない」と具体的に説明し始めた。それまで苛立っていた菅の雰囲気が変わった。

武藤が振り返る。

「『ここここをやらなくちゃいけないけれども、今こんなことやってます』って。詳しい話をしたら、ちょっと落ち着いたんです。だから、たぶんそれで吉田を信頼できると思ったんじゃないですか」

ベント実施を繰り返し求める菅に対して、このとき、吉田は「決死隊」という言葉を初めて口にする。「決死隊を作ってやります」。吉田は「決死隊」という言葉を2回口にして、必ずベントを実施すると確約した。それまで激しく詰め寄っていた菅も、吉田の言葉を受けて、落ち着きを取り戻した様子で、午前8時すぎに福島第一原発をあとにする。

菅は、福島第一原発に乗り込んだ理由を、政府事故調の聴取で、「現地の責任者と(中略)コミュニケーションができないと、つまり判断ができませんから(中略)現地の責任者とちゃんと意思疎通したいというのが最大の目的です」と語っている。そのうえで「吉田所長というのは、私の感覚の中では非常に合理的にわかりやすい話ができる相手だと。(中略)それが後々のいろんな展開の中で非常に役に立ったと思います」と振り返っている。

一方、吉田は、菅とのやりとりについて、「なかなかその雰囲気からしゃべれる状況ではなくて、現場は大変ですよということは言いましたけれども、何で大変かということですね、十分に説明できたとは思っていません」と証言している。

「決死隊」の突入

菅との会談を終えた後、吉田は午前９時を目標にベントを実施することを指示し、中央制御室に対して、被ばくの恐れがあるものの、原子炉建屋に立ち入ってベントに必要な作業を行うよう要請する。

このとき現場に求められたのは、ベントを行うために必要な２つの弁を手動で開ける作業だった。

ベントを行うには、格納容器と排気筒の間にある少なくとも２つの弁を開ける必要がある。このうち、「ＭＯ弁」と呼ばれる電動弁は原子炉建屋の２階にあった。

中央制御室の運転員たちによって「決死隊」が編成され、命がけの作業が始まろうとしていた。

当時、１、２号機の中央制御室には、この日の担当とは別のベテラン運転員たちが、自ら志願して続々と応援にきていた。このころになると、40人ほどが中央制御室

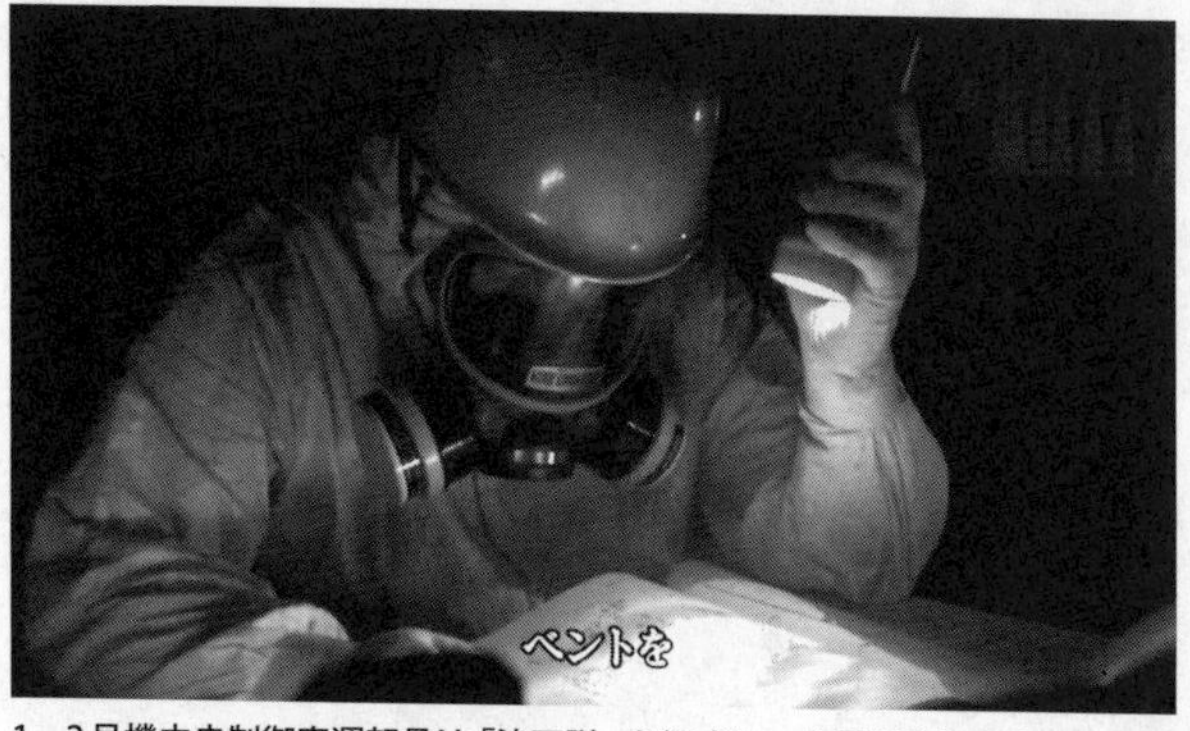

1、2号機中央制御室運転員は「決死隊」を編成し、全電源喪失の中でベント実施のため、2つの弁の開放に着手した〈再現ドラマ〉(©NHK)

で事故対応にあたっていた。運転員の多くは、地元の出身だった。高校時代からの先輩、後輩関係にある人も少なくなく、互いを思い合う絆は強かった。

井戸川は、このときの様子をこう振り返っている。

「現場がひどい状態になっているのはみんな知っていたと思います。だけど、その中で、(決死隊として)誰が行くかとなったとき、押しつけはまったくなかったですね。俺が行くという感じで手をあげて、みんなが責任ある行動をしていたと思います」

現場には当直長や副長クラスのベテランが行くことになった。当直長は、2人一組で3班を編成した。放射線量や余震の大きさによっては途中で引き返すことを考慮して、1班

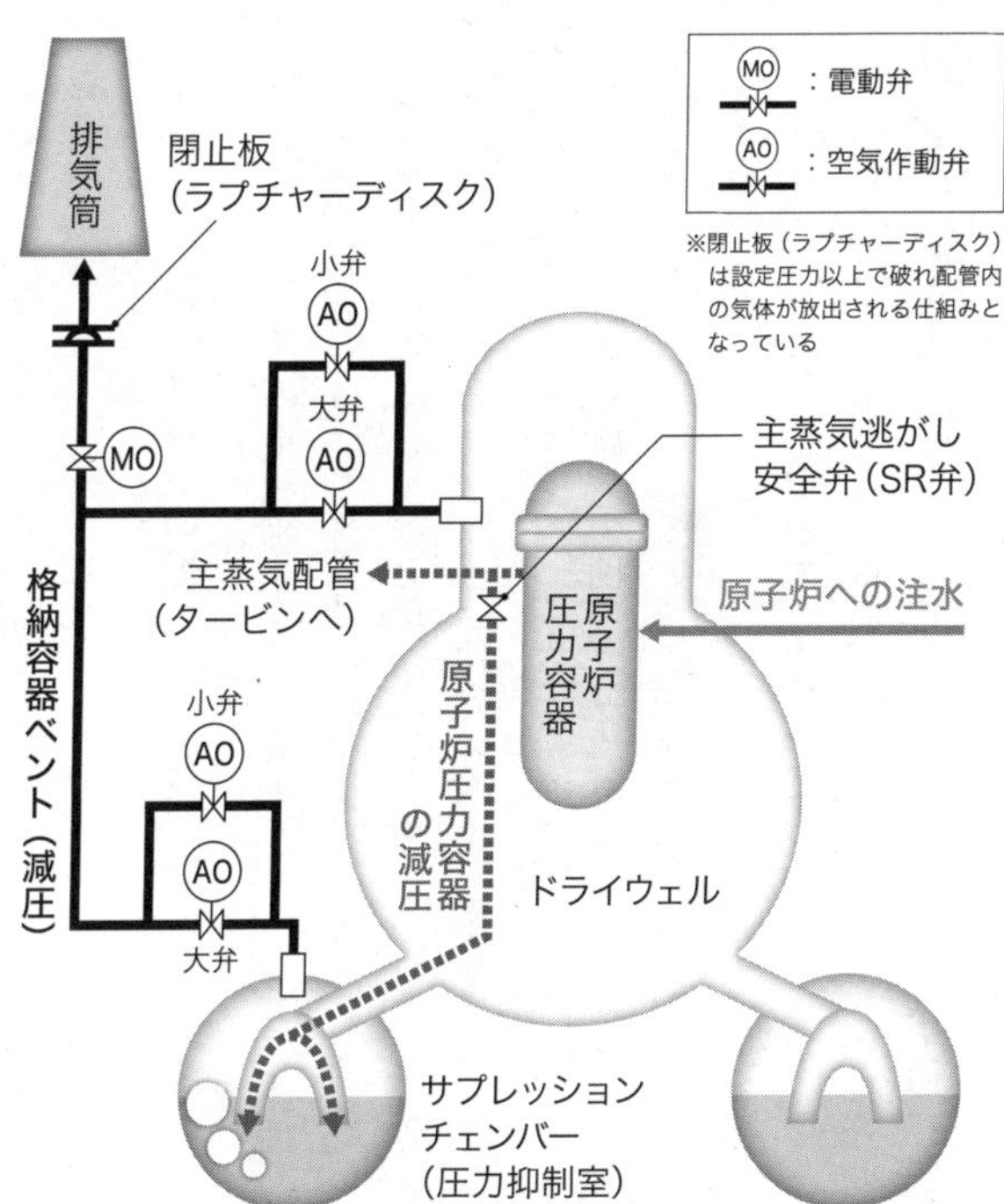

注. 格納容器：ドライウェルと圧力抑制室をあわせた部分

ベントを実行するには、MO弁とAO弁の2種類の弁を開ける必要がある。MO弁は通常は電動だがハンドルがついているので、非常時には人の手で開けることができる。これに対して、通常のAO弁にはハンドルがなく、コンプレッサーで圧縮空気を送り込み遠隔操作で開けるしかない。ただし1号機AO弁小弁は、1～3号機に備え付けられているサプレッションチェンバー側のAO弁のうち唯一ハンドルがついていて、手動で開けることができたずつ原子炉建屋に入り、中央制御室に戻ってから、次の班が出発することを申し合わせた。

100ミリシーベルトの壁

午前9時4分、中央制御室から、先陣を切って2人が飛び出し、原子炉建屋2階にある格納容器のMO弁（電動弁）を25％開くことに成功する。

続いて午前9時24分。第2班が出発した。

2人が目指したのは、原子炉建屋の地下1階にあるトーラス室。そこにベントのために必要なもう一つの弁、「AO弁（空気作動弁）」があった。

トーラス室の入り口扉の前で、サーベイメーターを見ると、1時間あたり600ミリシーベルトの値を示していた。法定限度の100ミリシーベルトに、10分で達してしまう値だった。

この数字が事前の想定と大きく違っていた。

ベントの決死隊が突入する前、免震棟はベント弁の操作時に予想される被ばく量を割り出し、作業時間を試算していた。試算では、原子炉建屋内の放射線量を1時間あたり300ミリシーベルトと想定し、最大17分ほど作業できると見ていた。

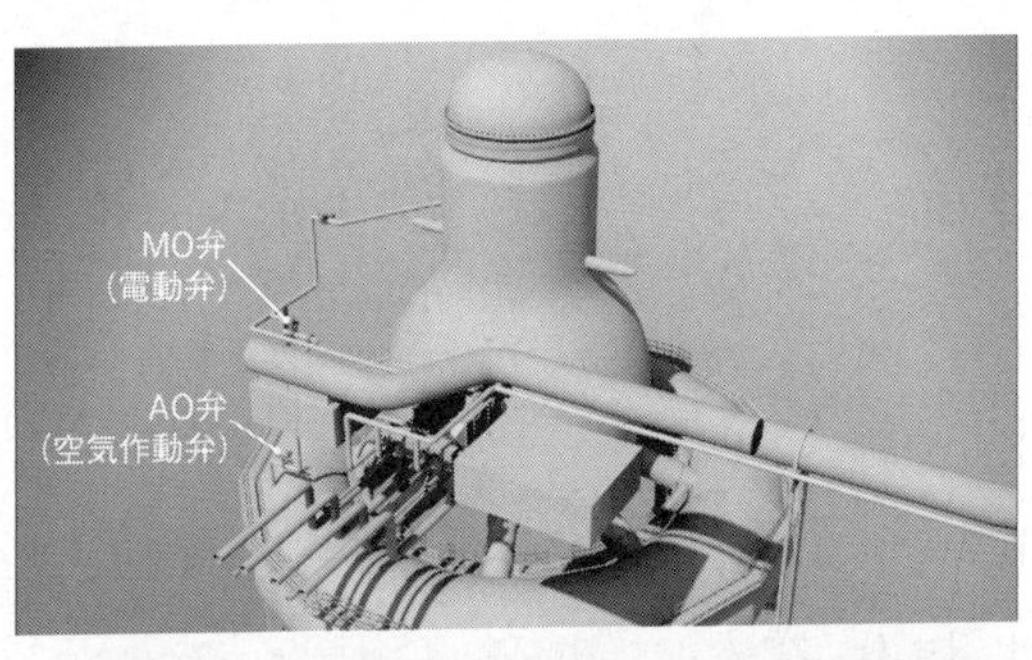

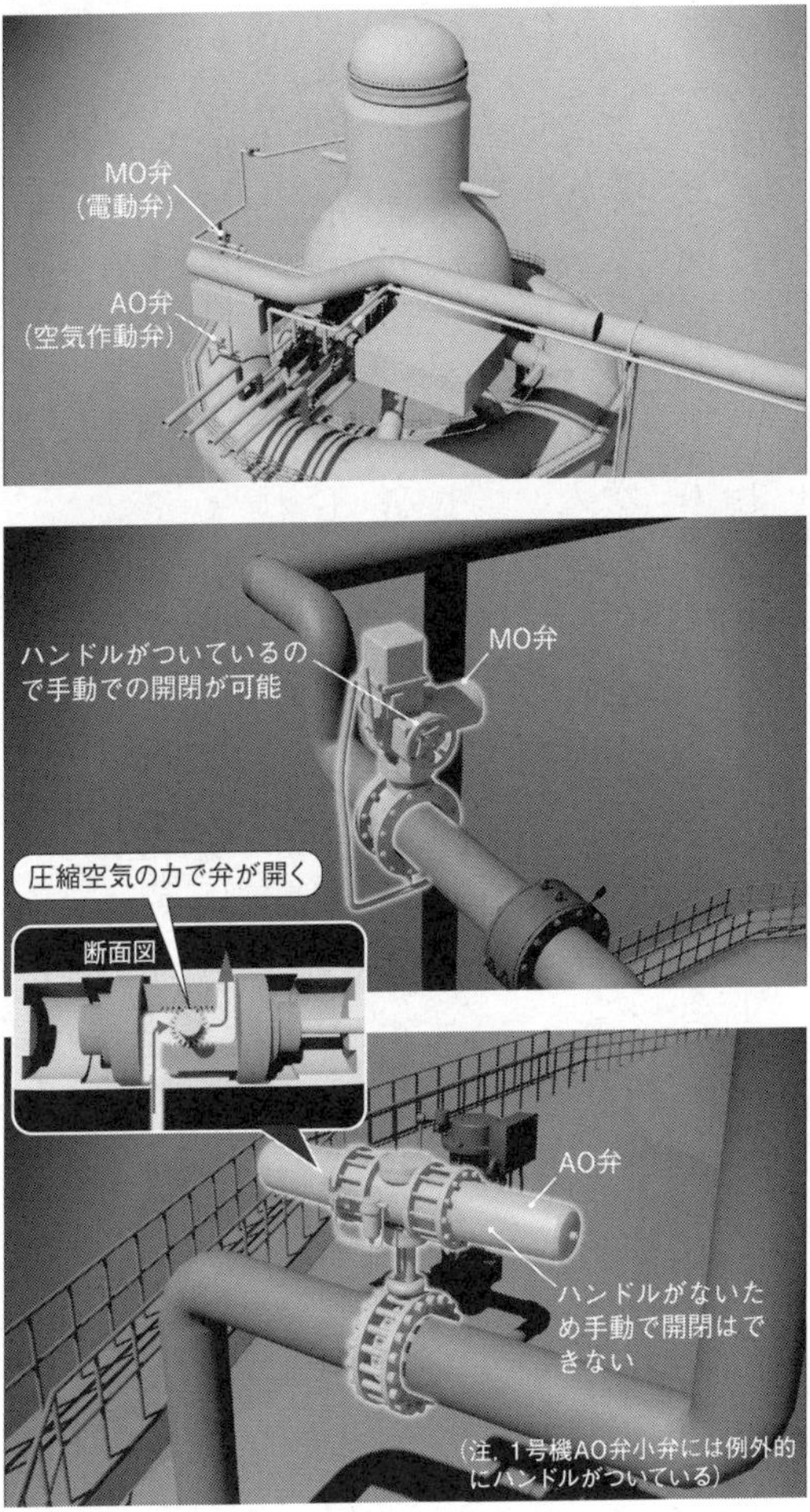

この試算の元となったのは、決死隊の突入から10時間ほども遡る前日の午後11時に測定された放射線量だった。このとき、保安班が原子炉建屋の南北にある二重扉の前で測定した放射線量は、北側で1時間あたり1・2ミリシーベルト、南側で0・5ミ

リシーベルトだった。

このあと、1号機のベントを優先することを決め、午前3時45分頃、再び原子炉建屋の放射線量を計測しようと保安班が二重扉を開けるが、蒸気のような白い「もやもや」が見え、測定は断念されていた。

刻々と悪化する状況をデータとして捉えることができず、手元に残った放射線量を最大限多く見積もったつもりだった。しかし、現実の放射線量は、試算の2倍だった。暴走する核のエネルギーに、事前の戦略は追いついていなかった。

「ここまで来たらいくしかない」

2人の運転員は、トーラス室の中に入るが、サーベイメーターは、900ミリシーベルトから最大目盛りの1000ミリシーベルトの間で針が振れていた。

2人は、左回りにキャットウォークを足早に進むが、4分の1周ほど進んだとき、ついにサーベイメーターの針が振り切れた。

放射線量がいくらあるかもわからない状態で、これ以上進むことはできず、戻らざるを得なかった。午前9時32分、2人は中央制御室に戻った。

作業時間は8分と、事前の想定の半分ほどだった。

一方、被ばく線量は、95ミリシーベルトと89ミリシーベルト。法定限度の100ミリシーベルトの壁が、ベント作業を阻むために、高く立ちはだかっているかのようだった。

当直長は、現場で作業が行える放射線量ではないと判断。作業を断念すると免震棟に伝えた。第3班の2人は、当直長からの指示で作業を行わず、「決死隊」の作業は中止となった。

井戸川は、悲壮感に包まれた中央制御室の様子を忘れることができないと言う。

「『だめだった』と言われたときは、当直長はかなり落胆していました。中央制御室では、ベントが最重要課題になっていましたが、これができないとなったときのショックは大きかったです。『バルブを開けられない、現場に行けない』となったとき、こちらとしては尽くす手がもうないんです。最前線で弾薬が尽きた状態で待たされている状況で、そのまま時間が過ぎていって。やりたいことはいくらでもあるのにできない。手段を尽くしたい気持ちがみんなあったのにできない、そうした状況でした」

決死隊の作業を遮った壁は、法定の被ばく限度の100ミリシーベルトだった。当時100ミリシーベルトを超えては、作業ができなかったのである。

被ばく限度の引き上げ

この被ばく限度の引き上げについて検討が始まったのは14日昼過ぎだった。官邸5階にある応接室に集まった海江田や総理補佐官の細野豪志らを前に原子力安全委員長の班目春樹は「緊急時なので250ミリシーベルトまでに制限して作業を続けることでやむなし」と発言した。

250ミリシーベルトという数値は、ICRP（国際放射線防護委員会）が緊急救助活動に従事する者の線量限度を500ミリシーベルトまたは1000ミリシーベルトとしている基準値の半分の値であることなどが考慮されたものだった。このとき同席していた原子力安全委員会の事務局員は「必ずしも班目委員長の発言がなければ限度を引き上げないという状況ではなかった」と証言している。事故の状況が悪化する中でこのままでは収束作業ができないという思いは暗黙のうちに関係者の間で総意となっていたのだ。250ミリシーベルトへの引き上げはその日のうちに文部科学省の放射線審議会に諮られ施行された。

ところが3日後の17日、上限のさらなる引き上げが検討される。前日には自衛隊によるヘリコプターからの散水が高線量を理由に断念される事態が起きていたのだ。2

50ミリシーベルトでは対処できないかもしれないという焦燥感が現場に広がっていた。夕方には菅が執務室に関係閣僚を集めて500ミリシーベルトへの引き上げを打診した。しかし、防衛大臣の北澤俊美(きたざわとしみ)らから否定的な意見が相次いで出され2度目の引き上げは結果的に見送られることになった。北澤はこのときの状況について「あまりに唐突すぎて国民に不安感を与えるという意見を言った。防衛省とすれば反対だという文書をまとめて総理に持って行った」とのちに述べている。結局、被ばく限度は250ミリシーベルトとされたまま事故対応は進められた。

被ばく限度は、事故から7ヵ月あまりたった11月1日に元の100ミリシーベルトまで引き下げられた。

この経験を踏まえ事故から5年たった2016年に法令改正が行われている。従来の100ミリシーベルトを基本としながら、放射性物質が敷地外に放出されるリスクが高まった場合には重大事故に対処する要員の被ばく限度上限を250ミリシーベルトまで引き上げることに決まった。法令では事前に健康リスクや防護対策について十分な教育を受け、書面で同意を示した人のみが対象となると定められた。

改正を受けて各電力会社では原発の運転などにあたる社員を対象に事前の研修と被ばく限度の引き上げに同意するかどうかの意思確認が行われるようになっている。原

メルトダウンが進行中だった1号機のベントの準備作業は高線量の被ばくを余儀なくされる文字通りの決死のオペレーションだった。「決死隊」として作業にあたった運転員だけでなく、中央制御室に残った運転員にも多大なストレスを与えることになった〈再現ドラマ〉(©NHK)

発の再稼働を進めている関西電力は、運転員をはじめとした発電所の所員の中から「原子力防災組織要員」を選んで研修を実施している。対象人数は福井県内にある3つの原発で約1200人。緊急作業で使用する設備の取り扱い方や放射線の影響に関する知識、関連するいくつもの法令について学ぶことになっている。被ばく限度の引き上げを受け入れるかどうかの意思確認は、この研修のあとに書面に署名をする形式で行っている。この際に同意した場合でもいつでも撤回することができ、実際に事故収束作業にあたる際にも再度、意思確認を行うルールになっているという。関西電力は250ミリシーベルトという数値について「原子力規制委員会によって安全性が確認されている」としたうえで、繰り返し意思確認を行うことで本人に慎重な判断を求めている。

　この問題は個人の健康や生命に関わる以上、実際に事故が起きた場合の運用の段階でも会社側の対応に慎重さが求められることになる。

　事故の直後、中央制御室にいた30代の運転員は「最悪死ぬかもしれない」「逃げ出したい」という思いを抱きながら、現場がパニックになると思い決して口には出さなかった。緊迫した現場の空気の中で個人が本音を漏らすことは許されなかったのだ。

一方、井戸川は中央制御室から出ていく「決死隊」を見送った際、自分には何もできないという歯がゆさと同時に自分の覚悟のなさに恥ずかしさを感じた。みずから進んで高線量の現場に向かって行った同僚の使命感や責任感の強さに負い目を感じたのだ。しかし、たとえ緊迫した現場であっても負い目や劣等感から被ばくの同意を強いるような状況は避けられなくてはならない。同意しないという態度も可能な限り受け入れられるよう最後まで十分な配慮が尽くされるべきだ。

　事故の最前線に立たされるのは軍隊でも公務員でもない電力会社という民間企業のエンジニアたちだ。個人の意思が尊重されるよう、緊急時の運用を企業任せにせず国が一律の仕組みやルールを整備して、意思決定の自由度を担保するような備えが必要ではないだろうか。

最後の手段

決死隊の作業が中止され、万策尽きたかと思われた午前10時、免震棟の復旧班が、AO弁を開けるためのひとつのアイディアを考え出す。

AO弁につながる配管に、離れた場所から可搬式のコンプレッサーで圧縮空気を送り込み、その空気圧で弁を開けようというものだった。

ただ、福島第一原発では、AO弁を開けられる空気圧を備え、持ち運びができる小型のコンプレッサーは備えていなかった。このため、復旧班は急遽構内にこうしたコンプレッサーがないか探し始め、ベントの実施までさらに時間を要することになる。

一方、この頃、中央制御室の運転員たちも、ある操作を行っていた。

AO弁の配管自体に空気が残っている可能性があり、この空気が弁に流れ込むことを期待して、制御盤のスイッチをひねり空気を送る操作をしていたのだ。

この後の状況が柏崎刈羽メモに、記されていた。

メモ：午前10時37分　1F吉田所長

「ＡＯ弁を操作（10時17分から３回）した後、正門およびＭＰ（モニタリングポスト）の線量が10時40分に上昇していることから放出している可能性」

この操作で、午前10時10分に１時間あたり６マイクロシーベルトだった原発の正門の放射線量が30分後には１６２マイクロシーベルトまで上がっていた。一見、ベントが成功したかに見えた。

しかし、その10分後。正門付近の放射線量は７マイクロシーベルトに下がった。ベントが有効に機能してＡＯ弁が開いていたとすれば、考えられない線量の急激な低下だった。メモにも「ベントが効いていない可能性」との吉田の発言が残っている。

中央制御室からの遠隔操作でベントができない以上、残された手段は、復旧班が考えたコンプレッサーを配管につないで外部から空気を送り込む方法しかなかった。一方で、柏崎刈羽メモには、一度は断念した決死隊によるＡＯ弁の開放作業を、この段階でも検討していたことを窺わせる記述がある。

メモ：午前11時55分　１Ｆ
「線量が高くて近づけない。ＡＯ弁を開けに行く。別ラインを分担して開ける」

可搬式コンプレッサー〈再現ドラマ〉(©NHK)

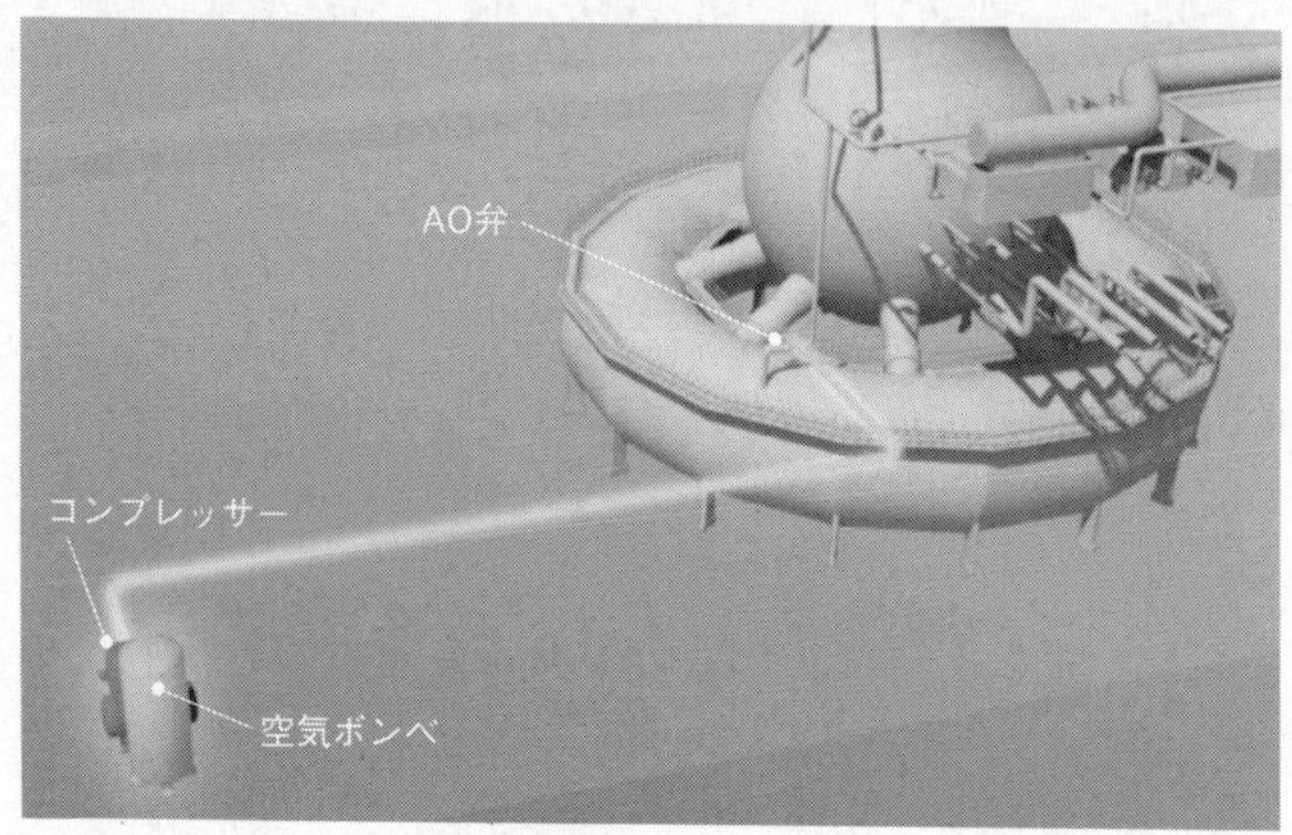

AO弁(空気作動弁)は、通常は空気ボンベとコンプレッサーを電気で操作することで開閉するが、全電源喪失で操作不能になった。"決死隊"による手動での開放に失敗した後、可搬式コンプレッサーで圧縮空気を送り込む窮余の一策で、かろうじてベントに成功する(©NHK)

中央制御室では、コンプレッサーで空気を送り込んでもAO弁が開かなかった事態に備え、「決死隊」を派遣して、AO弁を開けるという選択肢を最後まで残していたとみられている。

この直後、復旧班は、ようやく探していた可搬式のコンプレッサーを協力会社の事務所で見つけ、トラックで1号機まで運びこんでいた。配管に接続する部品も協力会社からなんとかかき集めた。

メモ：午後1時35分　1F
「1F1　IAの継ぎ手がOKになり、AO弁の操作が人手でなくても済む」

AO弁はIA系＝計装用圧縮空気系と呼ばれる様々な設備に空気を送り込むため、建屋内に張り巡らされた配管とつながっている。午後2時ごろ、復旧班はコンプレッサーを原子炉建屋の大物搬入口と呼ばれる出入り口のひとつに設置して、AO弁とつながるIA系の配管につなげ、空気を送り始めた。

メモ：午後2時28分　1F
「1F1ベントラインのIAラインを復旧　午後2時28分閉を確認、白い煙が出ているとの映像を見ても活きている可能性」「1F1の格納容器圧力は若干下がって0・67くらい」

12日午後3時頃、吉田は、格納容器の圧力が7・5気圧から5・8気圧に下がったことなどから、「午後2時30分にベントが実施された」と判断する。

午後3時18分、吉田は「午後2時30分頃にベントによって放射性物質の放出がなされた」と関係機関に連絡した。ベントの指示をしてから、実に14時間30分が過ぎていた。

しかし、決死隊を作って原子炉建屋に突入していった中央制御室の運転員たちは、本当にベントが成功したのか自信を持てずにいた。ベント成功が発表された午後3時頃、ベントの成否をめぐって運転員たちの間で激しい議論になったという。

そのさなかだった。突然、大きな爆発音と下から突き上げるような激しい揺れに襲われる。

午後3時36分、1号機の原子炉建屋が爆発した瞬間だった。

水素爆発で大破した1号機原子炉建屋

加速する連鎖

中央制御室の天井パネルがいっせいに落ち、白い煙が立ちこめた。椅子から転げ落ちる運転員もいた。これまでの地震の揺れとは明らかに異なる揺れだった。

井戸川は、このとき、死を覚悟したという。

「誰かが『原子炉建屋の上が無くなっているぞ』と叫んだときは、もう終わったなと感じました。格納容器がめちゃくちゃになってしまったんじゃないかと」

中央制御室には、当時40人近くの運転員たちが残っていた。しかし、この爆発を受けて、原子炉の状態を確認するのに必要な最小限の人数を残して、退避することになった。残ったのは十数人。いずれもベテランたちだった。退避することになった運転員たちは、後ろ髪を引かれる思いで中央制御室から出て行った。

爆発の原因は、水素だった。

水位が低下した原子炉の中で、燃料を覆うジルコニウムという金属が、水蒸気と化学反応を起こし、大量の水素を発生させていた。水素は原子炉から格納容器へと抜け、地上のどの物質より軽いその性質ゆえ、上へ上へと流れ、原子炉建屋最上階の5階にたまり続けていた。充満した水素が、爆発を起こしたのだ。中央制御室も免震棟も、東京電力本店も総理官邸も、まったく予見していなかった爆発だった。

井戸川は、暴走した原子炉の恐怖をこう語っている。

「当時、原子炉は手放し運転になっていました。成り行く様をずっと見ている感じだった。手出しできずに、状況が刻々と変わって何もできません。何もわからない。手に負えない、コントロールできない怖さを感じました」

1号機の水素爆発は、同時に複数の原子炉を相手に闘いを挑んでいた人たちのわずかな望みを断ち切ることになる。

爆発が起こる前、現場では、ベント作業に加え、原子炉の冷却装置を動かすため電源復旧に取り組んでいた。頼みの綱とされていたのが、2号機のサービス建屋1階にあるパワーセンターの電源盤だった。1号機から3号機の電源盤が浸水によってこと

あとわずかで電源復旧が実現する寸前に１号機原子炉建屋が水素爆発、電源復旧作業は振り出しに戻った。これ以降、事態は急速に悪化し、メルトダウンは、３号機、２号機へと連鎖していく〈再現ドラマ〉（©NHK）

ごとく使い物にならなくなる中、この電源盤のみが奇跡的に浸水を免れていた。電源盤に電源車をつなぐことさえできれば、２号機のみならず、１号機と３号機にも電気を融通することができる。その寸前まで作業が進んでいたところで、１号機が爆発したのだ。

爆風と降り注ぐコンクリートの瓦礫で、ケーブルは大きく損傷し、復旧作業に当たっていた作業員も全員退避を迫られた。全電源喪失から約１日、すぐ目の前までできていた電源復旧が、絶望的なまでに遠のいてしまったのだ。この後、福島第一原発の事故は悪化の一途を辿る。１号機に続いて、３号機もメルトダウンを起こし水素爆発、さらに２号機もメルトダウンを起こし、放射性物質の大量放出へと連鎖していくのだ。

井戸川は、当時の自分の無力さを、今でも悔いている。

「私個人としては、やるべきことをなにひとつできていなかった。だからこそ、こういう事故になったと思っています。要は、やりたいことはいくらでもあったがやれることがなにもなくて、無力感というかものすごく残念でした」

そのうえで井戸川は「東京電力や政府は自己の責任を自らに厳しく問い続け、社会に対して誠実に対応してほしい」と話している。

放射能という壁に阻まれて遅れていった1号機のベント。事故後、1号機は、消防車による注水が配管から漏れ、ほとんど原子炉に届いていなかったことが明らかになっている。ベントの遅れや原子炉に水がほぼ届いていなかったことが、1号機の水素爆発にどのように影響しているのか。その詳しいメカニズムは、まだわかっていない。一方で、1号機は、過酷な高温高圧状態に陥ったにもかかわらず、格納容器破壊という最悪の事態にまでは至っていない。なぜ、格納容器は破壊されなかったのか。最悪の事態を防いだことに、決死の作業によってわずかに成功したベントが寄与しているのだろうか。その解明には、格納容器周辺の詳しい調査が必要だが、事故から10年以上が経っても、高い放射線量に阻まれ、謎に包まれたままなのである。

第5章

吉田所長が遺した「謎の言葉」ベントは本当に成功したのか?

格納容器の爆発を避けるための最後の手段といわれる「ベント」だが、1号機では実施が難航し、2号機は試行錯誤を重ねたが実施できなかった（©NHK）

吉田が遺した謎の言葉

福島第一原発の事故から1年余りがたった2012年5月14日。

この日、東京・信濃町にある慶應義塾大学病院に入院していた福島第一原発の吉田昌郎元所長の病室に、国会に設置された事故調査委員会の黒川清(くろかわきよし)委員長らが訪れていた。国会事故調は、福島第一原発事故の原因の究明と事故防止の対策について提言を行うため発足した組織で、この約2ヵ月後報告書をまとめている。

国会事故調は、事故に関わった重要人物を国会に呼んで公開で聴取していて、現場の最前線で指揮をとった吉田もその対象だった。しかし吉田は2011年12月に福島第一原発の所長を退いたあと、食道がんの治療のため、入院生活を送っていた。この日、黒川らは病室で吉田から1時間半近くにわたり話を聞く。吉田はこの1年余りあと、2013年7月9日に食道がんで還らぬ人となる。この日の聞き取りは、吉田への最後の聴取となった。

事故当時、免震棟で指揮をとり続けた吉田は、事故対応の重要な局面で何を思っていたのか。

関係者への取材でその詳細が浮かび上がってきた。

1号機のベントは成功したとされているが、生前、吉田所長はベントが成功したと確信を持てなかったと、国会事故調の聴取で証言していた（©NHK）

聴取のなかで、吉田は、格納容器を守るために事故翌日の3月12日、1号機で行われたベントについて意外な発言を繰り返していた。

「いまだに言うんですけども、ベントができたかどうかの自信は、僕はありません」

1号機のベントは、いずれの事故調査報告書でも、「吉田所長は3月12日午後2時半頃にベントによる放射性物質の放出がなされたと判断」と記されている。しかし、吉田は、「できたかどうかわからない」と語っていたのだ。

さらに、この言葉を裏付ける未発表の資料があることもわかった。政府の事故調査・検証委員会の事故原因を調べていたチームが、2011年8月にまとめた内部資料である。

これは、政府事故調が中間報告を発表する4ヵ月前に、事故対応の問題点を整理したもので、吉田らからヒアリングした内容が記されていた。

資料には「1号機のベント」について、「成功したかどうか、今も確証はない」と明記されている。

その理由について、資料には、次のように書かれていた。

「排気筒口の線量計が機能しないため、放射性物質の計測が不可能であり、『成功した』とされているのは、格納容器の圧力低下や放射線量の増加等の状況証拠からの推測にすぎない」

国会事故調の聴取の中でも、吉田は次のように理由を述べていたことがわかった。

「ベントしたかどうかっていうのは、本当は排気筒のモニターが生きていれば、そこでその値がボンと上がりますから、作動したというのがわかるんですけども、そんなのないですから。何をもって判断するかっていうのが、格納容器の圧力が下がることぐらいしかないんですよね」

ベントが行われると、格納容器の内部の気体が、配管を通じて、高さ120メートルの排気筒から外部に放出される。この排気筒の下に監視室があり、排気筒を通る気体の放射性物質の濃度などを測定するモニターが設置されている。電源がある状態ならば、ベントを行うと、放射性物質を含む気体が排気筒を通過するため、濃度が上がり、ベントができたことが判定される。

ところが、電源が失われていた事故当時は、ベントの成否を判定する濃度の測定ができなかったのだ。ベントができたというのは、格納容器の圧力と、原発の敷地境界で放射線量を計測していたモニタリングポストの数値の変化からの推測に過ぎない。

しかし、こうした変化は、原子炉がメルトダウンしたあと、格納容器の配管の貫通部など弱い部分が損傷して、気体が漏れ出すことなど別の原因も考えられる。吉田の国会事故調の聴取や政府事故調の未公表の資料から、ベントが成功したのは、あくまで推測に過ぎず、確たる証拠はないことが明らかになったのだ。

「ベントができたかどうかの自信はない」

吉田が遺した謎の言葉が何を意味するのか。その深層を探っていく。

モニタリングポストに記録されていた異常な数値

1号機のベントは本当に成功したのか。成功したのであれば、いったい、どれだけの放射性物質が放出されていたのか。この謎を解明するために、まず取材班が注目したのが、福島県が原発周辺に設置していた放射線のモニタリングポストのデータだ。

施設は県内に26ヵ所あり、測定されたデータはリアルタイムで大熊町にあった福島県原子力センターに送られ、常時監視されていた。

3月11日午後2時46分、東日本大震災が発生。福島県浜通り地方は震度6強の揺れに襲われたが、データの伝送記録システムは稼働し続け、測定データにも異常は見られなかった。ところが、午後3時34分を最後に、突然、大熊町熊川と富岡町仏浜のデータが途絶え、3時36分に浪江町請戸、3時38分には浪江町棚塩のデータも途絶えた。津波が次々とモニタリングポストを襲ったのだ。その後、通信回線の途絶などにより、11日午後6時以降は津波の被害を免れた施設からのデータも原子力センターを除いてリアルタイムでは得られなくなってしまっていた。

一方で、福島県は、地震に対して、事前に対策を取っていた。きっかけは、２００７年7月に起きた新潟県中越沖地震だ。この地震で東京電力柏崎刈羽原子力発電所では火災が発生。地震による停電のために原発周辺のモニタリングポストが機能せず、新潟県は必要な情報が得られないという事態に陥った。その教訓から、福島県では、各モニタリングポストに停電に備えて自家発電機の設置を始めていたのだ。

津波の被害を受けなかったモニタリングポストは、原子力センターにデータを送信こそできなかったものの、発電機の燃料が失われるまでの間、自動で測定を続け、データを記録し続けていた。データが残されていたのは地震発生からおよそ3日間。情報が極めて限られている事故初期の状況を知る上で極めて貴重なデータだ。

その記録を一つ一つ確認していくと、地震発生からほぼ24時間後に急上昇し、1時間あたり1・6ミリシーベルトという極めて高い線量を記録している場所があった。原発から北西5・6キロにある双葉町上羽鳥のモニタリングポストだ。1時間あたり1・6ミリシーベルトという値は、今回の事故で、原発の敷地外にある施設で記録された放射線量の最大値だ。

1時間あたりの放射線量がピークに達したのは12日午後3時。1号機の原子炉建屋が水素爆発を起こしたのは12日の午後3時36分なので、「水素爆発で大量の放射性物質が放出されたことが原因」と思われるかもしれない。しかし、福島県が午後3時のデータとして公表しているのは、午後2時から午後3時までの放射線量であった。意外なことに、1号機の原子炉建屋が水素爆発する前から、福島第一原発の周辺には、大量の放射性物質が拡散していたのだ。

1号機ベント　高線量への影響は

1号機が水素爆発を起こす36分前に、上羽鳥で記録されていた1時間あたり1・6

原発から北西方向、5.6キロほどのところにある双葉町上羽鳥のモニタリングポスト。事故初期の貴重な情報が記録されていた（©NHK）

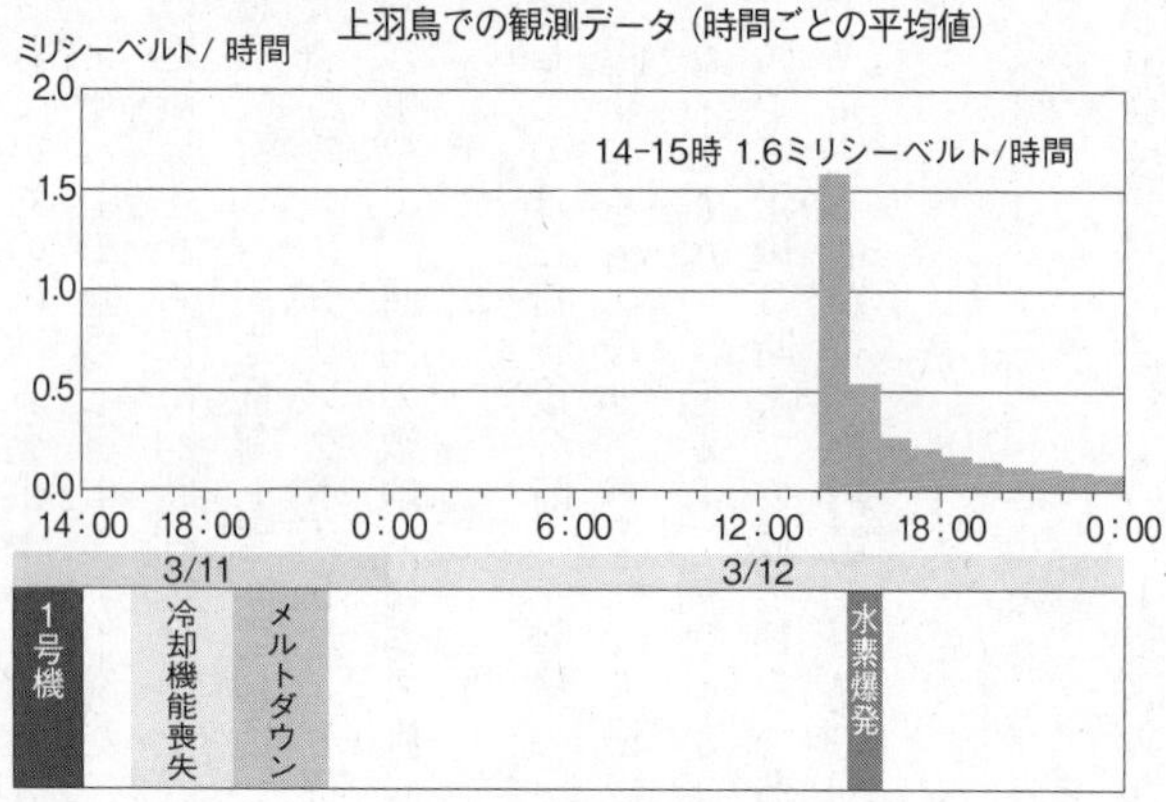

双葉町上羽鳥のモニタリングポストには、1号機の水素爆発の前から大量の放射性物質の放出があったことを裏付ける1時間ごとのデータが記録されていた

ミリシーベルトという高線量。その原因はいったい何なのか。12日午後2時の時点で、2号機と3号機はいずれも冷却装置が稼働し、原子炉の水も十分にあったと記録されている。放出源として考えられるのは1号機しかない。

水素爆発の直前、東京電力は、様々な手段を講じて、1号機のベント作業を繰り返していた。ベントとは、原子炉格納容器の圧力が高くなり破損の恐れがでてきたときに、容器内の放射性物質を含む気体を環境中に放出する操作だ。東京電力の報告書には、12日午後2時半に1号機で「ベントによる減圧を確認」とあり、このベントによって放出された放射性物質が上羽鳥のモニタリングポストに記録された可能性もあった。

ベントには2つの方法がある。気体を格納容器から直接外部に放出する「ドライウエルベント」と呼ばれる方法と、いったんサプチャンと呼ばれる格納容器下部にあるドーナツ状の設備、サプレッションチェンバー（圧力抑制室）の水にくぐらせてから放出する「ウェットウェルベント」と呼ばれる方法だ。12日に1号機で行われたのは後者のほうだ。ウェットウェルベントは、放出する気体をいったん水にくぐらせて放射性物質を取り除くことで、環境に放出される量をおよそ100分の1から1000分の1にまで減らすことができると言われていた。

12日午後3時からの政府の記者会見では、原子力安全・保安院の担当者が次のように述べている。

「外部被ばくによる影響は、南西の1キロの地点で、実効線量は（3時間の合計で）0・019ミリシーベルト（と推測される）」

ところが、福島第一原発から5・6キロも離れた上羽鳥で実際に記録されていた線量は1時間で1・6ミリシーベルト。試算結果よりも100倍以上も高かったのだ。上羽鳥での高線量は、本当にベントが原因なのか。もしベントであれば、なぜ、国の試算よりもはるかに高い線量が記録されていたのだろうか。

上羽鳥に残されていた未解析のデータ

2013年10月、謎を解くための手がかりを求めて、取材班はエネルギー総合工学研究所の内田俊介（うちだしゅんすけ）特任研究員（72歳）とともに、福島県の原子力センターを訪ねた。福島県のモニタリングポストでは、人工的な放射線が検出された際に、その放出源となっている核種（元素）を知るための手がかりが得られるよう、放射線のスペクトルも測定している。このスペクトルから放出された核種の種類や量の比の変化がわかれば、高線量がベントによるものなのか、それ以外の要因によるものなのかを、明らかにできるかもしれない。そう考えた取材班は、福島県にスペクトルの詳細データを提供してもらい、上羽鳥で高線量が観測される前と最中の変化を調べてみた。

しかし、この作戦はすぐに頓挫した。上羽鳥で観測された線量が高すぎ、スペクトルの測定器の定量限界を超えてしまっていて、正確なデータが取得できていなかったのだ。ところが、対応してくれた原子力センターの佐々木広朋主査が思わぬ情報を教えてくれた。上羽鳥の測定器は、20秒ごとの測定データを蓄積し、それを元に1時間ごとの平均値を算出している。その20秒ごとのデータが測定器の内部データとして保存されているというのだ。

ただし、そのデータは専用のプログラムで分析する必要があり、手間と時間がかかってしまうため、まだ手つか

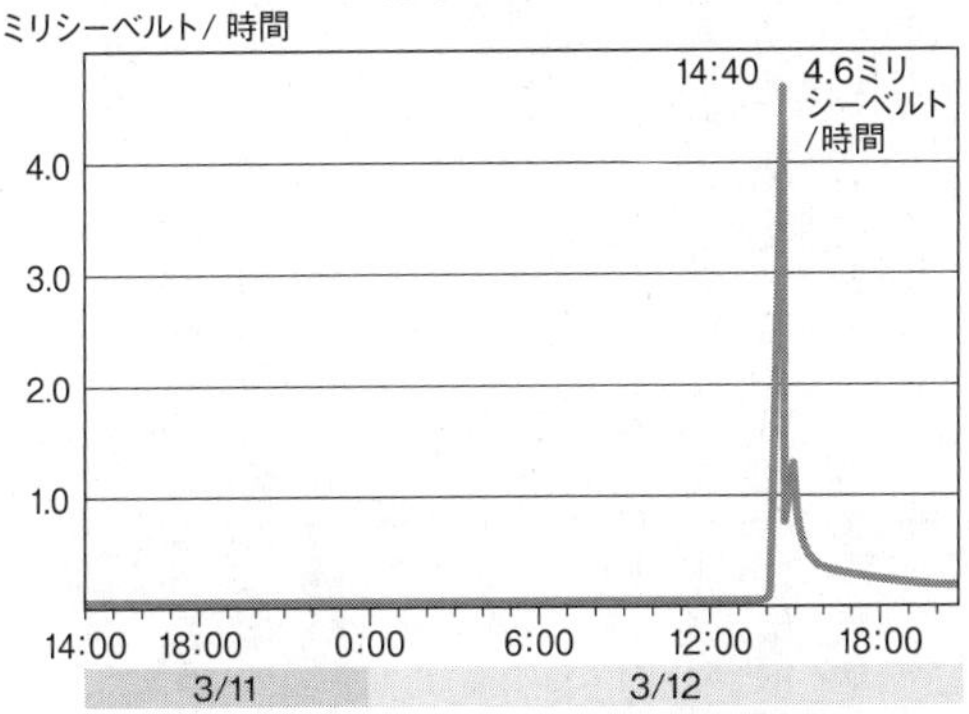

双葉町上羽鳥のモニタリングポストの測定器内部に保存されていた20秒ごとのデータには、水素爆発のおよそ1時間前の14:40に最大値4.6ミリシーベルト／時間という高い線量が記録されていた

ずになっているという。

新たに存在が明らかになったデータを元に放射線量の変化を詳しく分析すれば、何か手がかりが得られるのではないか。取材班は、改めて20秒間隔のデータの公開と提供を依頼、佐々木による分析が終わり、福島県がデータを公開するのを待った。

年が明けて2月、ようやく上羽鳥の20秒データが公開された。東京に持ち帰って、さっそく、データを確認していく。

「えっ、なんだこれは？」

上羽鳥では12日午後2時10分すぎから線量が急上昇を始め、その先には、思いもよらない数字が並んでいた。午後2時18分、1時間あたりの換算値で1ミリシーベルトを超え、午後2時40分40秒には最大値4・6ミリシーベルトを記録していた。これまで公表されていた1時間の平均値1・6ミリシーベルトのおよそ3倍だ。この状態が続けば、一般人の年間の被ばく許容量をわずか15分で超えてしまうような高線量が記録されていたのだ。

高線量の謎をSPEEDIによって解明せよ

事故から3年を経て明らかになった上羽鳥の20秒ごとの詳細な線量データ。このデータを解析すればベントが実施された正確な時間がわかるのではないか。取材班は入手したデータを持って、日本原子力研究開発機構の茅野政道原子力基礎工学研究部門長（58歳）を訪ねた。茅野は、長年、SPEEDIの開発を行ってきた研究者だ。福島第一原発の事故後は、放射能汚染の観測データをSPEEDIのより広域バージョンであるWSPEEDIに入力することで、いつ、どれだけの量の放射性物質が原発から放出されたのかを解明する研究を続けていた。

茅野が、上羽鳥の詳細データで注目したのは線量が上昇した時刻だった。20秒間隔のデータでは午後2時10分から20分にかけて線量が急上昇していた。これまで茅野は、東京電力の事故報告書に基づき、1号機のベントの開始時刻を午後2時半としてWSPEEDIによる試算を行っていた。しかし、これでは、上羽鳥のモニタリングポストが記録した、午後2時18分からの線量の急上昇を説明できない。そこでWSPEEDIを使って、福島第一原発で午後2時に放射性物質の大量放出が始まったと仮定して再度シミュレーションを行うと、上羽鳥のモニタリングポストで観測されたデータとほぼ一致することがわかった。

この頃、福島第一原発では何が行われていたのか。東京電力の事故報告書には、この時間帯に行われたベントに関わる作業内容について、次のように記載されている。

可搬式コンプレッサーで圧縮空気を送り、ベント弁（AO弁）大弁を開放したとされる3月12日午後2時頃、1、2号機の排気筒から白い煙が上羽鳥のモニタリングポストのある北西方向に流れていた（©NHK）

「午後2時頃　S／Cベント弁（AO弁）大弁を動作させるため、可搬式のコンプレッサーをＩＡ系に接続し加圧」

放射性物質の大量飛散が始まった時刻と可搬式のコンプレッサーを用いたベントの開始時間がピタリと一致した。上羽鳥のモニタリングポストが記録した異常ともいえる高線量はやはりベントによるものだったのだ。

さらに、午後2時頃に行われていたベントが成功したことを裏付ける証拠が極めて身近なところに残されていた。ＮＨＫにある映像のアーカイブスだ。

東日本大震災の発生の瞬間から各地で撮

影された地震と原発事故関連の映像が大量に保存されている。その中に3月12日午後2時の前後に、福島第一原発をとらえていた映像があった。ヘリコプターからの空撮だ。午後1時59分、1号機から4号機が並んでいる。59分30秒頃から、カメラはいったん海の方向を向き、原発は視界から消える。そして午後2時00分40秒頃から再び原発のほうに向き直す。このとき、映像の中に1分前には無かったものが映っていた。1、2号機の排気筒から放出されるうっすらとした白い煙のようなもの。徐々に濃くなり、午後2時1分には、はっきりと濃い白になった。煙のたなびく方向は北西。上羽鳥のある方向だ。

当時、1、2号機の中央制御室で事故対応にあたっていた運転員の井戸川隆太は、1号機のベントを行ったときの外部への放射性物質の影響について、次のように証言している。

「中央制御室は、鉛でかためられたところにいるので外部の状況というのは見られなくて、窓一つないですから、ただ構外で放射線の量をはかる指示計が（中略）異常に高い値だったというのを覚えています。指示計がもう振り切れちゃっているところもありました。なので（建屋の）外の状況がどれだけひどいものなのかは推測ができました」

吉田が「成功したかどうかわからない」と証言していた1号機のベントは3月12日午後2時頃に確かに実施されていた。しかし、これは「成功」と言って手放しで喜べるものではなかった。1号機のベントにより、国の試算の100倍を超える想定外の放射性物質が放出され、福島の地を汚染することになったからだ。

放射性物質の量を1000分の1に減らせるはずのベントでなぜ

なぜ想定を大幅に超える放射性物質が放出されたのか。3月12日に行われた1号機のベントは、放出される気体に含まれている放射性物質の量を1000分の1にまで減らせるとされていたウェットウェルベントだった。

ウェットウェルベントでは、格納容器の中の気体を、ベント管を通して、いったん、サプチャンの中に溜められている水の中に吹き込む。そして、サプチャンの水を通り抜けてきた気体を排気筒から外に放出する。このとき、サプチャンの水が放射性物質を取り除くフィルターの役目を果たすとされている。本当に、この仕組みで1000分の1から1000分の1にまで減らすことができるのか、その様子を実験で再現し、確かめてみることにした。

国内の複数の大学や研究機関に実験を依頼したが、残念ながらすべて断られてしま

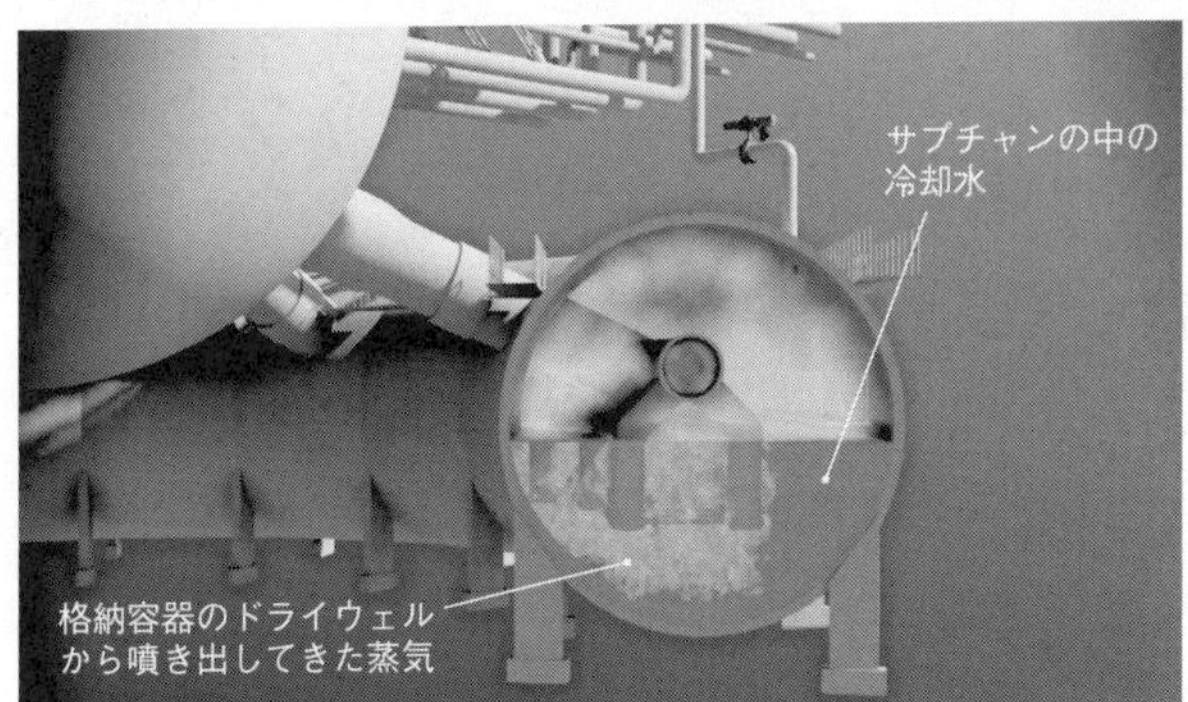

ウェットウェルベントでは、格納容器の中の気体を、ベント管を通して、いったん、サプチャンの中に溜められている冷却水の中に吹き込む。冷却水が放射性物質を取り除くフィルターの役目を果たし、外部に放出される放射性物質の量が100分の1から1000分の1に低減されるはずだった（©NHK）

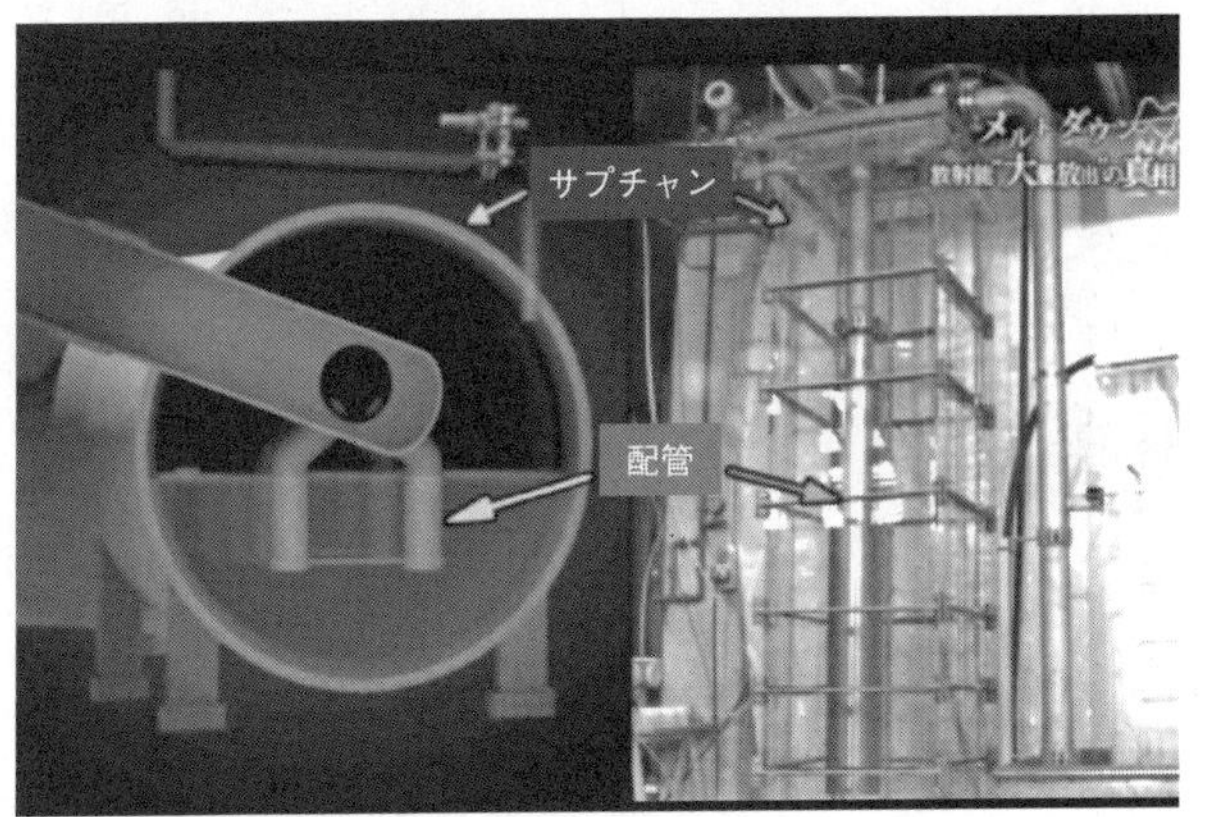

SIETで行われたサプチャンを模した実験。サプチャンに見立てた高さ3メートルの透明な水槽とベント管に見立てた配管が見える（©NHK）

つた。そこで、イタリア北部のピアチェンツァにある世界的な原子力や熱流動の試験施設SIET（シエット）（Societá Informazioni Esperienze Termoidrauliche）に相談してみた。SIETは、1982年に運転を停止した火力発電所をそのまま利用した実験施設で、原子炉のような巨大な圧力容器や、大量の水蒸気をつくる蒸気発生器などを所有し、世界各国の発電装置メーカーからの依頼を受けて様々な実験を行っていた。SIETから、ヨウ素やセシウムそのものを使った実験は難しいが、代替物を使った実験であれば可能だという回答が寄せられた。

2014年2月中旬、取材班はエネルギー総合工学研究所部長の内藤正則と研究員で放射性物質の化学を専門とする内田俊介、そしてイタリアから同研究所に過酷事故のシミュレーションの研究に来ていたマルコ・ペレグリニとともにイタリアに向かった。現地で、原子力工学が専門で、ミラノ工科大学教授の二ノ方壽（にのかたひさし）、同大教授のマルコ・リコッティも合流してくれた。

SIETでは、サプチャンを模した高さ3メートルの透明な水槽を用意。中には、格納容器からの気体が吹き込んでくるベント管がぶら下げられている。管の直径は実物の2分の1のスケールだ。管の中に吹き込むガスの流量も、事前にペレグリニがシミュレーションで試算し、当時の状況を実験装置のスケールに合わせて可能な限り再

格納容器中の気体に模した高温のガスを常温の冷却水の中に入れたところ、配管から噴き出した瞬間に、写真のような大きな泡ができるものの、一瞬で消えてしまった（©NHK）

現した。一方で、圧力は実験装置の強度の問題で再現できなかった。格納容器からサプチャンに吹き込む気体には、放射性物質の代替物として粒径0・5マイクロメートルのヘマタイト（酸化第二鉄〈Fe_2O_3〉）を混ぜ、その放出量を測定することにした。

いよいよ実験開始。格納容器の中の気体に模した高温のガスをベント管に吹き込んでみる。すると、噴き出した瞬間、直径30センチを超えるような大きな泡ができるが、その直後「ドン」という大きな衝撃音とともに泡が消えてしまう。その後も、泡が発生してはすぐに消える、という状態が続いた。実は、この泡が消えてしまう現象が、放射性物質が取り除かれる秘密だという。

サプチャンに吹き込んでくる気体には高温

高圧の水蒸気が大量に含まれている。サプチャンの水は通常は27℃程度の常温だ。そのため、気体は一気に冷やされることになる。すると、気体の中に大量に含まれている水蒸気が水に変わる。「凝縮」と呼ばれる現象だ。配管の排気口から噴き出した瞬間、大きな泡を作るが、周囲の水に冷やされてすぐに水蒸気が水に変わるため、泡がまるで消えたように見えるのだ。そして、このとき、気体の中に含まれていたセシウムなどの放射性物質も水に溶け込み、水の中に捉えられる（右図参照）。このように水

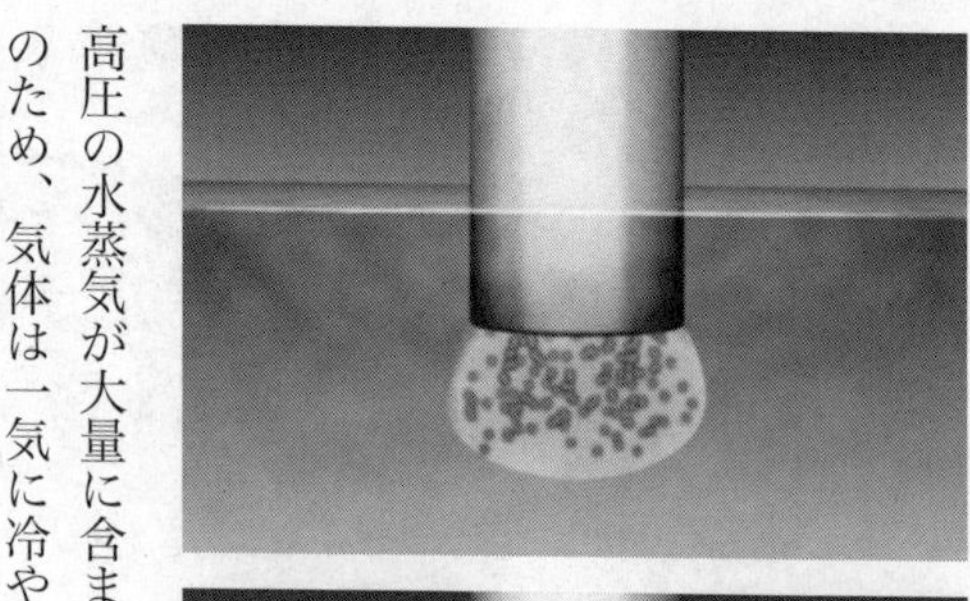

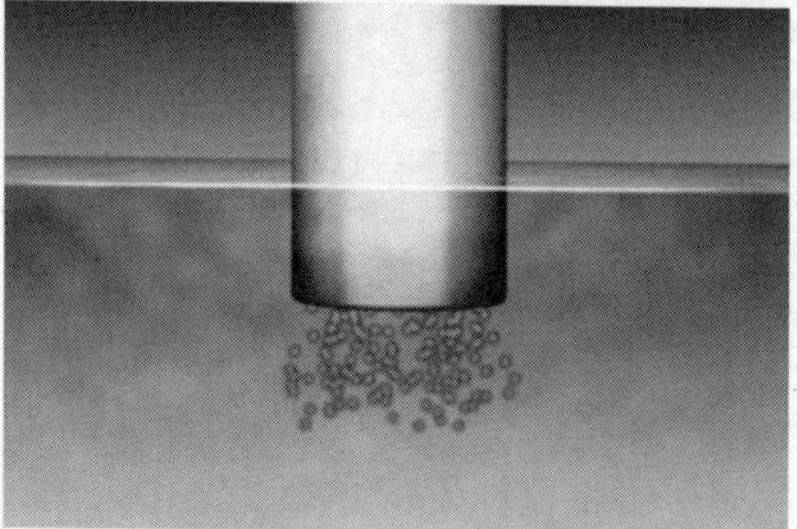

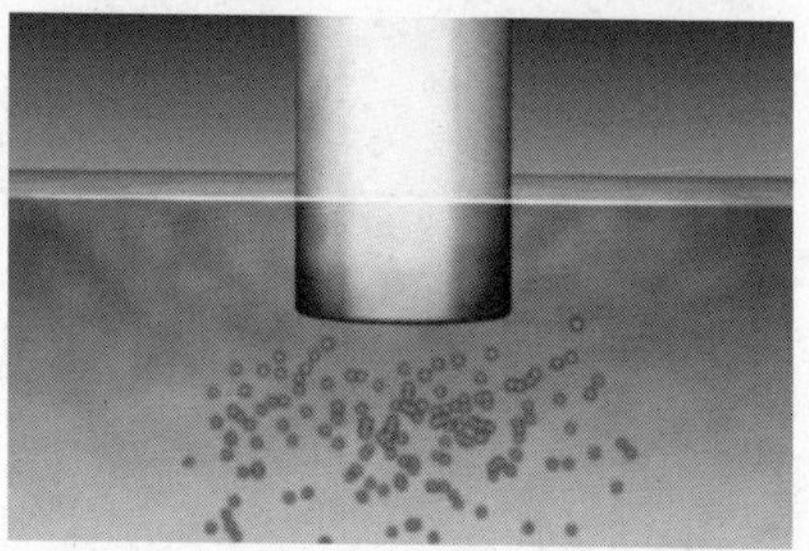

格納容器から送られてきた放射性物質を含む気体は、サプチャンの冷却水に吹き込まれた瞬間に気泡が消えて、放射性物質も空気中に飛散することなく冷却水の中に取り込まれる（©NHK）

の中に気体を吹き込むことで、中に含まれている放射性物質が取り除かれる仕組みは「スクラビング」と呼ばれ、取り除かれる効果のことは「スクラビング効果」と呼ばれている。

ウェットウェルベントではこのスクラビング効果によって、放出される気体中の放射性物質の1000分の999は水に捉えられ、残りの1000分の1、すなわち水に溶け込まなかった0・1％の放射性物質だけがサプチャンの水を通り抜けて、外部へ放出されるというわけだ。

温度成層化の罠

前述の放射性物質の99・9％を除去できた実験モデルは、「格納容器から吹き込む気体がほぼ100％水蒸気」で、「サプチャンの水温が27℃程度の常温」だった場合である。

では、実際の1号機ではどうだったのか。内藤とペレグリニは、ベントが行われたときのサプチャンの水温に注目し、事故時の状況の分析を行っている。1号機では、3月11日津波の襲来によってすべての電源が失われ、電源がなくても冷却ができるイソコンも停止していたため、核燃料の崩壊熱によって、原子炉内の温度が上昇、圧力

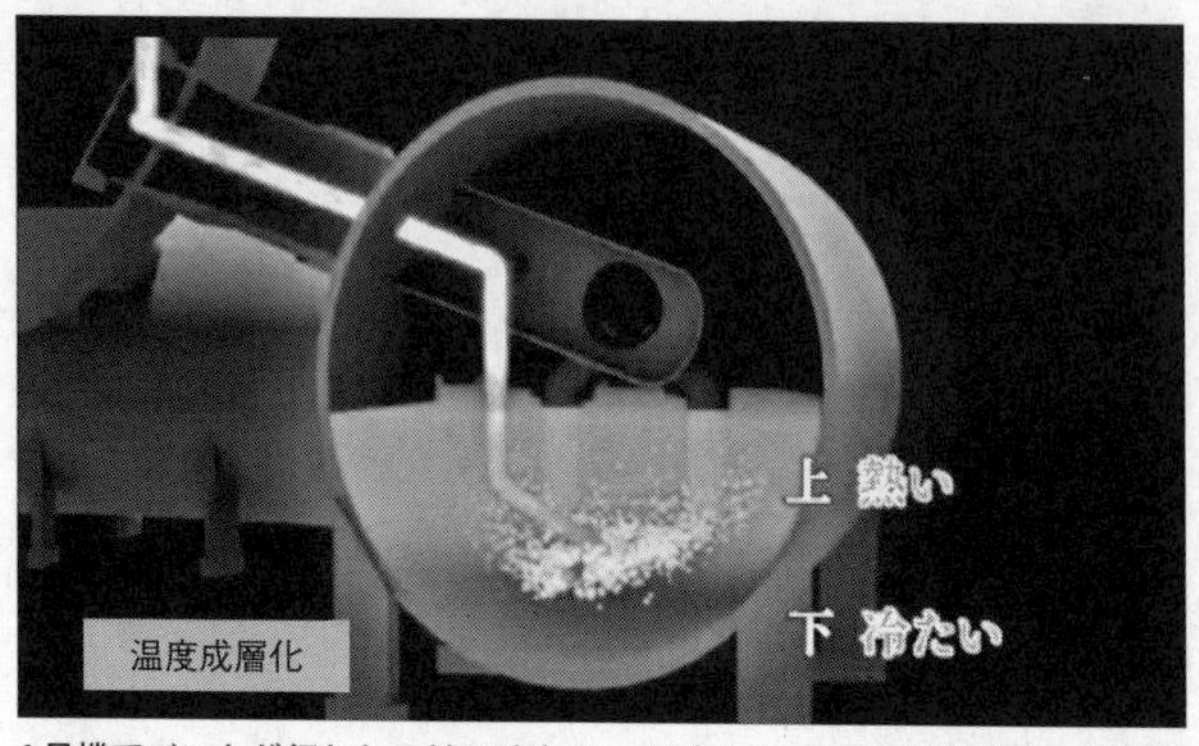

1号機でベントが行われる前の時点で、サプチャンの中の冷却水は、上部が高温、下部が低温となり、上下の水が混じり合わない「温度成層化」と呼ばれる現象が起きていた可能性が高い（©NHK）

も高まっていった。

そして、イソコンが停止してから10分後の11日午後3時47分にはSR弁が作動を始めた。SR弁は、圧力が高くなりすぎて原子炉が破損してしまうのを防ぐための弁で、原子炉の圧力があらかじめ決められた圧力を超えると、自動的に弁が開き、原子炉の中の気体を放出する。放出される先はサプチャンの水の中だ。サンプソンと呼ばれる原子炉の挙動の計算プログラムによる解析では、その後、およそ3時間41分にわたって、SR弁から高温の水蒸気が、サプチャンに噴き出し続けたと推定されている。

このときサプチャンでは「温度成層化」と呼ばれる現象が起きていた可能性が高いと内藤は言う。温度成層化とは、温度の高い部分と温度の低い部分が混じり合わず、層状になる現象だ。身近な例にたとえると、お風呂のお湯を混ぜずにおいておくと、上のほうが熱く、下のほうは冷たくなる。お湯は水に比べて密度が小さいため、水面に上昇し、水は底のほうに沈んでいく。いったん層ができると混ざらなくなるためだ。

内藤はペレグリニとともに、イタリアのＳＩＥＴで、３号機のＲＣＩＣと呼ばれる冷却装置から噴き出す高温の水蒸気による、サプチャンの水温の変化の模擬実験を行った。３号機のＲＣＩＣの排気口の形は、１号機のＳＲ弁からの排気口やベント管の排気口とは形状や水深は違うが、サプチャンの水の中に高温の蒸気を噴き出すという点では同じだ。

この実験で、サプチャンの底のほうは水温が50℃以下にもかかわらず、水面付近は１００℃近く、ほぼ沸騰温度まで上昇することがわかった。サプチャンで温度成層化が起きることがわかったのだ。

実は、東京電力も、全交流電源を喪失した場合にサプチャンの水温が急上昇する危険性をかねてより把握していた。事故前に作成していた事故時運転操作手順書（事象ベース）には、サプチャンの水温は全交流電源喪失から8時間後には90℃程度になると記載されている。

しかも、この例では、直流電源（バッテリーやディーゼルなどの非常用電源のこと）を使ってイソコンを駆動させて原子炉が冷却できる想定だった。

しかし、今回の事故では、1号機は津波により直流電源が失われ、イソコンも動いていなかった。このため、サプチャンは想定を上回る高温高圧状態になったと考えられる。放射性物質の99・9%を除去できる常温状態とはほど遠いものだったのである。

サプチャンの水が高温になった場合のベントへの影響は

サプチャンの水が高温になると、スクラビング効果はどう変化するのか。SIETでの検証実験の結果は衝撃的なものだった。

ガスを吹き込み続けていると、ガスの熱によってサプチャンの水が温められ、温度が上昇し始める。水温の上昇とともに、徐々に泡が消えにくく、つまりガスが凝縮しにくくなってくる。そして水温が沸騰温度近くになると、吹き込んできたガスが凝縮せず、ゴボゴボと泡のまま水面に到達するようになる（次ページ写真）。こうなると、ガスの中に含まれていた放射性物質も水に取り込まれることなく、サプチャンの上部の気層に放出される。放射性物質の代替物として使用したヘマタイトの場合、およそ10%が放出されてしまうことがわかった。

しかし、これはあくまでも代替物であるヘマタイトの場合の放出率だ。セシウムだった場合、どうなるのか。換算に必要な関係式を求めるため、取材班は、エネルギー総合工学研究所の内田とともに、茨城県水戸市にある株式会社化研を訪ねた。化研は化学物質の分析等を得意とする調査研究会社で、放射性物質を扱うＲＩ室も備えており、日本原子力研究開発機構などからも委託を受けて実験や研究を行っている。ビーカーレベルの規模だが、実際にヨウ素やセシウムを使った実験ができる。

サプチャンの水が高温になると、配管から吹き込まれた水蒸気の泡は消えることなく、透明の容器の内部が泡でまったく見えなくなった（©NHK）

1リットルのガラス容器をサプチャンに見立て、ミニ実験装置を作り、セシウムとヘマタイトを混ぜたガスを吹き込んで、それぞれの放出率を調べた。その結果、サプチャンの水が沸騰している条件では、セシウムの放出率はヘマタイトの放出率のおよそ4倍になることがわかった。

ＳＩＥＴでの実験でサプチャンの水温が沸騰している場合のヘマタイトの放出率は10％だった。ということは、セシウムの場合はその4倍の40％が放出されてしまうと考えられる。つまり、理想的な条件ではおよそ1000分の1に低減できるが、今回の事故では、サプチャンの水温が高くなってしまった結果、およそ半分の放射性物質が外部にそのまま放出された可能性が高いのだ。

吉田が、本当に成功したのかどうか、最後まで疑っていたというベント。その謎を追っていくと、確かにベントは行われていた。しかし、事前の予測をはるかに超えた大量の放射性物質が放出されていた現実が明らかになった。そして、なぜ大量放出が起きたのか、そのメカニズムの詳細については、いまも研究が続けられている。

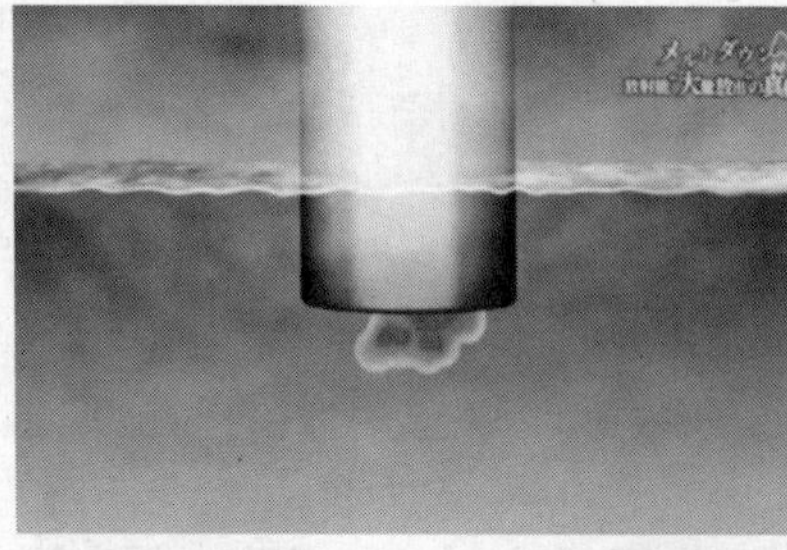

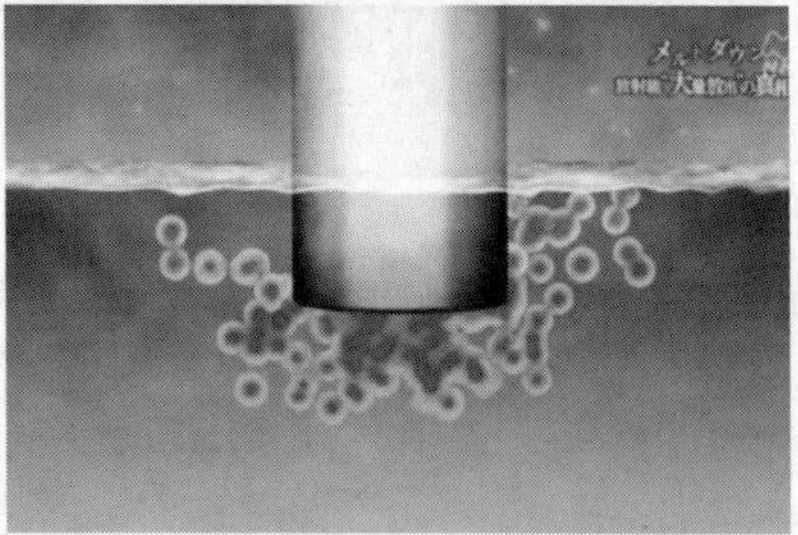

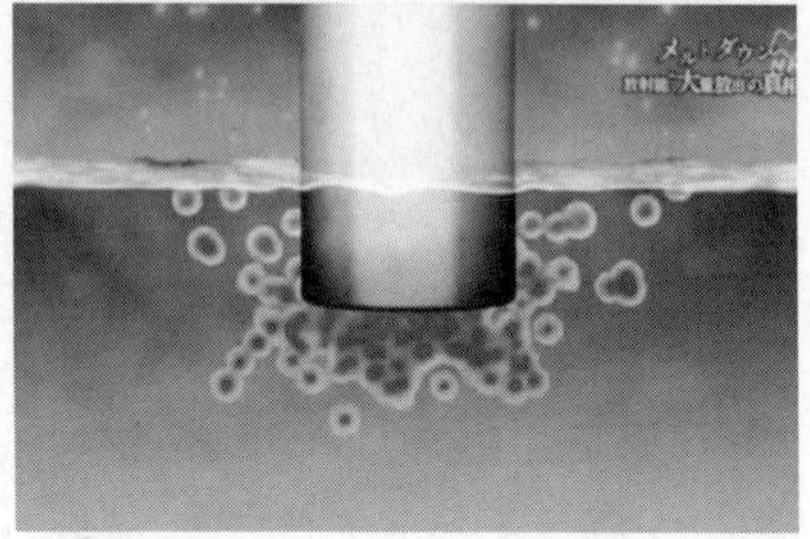

格納容器から送られてきた放射性物質を含む気体は、サプチャン内の沸騰した水に吹き込まれても気泡が消えることはない。そのためスクラビング効果も弱まり、気泡に含まれている放射性物質も空気中に飛散してしまう（©NHK）

ベントによる想定外の放出という教訓は生かされているのか

ベントによって図らずも外部に放射性物質が放出されたという苦い経験。原子力規制委員会は、重大事故時に放射性物質の放出を抑制するための新たな対策を規制基準で求めた。具体的には、想定すべき重大事故が発生した場合でも「セシウム１３７の放出量が１００テラベクレルを下回っている」（1テラは1兆）としている。その理由について、福島第一原発事故で環境中に放出されたセシウム１３７の総放出量を約１万テラベクレルと推定し、その１００分の1を下回れば、セシウム１３７以外の放射性物質を考慮しても、長期避難を余儀なくされる事態となる見込みは少ないと考えられると説明※している。

この基準を受け、福島第一原発と同じ沸騰水型の原子炉を持つ電力各社は、新たに「フィルター付きベント」の設置を進めている。フィルター付きベントは、水の中に放射性物質を吸着しやすい化学物質を加えたり、微粒子を除去する金属性のフィルターを通したりして、セシウムだけでなく、甲状腺がんの原因となる放射性ヨウ素についても、大部分を除去できる効果があるとしている。再稼働を目指す電力各社は、フィルター付きベントの設備を整えるとともに、具体的な運用方法を定め、すでに再稼

※実用発電用原子炉に係る新規制基準の考え方について
　平成30年12月19日改訂　原子力規制委員会

働の前提となる審査に合格した原発もある。

一方、フィルター付きベント設備の運用では、場合によっては、人力で隔離弁を開ける操作なども想定されている。万が一、事故が起きた場合、運用上の判断や操作、それに作業員の被ばくを含め、本当に死角がないのか。福島第一原発事故の教訓を忘れず、訓練などを通じて、確認し続けることが求められている。

「死を覚悟した最大の危機」2号機のベント

曲がりなりにもベントが実施できた1号機。では、吉田が一連の事故対応で「死を覚悟した最大の危機」と語った2号機ではどうだったのか。2号機でも決死のベント作業が続けられた。しかし、1号機と違い、2号機では圧力や放射線量のデータや、排気筒の映像から、ベントが成功したことを示す痕跡は確認されていない。

2号機のベントについて、政府の事故調査委員会は、ベントの実施を試みたが、ベント機能が果たされることはなかったと評価している。また東京電力も事故から4年がたった2015年5月に未解明事項の調査結果を公表した中で「1号機と3号機はベントに成功したが、2号機はベントを実施できず、大量の放射性物質を放出するに至った」と結論付けている。2号機のベントは、なぜ失敗してしまったのか。

吉田が2号機のベントの準備を指示したのは、1号機原子炉建屋の水素爆発からおよそ2時間後の12日午後5時半。1号機の教訓をもとに、原子炉建屋の放射線量が上昇し、現場で作業できない事態を避けるため、冷却装置が動いているうちに指示が出された。

ベントをするためには、格納容器から排気筒に至るベントラインを作らなければならない。ベントラインを作るには、原子炉建屋2階にあるMO弁と呼ばれる電動の弁と、原子炉建屋地下1階にあるAO弁と呼ばれる空気弁を開けておかなければならない。

原子炉建屋にあるMO弁は、現場に赴いた運転員が手動で開けた。AO弁については、小型発電機と既設の空気コンプレッサーなどを使って遠隔で開けられた。さらに復旧班は、既設の空気コンプレッサーに加えて、可搬式のコンプレッサーを2号機のタービン建屋の大物搬入口付近に配備して、遠隔で圧縮空気を押し出して弁を開ける準備も進めた。AO弁につながる配管がタービン建屋の入り口70メートルにわたってのびていることに目をつけ、その配管にコンプレッサーを接続して圧縮空気を送り込むことにしたのである。この方法は、12日午後2時すぎに1号機で試みて成功した手段だった。復旧班は1号機で成功した作戦を2号機でも進めたのである。13日午前11

時にはベントラインが完成し、14日午前3時には、可搬式のコンプレッサーで圧縮空気をAO弁に送り込むラインもできていた。

しかし、現場は、連鎖する事故の恐ろしさに直面する。ベントライン完成から、丸一日がたった14日午前11時、3号機の原子炉建屋が水素爆発。この影響で、2号機のベントラインのAO弁が閉じてしまったことが確認されたのだ。

AO弁の手前には「電磁弁」と呼ばれる弁が取り付けられている。AO弁は、最初にこの電磁弁を電気で開けた上で、空気を送り込まなければ開かない構造になっている。水素爆発の影響で、中央制御室に備え付けていた電磁弁の電気回路が外れ、現場は再びベントラインをつくる作業にあたることになる。

水素爆発のあと、2号機の非常用冷却装置も停止し、格納容器のサプチャンも高温高圧の状態だった。吉田は、サプチャンを守り原子炉を冷却するためにも、ベントラインの再構成を急ぐよう復旧班に指示する。

14日午後4時頃。復旧班は、水素爆発の影響で閉じたAO弁を開けるため、中央制御室で小型発電機をつなぎ電磁弁を開ける作業を始めた。しかし、格納容器の圧力は下がらず、弁が開いた状態を維持できない状況が続く。現場ではベントまで時間がか

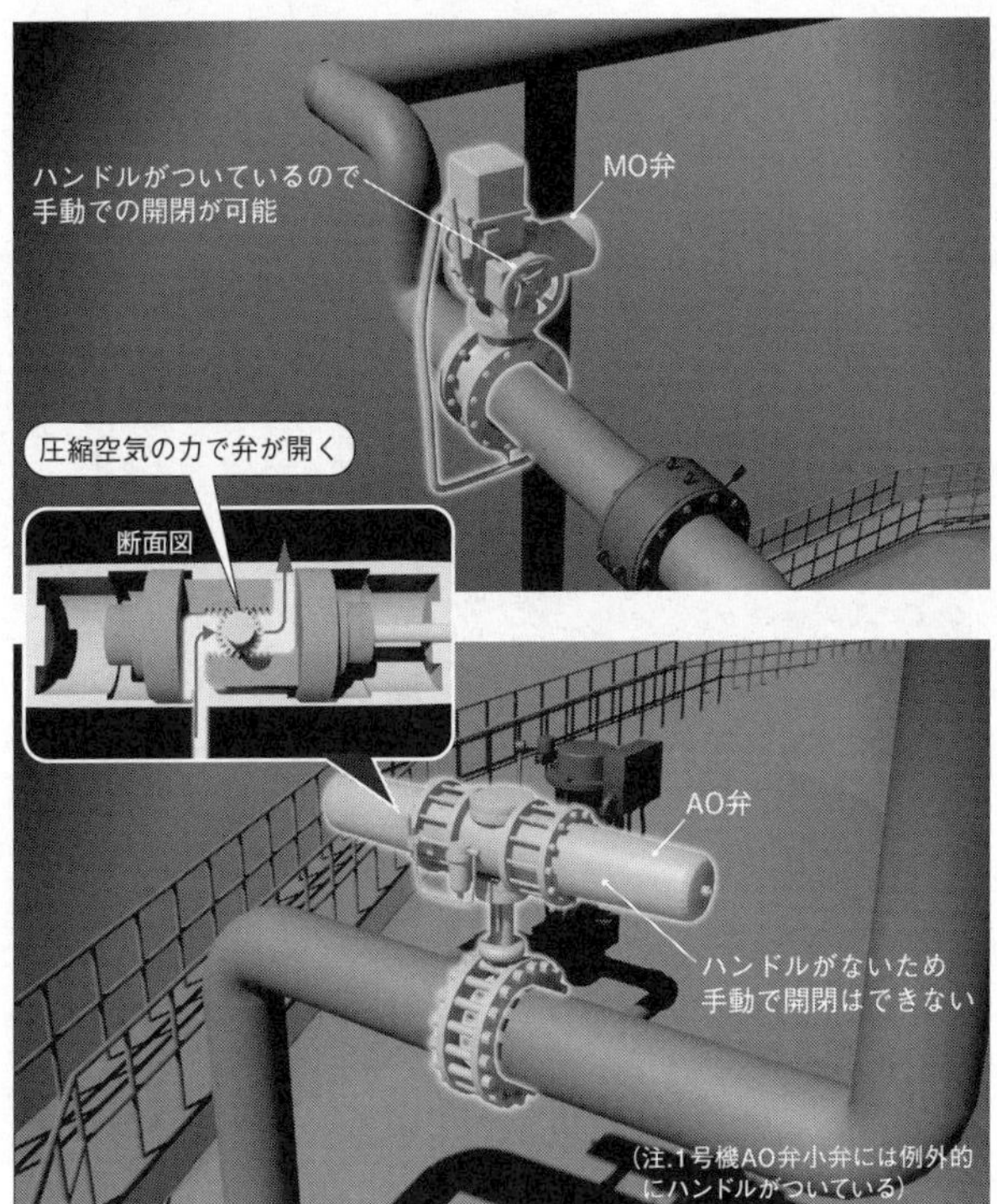

格納容器ベントと2種類の弁（再掲）
ベントを実行するには、MO弁とAO弁の2種類の弁を開ける必要がある。MO弁は通常は電動だがハンドルがついているので、非常時には人の手で開けることができる。これに対して、通常のAO弁にはハンドルがなく、コンプレッサーで圧縮空気を送り込み遠隔操作で開けるしかない。ただし1号機AO弁小弁は、1〜3号機に備え付けられているサプレッションチェンバー側のAO弁のうち唯一ハンドルがついていて、手動で開けることができた
（©NHK）

かるという不安が広がっていた。

この直前、吉田のもとに原子力安全委員会の班目委員長から電話がかかってきていた。このなかで班目は、ベントより原子炉の減圧と注水を優先するよう吉田に強く助言していた。

ベントの見通しが立たないなか、班目の助言をもとに本店対策本部に詰めていた清水社長が、ベントより原子炉の減圧・注水を優先するよう指示する。最後は吉田もそれを聞き入れる形で、原子炉の減圧操作が進められるが、作業は難航する。

3時間以上が過ぎた午後8時前までに、ようやく圧力が下がり注水が始められるが、その後も原子炉の圧力は断続的に高まり、満足に注水できない事態に陥っていた。

迷走する2号機のベント

14日午後8時以降も原子炉への注水が思うようにできず、格納容器の圧力も上昇していた。格納容器を守るため、ベントが急がれたが、ベントラインの要となるAO弁を開ける作業は依然、難航していた。

格納容器には、構造上、2つのベントラインがある。ひとつはサプチャン側からつながるラインだ。サプチャンの水を通すことで、放射性物質を減らすスクラビング効果があるとされ、まずは、こちらのベントが優先される。

もうひとつは、格納容器上部のドライウェルと呼ばれる装置からつながるベントラインである。水を通らないので、スクラビング効果が期待できない。このため、ドライウェルラインからのベントは、最後の手段と位置づけられている。

3号機の水素爆発のあと、復旧班は、サプチャンのベントラインを優先してAO弁を開けようとするがうまく行かず、最後はドライウェルのラインにあるAO弁を開けることを試みる。しかし、これも失敗することになる。そのベントをめぐる迷走の経緯を詳しく見ていく。

まず復旧班は、サプチャンのベントラインを完成させようと、メインバルブにある「大弁」を開けようとした。14日午後4時ごろ、可搬式のコンプレッサーで空気を送り込んだ。ところが、弁を開いた状態を維持できなかった。どうも大弁に不具合が起きているとみられた。

このため、復旧班は、AO弁の「小弁」を開けようとした。予備的な位置づけの弁で、大弁が開かないときの奥の手とも言えるものだった。

14日午後9時ごろ、コンプレッサーで空気を送り込み、ようやくこの小弁がわずかに開いた状態を保てるようになった。ベントラインが完成したかのように見えた。しかし、ここで原発の構造上の問題が降りかかる。

ベントラインには、弁のほかに、ラプチャーディスクという安全装置が取り付けられている。ラプチャーディスクは、排気筒の手前にある「破裂板」もしくは「閉止板」とも言われる装置で、格納容器の蒸気が誤って外部に放出されないように設置されている。遠隔で操作できず、圧力が一定以上にならなければ破れない構造になっていて、2号機では格納容器の最高使用圧力と同じ5・28気圧に設定されていた。

14日午後9時3分頃、2号機の格納容器の上部にあたるドライウェル側の圧力は4・1気圧。ラプチャーディスクが破れる圧力を下回り、ベントできない数値を示していた。

ただ、このまま格納容器の圧力が上昇し、ラプチャーディスクの作動圧を超えれば、ベントは行われるはずだった。実際、格納容器のドライウェルの圧力は上昇を続けていた。午後10時50分頃には5・4気圧に達し、ラプチャーディスクの作動圧を超えていた。ラプチャーディスクが破れてベントが成功し圧力は下がるはずだったが、その後も圧力は高まり続けた。

なぜ、ベントできないのか。困惑する現場に午後11時過ぎ、わずかに開いていたサプチャンのAO弁の小弁が閉じているという情報がもたらされた。一向にベントが成功せず、格納容器の危機が目前に迫る中、現場は戦術変更を迫られる。

テレビ会議のやりとりを記録していた柏崎刈羽メモには次のように記されている。

メモ：14日午後11時35分

「ウェットウェルの小弁開いていなかった。ドライウェルの小弁を開ける」　1F

ついに最後の手段であるドライウェル側のベントラインの構成を選んだのである。日付が変わった15日午前0時すぎ、ドライウェル側のベントラインの構成が始められた。最初からAO弁の小弁をターゲットに、復旧班が中央制御室から電磁弁を開けたあと、コンプレッサーで空気が送られる。

柏崎刈羽メモには、

メモ：午前0時1分　1F

「1F2（福島第一原発2号機）：PCV（格納容器）小弁『開』」

と記され、一時、ベントラインが作られたことが記されている。

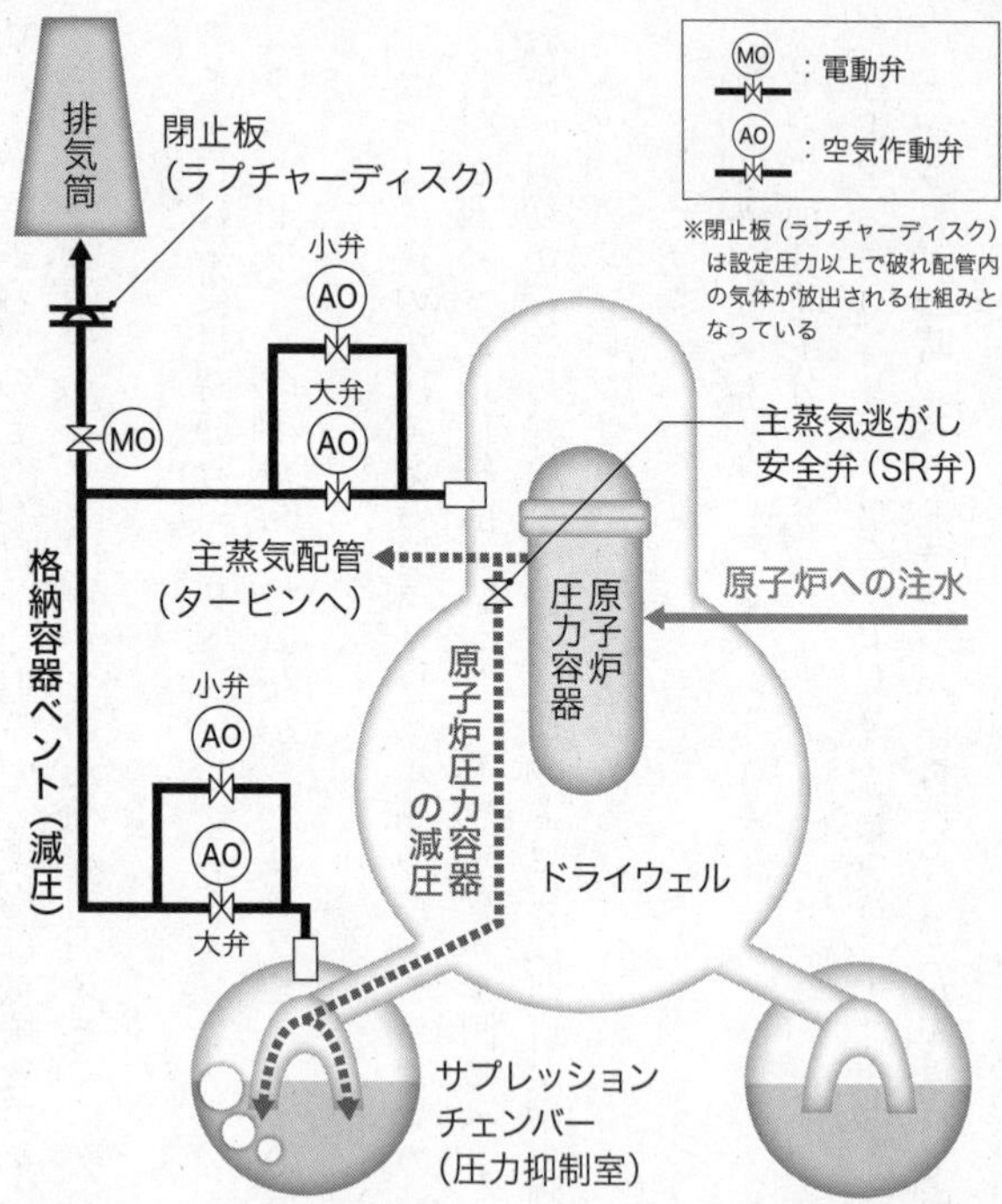

注．格納容器：ドライウェルと圧力抑制室をあわせた部分

格納容器には、サプレッションチェンバー（圧力抑制室）を経由して排気筒から高温高圧のガスを放出するウェットウェルベントと格納容器上部のドライウェルと呼ばれる装置から直接排気筒に排出するドライウェルベントがある。ウェットウェルベントは、サプレッションチェンバーにある冷却水にガスを通すことで放射性物質を減らすスクラビング効果があるとされ、まずは、こちらのベントが優先される。ドライウェルベントは、冷却水を経由せず、直接、放射性物質を大量に含む高温高圧のガスを大気に排出するため、最後の手段と位置づけられている。

またベントを行うためには、格納容器の圧力が最高使用圧力を超え、排気筒の手前にあるラプチャーディスク（破裂板もしくは閉止板）という安全装置を破る必要があった（再掲）

しかし、その数分後には、ＡＯ弁の小弁が閉じていることが確認される。このあとも弁を開けようと繰り返し空気が送られたが、格納容器の圧力は高止まりし、ベントができた形跡はみられなかった。

そして15日午前６時10分頃、大きな衝撃音と振動が発生し、２号機のサプチャンの圧力計がダウンスケール（計測限界値以下）したという情報が吉田のもとにもたらされる。

吉田は当初、２号機の格納容器が爆発したと考え、午前７時頃には、必要最小限の人員を残し、およそ６５０人を退避させる。その後、２号機のドライウェル圧力が計測され、４号機の原子炉建屋が爆発したことが確認される。

その後、２号機のドライウェル圧力は、午前７時20分には７・３気圧を示していたが、およそ４時間後の午前11時25分には１・５５気圧まで下がっていることが確認された。この間に構内の正門付近の放射線量は１時間あたり数百マイクロシーベルトから10ミリシーベルト程度まで急激に上昇した。格納容器の一部が損傷し放射性物質を含んだ蒸気が漏れ出し、圧力が下がったものと見られている。

格納容器の爆発という最悪の事態を避けるため続けられた２号機のベント。格納容器の圧力は最終的に下がり、最悪の事態は免れた。しかしそれは、ベントではなく、想定していなかった格納容器の損傷による蒸気のリーク（漏洩）という、偶然の産物によってもたらされた可能性がある。

2号機ベント失敗の謎

2号機のベントの成否について、政府事故調は、「サプチャンベントおよびドライウェルベントの実施を試みたが、これらのベント機能が果たされることはなかった」と評価している。その理由について、AO弁を開けるために必要な空気圧を十分確保できず、さらに電磁弁が開いた状態を維持できなかったことなどを挙げている。

東京電力も2015年5月、未解明事項の3回目の検証結果で、2号機はベントを実施できなかったと公表している。

その前年、東京電力は、ラプチャーディスクが作動したかどうか調べるため、ラプチャーディスク周辺の配管の放射線量を測定している。その結果、ラプチャーディスク周辺の放射線量は、1時間あたり0・3ミリシーベルト（北面）、0・12ミリシーベルト（南面）で、その上流側と下流側にある配管の放射線量と同程度の値だった。1号機のベントラインで観測されたような大量の放射性物質を含むガスが通った場合の汚染状況と異なることなどから、東京電力は、ラプチャーディスクを含め周辺の配

2号機では格納容器爆発を避けるためのベントが行われたが、失敗した。にもかかわらず、1号機や3号機のような爆発は免れた（写真は2号機）

管はほとんど汚染されていない可能性が高いとしている。ラプチャーディスク周辺の配管が汚染されていないことは、ベントが実施されなかったことを示していたと言える。

東京電力や政府の事故調査・検証委員会が「実施されなかった」とする2号機のベント。その理由のひとつとして挙げられている「AO弁の空気圧の不足」はなぜ起きたのか。

その理由のひとつとして、2号機のベントを行った設備配置が影響していた可能性がある。

実は2号機は、1号機や3号機とベントを行う設備の配置がかなり異なっていた。1号機では原子炉建屋脇の大物搬入

格納容器の爆発による放射性物質の大量放出という最悪シナリオを回避できた2号機。しかし、それは格納容器ベントによってもたらされたものではなく、格納容器損傷による蒸気のリークという「偶然の産物」によってもたらされた可能性がある（©NHK）

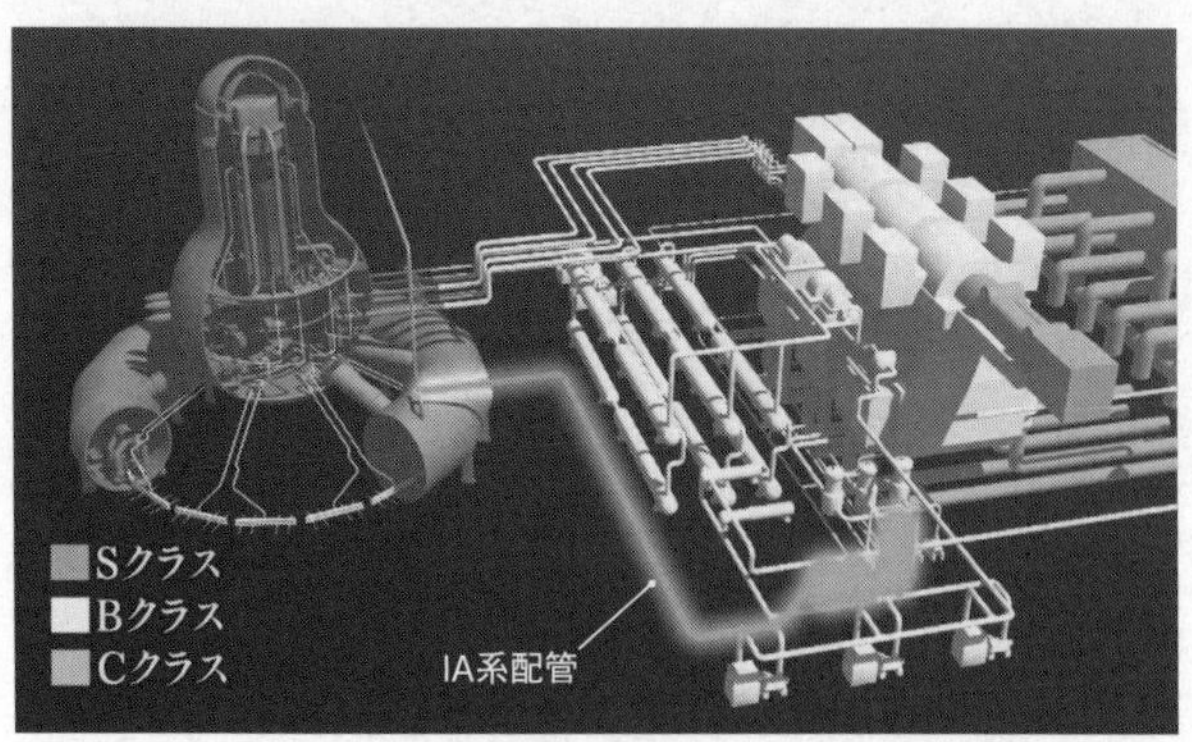

可搬式コンプレッサーとAO弁を結ぶIA系配管の距離は約70メートル。この配管の耐震性は最も低いCクラスだった（©NHK）

口に可搬式コンプレッサーを設置し、空気を送り込んだ。３号機では原子炉建屋内にあるボンベから空気を送り込んだ。いずれも圧縮空気の供給源が同じ原子炉建屋内ということもあり、ＡＯ弁までの配管の距離は短くて済んだ。しかし、２号機はそうではなかった。

高い線量や接続口の問題から、1号機のようにＡＯ弁に近い原子炉建屋の圧縮空気ラインにコンプレッサーを接続できなかったのだ。そこで原子炉建屋から直線距離で70メートル以上も離れていたタービン建屋に設置されたＩＡ系空気貯槽を使うことにする。復旧班は、ＩＡ系空気貯槽の脇に福島第二原発から急遽運ばれた可搬式のコンプレッサーを設置し、ＩＡ系配管を通じてＡＯ弁まで空気を送り込もうとしていた。原子炉建屋内部の重要機器が耐震クラスＳで設計されているのとは異なり、ＩＡ系配管は最も低い耐震クラスＣで設計されていた。

ＡＯ弁に連なる70メートルの配管、〝漏れ〟が見つかったＡＯ弁と圧縮空気の供給ラインとの接続部分は地震後に本当に健全だったのか。

なぜ空気圧は不足したのか

今回の福島第一原発事故で、国や東京電力は一貫して、安全上重要な設備に関して地震の影響はなかったと見られる、という趣旨の発言を繰り返し行ってきた。耐震性のチェックを行うのが当時の原子力安全・保安院であるが、実質的な技術面での解析は、当時のＪＮＥＳ（原子力安全基盤機構）が担ってきた。ＪＮＥＳの耐震安全部は、２００７年７月に起こった新潟県中越沖地震後の柏崎刈羽原発への影響検査も行い、それをＩＡＥＡの地震ハザード評価ガイドに反映させるなど、国際的にも高い評価を得ている。

２０１２年６月、取材班は、２号機のＡＯ弁につながるＩＡ系配管への地震による影響の可能性について見解を聞くため、東京・虎ノ門にあるＪＮＥＳのオフィスを訪ねた。取材に対応した耐震安全部次長の高松直丘は、耐震安全の分野で第一人者といわれている原発メーカー出身の技術者だ。

まだ、東京電力も国も、今回の福島第一原発事故で、地震による影響で事故が悪化したとは明確に述べていない。高松は慎重に言葉を選びながら語り出した。

「新潟県中越沖地震とか、いくつか非常に大きな地震の評価をさせて頂きました。その結果として、いまの原発にはかなり耐震性はあると思います。とは言いながら今回の事象はみんな津波のほうに目がいっているわけですが、じゃあ地震はどうだったんだと……。やはり、津波がこないで地震だけならどうだったんだという観点の検討は

原発の耐震性評価の世界的権威である原子力安全基盤機構・耐震安全部次長・高松直丘は、地震による影響で事故が悪化した可能性を否定しない
（©NHK）

忘れてはいけない。そのなかで、何らかの改めるべき点があったら、それは真摯に抜き出して改善に持っていくことが重要ではないかと思っています」

では、2号機のIA系配管からの空気のリーク（漏洩）、そしてベントが2号機だけできなかった理由はどのような可能性が考えられるのか？

「今回の地震が非常に大きかったこともあり、機器配管系が一部損傷して、何らかのリークとか、そういうものがおきた結果としてベントがうまくできないという可能性は否定できないと思います」

高松は地震によってIA系配管やAO弁との接続部分が損傷して、それが原因でベントができなかった可能性を否定できないと言及したのだ。高松はさらに続けた。

「今回は格納容器ベントが着目されていますが、AM(アクシデントマネジメント)設備は他にもありますので、他のことも忘れてはいけない。今回の貴重な、あまりに悲しい経験として、他のものの耐震性もみていくということも、同じように大切なことだと思っています」

2号機でベントが失敗した原因に、地震の影響がある可能性は否定できないのではないか。解明が急がれる重要な問題提起だが、IA系配管のAO弁への接続部分は高い放射線量に阻まれ調査できず、真相は明らかにされていない。2号機のベントについては、事故から10年が経っても、多くの謎が残されている。その中でも最大の謎は、ベントが失敗したにもかかわらず、なぜ、最終的に格納容器が壊れなかったのかという謎である。一方で、かろうじてベントが成功した1号機と3号機についても、格納容器が決定的に壊れなかったことにベントがどれだけ寄与したのか、そのメカニズムは解明されていない。福島第一原発の事故で、ベントは「格納容器を守る」という本来の目的をどこまで果たしたのか。詳しいことは、まだわかっていないのである。

原発が危機に陥った際、どうすれば「格納容器を守る」というベント本来の目的を果たせるのか。今後の廃炉作業で、原子炉や格納容器の状況が明らかにされていく中で浮かび上がってくる新たな事実や知見をベントの設備や運用の対策に粘り強く結び付けていくことが求められている。

5号機と6号機　知られざる危機と機転

福島第一原発には、1号機から6号機まで6つの原子炉が存在する。2011年3月11日の東日本大震災の巨大津波で、6つの原子炉を冷やす装置の大半がその機能を失った。そして、1号機、3号機、2号機が相次いでメルトダウンし、1号機、3号機、4号機の原子炉建屋が水素爆発で大破した。しかしながら、5号機と6号機は、メルトダウンや水素爆発を起こすことなく、3月20日には原子炉を冷温停止することに成功した。なぜ2つの号機のみ、被害を免れることができたのか。背景には、5、6号機の運転員たちの努力と機転があった。

1号機の北、約500メートル離れた高台に5号機と6号機はある。1〜4号機の標高は10メートルであるのに対し、5、6号機はそれより3メートル高い。しかし、巨大津波はこの高台にも押し寄せた。熱交換で原子炉や発電機などの熱を除去する海水ポンプは全損。タービン建屋にも海水がなだれ込んだ。非常用ディーゼル発電機は5号機の2台、6号機の2台が使えなくなった。辛うじて6号機の非常用ディーゼル発電機1台（6B）とそれにつながる電源盤が生き残っていた。この非常用発電機6Bは、海水を使う水冷ではなく、空冷だったため海水ポンプが無くても起動した。この唯一生き残った発電機が、5号機と6号機を危機から救うことになる。

津波発生当時、5、6号機は定期検査中で運転は停止していた。しかし、いずれの原子炉にも発熱量は高くないものの核燃料が装塡されていた。これを冷却しなければ、いずれメルトダウンに至るおそれがあった。運転員たちは、6号機の電源盤から5号機の低圧電源盤へ仮設ケーブルを結んで、6号機の電源を5号機に融通することに成功する。電源さえ復旧すれば、残された冷却系であるMUWC（復水補給水系）を使って、原子炉に冷却水を注ぎ込めば、メルトダウンを防ぐことができる。しかし、MUWCは原子炉が10気圧でなければ注水できない装置だった。運転員たちは減圧装置を使って原子炉の減圧を試みるが、これがなかなかうまく行かない。彼らは機転を利かせて、マニュアルに記載されていない方法で、原子炉の減圧に見事成功する（詳細は第10章参照）。

5号機と6号機の苦闘は続く。課題のひとつは燃料の確保だった。5号機と6号機の2つのプラントを支えている非常用発電機6Bの軽油が残り少なくなっていたのだ。燃料不足は5号機、6号機ばかりではなかった。吉田所長が指揮をとる免震棟に電力を供給する発電機の軽油も減っていた。燃料の入手は待ったなしの状況だった。しかし、補給を担当する資材班は混乱の中で手一杯だった。「このままでは発電機が停まる。なんとかしないと……」ここで資材の担当ではない発電班（原発の運転業務などを担当）が手を貸した。

資材班は軽油の発注までは済ませていたが、業者が放射線の被ばくを心配して茨城県北茨城市にある給油所までしか届けてくれなかった。そのため、発電所から片道およそ100キロの道のりをタンクローリー車で取りにいかなければならなかった。3月17日、普通免許と危険物の取り扱いの資格があれば、所内の4トン・タンクローリー車が扱えるとの確認をとった運転員たちは午前9時ごろハンドルを握り3台のタンクローリー車で発電所を出発した。

しかしすぐに茨城県に向かうわけにはいかなかった。発電所内の車は汚染されていたからだ。除染と放射線量のスクリーニングが必要になる。車はいったん、サッカー場やホテルなどの施設があり、原発事故の後方支援の拠点となっていたJヴィレッジ（福島県双葉郡楢葉町・広野町）に向かった。国道6号線は辛うじて走行可能だったが、途中、大きな陥没に出くわす。急遽、迂回して狭い旧道を進み、Jヴィレッジに到着した。自衛隊の協力で水で車体を洗い流して、スクリーニングに合格する。

午前11時。茨城県北茨城市の給油所に向けて出発した。そして給油所で待っていた大型タンクローリー車から軽油を4トン・タンクローリー車に急ぎ移す。すでに昼を過ぎていたが、運転員たちは昼食も取らずに、発電所にとって返した。戻ったのは午後4時ごろだった。すぐに免震棟の軽油タンクに補給した。続いて非常用発電機6B

のタンクだ。車とタンクをホースでつなぐ。ところが、その接続部が合わない。運転員たちはここでタンクの真上にある検査用の口から軽油を入れることを思いつく。しかし手でホースを引き上げるのは重すぎて無理だった。「消防で使うホースをロープ代わりに使おう」消防用のホースは材質が柔らかく結びやすかった。ホースを結んで引き上げた。ようやくタンクに軽油が注ぎ込まれる。すべてが終わったのは午前2時だった。すでに日付が変わっていた。

この日から毎日交代で軽油の運搬が行われた。18日の段階で免震棟の軽油タンクは残り2日あまりの量しか残っていなかったという。19日からは協力会社が、北茨城市からJヴィレッジまで運搬し、運転員が発電所からJヴィレッジまで取りに行くローテーションを組んだ。慣れないタンクローリー車の運転と燃料注入の重労働。1日20往復をした時もあった。しかし、燃料が切れたら電気を失い、5号機と6号機もメルトダウンへ進むおそれがあった。吉田所長が陣頭指揮をとる免震棟も停電になるとさらに事態は悪化する。燃料補給は、福島第一原発の「生命線」だった。「食事も満足ではない中、みんなかなり疲れていました。そこで途中で担当のシフトを工夫するなどしました。みんな最後まで頑張ってくれました」関わった社員はそう話す。軽油輸送は5月10日まで続けられた。

第6章

冷却の死角

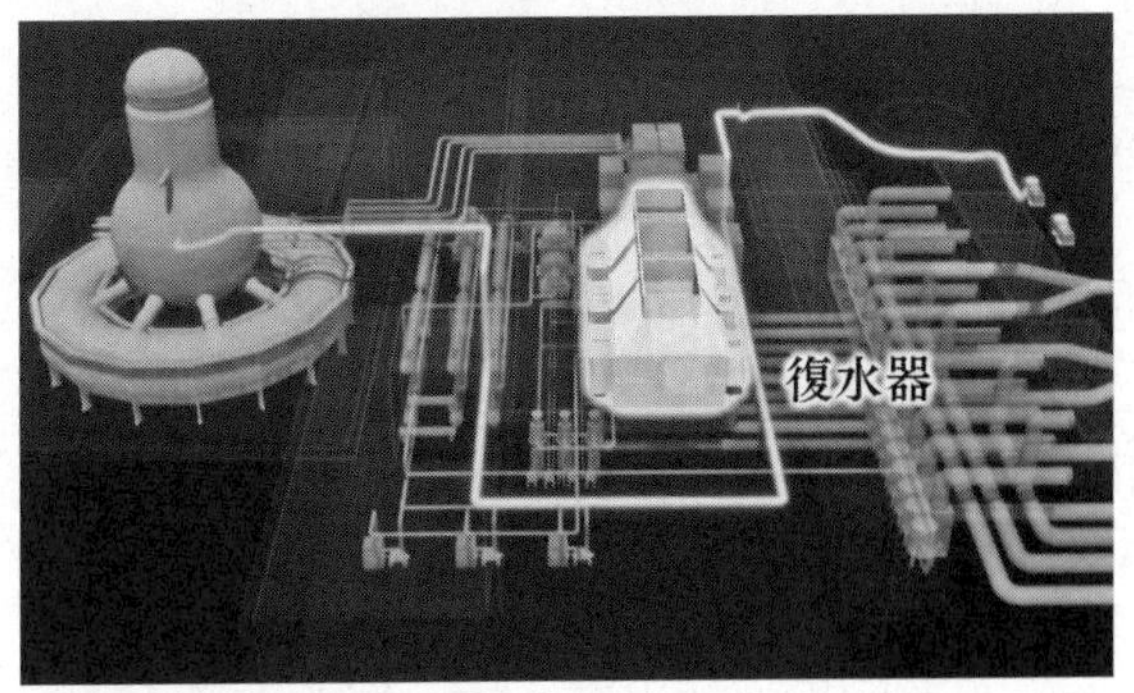

福島第一原発3号機では、消防車から400トン以上の水が注入された。原子炉冷却には十分な水量だったはずだが、核燃料の溶融は止まらず、大量の水素が発生し、1号機と同様の水素爆発が起きた。原子炉に届かなかったとされる大量の水はどこに消えたのか？　謎を解く鍵は復水器という装置に隠されていた（©NHK）

注水量という謎の変数

事故から9年が経った2020年、ある国際プロジェクトが一区切りし、その成果が事故進展の分析や廃炉戦略に反映されようとしていた。福島第一原発の1号機、2号機、3号機の核燃料がいつメルトダウンを起こし、どのように原子炉や格納容器を損傷させ、溶け落ちた核燃料や構造材がどこに散乱していったのかをコンピューターのシミュレーションによって分析するBSAF（Benchmark Study of the Accident at the Fukushima Daiichi Nuclear Power Station）とよばれるプロジェクトである。事故翌年の2012年から、経済協力開発機構／原子力機関（OECD／NEA）が始めたこのプロジェクトは、世界各国の原子力研究機関や政府機関が所有する原発の過酷事故解析コードを改良しながら、福島第一原発事故の進展と現在の状況を分析しようという取り組みだ。参加国は、これまで日本をはじめアメリカや中国、フランス、ドイツ、韓国、ロシアなど11ヵ国に上る。中でも、東京・西新橋にある、エネルギー総合工学研究所で原子力工学センターの副センター長を務めた内藤正則は、日本独自の解析コード「サンプソン（SAMPSON）」を開発し、福島第一原発事故の解析を行うプロジェクトの中心的な役割を担ってきた。「サンプソン」は、原子炉内で起きる物理現象

日本独自の解析コード「サンプソン（SAMPSON）」を開発した内藤正則
（©NHK）

を手がかりに、事故進展を再現する計算プログラムである。核燃料の温度や状態が、原子炉の圧力や冷却水の蒸発にどのように影響するのか、その状態が核燃料にどういう変化をもたらすのかを、秒単位で計算して、原子炉全体の状態を表すことができる。原子炉の状態を分析する解析コードとして、東京電力が用いる「マープ（ＭＡＡＰ）」や、当時の原子力安全・保安院が用いる「メルコア（ＭＥＬＣＯＲ）」などがあるが、「サンプソン」は、実測値に合うように計算者が入力値を調整することは行わないことを前提としているため、科学的に説明できない部分はなく、物理現象に忠実だといわれている。計算に時間がかかるのが難点だが、福島第一原発の各号機の正確な状態がつかめない中、取材班は事故のあと、早い段階から内藤に協力を仰ぎ、この「サンプソン」によるシミュレーション結果を当時の原子炉の状態を示す指標としてきた。

２０２０年9月から12月にかけて取材班は内藤を訪ね、ＢＳＡＦの最新結果から新たに見えてきた事故進展の詳細について取材を重ねていた。内藤はエネルギー総合工学研究所を退官し、コンピューター解析の開発企業のアドバンスソフトの理事を務め、国際プロジェクトが一つの区切りを迎えても福島第一原発の廃炉に役立てるため、事故の解析を続けていた。事故直後から原子炉の内部で何が起きていたのかを解き明かす作業に取り組んできた内藤は、しばしば「これは10年仕事だ」と話していたが、事故から10年近くが経っても、この事故にはいまだに多くの謎が残され、改めて事故のスケールの大きさを痛感させられると繰り返し語った。

「サンプソン」による計算を事故検証の道標とするには、電源喪失時に、核燃料がどれほど燃焼していたのか、また、事故収束のために中央制御室が行った操作によって、核燃料をどれくらい冷却できたかなどの条件を正しく設定する必要がある。しかし、内藤を悩ませたのは、福島第一原発の事故では、全電源喪失によって原子炉の圧力や冷却水の水位など、当時の原子炉の状態を示す「数値」が断片的にしか残されていないことだった。その数値は、事故の収束作業にあたった運転員などが、かろうじて中央制御室で直流のバッテリーをつなぎ込みながら、原子炉の状況など必要最小限のパラメータを見るためになんとか集めたものだった。そうした数値以外は、わからないことが多かったため、「サンプソン」に必要な詳細な条件設定をするのに苦労を強いられてきたという。とりわけ内藤を悩ませたのが、原子炉を冷やすために、消防車で行われた注水が、どこかに漏れてしまい、果たして、原子炉にいつ、どれくらい届いていたのかが謎に包まれていることだった。原子炉に届いていた注水量という変数がわからないため、事故進展の解析は、現地調査において炉内の状況が少しずつ解明されるたびに、結果から逆推定するしかなかったという。

事故発生の翌日、3月12日から始まった消防車による原子炉への注水。当初、東京電力は連日開かれていた記者会見の中で、消防車から送り出した水の量を日々公表していて、世間もその量の水によって原子炉が冷やされていると信じていた。しかし、事態が一向に好転しない状況から、次第に原子炉の冷却状況に、誰もが疑念を抱くようになっていった。

吉田の奇策・消防注水

2011年3月11日、福島第一原発は、停止中の6号機を除いて、地震による外部

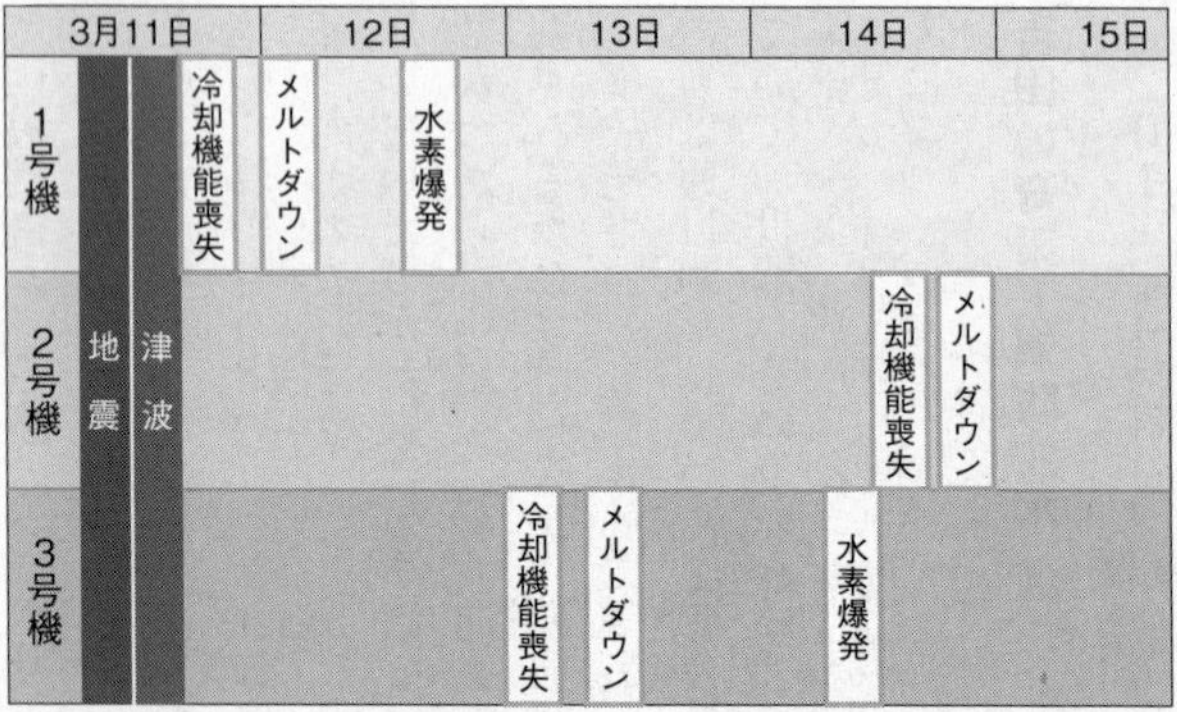

	3月11日	12日	13日	14日	15日
1号機	地震、津波、冷却機能喪失	メルトダウン、水素爆発			
2号機	地震、津波			冷却機能喪失、メルトダウン	
3号機	地震、津波		冷却機能喪失、メルトダウン	水素爆発	

福島第一原発事故では、稼働中だった1号機、2号機、3号機の原子炉がすべてメルトダウンした。各号機が次々に冷却機能を失う中、唯一残った冷却手段が、消防車による注水だった

からの電源喪失と津波による水没によって、バッテリー以外のすべての電源を失った。東京電力は、電源車を全国から緊急に集めて電源復旧を急いだものの、メタクラと呼ばれる電源盤が海水で浸水していたことや、ケーブルの接続口や電源車の電圧の不一致などで、電源復旧に手間取り、交流電源を必要とする冷却設備を生かすことはできなかった。

また、原発にはバッテリーで動かすことができる非常用の冷却装置も備えられていたが、もともと8時間以上の停電を想定していなかったバッテリーは、やがて消耗し、次々と機能を失っていった。こうした中、唯一残った外部からの冷却手段が、消防車による注水だった。事故発生の翌日の

3号機冷却のために大量の海水が原子炉に注水されたが、目に見える効果はなかなか現れなかった

3月12日から1号機で実施され、その後、危機を迎えた3号機や2号機でも採用された。

この消防車による注水は、もともと緊急時のマニュアルに明記された対応ではなかった。1号機のIC（イソコン）、3号機のHPCI、2号機のRCICなどの冷却装置が次々と機能を失っていく中で、吉田のとっさの判断によって考え出されたいわば奇策だった。

そもそも原発の敷地内に消防車が配置されていた理由にも、東京電力にとって皮肉な因縁がある。2007年7月に発生した新潟県中越沖地震で、東京電力の柏崎刈羽原発では3号機の外に設置された変圧器で火災が発生。当時、火災の様子はテレビで中継され、原発での火災という前代未聞の事態の行方を多くの人々が固唾を飲んで見守った。放射性物質が放出されるような事態には至らなかったものの、地震の影響で、自治体の消防車の到着に手間取ったことから、この火災をきっかけに各地の原発の敷地内に消防車が何台も配備され、電力各社は自衛消防隊を結成して万一の事態に備えることとなった。この消防車が福島第一原発の事故では、火を消すためではなく、原子炉を冷却する最後の手段として使われたのだった。

事故の発生から20日目にあたる3月30日の午後1時半ごろ、海江田経済産業大臣が臨時の記者会見を開いた。集まった記者を前に、海江田は、今回の事故は緊急時の電源が確保できず、原子炉の冷却機能を失ったことが直接の原因だと説明し、全国の原発の緊急安全対策を公表した。この中で、①電源車の配備により緊急時の電源を確保すること、②消防車を配備し、消火ホースによる給水経路を確保して、原子炉や使用済み燃料プールの冷却機能を確保すること、③実施手順を整備し、訓練を行うことが安全対策として掲げられ、各電力会社に1ヵ月をメドに整備するよう指示したことを明らかにした。事故対応に苦しむなかで、吉田が考え出した奇策とも言える消防注水が、名実ともに日本の原発の冷却の切り札として位置づけられたのだった。

復水器満水の謎

海江田経済産業大臣が全国の原発に向けた緊急安全対策を公表する3日前の3月27日の深夜。事故対応を説明する東京電力の広報担当者が、ある奇妙な現象に触れた。東京・内幸町の東京電力本店では、事故の直後から記者会見が断続的に続けられ、その日の原発の状況や事故対応を説明してきた。この頃、福島第一原発では、1号機から3号機のタービン建屋の地下に、高濃度の放射性物質を含む大量の汚染水が溜まっているのが見つかり、東京電力はその対策に追われていた。汚染水は収束作業の妨げになることから、別の場所に移送しなければならない。この汚染水は、タービン建屋が津波に襲われた際に地下に流れ込んだ大量の海水に、核燃料に触れた冷却水が混ざったもので、放射性物質の濃度は、通常時の原子炉の水に比べ1万倍から10万倍にあたる値だった。

東京電力は、この汚染水の移送先として、タービン建屋1階にある復水器と呼ばれる巨大なタンク型の装置を予定していた。ところが、移送先となる2号機と3号機の復水器のハッチを開けたところ、復水器に大量の水が溜まっていて、満水になっているというのだった。

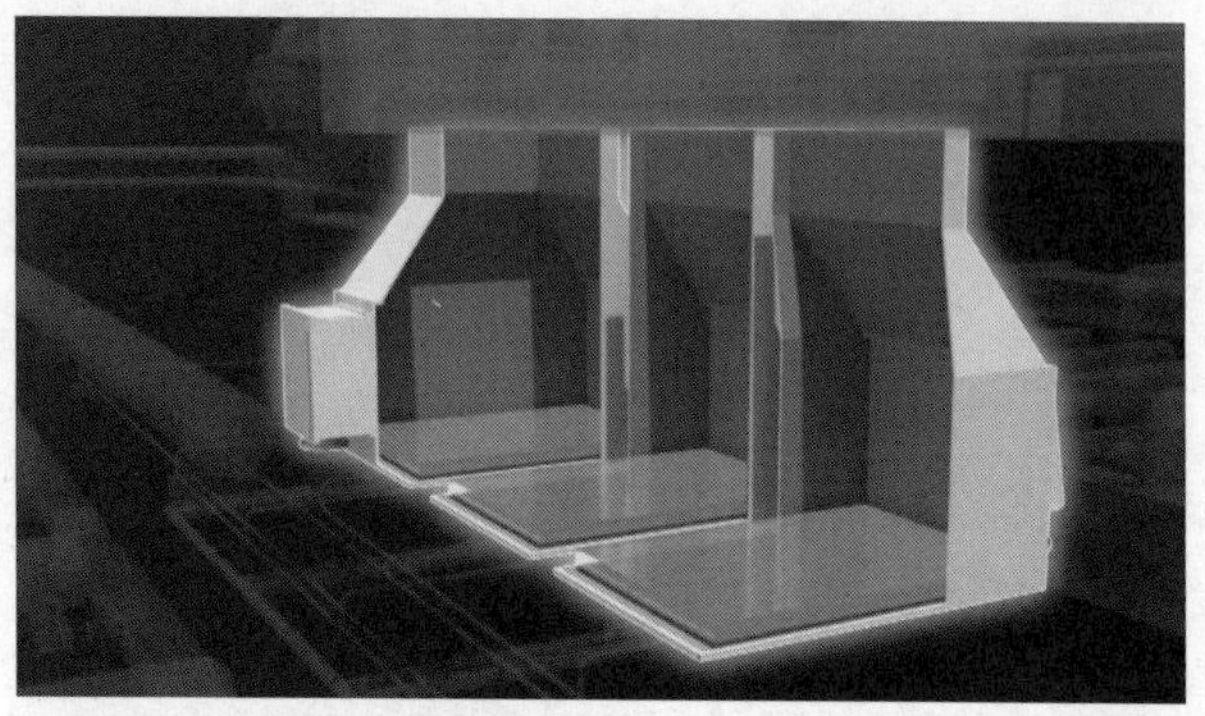

復水器は、原子炉から出る蒸気をタービン建屋の中で冷やして水に戻し、配管を通して再び原子炉に送るための装置で、3000トンほどの容量がある。通常は、高さ16メートルあるタンクの70センチから80センチほどの高さに水が溜まっている程度で、復水器の中にはほとんど水は溜まっていない（©NHK）

広報担当者は、とりたてて驚くことでもないといった様子で、淡々とした口調で「復水器が満水でして……」と説明し、次の方策として、まず、復水器の水を別のタンクへと移したあとに、汚染水を玉突きに移送する計画を説明した。

復水器が満水になっていることは、本来あり得ない現象だった。復水器は、原子炉で発生し発電に使われた蒸気を再び原子炉に送るために、冷やして水に戻すための巨大な装置で、容量は３０００トンほどある。巨大地震によって原子炉が緊急に停止した当時の状況では、緊急停止とともにタービン建屋側に送られる蒸気が遮断されたために、配管などに残った蒸気が水となって溜まる程度で、高さ

16メートルあるタンクの70センチから80センチほどの高さに水が溜まっている程度というのが想定だった。このため、東京電力は、ここに汚染水を移送しようと計画していたのだった。ところが、2号機、3号機ともに復水器の中はすでに3000トン近い水で満たされていたのだ。なぜ本来あり得ない大量の水が復水器の中に存在しているのか。原因はまったくわからなかった。

しかし、会見では、記者たちの関心は、復水器満水の原因よりも汚染水の移送先をどうするのかに集中していた。質疑はすぐに水の移送の細かい手順や、どの程度の日数がかかるのかに移っていった。高濃度の汚染水の処理をどうするかが当面の大きな課題であり、重要な関心事だったからだ。

当初、取材班は復水器が満水だった理由について、原子炉が緊急停止した際に、タービン建屋側に送られる蒸気を遮断する主蒸気隔離弁がきちんと閉まらないまま原子炉からの蒸気が漏れ続けて復水器に溜まったというケースを疑った。もしそうであれば、原発の大きな安全機能の一つが地震の影響によって作動しなかった可能性にもつながり、重大なニュースになる。

しかしその後、復水器に溜まった水の放射性物質濃度が比較的低いことが判明した。メルトダウンした原子炉から蒸気が流れ続けていたのであれば、復水器に溜まった水でも高濃度の汚染が確認されるはずである。また、各原子炉では、地震の発生直後の1時間近くは、非常用のディーゼル発電による電源供給が行われていた。仮に主蒸気隔離弁が閉じていなかったとすると、警報装置などが作動することから、運転員が異常に気づかなかったというのは考えにくい。結局、取材を進めても謎は深まるばかりで、3000トン近い大量の水がどこから来たのか、原因はわからなかった。その謎も、次々と押し寄せる膨大な事故対応に忙殺され、やがて忘れ去られていった。

テレビ会議に残されていた手がかり

復水器が満水になっていた謎を解く鍵は、思わぬところから与えられた。

事故から1年5ヵ月が経過した2012年8月6日のことだった。東京電力が事故直後の免震棟と東京本店とのやりとりなどを記録したテレビ会議の映像を公開した。テレビ会議の映像は、事故直後の対応をあるがままに記録し、検証には欠かせない極めて貴重な資料だったが、東京電力は、プライバシーや社内資料を理由に公開を拒んでいた。しかし、報道機関の度重なる要請や枝野幸男(えだのゆきお)経済産業大臣の事実上の行政指導を受けて、東京電力は、事故直後の3月11日から15日までの150時間分の映像を公開したのだ。映像には、音声が記録されていない時間帯があり、事故直後の11日から12日の夜にかけての時間帯や2号機が最も厳しい局面に陥った15日未明から昼の時間帯など、150時間のうち100時間あまりは、音声なしの映像のみであり、映像の多くは不鮮明であった。しかし映像には、1号機や3号機が水素爆発していくなかで動揺する現場の様子や事故対応に介入する総理大臣官邸とのやりとりに困惑する東京電力の幹部の姿や言葉が克明に記録されていた。

テレビ会議の映像は、この後、2012年11月に336時間分が、さらに2013年1月には312時間分が追加で公開され、事故直後の3月11日から4月11日までの798時間分の映像が、事故対応を検証する貴重な資料として、報道関係者の前にさらされている。ただ、映像の大半は、期限を限った閲覧の形で開示され、録画も録音も認められないという取材制限が設けられた。報道機関の記者たちは、長い時間をかけて映像を見ながら、その様子と音声をパソコンやノートに辛抱強く記録していく作業を続けた。

膨大なテレビ会議のやりとりの記録を読み解くなかで、取材班は、消防注水をめぐる不思議なやりとりに気が付いた。それは3号機への消防車による注水が始まった13日午前9時25分からおよそ18時間後の14日午前3時36分ごろ、免震棟の吉田とオフサイトセンターにいた原子力部門トップの武藤の間でなされたやりとりだった。

吉田昌郎・福島第一原発所長は、3月14日の未明、消防車を使っておよそ400トンの注水を行ったにもかかわらず原子炉水位が回復していないことを不審に思い、それをオフサイトセンターの武藤副社長に報告していた（©NHK）

武藤「3号はこれまで注入を始めて、どのくらいになるんだっけ？」

吉田「20時間くらい」

武藤「400トン近くぶちこんでいるってことかな」

吉田「ええ」

武藤「ということは、ベッセル（原子炉）満水になってもいいぐらいの量入れているってことなんだね」

吉田「そうなんですよ」

武藤「ということは何なの？　何が起きてんだ？　その溢水（いっすい）しているってことか？　どっかから？　わからん……」

吉田「これも1号機と同じように炉水位

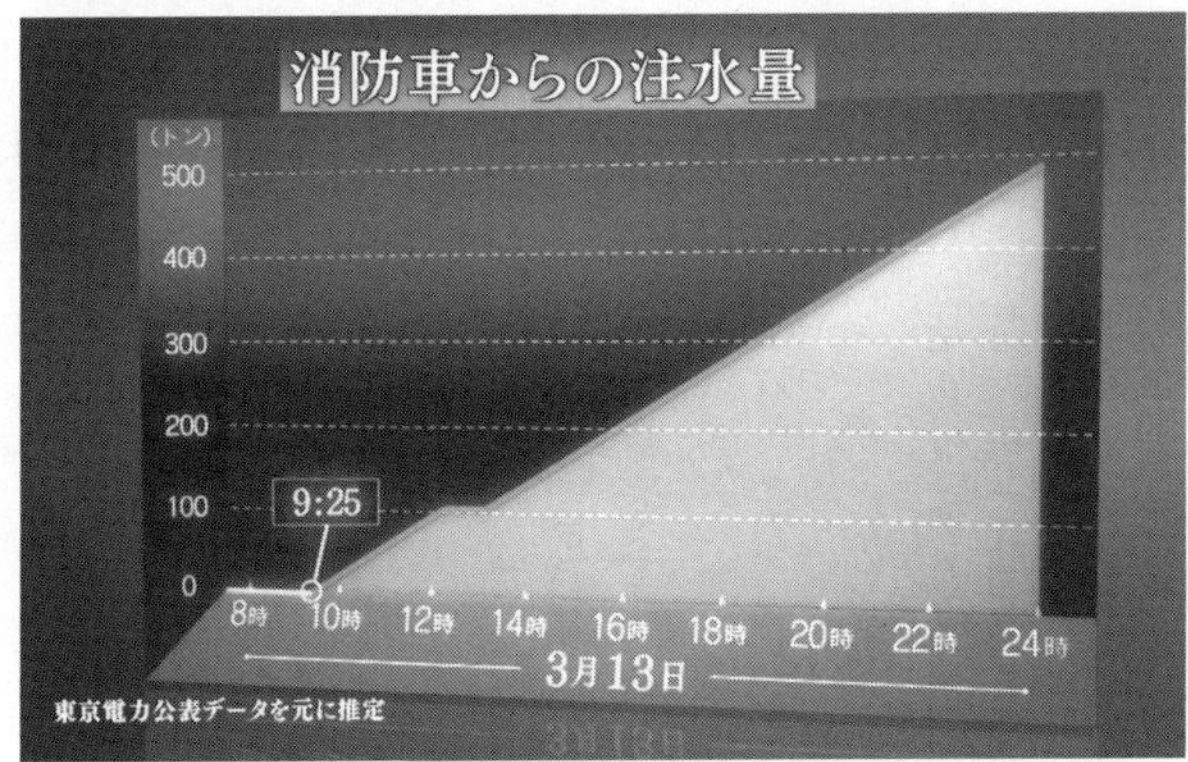

3月13日午前9時25分には消防車からの代替注水が始まった。約14時間で400トン以上の水を原子炉に流し込んだが、いつまで経っても原子炉水位計は満水にならなかった（©NHK）

上がってませんから注水してもね。ということはどっかでバイパスフロー〔他の配管に水が流れること〕がある可能性高いですね」

武藤「バイパスフローって、どっか横抜けしているってこと？」

吉田「そう、そう、そう」

当時、３号機には、13日だけでも、あわせて400トン以上もの淡水と海水が消防車から送り込まれていた。その量は、原子炉を満水にする値にも匹敵する。しかし、吉田と武藤は、原子炉の水位が思いのほか上がっていないことから、消防車によって注ぎ込んだ水が、どこからか漏れていることを強く疑っていたのだった。

配管計装線図が結ぶ点と点

事故からまもなく2年になろうとする2013年2月14日。東京・渋谷のNHK放送センターの会議室に、原子力工学や流体工学の専門家が集まった。会議室の机の上には、福島第一原発3号機の配管計装線図（P&ID）が広げられていた。配管計装線図は原発に張り巡らされた配管の系統図である。図面には、原子炉建屋やタービン建屋にあるすべての配管に加え、配管に設置されている弁やポンプ、それに機器などの配置が示されている。取材班は、独自の取材で、この機密扱いの図面を入手していた。事故当時、3号機と4号機の中央制御室の運転員たちはこの配管計装線図を元に、消火用のディーゼルポンプ（DDFP）で原子炉に水を入れるための注水ラインを構成した。このラインは、1号機と2号機の中央制御室の運転員たちが、事故発生当日の11日夕方から夜にかけて作った注水ラインと同じもので、マニュアルに従って、タービン建屋と原子炉建屋にある7つの弁を操作して作ることになっていた。3号機のタービン建屋にある消火用送水口から注ぎ込まれた水は、複雑な配管の系統図のなかで、一本のラインになって原子炉に向かうはずだった。

配管計装線図を見る限り、そのラインは一本道で、抜け道になるようなラインはな

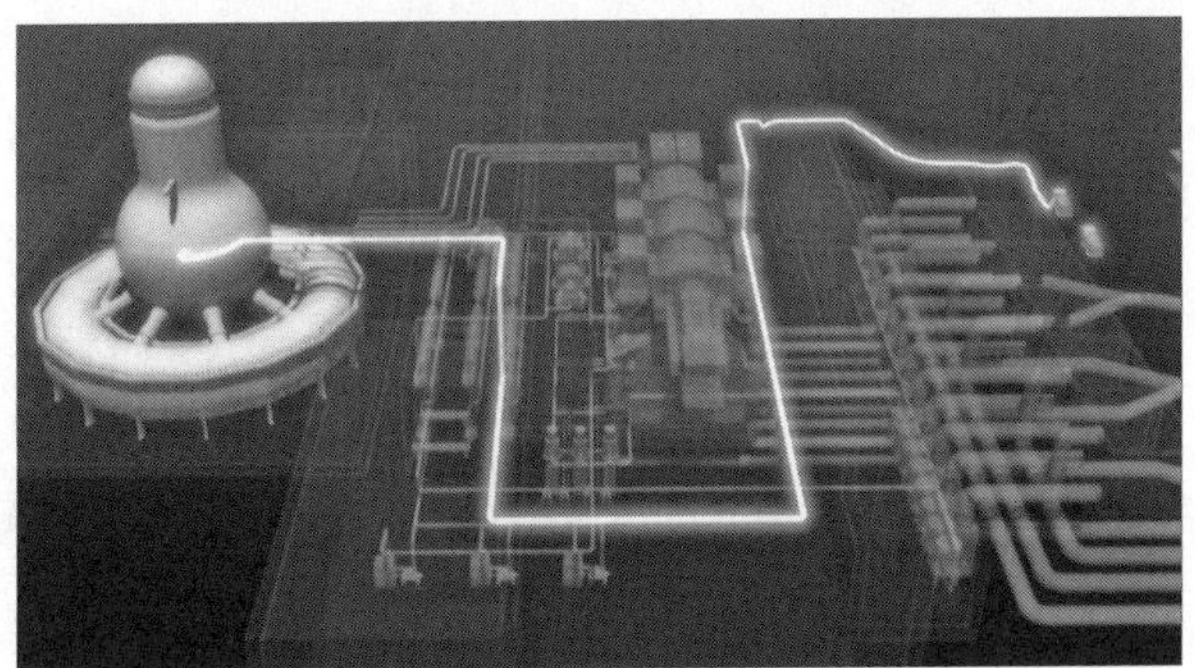

消防車から原子炉までの注水ライン。消防車のポンプから送り出された水は一直線に原子炉に向かうはずだったのだが……（©NHK）

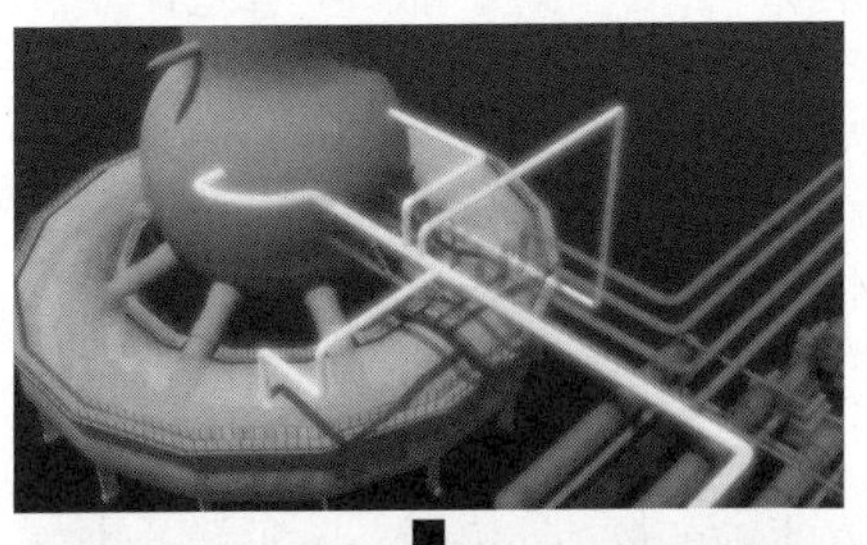

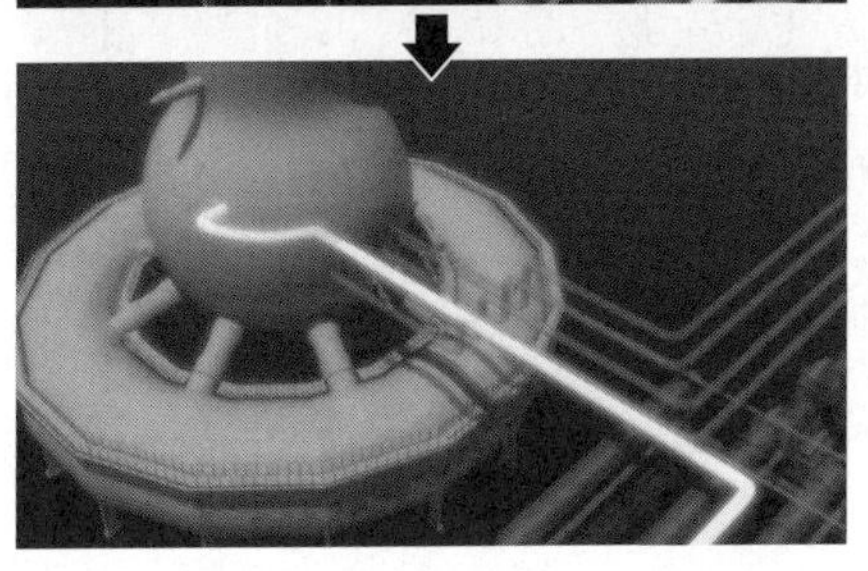

消防車による代替注水は、過酷事故を想定して作られていた消火用ディーゼルポンプによる注水ラインを利用して行われた。複雑に張り巡らされた配管も、途中のバルブ（弁）を操作するとシンプルな一本のラインになる（©NHK）

東芝で原発設計にも携わった宮野廣・法政大学客員教授は、配管ルートの中の「抜け道」を見つけ出した。宮野は、蛍光ペンを用いて、消防車からの注水が復水器に漏れ出していくルートを描いた
(©NHK)

かなか見つからなかった。このとき、かつて東芝の技術者として原発の設計に携わった法政大学客員教授の宮野廣（64歳）が、一つの抜け道の可能性を指摘した。それは、低圧復水ポンプという装置を通り抜けていくルートだった。その先は、事故の2週間後、3000トンものタンクが満水になっていたことが明らかになったあの復水器へとつながっていた。消防車による注水は原子炉に行くラインから漏れ出て、復水器に溜まっていたのではないか。吉田と武藤がなぜ原子炉水位が上がらないのかと疑問を提示した謎と、復水器があり得ない大量の水によって満水になっていた謎。配管計装線図をたどることで、謎だった点と点が結びついた瞬間だった。

しかし、復水器に水が流れ込むには、低圧復水ポンプをすり抜けなければならず、通常であれ

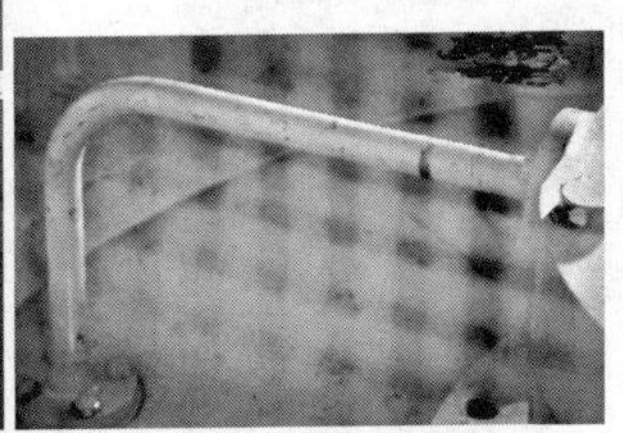

消防注水の失敗の原因となった低圧復水ポンプ。電源が失われると、復水器への流入を食い止められなくなる致命的な欠陥があった。写真左は福島第一原発にある低圧復水ポンプと同型のポンプ。消防車からの注水で抜け道となったルートは最後は直径わずか3センチの細い配管（写真右）であった（©NHK）

ば、ポンプを水が逆流することは考えにくい。実は、ここに原発特有の落とし穴が隠されていた。流体工学が専門でポンプの構造に詳しい東京海洋大学教授の刑部真弘（57歳）が、その落とし穴を解き明かした。

低圧復水ポンプは、原子炉から出た蒸気を復水器で冷やして水に戻した後、再び原子炉へと循環させるための設備である。ポンプの中には、電動モーターで回転する羽根があり、この羽根の回転によって、水に圧力をかけて原子炉へと送り出す仕組みとなっている。このとき、羽根は高速で回転するために、モーターとつながる軸の回転部分では摩擦による熱が生じる。この熱を取り除くために、軸の回転部分にも少量の水を送り込んで、冷却する仕組みが備わっているが、原発の場合、放射性物質を含む水が外に漏れるのを防ぐため、

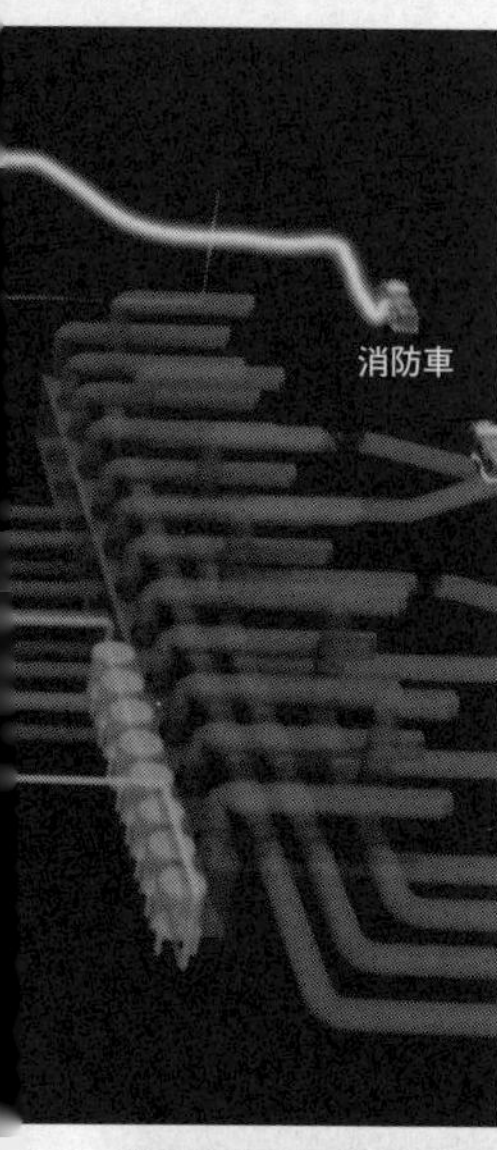

消防車による注水ラインには、原子炉へと辿り着く手前に復水器へと向かう分岐があった。この分岐点と復水器の間には低圧復水ポンプがある
（©NHK）

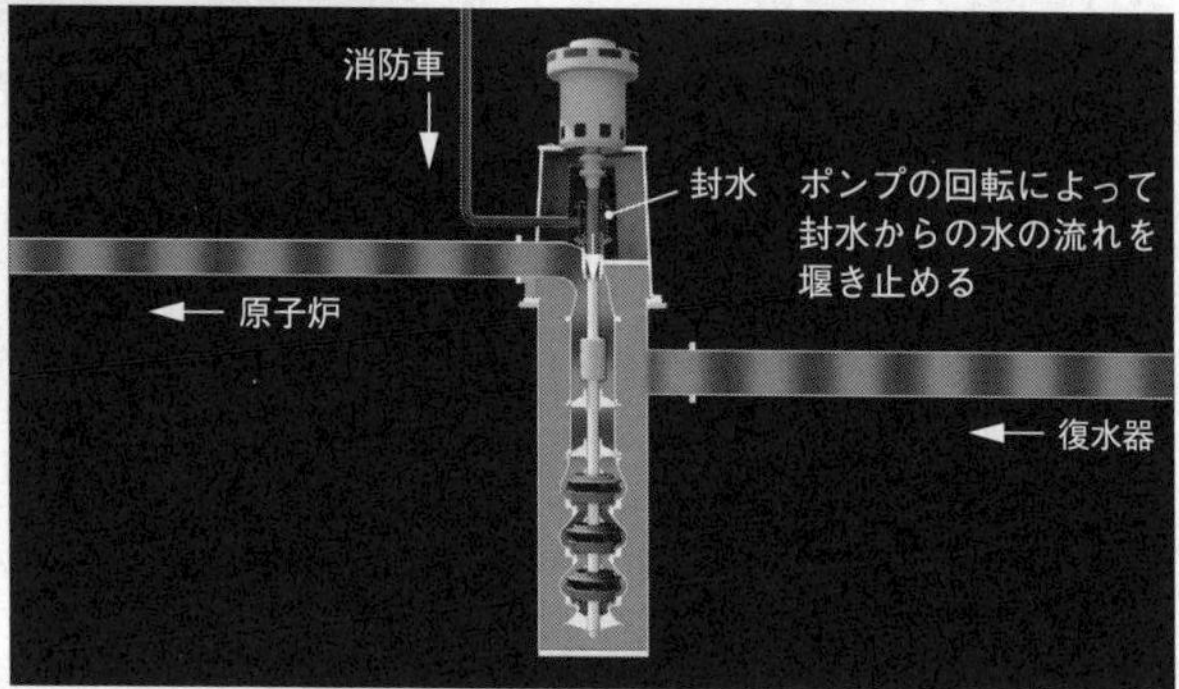

低圧復水ポンプ（電源駆動時）：ポンプが回転する際に発生する水の圧力によって、ポンプに流れ込む水を封じる構造になっている。通常であれば、「封水」部分に入った水は、ポンプの羽根が回転する圧力や熱によって堰き止められる。左右の配管は復水器と原子炉を結ぶライン、上から下のラインは封水の仕組みが有効に機能するまでの間、外部から冷却水を送り込む「配管」

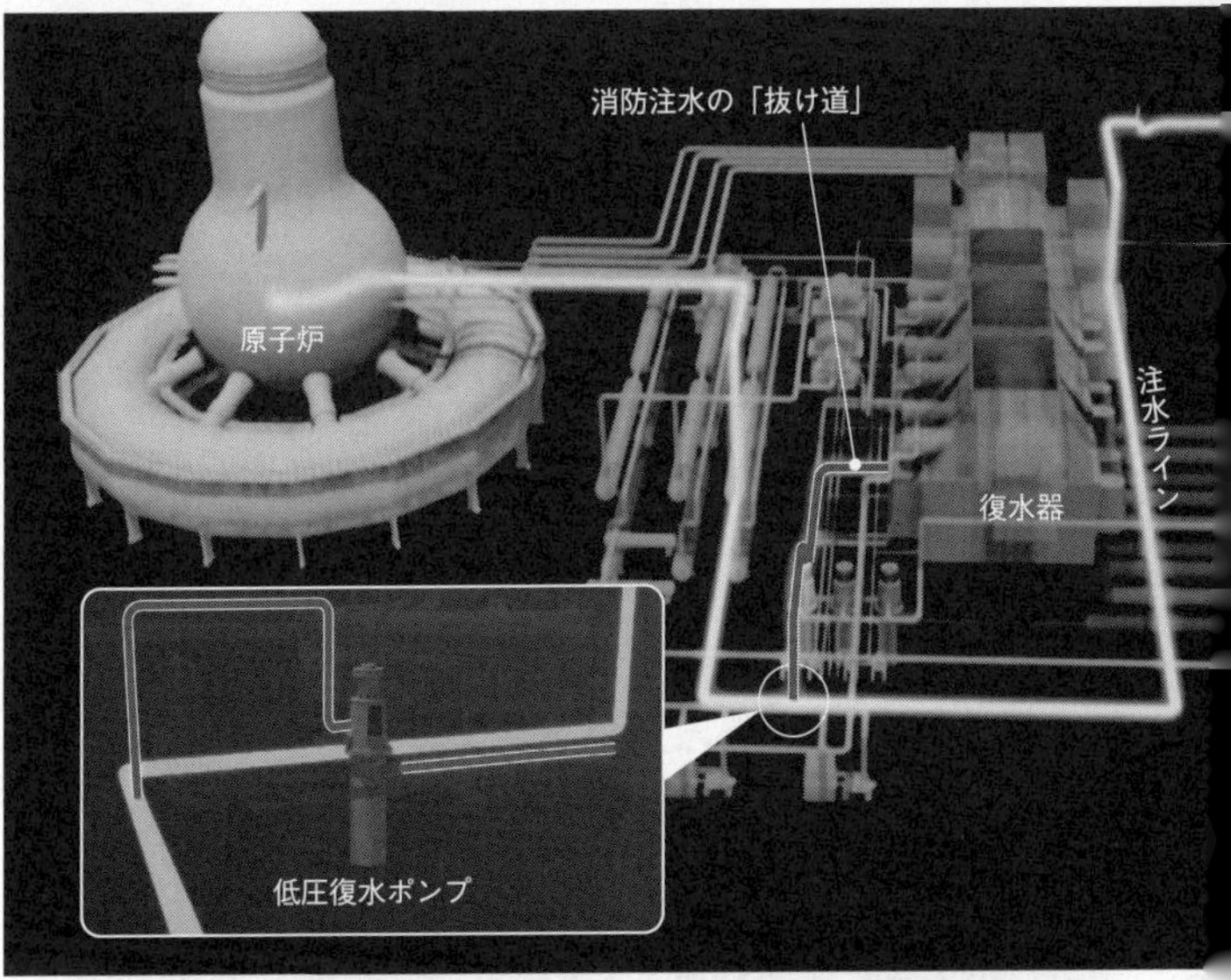

消防注水の「抜け道」
原子炉
注水ライン
復水器
低圧復水ポンプ

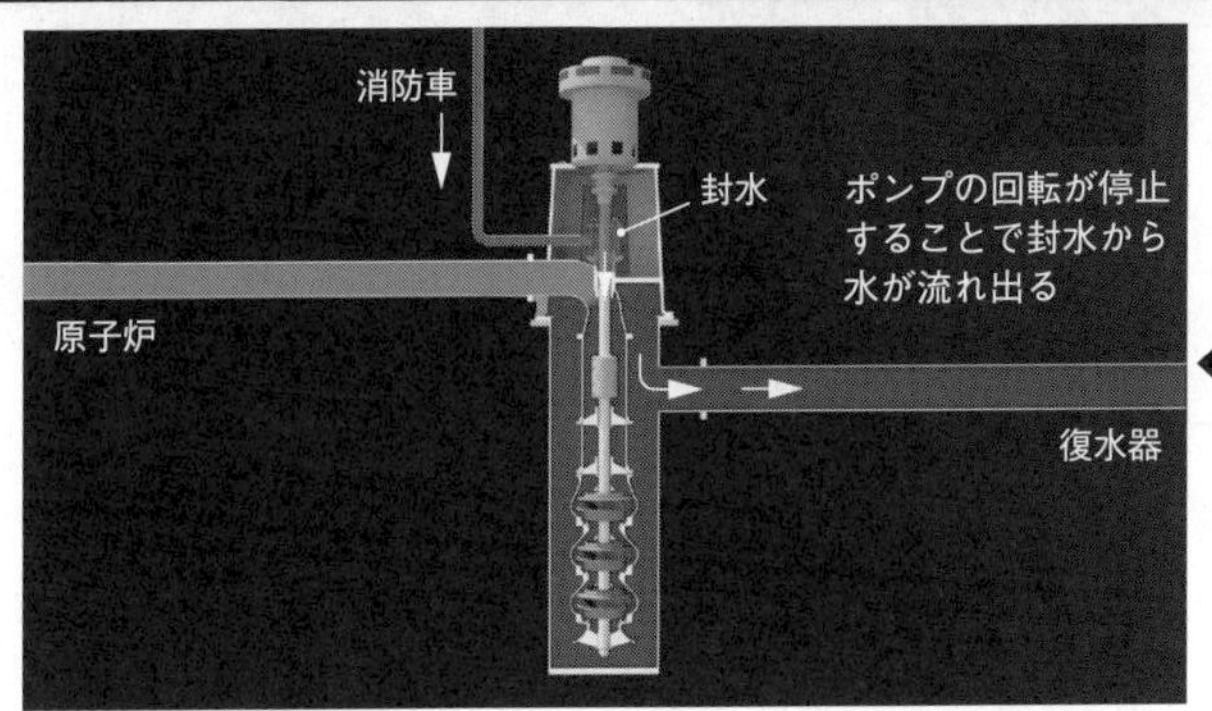

低圧復水ポンプ（電源喪失時）：ポンプが停止すると、ポンプが回転する際に発生する水の圧力がなくなる。その結果、冷却用の細い配管を通じて「封水」部分に入った水は、ポンプ部分を素通りして復水器へと向かうことになる。電源喪失を想定しないことによる致命的な落とし穴だった

特殊な構造となっている。それが、「封水」と呼ばれる仕組みだった。

「封水」は、ポンプの羽根が回転する際に発生する水の圧力によって、ポンプから出た水の一部を、軸の部分に送り込んで冷却に使い、再びポンプに戻す仕組みである。ただし、この「封水」という仕組みはポンプが動いているときには有効に作用するが、ポンプが停止してしまうと機能しない。そこで、ポンプを起動したあと、羽根の回転が十分に速くなって「封水」が機能するまでの間、一時的に外部から冷却用の水を送り込む「別の配管」がある。実は、消防車による注水ルートは、まさに、この「別の配管」にもつながっていたのだ。

すべての電源が失われてポンプが止まっていた事故当時、消防注水によって送り込まれた水の一部は、外部から水を送り込む「別の配管」からポンプを素通りし、復水器へと流れ込んだとみられる。放射性物質を漏らしてはいけないという理由で作られた特殊な構造が、電源喪失によって、思いがけない抜け道を作ってしまったのだ。

刑部は「封水は、原発のように汚染水を絶対に漏らしてはいけない状況では、非常によくできた仕組みだが、今回のように電源が失われた場合は、思わぬ落とし穴になる」と語った。

イタリアでの検証実験

果たして3号機では、どれくらいの水が原子炉に入っていたのか。当時の状況を推定するために、2013年2月下旬、取材班はイタリア・ピアチェンツァのSIETへと向かった。日本やイタリアの原子力工学などの専門家たちとともに、独自の検証実験を行うためだ。原子炉を模した装置で福島第一原発の消防注水を検証するというのが、今回の実験の目的だった。この実験に、予算を含めて全面的に協力してくれたのが、ミラノ工科大学だった。ミラノ工科大学の工学部長のファビオ・インゾリ（53歳）は「福島の事故に世界中から大きな関心が集まっている。今回の実験の結果は、イタリアや日本だけでなく、世界中の原発に影響をもたらす可能性があり、だからこそ科学的な観点からの検証が求められている」とその理由を語った。

日本からは、エネルギー総合工学研究所の内藤のほか、原子力工学が専門で、2012年、東京工業大学を定年退官し、ミラノ工科大学の教授となった二ノ方壽も現地のイタリア人研究者とともに実験に加わった。

実験施設では、原子炉までの距離や高さ、それに配管の太さの情報を元に配管の圧力の抵抗値を計算し、3号機と同じ条件になるように原子炉と復水器を模した装置を

イタリア北部のピアチェンツァにある実験施設SIET内部にある原子炉の模擬実験装置。NHK取材班は、ミラノ工科大学の協力を得て、低圧復水ポンプが電源停止時に、復水器や原子炉への水の流れがどのように変化するかを実験した。写真下は右より、エネルギー総合工学研究所原子力工学センター部長の内藤正則、ミラノ工科大学教授のマルコ・リコッティ、エネルギー総合工学研究所のマルコ・ペレグリニ、ミラノ工科大学教授の二ノ方壽（©NHK）

組み立てた。この模擬装置で、事故当時の原子炉と復水器の圧力を再現したうえで、消防注水と同じ圧力で水を流し込み、原子炉と復水器にそれぞれどの程度の水が流れ込むのか、その割合を計算しようというのだ。原子炉を模擬したタンクと復水器を模擬した水槽へとそれぞれつながる分岐部分には、撮影のためにアクリル性の配管を取り付け、さらに水の流れを可視化するために、ポンプで送り込む水の中に、あらかじめプラスチック製のビーズを細かく粉砕して作ったトレーサーを入れておいた。

3号機で消防注水を開始した2011年3月13日午前9時25分の原子炉圧力は3・5気圧。ただし、これはゲージ圧と呼ばれる原子炉圧力を表現する際に用いられてき

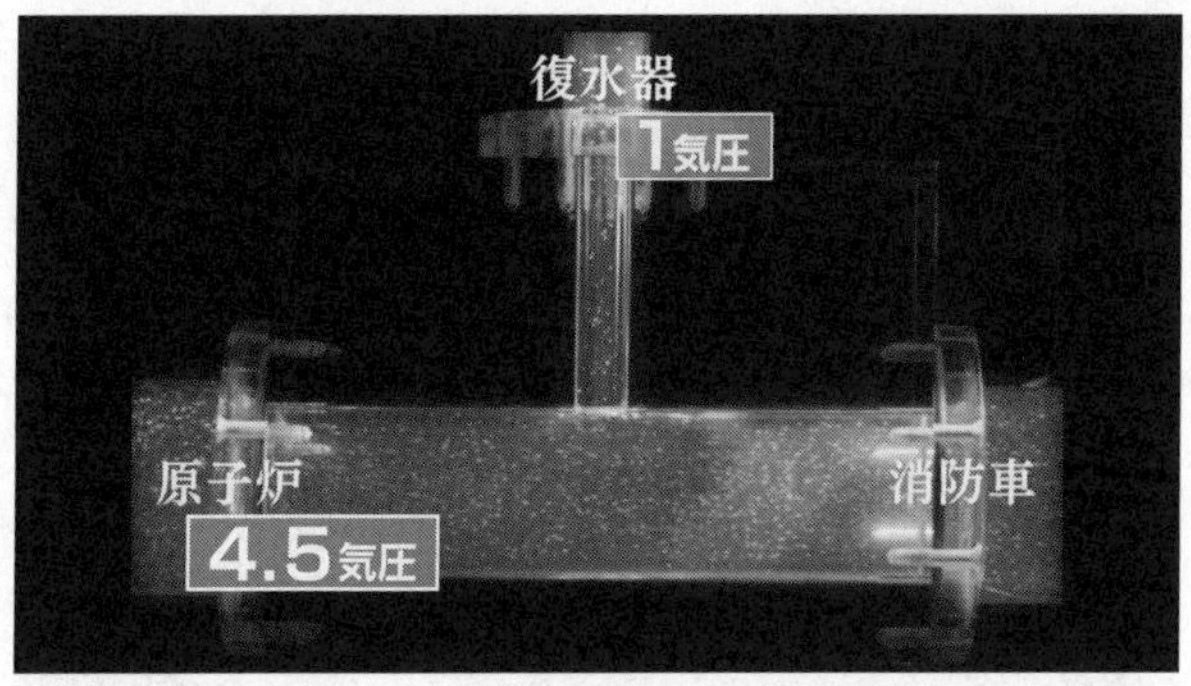

3号機の原子炉に消防注水を開始した時点で、原子炉の圧力は4.5気圧、復水器の気圧は1気圧だった。そのほか、配管の太さや長さ、形状などを模した器具で実験を行った（©NHK）

た単位で、大気圧を基準、すなわち0として扱っていることから、一般的に用いられる真空を0とした値、絶対圧に換算すると大気圧分の1気圧を加えた4・5気圧となる。一方、復水器は、大気圧と同じ1気圧である。消防車が水を送り出すポンプ圧力は、およそ9気圧だった。イタリア人研究者が英語で実験開始を告げると、水がアクリル製の透明の配管を流れ始めた。水は分岐点で原子炉と復水器の両方へと流れ込んでいった。ハイスピードカメラの映像で、その様子を観察すると、水は一定程度、原子炉へと流れてはいるものの、抜け道となる復水器にも激しい勢いで流れている。内藤や内藤の部下で、エネルギー総合工学研究所のイタリア人研究者、マルコ・ペレグリニらが、この実験結果を元

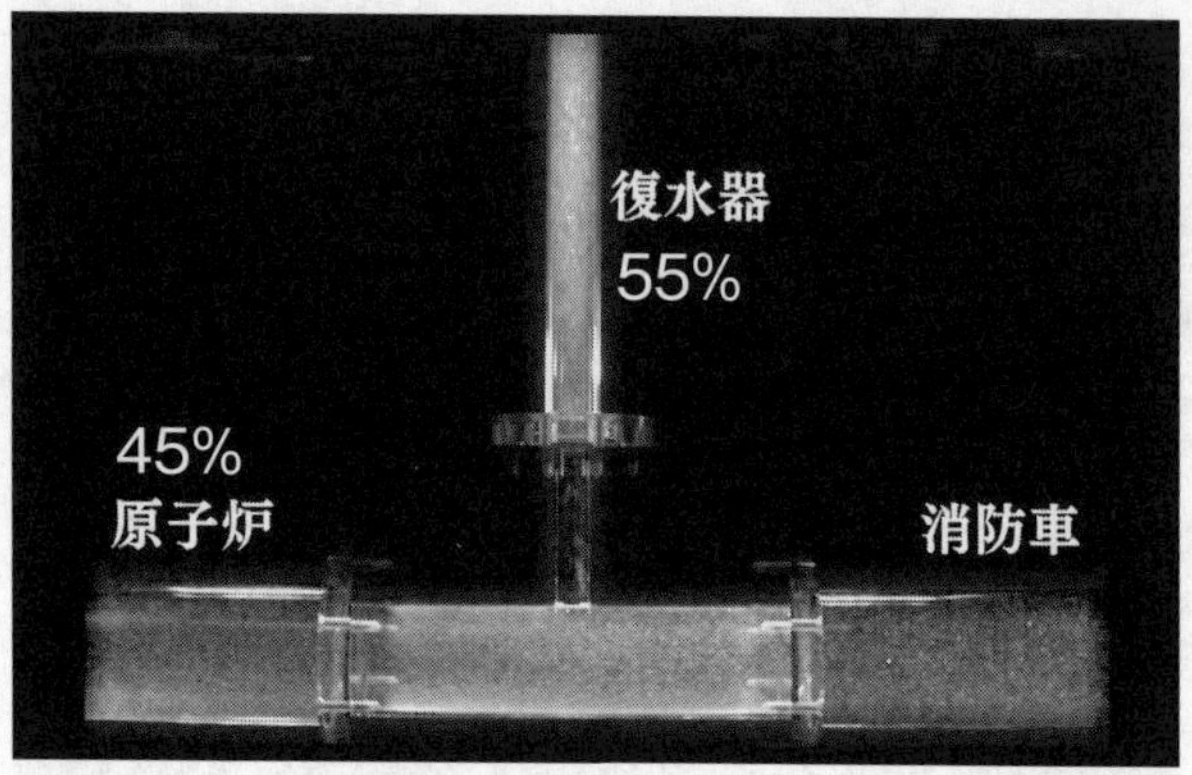

低圧復水ポンプの分岐部で、消防車からの水が、復水器と原子炉に分岐するが、水の勢いは復水器側のほうが激しいことが、一目でわかる。水の流入量は復水器55％、原子炉45％という結果になった（©NHK）

に、コンピューターでそれぞれの流量の割合を計算した。すると3号機に消防車で注入した水は、45％が原子炉へと流れ込み、残りの55％の水が復水器へ流れていたという結果になった。消防注水のうち、半分以上の水が漏れ出ている計算結果となったのだ。

実験結果を受けて、実験に参加していたミラノ工科大学教授で、原子力工学が専門のマルコ・リコッティは「原子炉に注水するという緊迫した局面では、どんな抜け道も許されない。福島第一原発であの数日間に実際何が起きたのか検証することは非常に大切だ。それは、日本の原発が達成すべき新しい安全目標のためだけでなく、世界のすべての原発が学ぶ

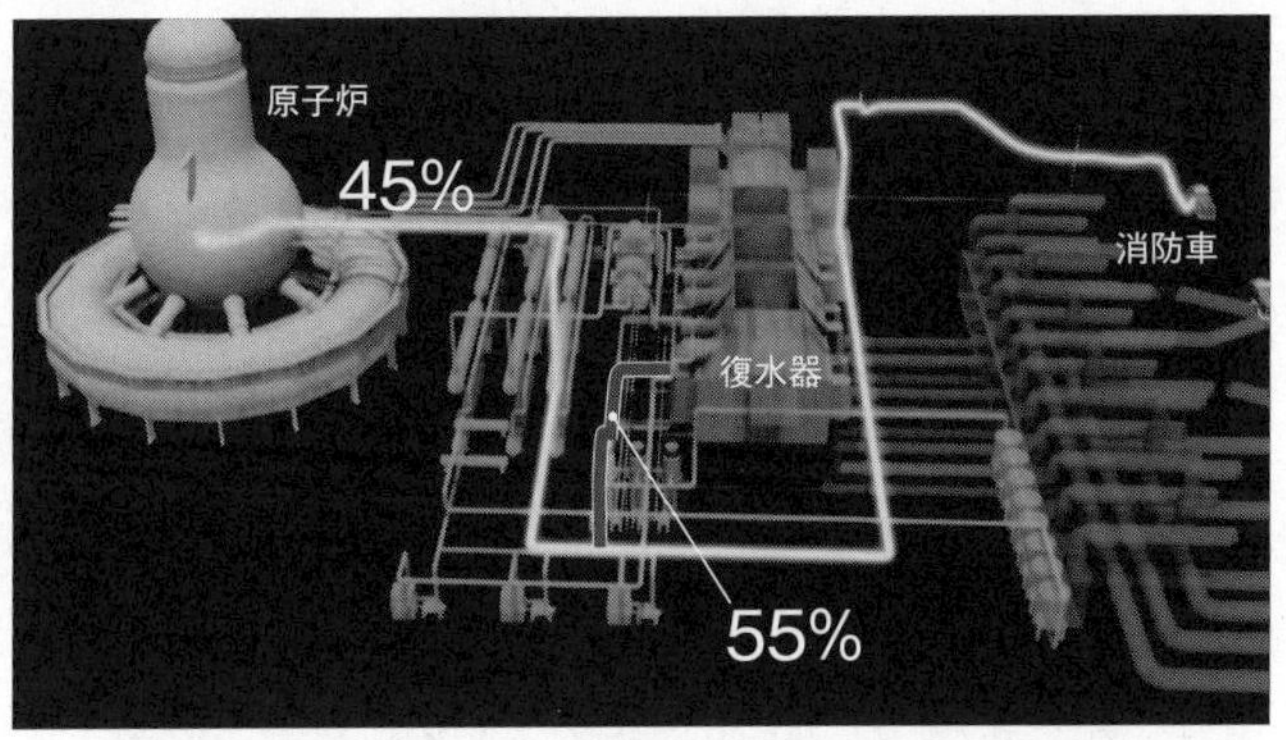

消防車による注水量の55％が復水器、45％が原子炉に流れ込んだ。「サンプソン」のシミュレーションによれば、消防注水のうち75％の水が原子炉に入っていれば、メルトダウンを防げた可能性があった（©NHK）

教訓としても重要だ」と指摘した。また、二ノ方も「福島第一原発の事故は未解明の問題が多く残されている。もっと徹底的に調査しなければならない。多くの組織がさらなる努力をしなければならない」と語った。

このデータを日本に持ち帰った内藤は、早速、部下のペレグリニとともに、事故進展を再現する計算プログラム「サンプソン」を使って、原子炉への注水がどれくらいできていれば、３号機のメルトダウンを食い止められたのか、解析を進めた。コンピューターに数値を入力して、待つことおよそ1週間。コンピューターがはじき出した計算結果は、当時、消防注水のうち75％の水が原子炉に入っていれば、メルトダウンを防げた可能性があるというものだった。

2年9ヵ月後の事故検証

福島第一原発の事故から2年9ヵ月が経った2013年12月。東京電力は、自ら行った事故の未解明事項の検証結果を発表した。この1年半前に、東京電力は、社内の事故調査委員会による最終報告書を公表していたが、この報告書では明らかにされていない謎を原子力部門のグループが、検証を続け、1回目の検証結果を公表したのである。

この中で、メルトダウンした1号機から3号機について、非常用の冷却装置の機能が早い段階で低下したうえに、その後の消防車による注水も配管の抜け道から漏れた可能性が高く、十分な冷却が行われなかったとする検証結果が公表された。

報告書では、「消防車から吐出された冷却水は全量が原子炉へ注水されたわけではなく、配管図面上の分岐の存在や、主復水器での溜まり水が確認されたことから、代替注水の一部が原子炉へ通ずる配管だけでなく他系統・機器へ流れ込んでいた可能性が考えられる」と記されている。

そして、抜け道になる可能性として、1号機については10の経路、2号機については4つ、3号機についても4つのルートを示した。このラインの直径は、大きいもので20センチ、小さいものは5センチもない配管で、多くは復水器と呼ばれる巨大なタンク型の装置へと流れていくラインだった。さらにこの報告書で、抜け道の可能性として指摘した多くには、取材班が検証してきた「封水」と呼ばれる原発特有の機構が深く関わっていたことが記されている。前述したように「封水」は、放射性物質を含む水が外に漏れるのを防ぐために、ポンプの羽根などが回転する際に発生する水の圧力によって、水を閉じ込める仕組みである。非常によく考えられた安全対策だったが、この仕組みが機能するには、交流電源だけでなく、バッテリーも含めたすべての電源があることが前提となる。福島第一原発事故では、全電源喪失によってこの仕組みが働かずに想定外の冷却水の漏洩ラインとなってしまったことを示したものだった。

さらに東京電力は報告書の中で、原子炉に消防注水が届いた場合、核燃料に触れて蒸気が発生し、原子炉や格納容器の圧力に変化が出るとみて、より詳細な分析を試みているものの、結局、当時のデータが乏しいことから、実際にどれくらいの量が原子炉へと届いたのかは、依然不明であると結論づけていた。

事故から2年9ヵ月が経って、ようやく東京電力が消防車による注水が原子炉に十分届いていなかった可能性を公的に認めた報告だった。

消防注水の死角が示す教訓

取材班が専門家たちと行った実験や解析は、もちろん福島での原発事故を完全に再現できているというわけではない。ただ、今回の検証実験は、原発のどこに弱点があるのか、何に目を向けるべきなのかということを示したものではないだろうか。消防車だけを配備すればよいのではなく、実際に注水した際の配管に漏れがないのか十分検証する必要があることを物語っている。福島第一原発の事故ではわずか数センチの太さの配管による復水器側へのリーク（漏洩）ラインが見つかり、それも、その先にあるポンプが電源を失っていたことによって、思いもよらない水の抜け道ができてしまったのだ。それは、にわかに現れた原子炉冷却の「死角」とも言える。

取材班が専門家とともに行った検証の中で、原発の過酷事故対策が専門の大阪大学教授の片岡勲（かたおかいさお）（61歳）は「消防車や注水ポンプを使って水を入れるという対策は、事前に過酷事故を想定して訓練をしていた対策ではなかった。今回の消防注水は、ぶっつけ本番で行っただけに限界もあった。消防車を配備すれば終わりではなく、本当に核燃料を冷やすのに十分な量の水が入るのかを確かめなければ意味がない」と指摘し

流体工学が専門でポンプの構造に詳しい東京海洋大学教授の刑部真弘は、汚染水を外部に漏らさない優れた技術「封水」が、結果的に原子炉冷却の障害になったことに「悔しい」という言葉を繰り返した（©NHK）

ている。

一方、刑部は、「リークがあったことで、こんなにも結果が違ってしまった。本当に悔やまれる」と語っている。刑部は、原発に張り巡らされた配管につけられている無数のポンプや弁の安全対策について熟知している第一人者である。放射性物質を漏らさないために作られた「封水」と呼ばれる構造が、全電源喪失によって、思いがけない抜け道を作ってしまった。もし、時間をさかのぼることができたら、「封水」の落とし穴を関係者に広く知らしめ、できるかぎりの安全対策を打っておきたかった。そうすれば、放射性物質を外にまき散らすという最悪の事態を食い止めることに繋がったかもしれない。苦い思いが「悔やまれる」という言葉に込められていた。

２０１３年7月、原発の新しい規制基準が法律として施行された。原発を抱える各電力会社は、原子力規制委員会に対して、新規制基準への適合検査に次々と申請し、審査に合格した原発は、次々と運転を再開している。これらの原発では、事故直後に公表された緊急安全対策も含めて、消防車や注水ポンプが複数配備されるなど、様々な安全対策が打ち出され、もはや国や電力会社は、福島第一原発のような事故は起きないとしている。

東京電力が、福島第一原発の事故で、消防車による注水が十分に原子炉に届いていなかったことを認めた報告書を公表したのは、新たな規制基準が施行された5ヵ月後のことだった。新たな規制基準では、原発事故を教訓に、新たな知見が確認されたり、技術が確立されたりした場合は、すでにある原発に対しても適合させることを義務づける「バックフィット」と呼ばれる制度を安全規制の強化として導入している。このため、緊急時の原子炉冷却の最後の手段として位置づけられた消防注水についても、当然、福島での原発事故の教訓を十分に反映させていくことが求められる。これは決して消防注水にとどまらない。政府や国会など事故調査委員会が役目を終える中、柏崎刈羽原発のある新潟県は、原発の再稼働に向けた判断材料とするために、事故の翌年から、専門家による独自の検証を行う技術委員会を設けて、8年間にわたっ

2015年2月21日に行われた、「新潟県原子力発電所の安全管理に関する技術委員会」による1号機現地調査

て事故の調査と検証を続けてきた。新潟県技術委員会は２０２０年10月、報告書を公表し、１号機では、原子炉のふたを固定するボルトが高熱で緩み、隙間から水素ガスが噴出するなどして水素爆発につながった可能性があることや、地震の影響で電源を喪失した可能性が否定できないことなど、未解明の問題が残されていると指摘している。その上で、福島第一原発は汚染でまだ調査に入れないエリアがあり、国と東京電力に対し、廃炉作業の中で事故に関する知見を見つける努力を続けるよう求めている。

　公的な事故調査委員会が検証作業を終えるなか、事故を巡る謎を解くためには、廃炉作業で明らかになってくる原子炉内部や周辺の機器の状態を丁寧に検証していかなければならない。原発の安全対策の死角を無くしていくためには、事故を巡る謎について、一つ一つ粘り強く解き明かし、そこから教訓を引き出していくことが不可欠である。廃炉作業が進む中で明らかになる新たな事実や知見を東京電力や国は速やかに公表するとともに、謙虚な姿勢で事故対応との関係を検証し、そこから浮かび上がる教訓を対策として取り入れていく不断の取り組みと努力が求められている。

第7章

1号機 届かなかった海水注入

全電源喪失時の「最後の手段」とされた消防注水だが、期待されたような効果は得られなかった。その理由は……

原子力関係者に衝撃を与えた1号機〝注水ゼロ〟

2016年9月7日。福岡県久留米市で開かれた日本原子力学会で注目すべきプログラムが実施された。発表者は、国際廃炉研究開発機構（IRID）。テーマは「過酷事故解析コードMAAPによる炉内状況把握に関する研究」。最新の解析コードを用いて、福島第一原発事故がどのように進展し、どこまで悪化していったのかを分析するものだ。

この時点で事故から5年半が経過していたが、メルトダウンを起こした1号機から3号機の原子炉にはロボットすら入れていなかった。その外側を覆う格納容器に数回だけロボットが入り、調査を行うにとどまっていた。現場にはまだ強い汚染が残り、放射線業務従事者といえど長時間の作業は困難である。こうした状況では、事故の進展を探るには解析コードに頼らざるを得ない。その精度は年々高まっており、内外の原子力関係者からの関心も高く、午後4時過ぎから始まった発表は、14ある会場のなかで、2番目に大きな会場で行われることになった。

核燃料の大部分が溶融し、圧力容器の底が溶かされて燃料が容器の底を突きぬけるメルトスルー（溶融貫通）が起きたことは、もはや専門家間で共通の認識だった。今回の発表の特徴は、これまでの〝どれだけ核燃料が溶けたか〟に主眼を置いたものではなく、〝どれだけ原子炉に水が入っていたか〟という点に注目したことだ。

5年半でがらりと変わった解析結果

「3月23日まで1号機の原子炉に対して冷却に寄与する注水は、ほぼゼロだった」

発表内容は衝撃的なものだった。東京電力が1号機の原子炉に消防注水を開始したのは、3月12日午前4時すぎ。しかし、事故から実に12日経った3月23日まで1号機の原子炉冷却に寄与する注水はほぼゼロだったというのだ。

にわかに信じがたい解析結果は、事故当時に計測された1号機の原子炉や格納容器の圧力に関するパラメーターを原子炉内への注水量を〝ほぼゼロ〟に設定しないと再現ができないことから、結論づけられたものだ。

会場はざわついていた。詰めかけた関係者の中で、最初に質問したのは全国の電力会社の原子力分野の安全対策を監視・指導する立場にある原子力安全推進協会（JANSI）の幹部だ。「事故から5年以上経って、初めて聞いた話だ。いまだにこんな話が出てくるなんて……」発言には明らかに不満が込められていた。事故から5年以上経過しても次々と出てくる新たな事実。最新の解析結果の発表は事故の真相の検証がいまだ道半ばであることを物語っていた。

「海水注入継続」吉田所長の英断の評価は

吉田昌郎所長の事故対応をめぐって、繰り返し語られるのが、1号機海水注入を巡る判断である。3月12日の1号機水素爆発後、放射線量が上昇する困難な状況の中、ようやく始めることができた海水注入。そこに官邸サイドの意向を忖度した元東京電力副社長、武黒一郎(たけくろいちろう)フェローから中止の指示が入る。しかし、武黒から海水注入中止の指示を受けながらも、吉田はそれを無視し、注水を継続した。その判断は〝英断〟と評されてきた。

騒動が起きたのは、事故発生から2日目を迎える3月12日。午後3時36分に1号機が水素爆発した後、吉田たちは、全力をあげて海水注入の準備を進めていた。高い線量の瓦礫が散乱するなか、自衛消防隊を中心に協力会社の応援を得て、津波によって海水が溜まっていた3号機のタービン建屋の海側にある逆洗弁ピットを給水源として、1号機との間に、所内の消防車1台と自衛隊の消防車2台の計3台を配置、消防ホースを長々と敷設する作業を進めて、ようやく注水ラインを作り上げた。

同じ頃、事故対応の最高指令本部・総理大臣官邸では、1号機に対し海水による原子炉への注水を行う是非についての議論が行われていた。中心となったのは、総理大臣の菅直人、原子力安全委員長の班目春樹、そして東京電力を代表して官邸対応を担っていた武黒一郎フェローの３名。しばしば、菅が再臨界を恐れ、海水注入を止めさせたと語られる局面である。

当時、どのような議論が行われていたのか。事故後の２０１１年５月、専門家として議論に参加していた班目にロングインタビューをする機会があった。

班目は取材に対し、こう答えている。

「海水を入れたら、原子炉に塩がどんどん溜まってしまい、冷えにくくなり、圧力容器の腐食という事態も出てくる。〔東京電力から〕『海水を入れるしかない』と言われて、『うっ！』と思ったんですけれども、でも海水しかなければ海水を入れるべきだと言っていると思います」

班目はもともと事故が発生したときに核燃料を冷やす際の、熱の挙動を分析する〝熱流動〟分野の専門家だ。班目が懸念したのは、海水注入によって塩分が原子炉内に溜まることで核燃料の冷却に悪影響を及ぼすことだった。一方、海水注入に伴う再臨界の可能性については「臨界、再臨界はあり得ないんですよ。むしろ海水より真水を入れたほうが臨界する可能性が高い。ただ、真水を入れたって臨界の可能性は極めて低い。ましてや不純物の多い海水を入れたから、臨界、再臨界を起こすなんて、私が言うはずがない。そこまで私は無知じゃない」と確信を持って答えていた。

一方、菅も政府事故調の聞き取りに対し、「再臨界の懸念」については「再臨界と海水（注水）の問題は考え方は全然別」と答えている。

「入れる水（真水）であっても海水であっても、ホウ酸か何かを入れれば再臨界の可能性は止められるわけですから」

そして海水注入には1時間半あるいは2時間、準備に時間がかかると東京電力から説明を受け、「その時間があるなら、例えばホウ酸を数回入れられるのか、とりあえずは海水を入れておいた後に入れるのか、その必要はないのかということの判断をしてくれという趣旨だった」と述べ、〝海水注入にあたっては再臨界の可能性の有無を検討すべし〟と指示はしていないと述べている。

しかし、武黒ら東京電力の幹部の受け止めは異なっていた。「海水注入について総理の了解が得られていない」と武黒は菅の意向を受け止め、官邸から福島第一原発の吉田に電話を入れたのだ。

取材班が入手した未公開の国会事故調による調書によると、吉田は、海水注入を巡る、武黒との緊迫のやりとりを詳細に語っている。

「海水注入について総理の了解が得られていない」と判断した武黒フェローは、官邸から福島第一原発の吉田所長に電話を入れ、原子炉への海水注入を直ちに中止するように命じた（©NHK）

武黒「お前、海水注入は？」
吉田「やってますよ」
武黒「えっ？」
吉田「もう始まってますから」
武黒「おいおい、やってんのか？　止めろ」
吉田「何でですか？」
武黒「お前、うるせえ。官邸が、もうグジグジ言ってんだよ」
吉田「何言ってんですか」

　吉田は武黒に反駁したが、電話は一方的に切られたという。水素爆発後、高い放射線量の中、自衛消防隊や協力会社の作業員らが被ばくを伴いながら2時間近くかけて準備を行い、ようやく1号機の原子炉への注水を開始した直後の出来事である。

　武黒からの海水注入中止の指示。政府の原子力災害対策本部の最高責任者である総理の意向と聞いては、表向きは了解しないわけにはいかない。

　ここで吉田は、とっさに一芝居打った。消防注水を担当していた部下の防災班長を傍らに呼び、小声で「中止命令はするけれども、絶対に中止しては駄目だ」という指示をした後、本店には〝海水注入を中止する〟という報告をテレビ会議を通じて行った。

防災班長は吉田の指示に従い、密かに注水を続けた。この一連の1号機への海水注入を巡るやりとりが、吉田が官邸や東電本店の意向に逆らい海水注入を継続、結果として1号機の事態の悪化を食い止めた、と英雄視されている場面である。

現場の指揮官としての吉田の判断は極めて的確で、誰からも称えられてしかるべきであろう。しかし、原子力学会でＩＲＩＤが発表した最新の解析では、実際にこのとき行った注水のうち原子炉に届いていた量は〝ほぼゼロ〟だったという。

吉田の〝英断〟は1号機の冷却にほとんど寄与していなかった。

海水はどこに消えたのか？

事故発生からの12日間、1号機の原子炉には水がほぼ入っていないという重い事実。消防車によって大量に注入された海水はどこに消えたのだろうか。また、この重大な事実に、原子力関係者ですら、事故後5年以上も気づかなかったのはなぜだろうか。

実は、全電源喪失によって、唯一の冷却手段となった消防注水が原子炉冷却にどれだけ貢献したのか、国では、これまで十分な検証を行ってこなかった。

国費を投じ、多くの専門家を集めて行われたはずだった公的な2つの事故調査委員会。政府事故調査委員会、国会事故調査委員会においても、消防注水の有効性についてはほとんど議論されていない。

2011年5月24日の閣議決定によって発足した政府事故調。検察官などを事務局員とし、関係者のべ772名に聴取を実施、総聴取時間は1479時間にのぼるなど緻密な調査を実施した。

実は、2011年7月29日、Jヴィレッジ〔福島県楢葉町・広野町〕で行われた吉田所長への2回目の聞き取りの中で、吉田自らが消防注水の有効性に疑義を呈していた。

「とにかくFP〔消火〕系というのは、ご存じのように消火系配管ですから、中でいろいろ分岐しているんです。〔中略〕どうしてもバイパスフロー〔他の配管に水が流れること〕が出てくる可能性があって、そうすると、入っている水が全部炉に入っているかどうかわかりません」

吉田のこうした証言がありながら、調査委員会は、海水注入の有効性には徹底した調査を行うことはなかった。政府事故調が1号機への海水注入を巡る問題で重きを置

全電源喪失時における原子炉冷却の鍵を握る消防注水だが、福島第一原発1号機では原子炉に届いた注水量はごくわずかだった。写真は、福島第一原発1号機の送水口

いていたのは、事故の進展を科学的に分析することではなく、海水注入に関する意思決定のあり方だったのだ。その後、２０１１年12月8日に発足した国会事故調は、東京電力の会長や社長をはじめとする現役の経営幹部や、首相官邸での政府対応の責任者でもあった元副社長の武黒に、1号機への海水注入を巡る事故対応について質疑を行っている。

しかし、1号機の原子炉に実際どれくらい水が入っていたかを検証するための、技術的な質疑は皆無だった。事故対応の当事者たちに投げかけられた質問で共通するのは、3月12日の水素爆発後に海水注入を開始する際に、福島第一原発で事故対応にあたった吉田をはじめとする東電技術者たちの判断と官邸サイドの意思に乖離はあったのかどうか、そして官邸や東電本店の意向は現場にどのように伝えられたかという論点だった。

実は、国会事故調が発足した段階で、1号機の原子炉への注水量が不十分になっていたことを類推することは可能だった。

消防注水が有効に機能しなかったことは、事故の進展からも窺えた。事故発生から10日目を迎えた2011年3月20日、1号機の計器がようやく復旧し、原子炉の温度を測定することが初めて可能になった。

東京電力が1号機で原子炉の温度を測定したところ、400℃を超える高温であることが判明。注水が十分に原子炉に届いていないと気づいた現場は、急遽注水のルートを大きく変更するための検討を開始。そして事故発生から13日目の3月23日に注水方法を変更したことでようやく原子炉の温度が下がり始めた。1号機原子炉への注水は有効に機能しなかったことが窺えるデータだった。

これを裏付ける資料も公表されていた。2011年9月9日に公表された「福島第一原子力発電所1~3号機　原子炉注入流量について」と題された資料である。1号機の部分を見ると、不可解な数値が記録されている。消防車のポンプの吐出流量と実際に原子炉に注ぎ込まれた注水量に大きな乖離が生じているのだ。次ページの図は、3月19日から3月23日までの5日間の1号機の、消防ポンプ流量計が記録した吐出流量と原子炉近くに設置された流量計が記録した注水量である。

消防車側からの吐出流量は19日から日ごとに475トン、1020トン、1317トン、1593トン、799トンと大量の水が注ぎ込まれていた。これらの水がすべ

＜参考＞ AM盤⇒消防ポンプ流量計の指示値等※

年月日	福島第一原子力発電所　1号機			
	注水量(1日あたり)	累積(海水)	累積(淡水)	
平成23年3月17日	約　294 kL　(海水)	約　1,158 kL		
平成23年3月18日	約　475 kL　(海水)	約　1,633 kL		
平成23年3月19日	約　475 kL　(海水)	約　2,109 kL		
平成23年3月20日	約 1,020 kL　(海水)	約　3,129 kL		⇦流量調整
平成23年3月21日	約 1,317 kL　(海水)	約　4,446 kL		⇦ポンプ2台化
平成23年3月22日	約 1,593 kL　(海水)	約　6,039 kL		
平成23年3月23日	約　799 kL　(海水)	約　6,839 kL		⇦流量調整(給水系へ切替)
平成23年3月24日	約　226 kL　(海水)	約　7,065 kL		⇦流量

2つの値に大幅な
乖離がある

福島原子力発電所1号機～3号機における炉内への注

年月日	福島第一原子力発電所　1号機		
	注水量(1日あたり)	累積(海水)	累積(淡水)
平成23年3月17日	約　294 kL　(海水)	約　1,158 kL	
平成23年3月18日	約　475 kL　(海水)	約　1,633 kL	
平成23年3月19日	約　449 kL　(海水)	約　2,082 kL	
平成23年3月20日	約　48 kL　(海水)	約　2,130 kL	
平成23年3月21日	約　38 kL　(海水)	約　2,167 kL	
平成23年3月22日	約　42 kL　(海水)	約　2,209 kL	
平成23年3月23日	約　301 kL　(海水)	約　2,510 kL	
平成23年3月24日	約　226 kL　(海水)	約　2,736 kL	
平成23年3月25日	約　106 kL　(海水)	約　2,842 kL	
	約　60 kL　(淡水)		約　60 kl
平成23年3月26日	約　173 kL　(淡水)		約　233 kl
*合計は5月15日迄の値	合計	約 11,183 kL	

上が消防車から注水のためにポンプが排出した吐出流量、下が、原子炉近くに設置された流量計が記録した注水量。両者には大幅な乖離がある

(資料：東京電力)

て原子炉に入っていれば核燃料を十分に冷やすことが可能な流量だった。一方、中央制御室で計測された流量は19日から４４９トン、48トン、38トン、42トン、３０１トンと、消防車からの吐出流量と比較すると、原子炉に近づくまでに流量が激減していることがわかる。

原子力に関する技術的な調査能力を持つ専門家なら、この数値を見ただけで「1号機に水が十分に入っていない」可能性に気づいていたはずだ。

しかし、専門家を集めたはずの国会事故調は、政府事故調と同様

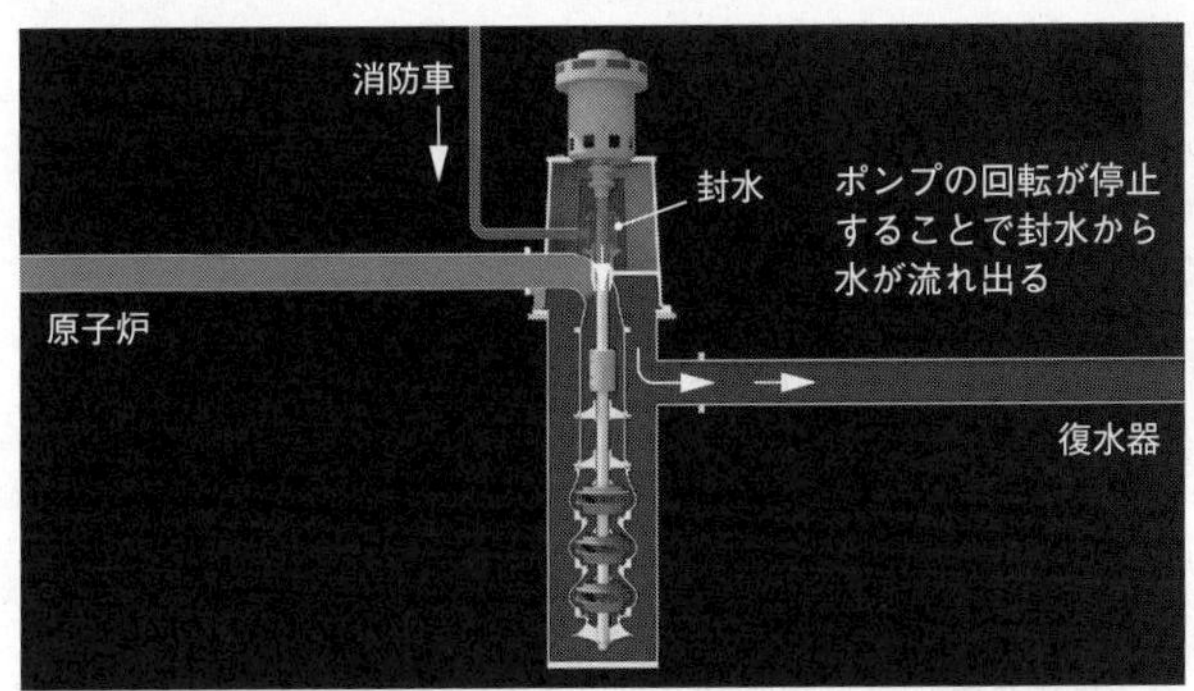

低圧復水ポンプ（電源喪失時）：ポンプが停止すると、ポンプに流れ込む水を封じる「封水」が働かなくなり、消防注水の「抜け道」が生じる（再掲）

に、消防注水の有効性を微塵も疑わなかった。

浮かび上がった消防注水の「抜け道」

福島第一原発事故対応の〝切り札〟とされた消防車による外部からの注水。それが原子炉へ向かう途中で抜け道があり、十分に届いていなかった。第６章でも説明したように、その可能性を最初に社会に示したのは、取材班だった。

取材班は独自に入手した３号機の配管計装線図（P&ID）という図面をもとに専門家や原発メーカーOBと徹底的に分析した。すると、消防車から原子炉につながる一本のルートに注水の抜け道が浮かび上がった。その先には、満水だった復水器があった。

この抜け道には、復水器から冷却水を原子炉に送り込むための「低圧復水ポンプ」がある。

このポンプが電源喪失により動かなくなったことで、ポンプに流れ込む水の流れを封じ込める「封水」という仕組みが働かなくなり、原子炉へ注ぎ込まれる海水が、復水器に向かう配管に横抜けしてしまったのだ（前ページの図参照）。

検証を続けていた東京電力

実は、こうした「抜け道」は3号機だけではなく、1号機にも存在していた。しかもその漏洩量は、3号機をはるかに上回るものだった。

消防注水の「抜け道」については、他ならぬ事故の当事者である東京電力もかなり早い段階から認識しており、柏崎刈羽原発の再稼働に向けての安全対策の意味もあり、検証を進めていた。消防注水は事故対応において、原子炉を救うことができるか、あるいはメルトダウンに陥るのか、を左右する極めて重要なオペレーションである。この問題を放置できないのは当然だ。

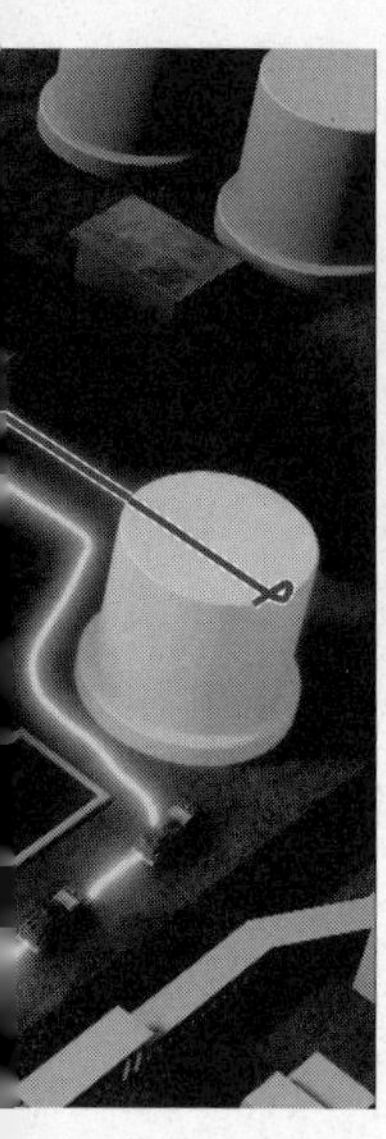

一方、注水の「抜け道」という弱点に東京電力が気づいているのであれば、他の電力事業者や世界の原子力関係者

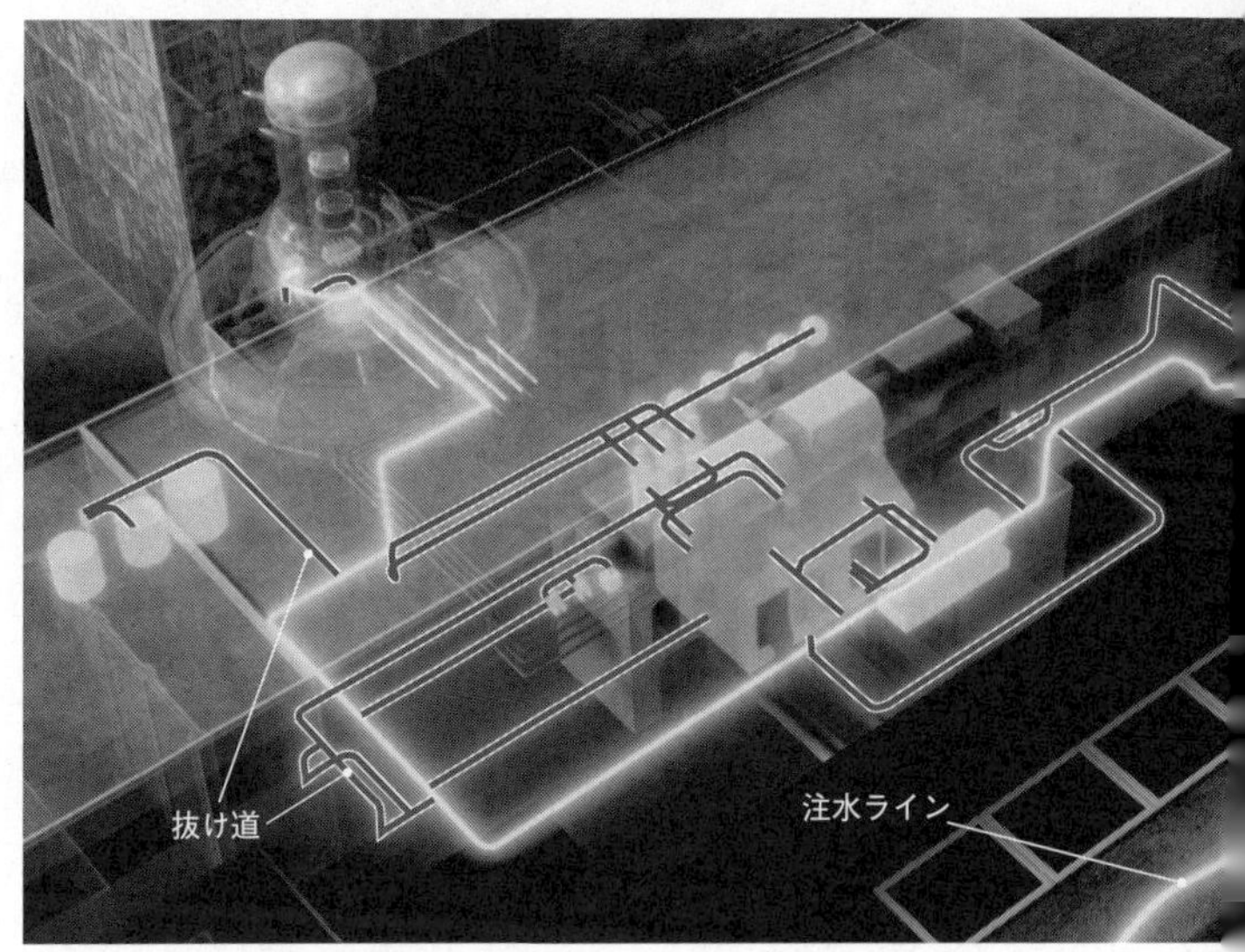

1号機の注水ラインと「抜け道」。東京電力によれば、「抜け道」は10本に及び、注水は2011年3月23日まではほとんど原子炉には届いていなかった（©NHK）

にいち早くこの情報を公開し、問題意識を共有すべきではなかったのか。

２０１３年1月、取材班は、ある電力会社で安全対策を統括する人物と、事故対応の際の消防注水への信頼性について、意見交換をした。取材班が福島第一原発の消防注水を行った際の抜け道が存在する可能性に言及すると、その人物は「えっ！」と驚きの反応を見せた。安全対策を担う他の電力会社の幹部ですら、事故から2年近くが経過した時期になっても、消防注水の致命的な弱点を知らなかったのである。原子力学会で原子力安全推進協会の幹部が1号機の〝注水ゼロ〟に驚きを隠さなかったこととといわば同じ状況だった。

２０１３年12月になって、東京電力は事故の教訓を広く共有するため、技術的な分析「未解明事項の調査・検討結果報告」を発表した。報告によると、1号機には10本、２号機・３号機にはそれぞれ４本の「抜け道」が存在するというのだ。２０１１年3月23日までほぼゼロだった1号機への注水量。その原因はこの10本の抜け道にあった。

1号機　10本の「抜け道」の検証

それにしても、なぜ1号機だけ他よりも多い10本の抜け道が存在するのか。取材班は、原発の構造に詳しい専門家や、原発メーカーOBとともに改めてそのルートを検証することにした。すると、アメリカの基準で言うとBWR－3と位置づけられる1号機とその後の改良型BWR－4である2、3号機とは機器の配置やレイアウトが異なるため、1号機には2号機や3号機にはない抜け道が存在することがわかってきた。

その一つが復水脱塩装置とよばれる設備を経由して水が抜けていくルートだ。水の中に塩分などの不純物が含まれていると原子炉などの設備に悪影響を与える恐れがある。復水脱塩装置はそうした不純物が原子炉に流入しないように設けられている。

この復水脱塩装置によって塩分が取り除かれた水はその後に多くの設備に供給されているため、そこが「抜け道」になっているというのが東京電力の見解だった。原子炉の近くには再循環ポンプ、給水ポンプ、低圧ヒーターのドレンポンプ、という重要な3つのポンプがある。ここから蒸気や冷却水が漏れると、放射性物質の漏洩につながりかねないため、入念な対策がとられている。その仕組みは3号機で取材班が読み解いた「封水」と呼ばれる仕組みを同じように採用している（234ページ、図参照）。

3号機同様、1号機でも、電源が失われポンプの回転が止まると、この「封水」の機構が働かなくなり、水が別の場所へ流れ込んでしまうのだ。さらに、ポンプだけでなく、東京電力の分析では1号機は復水脱塩装置を経由し、脱塩塔と呼ばれる冷却水に含まれるイオン状の不純物を除去する装置にも流れ込んでいるという。脱塩塔は直径2メートルを超える大型の設備で、原子炉建屋の1階部分に6個並んでいる。これも1号機特有の抜け道だ。東京電力によると、これ以外にも、冷却水が本来向かうはずのない、まったく別の建屋につながる「抜け道」も1号機には存在すると認めている。原子炉建屋に隣接する廃棄物処理建屋だ。本来原子炉に向かうはずの水は、まったく別の建屋にまで漏れていたのだ。

衝撃の注水量　1秒あたり0・075リットル

では、これだけの抜け道が存在する1号機の原子炉にはいったいどれだけの量の水が入っていたのか？　その詳細を知るには最新の解析コードによる分析が必要だった。

福島第一原発の1号機、2号機、3号機にいつどれだけ水が入り、どのように核燃料はメルトダウンしていったのか、最新の解析コードで分析するBSAF（Benchmark Study of the Accident at the Fukushima Daiichi Nuclear Power Station 福島第一原発事故ベンチマーク解析）とよばれる国際共同プロジェクトが行われていた。事故の翌年2012年から経済協力開発機構／原子力機関（OECD／NEA）が始めたこの取り組みは、世界各国の原子力研究機関や政府機関がそれぞれ所有する過酷事故解析コードを改良しながら、福島第一原発事故の進展と現在の状況を分析する世界最先端の研究だ。BSAFに参加する国は徐々に増え、11ヵ国（カナダ、中華人民共和国、フィンランド、フランス、ドイツ、日本、韓国、ロシア連邦、スペイン、スイス、アメリカ）になった。

その運営を担う機関が東京・西新橋にある、エネルギー総合工学研究所。電力会社や原発メーカーのＯＢに加え、外国人研究者が名を連ねる日本でも有数の研究機関だ。同研究所原子力工学センターの内藤正則は、福島原発事故前から日本独自の解析コード「サンプソン（ＳＡＭＰＳＯＮ）」を開発し、ＢＳＡＦプロジェクトの中心的役割を担う人物だ。

２０１７年２月、ＮＨＫでは内藤を含めた専門家を交え、１号機への注水など事故の進展に関する分析を行った。内藤は、ＢＳＡＦの取り組みを通じて各国の研究機関がシミュレーションから導き出した〝現時点で最も確からしい〟としている最新の注水量を告げた。

「１秒あたり、０・０７〜０・０７５リットル。ほとんど炉心に入っていないことと同じです」

国際機関が検証している最新の注水量。多く見積もっても、１分あたり１・５リットルペットボトルの３本分程度しかないわずかな注水量に専門家たちも衝撃を受けた。５年以上にわたって事故の検証を続けてきた内藤が提示したのは、この章の冒頭でＩＲＩＤが原子力学会で発表した数値より具体性を持った数値だった。

さらに量の少なさに加え、１号機特有の注水方法がより原子炉の冷却には厳しい状況を生んでいたと内藤は指摘する。

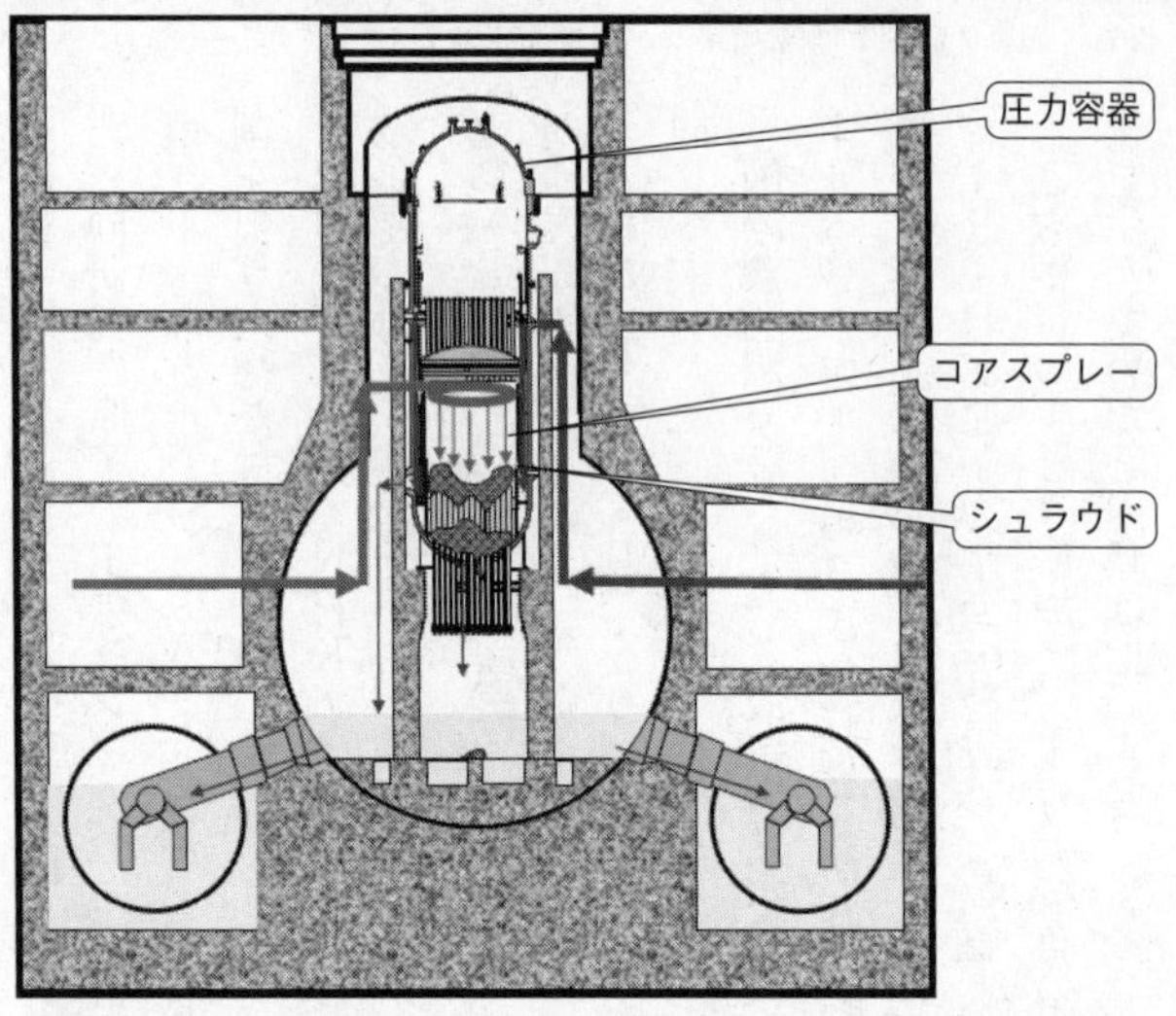

1号機では原子炉を覆う巨大な構造物シュラウドが1000℃以上の高温で変形し、コアスプレーが有効に機能しなかった可能性が指摘されている
(東京電力資料をもとに作成)

1号機では、2号機・3号機で行われていた原子炉の下部を通じて水を注ぐ給水系ではなく、核燃料の真上から水を注ぐ「コアスプレー」と呼ばれる注水ルートで水を注いでいた。内藤はここから水を注いだ場合に十分に原子炉全体に水が届くか疑問視していた。

内径4・8メートルの原子炉の中心部まで水を注ぐためには、十分な吐出圧力や水を注ぐためのノズルの角度など、整えなくてはならない条件がいくつかある。

コアスプレーは十分な量と吐出圧力があれば核燃料に直接水をかけ冷却できるメリットがある一方

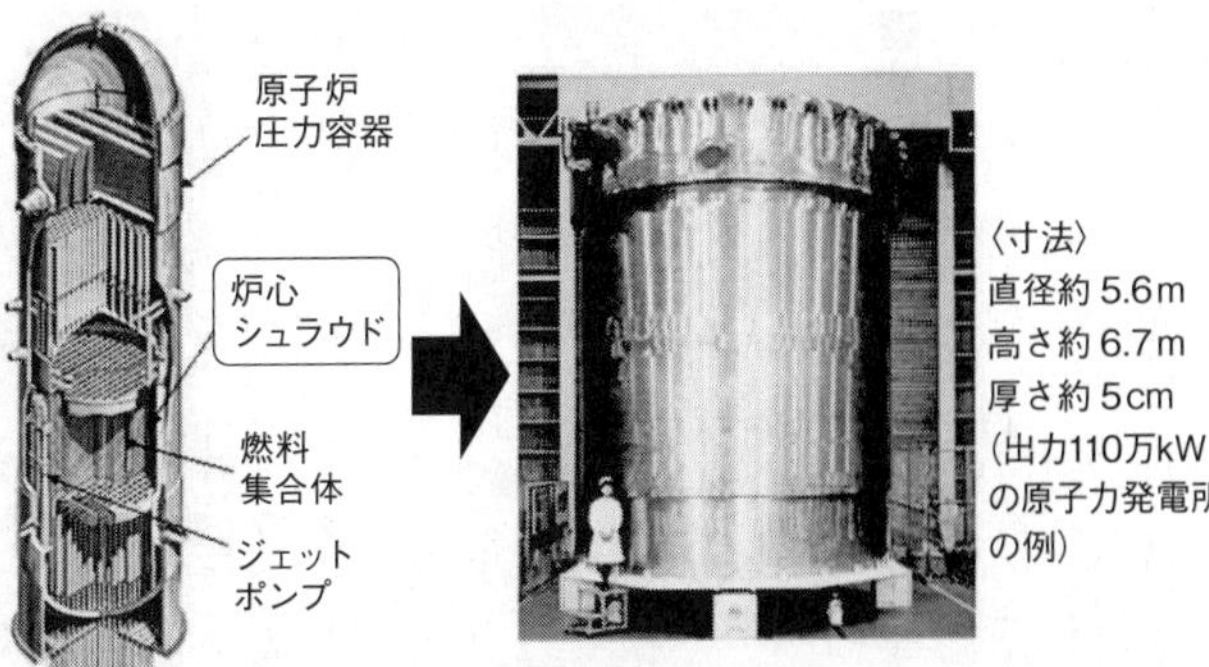

シュラウド：原子炉圧力容器内に取り付けられている燃料集合体（炉心）を囲むように配置されている円筒状のステンレス製構造物で、原子炉内の冷却水の流れを分離する仕切り板の役割を持つ（東京電力資料より）

で、圧力が低ければ、原子炉の中心部分には届かないため機能しない。原子炉の構造に詳しい東芝の元原子力部門の技師長・宮野廣（法政大学客員教授）は、「1秒あたり、0・07〜0・075リットルの量では、水は壁をつたってちょろちょろ流れる感じにしかならない」と強調した。

内藤は「わずかな注水では、真ん中に絶対届かない」と断言する。

コアスプレーが効果を発揮するための研究に深く関わってきただけに、内藤の発言には重みがあった。

さらに悪い条件が重なっている可能性が指摘されている。SAMPSONの最新の解析では、原子炉の内側で核燃料を覆うシュラウドという巨大な構造物は事故の進展に伴い1000℃を超える温度になったと推定されている。この試算が正しいとすると、シュラウドとそれを支える構造物は溶けることはないものの、熱で柔らかくなり、重さで下の方向にずれていた可能性が高いという。

「そうなれば、シュラウドを貫通する形で原子炉中心部につながっているコアスプレーの配管も、ゆがんでつぶされるような形になって細くなる、あるいは閉塞してしまう可能性がある。そうすると本当に水が入らなくなる」

内藤の指摘で1号機の注水量は極めて少なく、より危険な状態に陥っていた可能性が浮かび上がった。事故からまもなく13年となるいまでも福島第一原発ではロボットや内視鏡カメラですら原子炉内部の状況を把握できずにいる。実際、原子炉の内部、シュラウドなどの状況がわかれば事故当時の注水量を知る手がかりが得られることになる。

遅すぎた注水開始　生み出された大量の核燃料デブリ

しかしながら、1号機の注水ルートに「抜け道」がなければメルトダウンを防ぐことができたのか？　答えはNOだ。吉田が官邸の武黒からの指示を拒否し、注水を継続していた局面は3月12日午後7時過ぎのこと。しかし、SAMPSONによる最新の解析によると、1号機のメルトダウンはこの22時間前から始まっており、消防車による注水が始まった時点では、核燃料はすべて溶け落ち、原子炉の中には核燃料はほとんど残っていなかったと、推測されているのだ。

注水の遅れは事故の進展や廃炉にどのような影響を与えたのか。内藤は「MCCIの進展に関してはこの注水量が非常に重要になる」と口にした。MCCI（Molten Core Concrete Interaction）は〝溶融炉心コンクリート相互作用〟と呼ばれ、溶け落ちた核燃料が原子炉の底を突き破り格納容器の床に達した後、崩壊熱による高温状態が維持されることで床のコンクリートを溶かし続ける事態を指す。

SAMPSONによる解析では、MCCIが始まったのは3月12日午前2時。1号機の原子炉の真下の格納容器の床にはサンプピットと呼ばれる深さ1・2メートルのくぼみがあり、そこに溶け落ちた高温の核燃料が流れ込むことで、MCCIが始まった。

当時の消防車からの吐出流量は1時間あたりおよそ60トン。東京電力の1号機事故時運転操作手順書（シビアアクシデント）によれば、この時点での崩壊熱に対して必要な注水量は、15トンとされている。つまり消防車は必要量の4倍の水を配管に注ぎ込んでいたのである。この水が、原子炉、あるいは格納容器の床面にある溶け落ちた核燃料に確実に届いていれば、コンクリートの侵食は十分に止まるはずだった。

しかし、消防車から注ぎ込まれた大量の水は、途中で「抜け道」などに流れ込んだことで、原子炉にたどり着いた水は〝ほぼゼロ〟。コンクリートの侵食は止まることなく、3月23日午前2時半には深さは3・0メートルに達したという結果を解析[※]は示した。

その結果、もともとあった核燃料と原子炉の構造物、コンクリートが混ざり合い、「デブリ」と呼ばれる塊になった。1号機のデブリの量はおよそ279トン。もともとのウランの量69トンに比べ4倍以上の量となった。

本当にこれだけのデブリが生まれたのか、実は解析や実験によるMCCIの影響評価はまだ道半ばだ。OECD/NEAではMCCIを検証する新たなプロジェクトを開始している。米国のアルゴンヌ国立研究所などと連携、これに内藤たち日本の専門家も加わり、MCCIの真相に迫ろうとしている。

日本原子力学会で福島第一原子力発電所廃炉検討委員会の委員長を務める宮野は、大量に発生したデブリが、今後の廃炉作業の大きな障害となると憂慮する。

「279トンってもの凄い量ですよ。しかも核燃料とコンクリートが入り混じって格納容器にこびりついている。取り出すためにはデブリを削る必要がありますが、削り

※解析は2017年当時

1号機では、溶け落ちた核燃料が格納容器の床に達した後、崩壊熱による高温状態が維持されたことで床のコンクリートを溶かすMCCI（溶融炉心コンクリート相互作用）が起きたとされる（2017年当時の解析）（©NHK）

出しをすると、デブリを保管するための貯蔵容器や施設が必要になっていく。本当に削り出して保管するのがいいのか、それとも、削らずこのまま塊で保管するのがいいのかって、そういう問題になっていく。保管場所や処分の方法も考えなければいけない」

内藤が続ける。

「当時の状況では厳しいでしょうけど、いま振り返ってみればもっと早く対応ができなかったのかと悔やまれますね。２０１１年3月23日、1号機の注水ルートを変えたことで原子炉に十分に水が入るようになり、1号機のＭＣＣＩは止まりました。では、あと10日早く対応していれば、コリウム（溶け落ちた核燃料などの炉心溶融物）による

ＭＣＣＩの侵食の量は少なくて済んだ。少ないです、ものすごい……」

廃炉を成し遂げる道に立ちはだかる、１号機格納容器の底にある大量のデブリの取り出し作業。消防注水の抜け道が存在し、ＭＣＣＩの侵食を食い止められなかったことは、今後長く続く廃炉への道の厳しい状況を生み出してしまったのか……。

ＭＣＣＩが生み出した大量の水素は何をもたらしたのか

１号機の注水ルートの「抜け道」は事故の悪化を食い止めることができず、大量のデブリを生み出しただけではなかった。実はＭＣＣＩを起こすことでもう一つの深刻な事態をもたらしていた。それは、水素の大量発生だ。原子炉建屋に蓄積した水素は、１号機と３号機、４号機で爆発を引き起こした。

最初に水素爆発した１号機の爆発の規模を実感させられる証言がある。日立ＧＥニュークリア・エナジーの河合秀郎（かわいひでお）は、免震棟の復旧班に依頼され、バッテリーを受け取るために、福島第一原発から南に20キロ離れたＪヴィレッジまで移動していたが、爆音は、そこまで響き渡ったという。

「すさまじい音が聞こえたので驚きました。福島第一原発のある北方面から音が聞こえてきたので、相当大変な状態になっているんじゃないかというふうに思いました」

１号機原子炉建屋

爆発をもたらした水素の発生源は、これまで核燃料の被覆管の材料の一つであるジルコニウムが高温となり水蒸気と反応することで生まれるものが主だと考えられてきた。しかし、実は、メルトダウンした核燃料が床のコンクリートを溶解するＭＣＩによって発生する水素のほうが、核燃料のジルコニウムが水蒸気と反応して生まれるよりも大量である可能性がＳＡＭＰＳＯＮの解析からわかってきたのだ。

１号機の水素発生量を時間ごとに細かく見てみると、原子炉から核燃料が溶け落ちるメルトスルーが起こるまでの水素発生量は２００キログラム強。一方、メルトスルーの後、ＭＣＣＩが始まってからの水素発生量は急激に増加、水素爆発が起きる3月12日午後３時36分までに１００キログラム強、その後、３月14日にはさらに５００キログラム以上増えて合計８００キログラムを超える量に達したとみられている。１号機で発生した水素は、ＭＣＣＩによって発生したものが、３月12日から23日までの間、７割以上を占めていたのだ。※

※解析は2017年当時

見抜けなかった〝注水ゼロ〟

吉田や東電社員たちが命を賭して進めた消防注水。当時、1号機の事態の悪化は食い止められたと多くの人は思った。

1号機への海水注入が始まったあとに行われた、3月12日午後8時41分から始まった記者会見で、官房長官の枝野幸男はこう発言している。

「海水によって容器を満たすということで、想定されている中では、これによってしっかりと当該原子炉はコントロール、管理下におかれるものと思っております。（中略）格納容器を満たす時間でありますが、詳細にはポンプの稼働の状況等によって正確にあらかじめ決めることができるわけではありませんが、概ね5時間から、プラスα数時間という範囲内ではないだろうかというふうに考えております」

官邸には海水注入が始まったことで1号機への安心感が生まれつつあった。東京電力の記者会見でも「1号機に海水が注入され、水位が回復してきた」と広報担当者がメディアに伝えていた。当時、12日夜には、1号機の事態の悪化は止まったのではないかと多くの専門家も見ていた。

しかし、1号機の原子炉にはほぼ水が入ることはなく、事態の悪化は注水ルートを変更する3月23日まで止まらなかったのだ。

なぜ、12日間にわたって、1号機の原子炉に注水が続いているなかで、「抜け道」に対する対応ができなかったのか。次の章ではこの期間のテレビ会議をすべて人工知能で読み解き、危機対応の深層に迫っていく。

第8章

検証 東電テレビ会議

AIが解き明かす
吉田所長の
「極限の疲労」

3つの原子炉が立て続けにメルトダウンするという世界初の原発事故対応の陣頭指揮に立った吉田昌郎・福島第一原発所長。東電本店、官邸、経済産業省、原子力安全・保安院などとの折衝は、すべて吉田所長を中心に行われた（©NHK）

吉田所長が語っていた「1号機注水への疑問」

1号機への海水注入が開始されたのは3月12日夕方、その後、東京電力本店の安全担当の責任者であるグループマネージャーは、消防注水に対する効果に疑念を抱くようになっていく。12日夕方から、消防車から1時間あたり60トンの量の水を注ぎ込んでいたにもかかわらず、水位計の値が上がらず、原子炉が満水になる気配がいっこうに見えなかったからだ。3月13日午前0時55分、グループマネージャーは、福島第一原発に対して次のような懸念を伝えている。

「色々考えたんですけど、いくつかその可能性があって、一つは水位計がおかしいんじゃないかって思ったんです。もう一つあるのは、あのレベルでどこかにその穴があいているかもしれない、ベッセル〔原子炉圧力容器〕に。（中略）何かリークするような箇所があるかもしれないっていうふうに思っているんですよ。つまり、いくら水入れてもそれ以上水位が上がらないのは、みんなドライウェル〔格納容器の一部〕に落ちてるんじゃないかと……」

この発話のおよそ10分前、13日午前0時45分頃には、保安院からも「1号機はいつ満水になるか」という問い合わせが福島第一原発の免震棟に寄せられていた。1号機の注水の効果に誰もが疑問を抱き始めていた。

　それに対し吉田は次のように述べている。

「今の60トン入ってるかどうかっていうのもちょっと若干その流量計がないからわかんないところあるんだけど、2時間だったら本当は満水になっているはずが、なっていないというところなんです。（中略）動かしてたつもりなんだけど、津波で現場を離れてたんで、これからその分を取り返すんで、あと2時間程度まずやってみると、それ位だと思うんだけどな」（3月13日午前0時57分の発話）

　事故対応部門の担当者は「なるほど。そういうことですね」と相槌を打ったあと、原子炉が満水になったことを確認する方法があるかと問い合わせた。これに対して、吉田は「いえ、だからさっきから言っているように流量計も信じられない」と応じている。吉田は、「ベッセルにどっかバイパスライン（抜け道）が出ていると、水が全部ドライウェルにあふれちゃうから、ベッセルは満水にならない可能性もあるわけですね」と、水が原子炉に届く前に格納容器に漏れる可能性を危惧している。

　この会話が交わされていた3月13日の午前1時前の福島第一原発は、つかの間の安定した状況を取り戻していた。1号機の水素爆発で行方がわからなかった所員も見つかり、紆余曲折はあったものの1号機は消防車による注水が行われ、総理の了解も得られているという知らせも吉田の元に届いていた。

この時点では、3号機はHPCI（高圧注水系）で、2号機はRCIC（原子炉隔離時冷却系）で原子炉の冷却が行われていた。目の前に迫る危機はなく、現場は冷静に事態を見極めるだけの、少しの余裕があった。実際に、福島第一原発の幹部は12日午後11時台のテレビ会議で「各班もそれぞれの今日のまとめと明日の今後みたいな話をやってもらって、そのまま解散ということにしたいと思いますので、よろしくお願いします」と発言している。本店に至ってはこの時点で緊急時対策室に詰めかけていた幹部たちは、一時解散し、官庁連絡班や復旧班を中心に必要とされる人員だけを残している状況だった。

しかし、1号機では、吉田の懸念した事態が進行していたのである。

失われていく〝記憶〟

3月13日未明、1号機の注水が行われていた当時、東京電力は、どれほど注水に疑いをもっていたのか。福島第一原発や本店で対応にあたっていた東電社員に話を聞く機会があった。事故から5年経った2016年の冬のことだ。福島第一原発の免震棟の円卓で対応にあたった幹部は、東京電力が事故調査を通じて公表した当時の時系列の動きを見ながら眉間にしわを寄せ考えるものの、「ほとんど覚えていないですね」と力なく答えた。この社員は、複雑に進展していた福島第一原発の事態を冷静に把握し、取材班に対しても隠すことなく自分の体験を述べてきた人物だ。事故対応にあたった東電の社員の取材班に対する対応は大きく2つに分類できる。メディアを信頼していないため、知っていることも話さない人物、一方で、自分たちの経験を後世への教訓として残したいと、素直に自分の体験したことを話す人物だ。この東電社員はもちろん後者だった。彼が語った「もう5年も経ちましたから」という言葉が強く耳に残った。

別の機会に、本店の緊急時対策室で不眠不休で対応にあたっていた原子炉周辺の機器を専門とする東電社員にも話を聞くことがあった。この人物もプールへの放水などおおよそのオペレーションのことは覚えていたものの、「その注水の話って、1号機ですか、3号機ですか？　海水だから……。あ、最初は全部海水か」といった調子で、メルトダウンした3つの号機それぞれのオペレーションの記憶が混乱し、正確なことはもはや思い出せない状況だった。

こうした傾向は、東京電力・政府・国会の事故調査委員会が事故調査報告書を出し終え、社会の事故への関心が薄れていった2013年頃から強く感じられるようになってきた。人の記憶は時間とともに失われる。事故の体験の風化が社会のみならず、事故対応にあたった当事者たちにまで広がっていた。時間との闘いで次第に聞き取り取材の限界が近づいてくる中で、どのように深層に迫ればよいのか。

時間を経ても変わることがないもの。それは事故当時に計測されたデータや東電が関係機関などに送ったFAXなどの一次資料である。1号機消防注水の謎に迫るにはこうした一次資料を丹念に読み解くことが求められる。その中でも、最も価値が高いのは、事故対応そのもののいわば生データともいえる「テレビ会議の発話」だった。

メディア以外には閉ざされたテレビ会議記録

1号機の消防注水への疑問を当初から抱きながら、吉田たちはなぜ3月23日までの12日間にわたって、1号機の原子炉に注水がほとんど届かない事態に手を打つことができなかったのか。取材班は、〝生データ〟であるテレビ会議の発話をいわば定量化し、分析できないかと考えた。どの時間帯に何の発話が集中的に行われているのか。一方、1号機の注水に関する発話は事故発生からの12日間、どのような傾向を辿っていったのか。膨大な発話記録に隠された真実を見出すためだ。

人の会話などの文章を解析する人工知能〝ワトソン〟

取材班が注目したのが、会話や文章などを定量的に分析するテキストマイニングのツールとして高く評価されているワトソン（Ｗａｔｓｏｎ）だ。２０１６年には、専門医でも診断が難しい特殊な白血病の的確な治療法をわずか10分で見抜いたというニュースで話題になった。

「テレビ会議」のワトソン解析には、日本IBMの村上明子（中央）らが協力した（©NHK）

ワトソンは、膨大なデータからその答えを導き出すだけでなく、文章を単語ごとに切り分けコンピューターに処理させる「自然言語処理」を行うことで、統計処理が難しい会話を定量化し、分析することができる。コールセンターに寄せられる顧客の声や営業現場での日報の分析などに導入する大手企業も増えている。

その開発の中核を担うエンジニアとの最初の打ち合わせは２０１６年10月6日、東京・渋谷のＮＨＫで始まった。日本ＩＢＭの村上明子（むらかみあきこ）。東日本大震災や福島第一原発事故後の復興支援に対して並々ならぬ熱意を持ったエンジニアだ。

村上は、東日本大震災後の石巻でのボランティア活動をきっかけに、企業人や研究者とともに災害時の情報支援組織「情報支援レスキュー隊（IT DART）」の立ち上げに尽力し、2015年の関東・東北豪雨、2016年の熊本地震の際も現地に入り、被災者に必要な情報を届ける活動を自治体と連携して続けてきた。そして、大学院時代は金属に中性子を照射し物性の変化を研究するために茨城県東海村にある日本原子力研究所（現・日本原子力研究開発機構）に通うなど、原子力の分野にも造詣（ぞうけい）が深かった。彼女は、福島第一原発事故で多くの人が不自由な避難生活を強いられたことに人一倍胸を痛めていた。

そんな村上は、吉田や本店の幹部らが事故対応にあたった一部始終を収録したテレビ会議の発話記録にどのような価値を見出すのか。

村上の評価は、非常に価値がある貴重な一次資料ではあるが、あまりに難解で専門用語が多いため、その用語を分類する「辞書」を作る必要があるというものだった。その役割は事故直後から東京電力をはじめとする専門家への取材を繰り返し行ってきた取材班が担うことになった。

加わった危機管理の専門家

原発事故のような巨大事故の発話記録を人工知能で定量的に読み解くのは、恐らく世界初の試みである。取材班は原発事故だけにとどまらない事故対応における危機管理について、共通する教訓を導き出したいと考えた。

日本ＩＢＭの村上は、以前から親交のある危機管理の専門家を取材班に紹介してくれた。京都大学防災研究所教授の畑山満則（はたやまみちのり）。畑山が防災や危機管理の研究者として歩み出したきっかけは、１９９５年の阪神・淡路大震災。当時民間企業で、防災に活用するための地理情報システムを手がけていた畑山は、震災発生直後、神戸市長田区に入り、倒壊や火災で焼失した建物あるいは解体撤去が進んだ建物を色分けして統計的に整理することで、復興を促進することに活用できたという。その経験から情報システムを防災・減災・危機管理に生かしたいと、京都大学で研究者の道をスタートさせた。

解析作業には、危機管理の専門家である畑山満則・京都大学防災研究所教授が加わった（©NHK）

東日本大震災の前には原子力分野の防災支援である避難システムも、国の外郭団体の旧原子力安全基盤機構(JNES)とともに開発を進めてきた。事故が今後どのように進展し放射性物質が放出されるのか、避難経路のどこに渋滞が起きていて、適切な避難経路はどこか、などをコンピューター上で表示することで住民避難をスムーズに行うため開発されたシステムだ。しかし、このシステムの導入はまったく進まなかった。福島第一原発事故前には「原発事故は起こるはずがない」という安全神話が、原子力業界を指導する霞が関に根強くあり、事故発生を前提とした畑山らの避難システムが受け入れがたかったからだ。結果として、今回の福島第一原発事故でそのシステムが生かされることはなかった。

畑山は危機管理に活用する情報システムの専門家であるが、机上ではなく実際に現地に入り行政機関と連携することで減災に取り組む〝実務型〟の人間である。そのため、危機の際に対応にあたる人がどのように行動するのか、それがどのような結果をもたらすのかについて、造詣が極めて深い。

畑山が今回の福島第一原発事故で注目したのは、所長の吉田ら「事故対応の当事者」の疲労だった。これまで、吉田たちの疲労が限界を迎えていた、あるいは越えていたと、感覚的に言われることはあっても、定量的に分析した試みはない。日本IBMの村上も、この「疲労」という観点からの分析には強く関心を持っていた。村上は、福島第一原発事故で吉田たちに不眠不休の事故対応をとらせた東京電力に対して「海外の危機管理ではあそこまで現場の人々に極限状態のまま対応させることはない。なぜ交代ができないまま対応にあたらせてしまったのか？」と疑問を持ち続けていた。

一方、畑山は村上の意見を理解しつつ、時間がくればローテーションで対応者を交代させていくアメリカ流のシステマティックな危機対応の弱点も熟知していた。「能力が高い人が事故対応にあたっている場合、そのまま続けたほうが危機対応のパフォーマンスが高い状態を維持できるというメリットもある。今回の事故対応ではそこがどうだったのか」とやはり現場の最高責任者の吉田の〝疲労〟と危機対応の時系列の動きを重ね合わせながら分析することの重要性を感じていた。

人工知能で人の疲労を〝定量化〟する

ではどのように人の疲労を定量化するのか？　村上はこれまでの経験からいくつかのアイディアを取材班に与えてくれた。

例えば、発言をポジティブとネガティブに分類し、その出現頻度を人工知能で読み解く方法。村上は、過去に企業の日報に記されていた発言をワトソンで分析し、ネガティブな発言が少なくなる傾向はむしろ余裕が失われ、「根拠のない自信」でしか自らを支えられない状態に陥っているという結論を導き出した経験を持っていた。

しかし、今回の事故では、3月15日から政府・東電統合対策本部が東電本店に設置されるという特異な状況であった。対策本部設置以降は、テレビ会議に、官邸の政治家や官僚、そして東京電力にとっては規制官庁である旧原子力安全・保安院の官僚が常に同席する状態となっていたことから、吉田らはネガティブな発言や愚痴を言いづらい状況になっている可能性が高いと取材班は考えていた。

そこで村上が提案したのは、発言の中にある「〝言いよどみ〟や〝言い詰まり〟」の出現頻度で疲労を定量化する、という手法だった。これまで取材班は、何度となくテレビ会議の発話内容を検証してきたが、こうした観点から注目したことはまったくなく、村上の提案は新鮮だった。

確かに、テレビ会議を聞いていると、吉田の発言の中に、「〝言いよどみ〟や〝言い詰まり〟」がしばしば現れることは感覚的には感じていた。

「1号と同じような方法も併せて今考えていて、あの、えー消火ポンプは来てます」

(3月13日午前6時39分)

「えっ、防火水槽を水源として東京電力の化学消防車を水源にする、えーなんだ、F

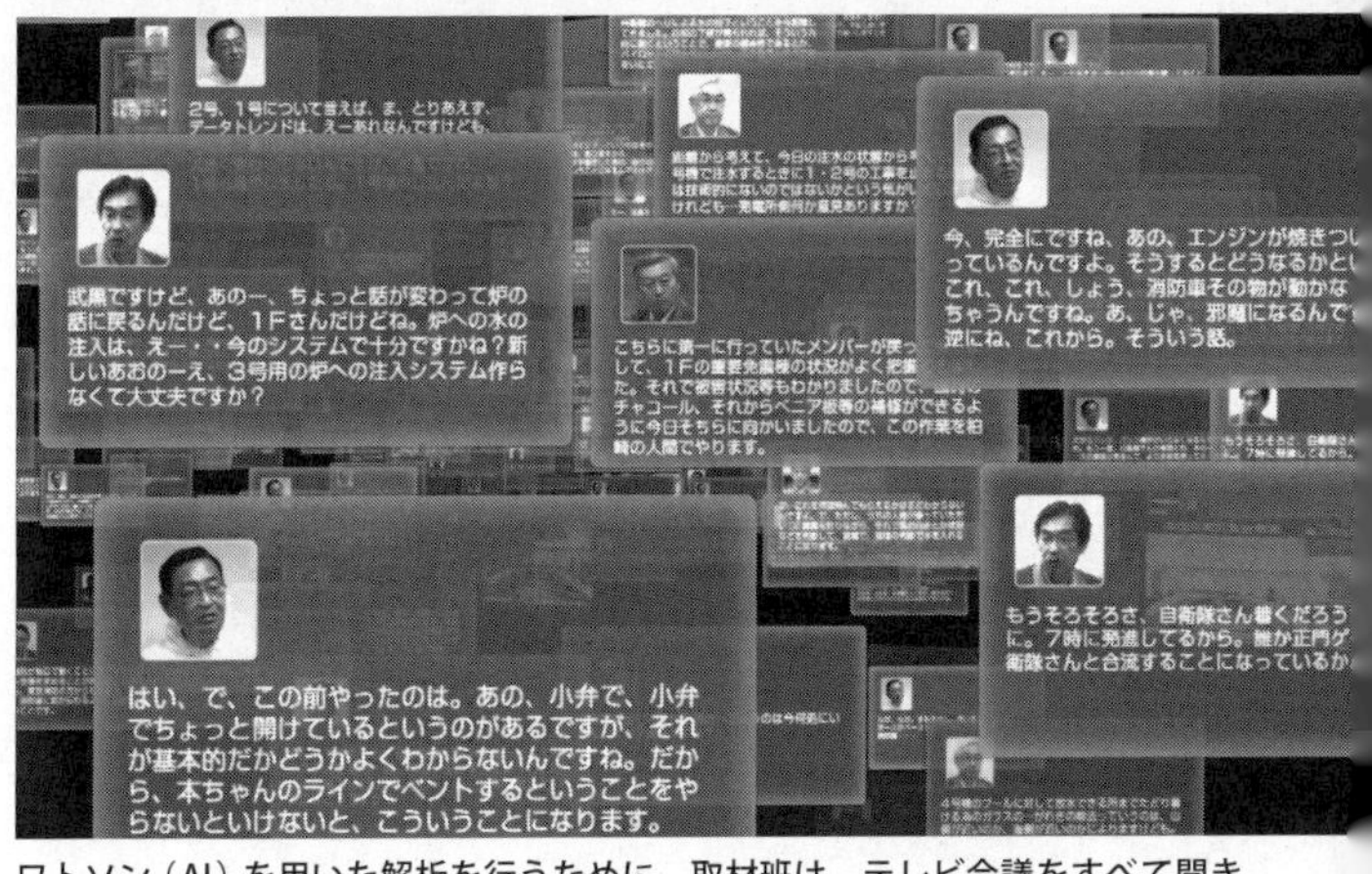

ワトソン（AI）を用いた解析を行うために、取材班は、テレビ会議をすべて聞き直し、言いよどみを含めた発話内容をすべてテキスト化する作業を行った（©NHK）

P〔消火ポンプ〕システムだ。いい？」（3月13日午前9時38分）

しかし、この膨大な発話の中から言いよどみや言い詰まりを抽出するには、改めてテレビ会議をすべて視聴し直す必要があった。

東京電力本店　テレビ会議視聴室

テレビ会議が公開されたのは2012年8月6日。当初、東京電力は、社内資料であり、社員のプライバシーの保護を理由に公開を拒んでいたが、メディアを中心とした社会の公開への強い要求を受け、枝野幸男経済産業大臣が東京電力に事実上の行政指導を行った結果、事故からおよそ1年半近くたっての公開となった。テレビ会議映像は個人の特定を避けるため、経営層以上の個人名はそのまま視聴することができるが、他の個人名が語られている音声部分はすべてノイズ処理が施されている。

テレビ会議視聴室で見ることができる動画は、個人を特定されないために映像に施される「ぼかし」の処理は行われていない。そのため、万が一データを抜き出されてしまうと個人の特定につながる恐れがあるため、テレビ会議視聴室には常に東京電力の社員が目を光らせていた。

言いよどみや言い詰まりから疲労を読み解くという、村上のアイディアを実現するには、改めて東京電力のテレビ会議視聴室で動画を一から視聴し、文字起こしを最初からやり直す必要があった。NHKでは、全テレビ会議の内容を文字起こししていたものの、「あー」「えー」「うー」など言いよどみや言い詰まりに注目して一字一句正確にテキスト化したわけではなかったからだ。

言い詰まりなどは自然言語処理の分野では「フィラー」と言われ、データのノイズとしてはじいてしまうようあらかじめシステムが組まれるなど、本来データとしては雑情報とみなされることが多い。しかし、その「ノイズ」に注目した村上のアイディアは斬新だった。さらに会話を「データ」として分析するためにもう一つ取材班に出された宿題は、会話の時刻をできるだけ正確に入力することだった。

基本的に、視聴はすべて順速で行う必要がある。早送りなどして「言いよどみ」などを書き漏らすことがあってはならないためだ。書き起こしのプロが一般的な会議の文字起こしを正確に行う場合、5分の会話記録を書き起こすために1時間程度の作業時間が必要だという。福島第一原発事故のテレビ会議は専門用語が飛び交い、かつ決して音声もクリアでない場合もある。東電本店のテレビ会議視聴室は平日の午前10時から午後5時までがメディアが視聴可能な時間であるが、すでに文字起こしができている状況であっても、あらためて「言い詰まり」や不明瞭な音声に着目し、作業を行うと、1日で3時間分程度の文字起こしを進めるのが限界だった。この作業だけでのべ90日間を費やした。

テレビ会議はそのほとんどが録画され視聴することができるが、一部東京電力が〝映像は記録されているが音声が記録されていない〟としている時間がある。事故発生から3月12日の午後10時58分まで。つまり、1号機のイソコン操作など原子炉冷却をめぐる初動対応など重要な時間帯は音声がまったく残されていない。また、吉田がベントの準備を進めるよう指示を出した局面（3月12日午前0時6分）、断続的にではあるが1号機の注水が始まったタイミング（3月12日午前4時頃）、そして1号機が水素爆発を起こした瞬間（3月12日午後3時36分）などの音声記録も一切残されていない。次にテレビ会議の音声録音が途絶えるのは3月15日午前0時6分。この頃は既に3号機も水素爆発を起こし、2号機が切り札のベントもできず、福島第一原発が最も危機的な局面を迎えていた。未公開の国会事故調の聞き取り調査に対して、吉田が死を覚悟し「俺と死ぬのはどいつだ」と心の中で考えていた、と語っている時間帯だ。

そして、東京電力の〝全面撤退〟を疑った菅総理が東京電力本店に乗り込み、政府と東電による統合対策本部が東電本店に設置され（3月15日午前5時35分）、その後、吉田が対応に必要な最小限の人員を残し、社員を含めた対応者を一時的に福島第二原発に退避させる措置を行うことになった（3月15日午前7時　官公庁に連絡）時間帯も音声記録は残っていない。このように事故のターニングポイントや、社会から注目される時間帯の音声記録が欠落していることに対して、政府も多くのメディアも疑問を持っていたが、いつしかそうした関心も薄れていった。

特徴的な吉田の言いよどみ

２０１７年が明けてテレビ会議の文字起こし作業をほぼ終え、人の会話などの文章を解析する人工知能のテクノロジー（IBM Watson Explorer）を用いた本格的な分析が始まった。最初に解析したのは、吉田の〝言いよどみ〟だった。やはり吉田らに疲労が蓄積している時間帯に、言葉がうまく出てこない会話がしばしば現れていた。例えば、テレビ会議で映像も音声も記録されている時間帯で最初に危機が訪れるのは、3月13日午前2時42分以降。3号機の冷却装置HPCI（高圧注水系）が機能を喪失し、3号機の注水やベントへの対応に追われるようになると吉田の言いよどみが目立つようになる。

テレビ会議から3月13日早朝の発話内容を拾ってみよう。

午前6時39分「1号と同じような方法も併せて今考えていて、あの、えー、消火ポンプは来てます」

午前6時47分「ええとね。官邸から、あの、ちょっと海水を使うっていう判断をすんの、早すぎるんじゃないか、というコメントが来ました」

午前7時0分「いくつか、あの、今ほど、あの、消火ポンプのほうですけれども、海水を使うかと思ったんだけども、濾過水という話が出てきたんで」

さらに注意深くテレビ会議の文字起こしを行っていくと、吉田の会話の特徴として、緊迫した局面では、同じ言葉の「繰り返し」の表現が増えてきていることに気づいた。

午前4時18分「まぁ、しょうがない、しょうがない、しょうがない。もう、そこに決めたんだ。そこでやるっていうのが一番重要。ルール決めたらね」
午前4時28分「本店にもベント、ベントすること言ったんだっけ」
午前5時49分「ベント、ベントの準備はできてるんだっけ、ベント」
午前6時0分「そうだよ、それだと少しおかしいな、やっぱりな。5時10分に、5時10分に」
午前6時26分「だろ。だから、まずはさ、まずはさ。最優先はさ、水突っ込むんだから、早くさ、ベントして消火ポンプを生かして突っ込むと」
午前6時39分「ほんでもう一つは、だから減圧をして、減圧をしてそのなんだ、消火ポンプから海水を入れるという」

言葉の言いよどみや言い詰まり、そして繰り返しから疲労度を読み解くという村上のアイディアに取材班は手応えを感じ始めていた。

複数号機の連鎖が招く落とし穴

テレビ会議の文字起こしを進める中で、かつて東電社員から聞いた話が頭に浮かんだ。事故の際に吉田の傍らで対応にあたった幹部である。この社員は、「1号機、3号機、2号機と次々と危機が訪れると、目の前で進展している事態にみんなが引っ張られ、他の号機への対応をする余裕がなかった」と語っていた。実際に、テレビ会議を聞いていると3号機の冷却機能を喪失し、危機が始まるまでは3号機に関する会話はほとんど出てこない。

一方で、3号機の注水やベント、電源復旧のオペレーションが立ち上がると1号機に関する会話は失われていく。

福島第一原発事故が起こる前、複数の原子炉が隣接していることは安全上メリットがあると、電力会社はPRしてきた。代表的な例が電源の融通や要員だ。確かに、5号機の事故対応では、6号機の生き残った非常用ディーゼル発電機から電気をもらい、原子炉の冷却を行うなどメリットもあった。しかし、その他の号機では明らかにデメリットのほうが大きかった。例えば1号機と2号機の関係。2号機では3月12日午後3時半頃に津波で生き残った電源盤にまで電源車からのケーブルを接続できた。しかし、そのわずか5分後、午後3時36分に起こった1号機の水素爆発で電源ケーブルは損傷。2号機の電源復旧作業はやり直しとなり、結果として2号機のメルトダウンを食い止めることはできなかった。さらに3号機の水素爆発では、2号機の原子炉を冷却していた消防車からの注水ホースが爆発による瓦礫で損傷。また爆発の影響で2号機の格納容器ベントのためのバルブの操作に必要な電気回路にトラブルが発生。

弁を遠隔で開けることができず、2号機のベント作業を困難にしていったと東京電力は見ている。別の号機の事故の進展が被害を連鎖的に拡大させていったのが、福島第一原発事故対応の難しさだった。

隣接号機の事故対応の難しさを〝定量化〟するためには、テレビ会議の発話内容をいくつかの指標で分類していく必要がある。

分類指標の作成にあたって、取材班がまず助言を求めたのは、事故の進展やその背景に精通する専門家だ。「メルトダウン」シリーズでともに検証を続けてきた宮野廣（元東芝・原子力部門の技師長）と内藤正則（エネルギー総合工学研究所原子力工学センター・副センター長）らだ。2人の助言に基づき、会話の対象となる場所、会話の種類、性質と3つの階層を作り分析することとした。場所については、1号機～6号機、あるいは福島第一原発の敷地全体、同じく事故対応を続けていた福島第二原発、主に物資の支援などで会話の中に登場する場所であるオフサイトセンター（福島県大熊町）、Jヴィレッジ（福島県楢葉町・広野町）、小名浜コールセンター（火力発電所の燃料である石炭の備蓄基地・福島県いわき市）など15の場所に分けた。

会話の種類はより複雑だ。原子炉、格納容器、注水、ベント、退避、プールへの放水や火災対応、ガソリンや水の補給など31の種類に分けた。性質に関しては、情報共有、問い合わせ、指示・依頼など、13に分類。一つ一つの会話がどのような意味に分類できるのかプロットしていく。

3月13日午前4時53分の福島第一原発・発電班の発言を例に、実際にデータをどのように分類していくか説明してみよう。

「このままだとＴＡＦ〔燃料先端〕が5時半、何もしなければ炉心損傷まで9時半、ＰＣＶ〔格納容器〕の圧力は上がって、設計圧になるのが19時半位のスピード感で動いていかないといけないんで、ひょっとすると、復旧班でやっているＳＬＣ〔ホウ酸水注入系〕ポンププラスＭＵＷ〔復水補給水系〕ポンプを9時半までにはどうにかしたいのと、●●さんというか、消防署のポンプどうにかなりませんか」

この発言は3号機の原子炉を冷やし続けてきたＨＰＣＩの機能が失われたことが免震棟内で共有された後に出たものである。このままの状態が続けば今後どのようにメルトダウンが進行していくのかを予測して、ＨＰＣＩに替わる原子炉冷却の手段をいかに確保するかについて、免震棟にいる発電班が問題提起したものだ。

この発言は以下のように分類される。会話の場所については「3号機」、会話の種類は「原子炉」「格納容器」「ベント」「注水」、会話の性質は「情報共有」と「問い合わせ」となる。

もともとは本店と福島第一原発の間で行われている今後のオペレーションに関する情報共有の一環で発言されたものであるため「情報共有」の性質があり、最後に「消防署のポンプどうにかなりませんか」と他の部門に対し消防署が持つ消防車の運搬依頼をしていることから「問い合わせ」の性質も持っている。

このように一つの発言には多種・多様な性質が含まれている。つまり一つ一つの発話を前後の文脈から読み解くとともに、東京電力の事故調査報告書にある時系列や当時計測されていたパラメーターを見ながら分類していく必要がある。この作業は事故そのものの進展や発電班・復旧班など福島第一原発内の関係、専門用語についての知識など、事故全体のあらゆる知識が求められる作業であり、6年間の取材の蓄積が必要であった。

3月13日　置き去りにされた1号機

会話を定量的に分析すると、それぞれの時間帯、どの号機に意識が集中していたか、明確になってきた。例えば3月13日は当初、1号機の注水状況が会話の中心だった。この日の午前2時42分に運転員がＨＰＣＩを手動停止したという情報が伝わるまでは、3号機の原子炉の冷却は続いていると免震棟は考えていたことから、3号機への危機感は薄かったためだ。

3号機の危機が訪れる前、吉田ら福島第一原発と東電本店は、テレビ会議で頻繁に連絡をとり、具体的な作業状況を確認しながら1号機への対応にあたっていた。さらに、吉田はやはりバイパスライン、つまり注水ルートの途中の〝抜け道〟に懸念を示し、原子炉内の水位を把握するための水位計も不具合を起こしているという疑いをもっていた。つまり、この時点では、吉田は1号機について、安心しているどころか、むしろ不安をもっていることがわかる。注水状況の確認や現状認識の共有、保安院などの問い合わせへの対応など、1号機に関するやりとりが3月13日の午前0時6分から午前3時52分までは62・8％を占めていた。

テレビ会議の記録から判断すると、吉田が3号機の冷却機能喪失を認識したのは、午前3時52分だった。

吉田「えっとですね、それから変わったことがあったんで、●●、連絡しますけど、3号機」

本店「はい、3号機」

吉田「はい、HPCIがですね、2時44分にですね、いったん停止しました」

〔注：実際のHPCI停止は2時42分だが吉田は2時44分とこのとき発言している〕

この発話によって、テレビ会議に参加していた東電関係者がみな「3号機の冷却機能が喪失した」と初めて認識したのである。これ以降、事故対応にあたった東電関係者の関心は、1号機の冷却から、3号機の冷却やベント実施に移ることになる。

ちなみに、実際に3号機の運転員がHPCIを手動で停止したのは、吉田がテレビ会議で報告した午前3時52分より約1時間前だった。これは3号機の中央制御室と免震棟の情報伝達に時間がかかり、3号機の危機の進行を吉田が把握するまでにタイムラグがあったことを如実に示していた。1時間というのは原子炉内の水位が4分の1程度低下する時間に相当する。

3号機の冷却機能喪失を告げる吉田の発話は、記録に残っているテレビ会議の317番目の発話になる。それまで3号機に関しての発話数はトータル31で、わずか9・8%。これに対して同じ時間帯の1号機関連の発話数は199（全体の62・8%）で、3号機関連の発話数の6倍以上に及ぶ。3月13日午前3時52分までは、事故対応にあたった東電関係者が、なにより気にかけていたのが1号機、とりわけ消防注水であった。

リスク管理でも未知の領域「連鎖災害」

ところが3号機の危機が明らかになり、事態は一気に変わる。関心が3号機に集中していくのだ。

3号機でのメルトダウンを食い止めるためのオペレーションは非常に複雑だった。東京電力では、3号機の冷却機能が喪失した後、DDFP（ディーゼル駆動消火ポンプ）と呼ばれる、電気がなくとも駆動するポンプで原子炉へ水を注ぐ計画を持っていた。さらに消防車を追加で配備し、DDFPと合わせて核燃料を冷やす水を注ぎ続けるつもりだった。

しかし、DDFPにしても、消防車にしても、いわゆる代替注水手段によって原子炉を冷やすには、まず原子炉の圧力を下げる必要があった。原子炉の圧力が10気圧以上である場合には、消防車で注水しても圧力差によってまったく水が入らないからである。原子炉の圧力を下げるには、SR弁と呼ばれるバルブを操作し、原子炉内の蒸気を抜かなくてはならない。そのためには、まず電気が必要で、バッテリーを中央制御室に運び込まなければならなかった。

吉田たちは、さらに、冷却に失敗することを見越して、格納容器を守るためのベントの準備も進めていた。1号機では、メルトダウンが起きた後に、運転員たちが圧力抑制室（サプレッションチェンバー）近傍に設置されているベントのバルブを自らの手で

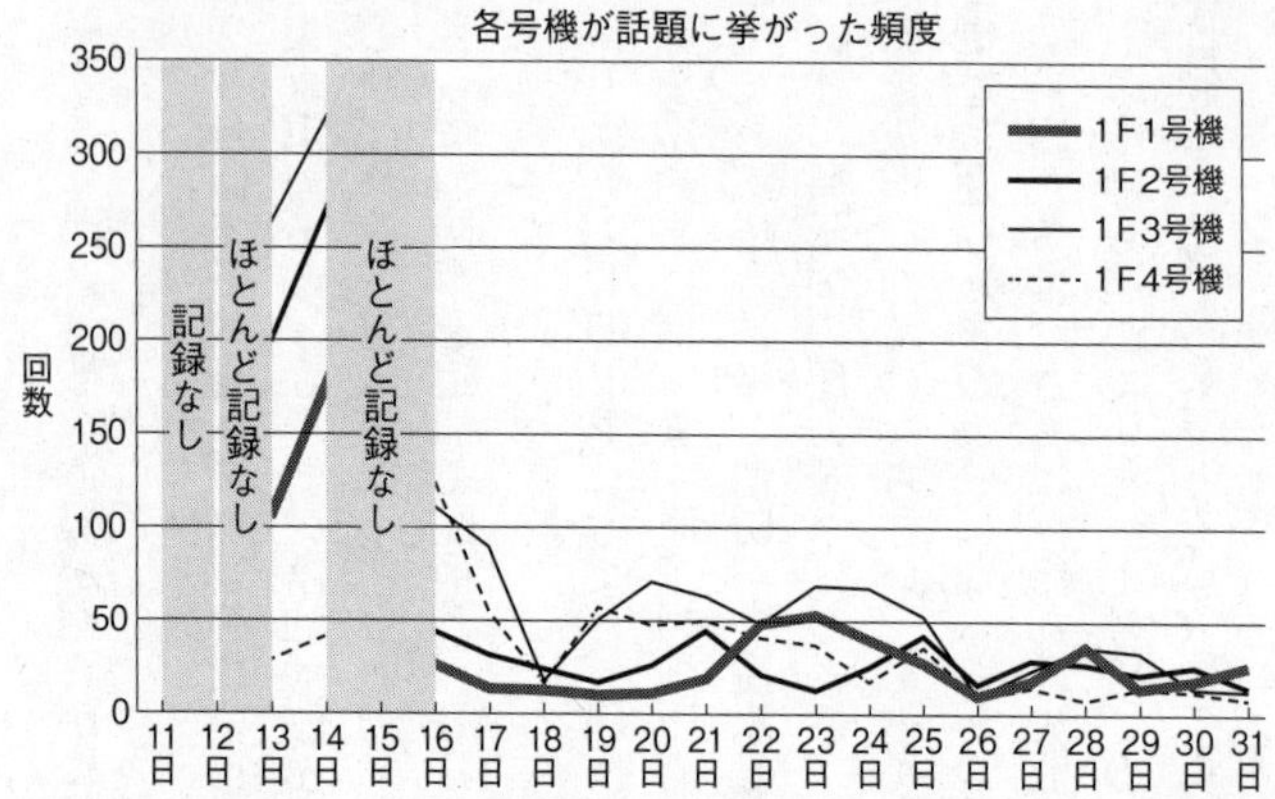

東電テレビ会議で、1～4号機が話題に挙がった回数の推移
3号機、2号機と相次いで、原子炉が危険になるにつれ、吉田所長らの関心は1号機から次第に離れ、話題にのぼることも少なくなっていく

開放することを試みるが、強い放射線に阻まれ現場まではたどり着けなかったのだ。その経験から、3号機はメルトダウンが始まる前からベント実施に備えてバルブを開けておく準備を進めていた。このバルブを操作するには、圧縮空気や若干の交流電源が必要だった。

吉田たちがやらなければならない作業はこれだけではなかった。福島第一原発の構外から調達する消防車の到着時間の確認やオペレーターの手配、そして連続運転に欠かせない燃料も必要だった。同時並行的に、電源復旧作業も進めていた。

紹介したオペレーションは3号機の

対応に係るごく一部であるが、これでも十分複雑であることが理解できるであろう。結果として3号機の冷却機能喪失という情報が共有された3月13日午前3時52分から3月13日午後0時0分までの会話は、3号機に関するものが58・1%、一方で1号機は5・5%まで一気に低下していた。

当初1号機の消防注水に疑問を抱いていた吉田たちは同時多発的に起きた3号機の危機が進行する中で、1号機への疑問を置き去りにしていったのである。しかし、前章でも説明したとおり、この間、1号機では原子炉に水がほとんど入っていなかったのだ。

200キロ離れた場所からの1号機注水への助言

吉田ら事故対応の当事者たちの頭から急速に薄れていった1号機への意識。しかし、テレビ会議を聞き直すと3月13日午後0時、突然1号機の原子炉への注水に関する会話が4時間33分ぶりにあらわれたことに気づいた。きっかけは思わぬ場所からの発話。福島第一原発から200キロ離れた柏崎刈羽原発所長・横村忠幸(よこむらただゆき)だった。吉田とは同期入社の原子力部門の技術者だ。

横村はこのとき、吉田ではなく本店で指揮をとっていたフェローの高橋明男(たかはしあきお)（横村

1号機の原子炉への注水の有効性に疑問を呈したのは、福島第一原発から200キロ離れた柏崎刈羽原子力発電所にいた横村忠幸所長だった（©NHK）

の前任の柏崎刈羽原発所長）に呼びかけた。

3月13日午後0時0分のやりとり。

横村「本店、高橋さん」

高橋「はい、どうぞ」

横村「あっ、横村です。こちらでもね、状況をウォッチさせていただいてるんですけども、あの、1F〔福島第一原発〕の1号機のね、本当に入っているのかっていう状況は少しフォローアップしたほうがいいように感じましたのでご連絡します」

3号機の冷却装置停止以降、初めてテレビ会議の場で、1号機への注水の懸念が発言されたのだ。

そして会話は次のように続いていく。

高橋「わかりました。海水がね」

横村「はい。はい」

高橋「はい。えっと、それは何だろう。えっと、心配されてるあれは」
横村「ええ。20t／hで入ってるはずなのに、あと、ダウンスケール（計測限界値以下）したままですよね」
高橋「ああ、はい」
横村「ということで、ちょっと心配になってました」
高橋「ええ」

横村はテレビ会議で吉田が1号機の注水に関して「少なく見積もると1時間あたり20トンでみている」といった発言を認識していた（3月13日午前3時38分の吉田の発言）。しかし、1号機の原子炉内の水位を示す水位計の数値がいっこうに変化しないことに疑問を抱いていたのだ。横村は対応に追われる福島第一原発のオペレーションを阻害することを避けるためか、吉田に呼びかけるのではなく、事故対応全体の指揮をとる本店と議論を行った。

その会話に吉田が割って入る。

吉田「それが、もう、こっちも気が付いてんだけど、どうしようもねえんだよ。他のパラメーターも、いま、復旧させようと思っても、生きてこないんで、見えてないっていうところです。それで、よくわかんないんです。水はですね、ちゃんと1号機には入ってるというのは、流量計、吐出圧計で確認してるから、入ってるのは間違いないんですよ」

横村「はい、そうですか。わかりました」

ここでまず注目すべきは、本店・福島第一原発が3号機対応に集中するさなか、現場から遠く、発話数の少ない柏崎刈羽の横村が、なぜ1号機の注水状況に危機感を募らせていたか、という点だ。横村の傍らで柏崎刈羽原発からテレビ会議に参加していたナンバー2のユニット所長・五十嵐信二(いがらししんじ)が当時の状況を証言する。

「東日本大震災の際には、柏崎刈羽原子力発電所も複数の原子炉が稼働中でしたが、いち早く安全が確保できたので、非常に落ち着いていました。これに対して、本社は、福島第一原発の事故対応をめぐって、関係部署や政府をはじめとして様々な問い合わせや対応で忙殺されていて余裕がなかった。柏崎刈羽には、そういったことはあまりなく、福島第一、第二の、支援に対して我々は集中できうる環境にあったのです」

確かに、事故当時、本店、福島第一原発には保安院、官邸、そしてマスコミなどからの問い合わせが殺到していた。福島から遠く離れた東京本店であっても、事故対応に集中できる精神的余裕が失われていた。

一方、柏崎刈羽原発は、こうした外部からの問い合わせからほぼ解放されており、純粋に技術的に事態を冷静に見ることができた。その事実が確認できる東京電力の内部文書がある。横村たち柏崎刈羽の情報班がテレビ会議の発話の要旨を時系列で記した記録だ。取材班はその記録を入手。そこには、「１Ｆ状況　１号機水位Ａ系ＤＳ〔ダウンスケール／計測限界値以下〕、Ｂ系でマイナス１７５㎝」と記載されている。柏崎刈羽の横村はテレビ会議や共有される情報から、１号機はずっと注水し続けているにもかかわらず水位計がダウンスケールを示し続けていたことに、疑問を持ち続けていた。

横村が1号機の危機への懸念を切り出した3月13日午後0時0分までに交わされた２４９５の会話のうち、横村の発言はわずか10。錯綜する事故対応のなか、横村の数少ない発言の一つは、１号機の事態に再び注目し、対応を行うきっかけとなる可能性を持ったものだった。しかし、このときの横村の懸念は、事故対応にあたった吉田自らが否定したことで、顧みられることなく終わってしまう。

事故対応〝組織〟を巡る課題

結果として正しかった横村の意見はなぜ受け入れられなかったのか。

組織としての事故対応を分析するために、取材班は村上たちワトソン開発チームの協力を得て、新たな分析作業にとりかかった。吉田や横村ら、事故対応の当事者たちの会話の〝相関関係〟を量的に分析する試みである。

ワトソンの特徴の一つは、データから回答を導き出すその速さにある。人物名や所属、原子力に関する専門用語を「辞書」として登録しておくことで、あとは自然言語処理によって回答を導き出してくれる。事故当事者の会話の相手に関してもものの数分で答えを導き出した。

テレビ会議の音声が記録されている3月12日の深夜から3月末までのテレビ会議の発話数3万4432回のうち、名前が明らかになっている中でのトップは、現場責任者の吉田であった。その数は、5559(全体の16・1%)。2番はフェロー の武黒の3678回(10・7%)、3番は常務の小森明生の1197回(3・5%)だった。いかに、吉田が事故対応の中心であったか端的にデータは示していた。その吉田が横村と会話をしているのは、わずか36回(吉田の発話全体の0・6%)に過ぎない。

吉田の会話相手は本店の幹部に集中していた。15日の統合対策本部設置以降は、本店対策本部の指揮者としての役割を担ったフェローの武黒との会話が最も多く1987回。次いで当時の原子力部門のトップで副社長の武藤と543回。事故当初から本

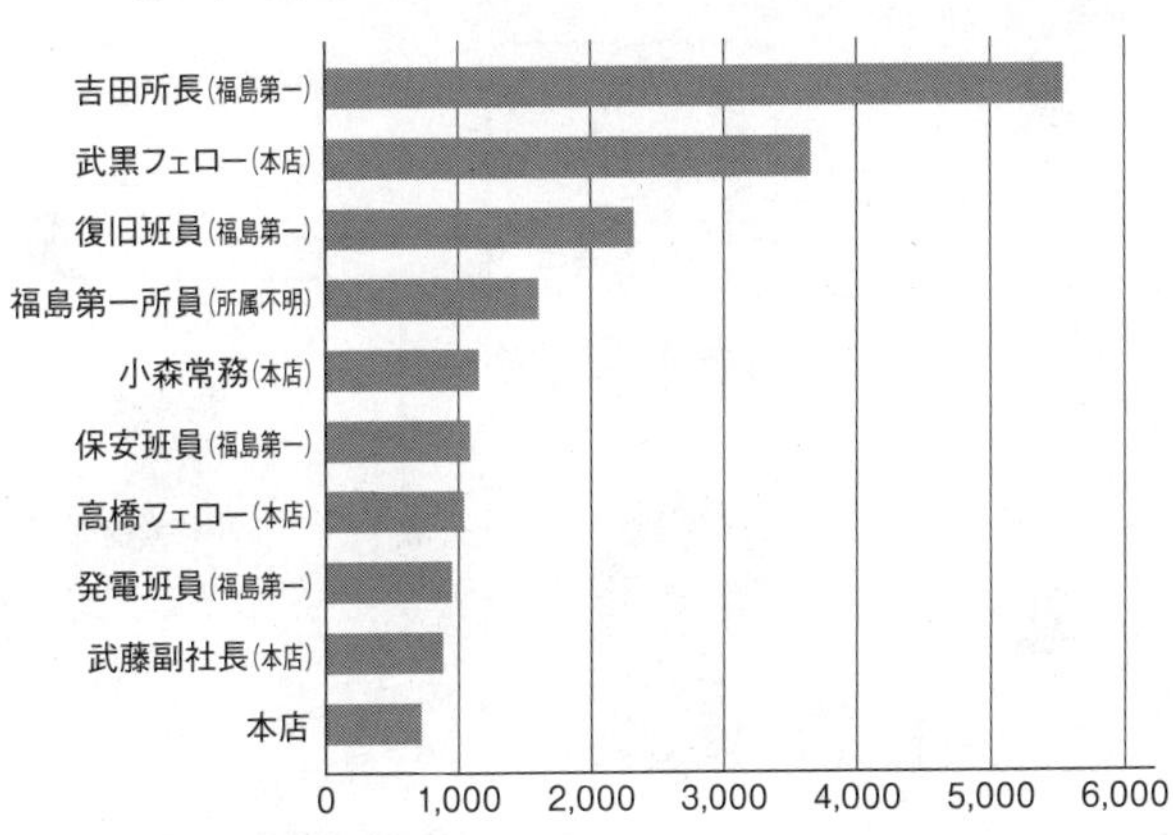

東電テレビ会議の発話回数ベスト10（©NHK）

店の指揮者のサポートに入ったフェローの高橋と４６４回。当時の原子力部門のナンバー２の常務で前の福島第一原発所長だった小森と４４０回であった。こうした幹部を中心とした本店との会話は吉田の発話全体の62％を占める。

東京電力は組織としてどのように事故対応を行ったのか。私たちは、原子力の専門家、防災分野の畑山、そしてデータ分析の過程でテレビ会議の発話記録を詳細に読み込んだ日本ＩＢＭの村上らとともに、ワトソンが導き出したデータをもとに複眼的な視点から分析を行うことにした。

吉田の会話相手が本店幹部に集中したことについて、災害時の危機管理の専門家である畑山は、今回の福島第一原発事故とそ

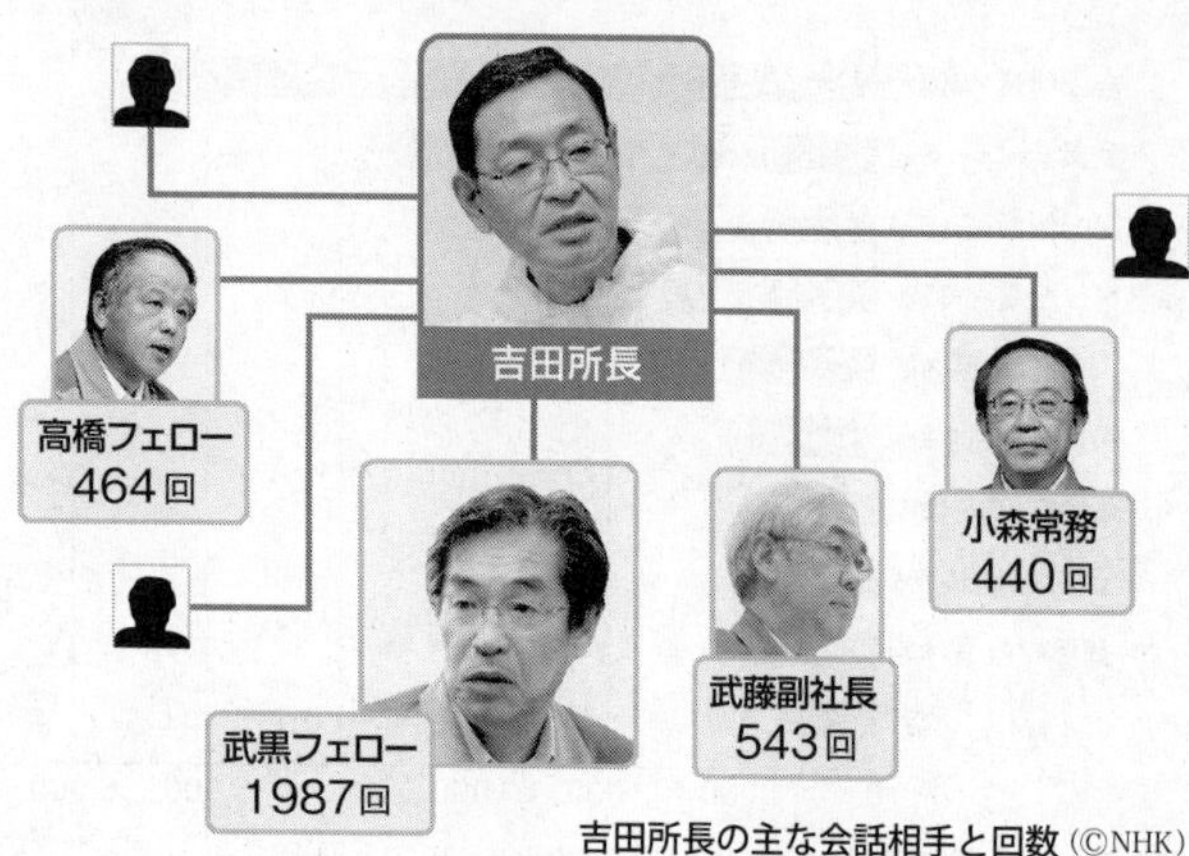

吉田所長の主な会話相手と回数（©NHK）

の他の事故・災害対応についてある共通点を見出した。

「多くの組織では、できるだけデータを一元化させて、情報を錯綜させないようにするため、事故や災害対応の際、関係する組織が一つのツリー構造を取るように動きます。東京電力の組織対応もまさにそれで、意思決定のトップは本店なんです」

東電本店が一元化させた意思決定のツリー構造において、柏崎刈羽は福島第一原発とつながっていない位置づけであった。

畑山はこう分析した。「柏崎刈羽は本店にしかつながっていないツリーであって、横のつながりがありません。なので、何か提案しようと思っても、いったん本店に上げてから福島第一原発に下ろすという方向に動かざるを得ません。これは、事故対応のマネージメントを考えると、何も不思議なことではない。ただ、効率はよくない。当事者どうしが、ダイレクトに意思疎通を行ったほうがいいに決まってるんですが、今回の事故対応では、それができなかった」

実際に、東京電力が事故調査報告書の中で記した「緊急時体制」についての文書では、福島第一原発とつながっているのは、本店とオフサイトセンターのみであり、テレビ会議を通じて様々な助言や援助の申し出を行った柏崎刈羽原発とは、事前の備えではまったくつながりのない関係であったのである。つまり、柏崎刈羽原発や福島第二原発は、事故対応の際にどのように機能させるか位置づけられていない組織であった。

しかも、3月15日未明、総理大臣の菅が東電本店に乗り込み、政府と東京電力の統合対策本部を設置して以降、本店を中心とした意思決定のラインはより強固になった。電力会社にとっては規制官庁は原子力安全・保安院を所管する経済産業省であり、そのトップの海江田万里経産大臣が、また総理大臣の名代(みょうだい)として細野豪志首相補佐官が常駐し、吉田の会話の中心は本店の緊急時対策本部の指揮者が中心となっていった。前述したように、吉田と最も会話を交わしたのは、官邸で東電側の窓口となり、3月15日以降本店での指揮者となった武黒だった。テレビ会議における吉田との会話数（1987回）もダントツに多く、吉田の全会話数の35・7％を占める。

一方で、ツリー構造に組み込まれていない柏崎刈羽の意見は、それだけに冷静に事態を見ることができていた。しかし、柏崎刈羽の意見は、本店が受け止めて、明確な指示を出さない限り、意思決定の流れの中に入りづらい状態になっていた。

テレビ会議の分析を続けてきた村上が興味深いデータを専門家たちに示した。福島第一原発と柏崎刈羽が直接やり取りをしているデータだけを抜き出したものだ。その会話のほとんどは、「了解しました」や「ありがとうございます」とか、業務連絡ともいえる会話だった。

「柏崎刈羽が福島第一原発に対して直接提案した場合、一回本店が、じゃあこうしましょうという形で受けています。意思決定が中央（本店）に委ねられていることがデータからは見てとれます」村上はそう指摘した。

事故の際、組織の意思決定の方法は大きく分けて2つの形に分類される。ガバナンスとマネージメントである。ガバナンスというのは、複数の意思決定主体がいる中で、それをうまく調和させていくように体制を作る手法、一方で、マネージメントは縦の意思決定のフローを作り、意思決定を一元化していく方法だ。

畑山は「ガバナンス構造をちゃんと持ってたら、柏崎刈羽と福島第一原発がダイレクトに話をし、意見交換をすることもできたかもしれません。しかし、東京電力の組織対応は、マネージメントの体系をとっており、本店を介さずに重要な意思決定を行うことは難しかった」とデータから浮かび上がった組織体系の課題を分析した。

畑山はさらに続ける。

「ガバナンスってややこしい体系のようにも見えますが、簡単に言えば、構成メンバーが自発的に、『自分がこういうことをやれば、みんなハッピーになる』と思うことを、他のメンバーに了解を得ることなくやり始めることです。そうすると、『いつの間にか誰かが対応して、助かりました』っていう状態になる。ただし、ガバナンスが常に最良の結果を生むというわけではなく、ガバナンスの態勢がうまくとれていない組織がそれをやると、『やってほしくなかったことを勝手にやってる』という状態にもなりかねない。ちょっと怖い方法なんです」

今回は、事前に定められたマネージメント中心の組織体系が、統合対策本部の設置によってさらに強固なラインになり、意思決定が一元化された。その中で、吉田たち福島第一原発は本店の意思に従うしかなかったのである。

3月13日午後0時、柏崎刈羽原発所長の横村が憂慮して発話した1号機注水に関する助言は、結局汲み取られることはなかった。

データが浮かび上がらせた吉田の極限の疲労

テレビ会議の分析を進める中で、村上が「吉田所長ってほとんど寝てないですよね」とつぶやいたことがある。確かに、取材班がテレビ会議を視聴していても、あらゆる時間帯に吉田が登場していた。

吉田の睡眠時間を割り出すために、取材班はワトソンを使って吉田所長の発話を集中的に分析することにした。浮かび上がったのは、衝撃的なデータだった。6日間で記録が残っている62時間のうち、発話が途切れる時間帯を見てみると、まとまった発話がない時間は、わずか5時間。吉田が不眠不休で対応していたことがデータからも浮き彫りになった。

なぜ交代できなかったのか。テレビ会議を読み解いていた畑山は、複数の原子炉や使用済み燃料プールで、同時多発的に、しかも連続的に事態が進行していった福島第一原発事故対応の特殊性と難しさがあったと分析する。

「福島第一原発事故では、複数号機で事故が断続的に発生しています。それぞれが独立しているものであれば、オペレーションごとに責任者を分担して事故対応がとれるのですが、今回のような連鎖災害では、原子炉の冷却も、使用済み燃料プールへの放

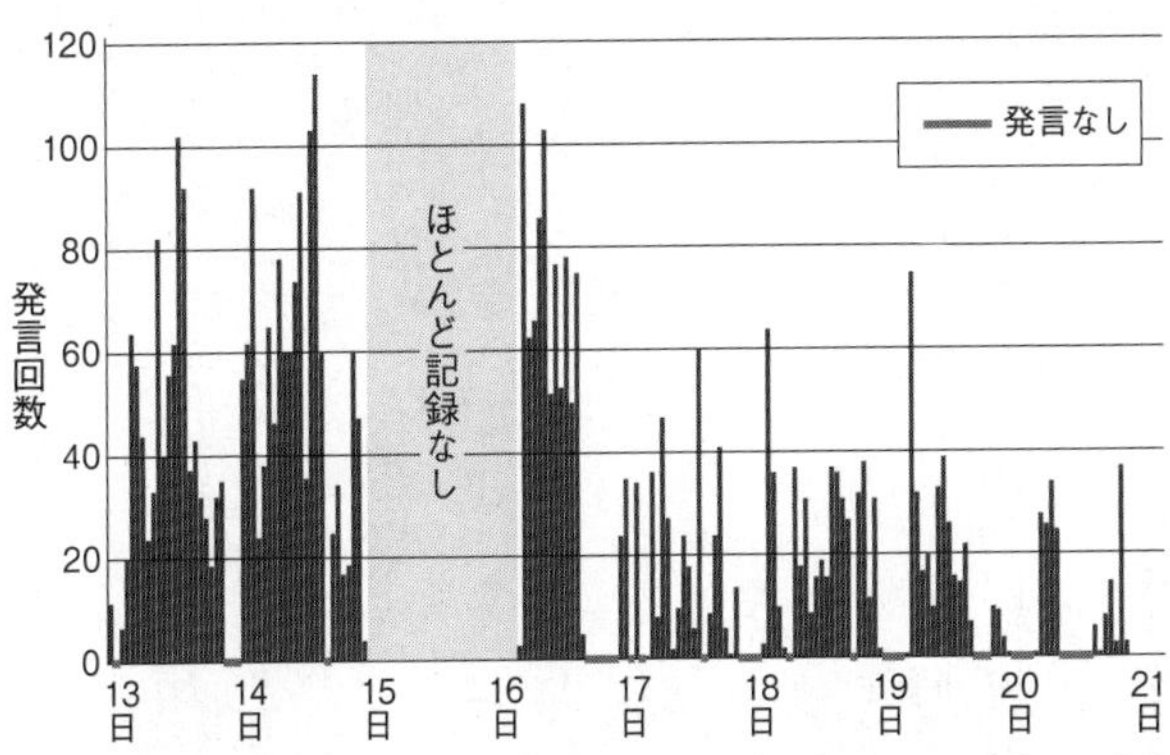

吉田所長の発言間隔。まとまった発話がない時間は6日間で5時間しかなかった（©NHK）

水も、電源復旧もあらゆる対応が連関しています。その結果、『こっちの話がわからないとこっちの話ができません』というような事象が次々に起こります。吉田所長は、全体像を把握しているからこそ最良の解決策が誰よりも早く見えていたはずです。しかし、断片的な情報しか知らなければ、吉田所長のようにはできない。だからこそ、事態がある程度収束するまでは代わるわけにはいかないと、ずっと交代できない状況になってしまった」

実際、吉田の振る舞いを免震棟の中で記録し続けていた警備会社幹部の土屋繁男（つちやしげお）も「吉田所長がいなくなると、みんながバラバラに動き出す、あるいは物事の意思決定が進まなくなる」と語り、吉田への依存度が極めて高い状態だったと証言する。また別の東電社員は「吉田所長は聖徳太子のようにあらゆる出来事を聞き次々と指示を出していった」と証言する。

しかし、いかに吉田が優れた指導者でも精神的、肉体的限界には抗えない。原子力の専門家たちからは、吉田ばかりにあまりに大きい負荷がかかる事故対応に疑問の声が出た。

畑山の見立てはこうだ。

「データを見ていて思ったのは、吉田所長本人も東電本店も、事故対応が『短期間で終わる』と思っていたのかもしれません。そうだとするとこの対応もわかるんです。なぜなら、短期間なら代わらないですべてをわかってる人が一人で差配するのがいちばん効率がいいからです。この人の体力が尽きるまでに事故対応が終わるのであれば、一人でやるほうがよい」

確かに、福島第一原発事故前の日本の電力会社は事故収束に関して狭い想定しか行っていなかった。複数号機同時事故を想定していないばかりか、原子炉の冷却機能の喪失があっても8時間以内に復旧することを前提にして事故対応の組織体系ができ上がっている。

例えば、あらゆる冷却機能を動かすことができる非常用ディーゼル発電機が故障した場合でも、8時間以内には必ず復旧し、その間はバッテリーでＨＰＣＩやＲＣＩＣを使用し原子炉の冷却を継続するというシナリオだ。

しかし、短期間で事故を収束させるというシナリオは、1号機の水素爆発によってもろくも崩れ去った。ドキュメント編でも説明したように、冷却機能を回復するために欠かせない電源復旧は3月12日の1号機水素爆発の前、あとわずかのところまで作業が進んでいた。ところが、水素爆発の発生により電源車に接続していたケーブルが損傷し、電源復旧はやり直しとなった。

6年にわたって事故の当事者たちと検証を進めている内藤は、「すぐ終わるなと思っていた矢先に別のイベントが起きて、また何か対策しないといけない。でも、これをやったら終わるはずだ。でも、また何か起きる。終わるはずだと思っていたのが、不測の事態が生じて、また延びて、延びてっていうのが実態」と解説する。

吉田所長への過度な依存

1号機の危機に吉田が対応できなかった理由は、あらゆることに吉田が対応していた結果、精神的、肉体的疲労が蓄積し、1号機への意識がおろそかになったことが背景にあったのではないか。

テレビ会議を視聴する中で、取材班はそうした仮説を立て、それをデータで表すことができないか畑山や村上らと検討してみた。対象となる日時をいつにするか、検討する中で、3月16日が候補に挙がった。この日は全時間帯にわたってテレビ会議の音声記録が残っていた。それに加えて15日に原子炉に核燃料がなかった4号機で原子炉建屋が水素爆発を起こすなど、使用済み燃料プールの核燃料にも危機感を募らせていた日であり、対応すべき対象が広がりをみせていた日でもあった。

16日は、東電本店に統合対策本部の設置された翌日でもあった。政府がより関係省庁と連携を強めながら対応にあたることで、自衛隊や機動隊、消防庁など複数の政府機関が事故収束対応のために福島第一原発に駆けつける準備を始めていた。それに加えて、この頃、懸案事項だった本格的な電源復旧工事の準備が、東京電力の送電部門によって整いつつあった。事故対応をめぐるありとあらゆるオペレーションへの迅速な対応と判断が吉田に求められていた。

吉田の発言の何がどの対応に紐付けられるのか。取材班は16日の吉田の発話を辞書として分類することを試みた。まず、吉田が何を行っていたのか、次の14項目に分類した。

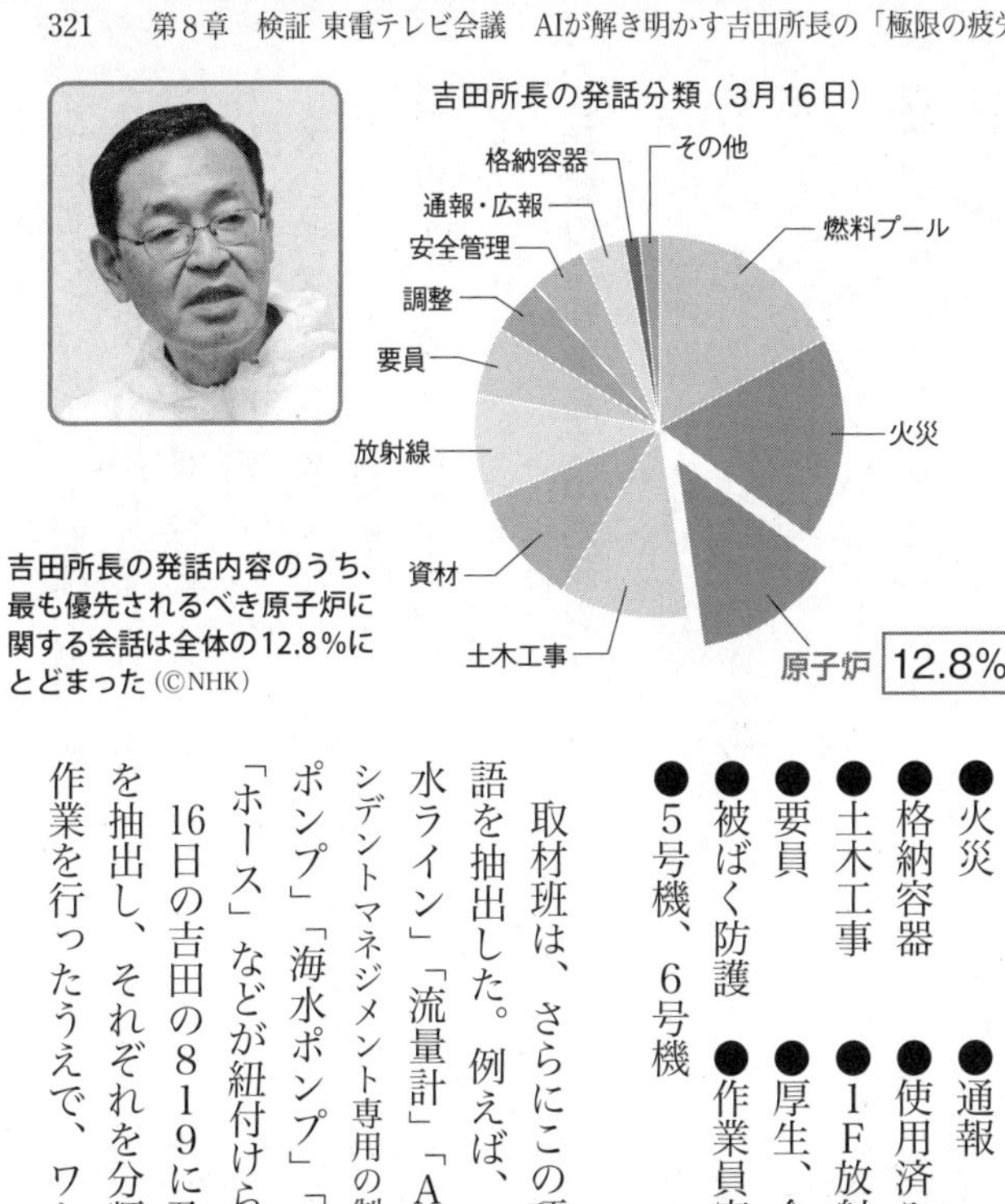

吉田所長の発話内容のうち、最も優先されるべき原子炉に関する会話は全体の12.8%にとどまった（©NHK）

●火災　●通報　●広報　●原子炉
●格納容器　●使用済み燃料プール
●土木工事　●1F放射線状況　●資材
●要員　●厚生、食事
●被ばく防護　●作業員安全
●5号機、6号機

取材班は、さらにこの項目に紐付けられる用語を抽出した。例えば、原子炉であれば、「給水ライン」「流量計」「AM盤（中央制御室のアクシデントマネジメント専用の制御盤）」「吐出」「消防ポンプ」「海水ポンプ」「中操」「消火ライン」「ホース」などが紐付けられる。

16日の吉田の819に及ぶ発話内容から用語を抽出し、それぞれを分類していく地道な準備作業を行ったうえで、ワトソンエクスプローラーで解析にかけると、興味深い結果が出た。吉田の発話のなかで、リスクが高いとみられていた使用済み燃料プールへの対策と火災への対応が同数で1位、さらに、土木工事や資材、放射線安全対策などを合わせるとそれらが全体の60％を超えた。これに対して注水がごくわずかしか入っていなかった1号機をはじめ、原子炉への対応に関する会話は全体の12・8％に過ぎなかったのだ。

あらゆる業務への判断や手配を担う役割を負いながら対応にあたっていた吉田が、最も重要であるはずの原子炉冷却に集中できていなかったことをデータは如実に示していた。

3号機の冷却で起こった迷走

実は、複雑な事故対応に忙殺され、最も重要な原子炉の冷却をめぐる判断で、1号機以外でも事故対応をめぐる迷走があったことも明らかになった。3月17日、判断を迫られたのは3号機の冷却だ。

内藤らがサンプソンで解析したところ、3月13日にメルトダウンした3号機はその後の消防車による冷却によって原子炉の温度は下がり続けていた。しかし3月17日朝、事態が急変する。きっかけとなったのは、原子炉ではなく、格納容器の一部、S

／C（サプレッションチェンバー、サプチャン）の異変だった。

吉田は3月17日午前6時58分の発話で、3号機のサプチャンの圧力が420キロパスカルまで上昇した後に、一転、減少に転じるなど、乱高下していることを憂慮している。

「3号機のドライウェル、いえ、すいません、サプチャンの圧力につきましては、一時急上昇しましたが、（中略）100〜150ね。のところまでいってるんで、ちょっとこれトレンドを見とかないといけないと思いますが、そういう状況です」

続いて午前8時9分には福島第一原発の発電班が再びサプチャンの異常を告げる。

「発電班から3号のプラントデータでちょっといいですか。発電所の中。えー発電班から3号のプラントデータで炉圧、炉水位一定なんですけども、サプチャンの圧力が変動してますと（中略）。先ほどのデータで0から830キロパスカル。これで変動してます。（中略）830は格納容器の設計圧力の倍に近い値なんで、あまりよろしくないので、すぐ連絡して。えっ本店さんに対応を考えてもらってます」

これを受けた本店、

「本店●●です。ご苦労様です。えっと、サプチャンの値ハンチング※してますけども、あの、真値がどこだかさっぱりわからないので、少し、今つめてますけれども、

※ハンチングとは数値が変動し安定しない状態のことをいう

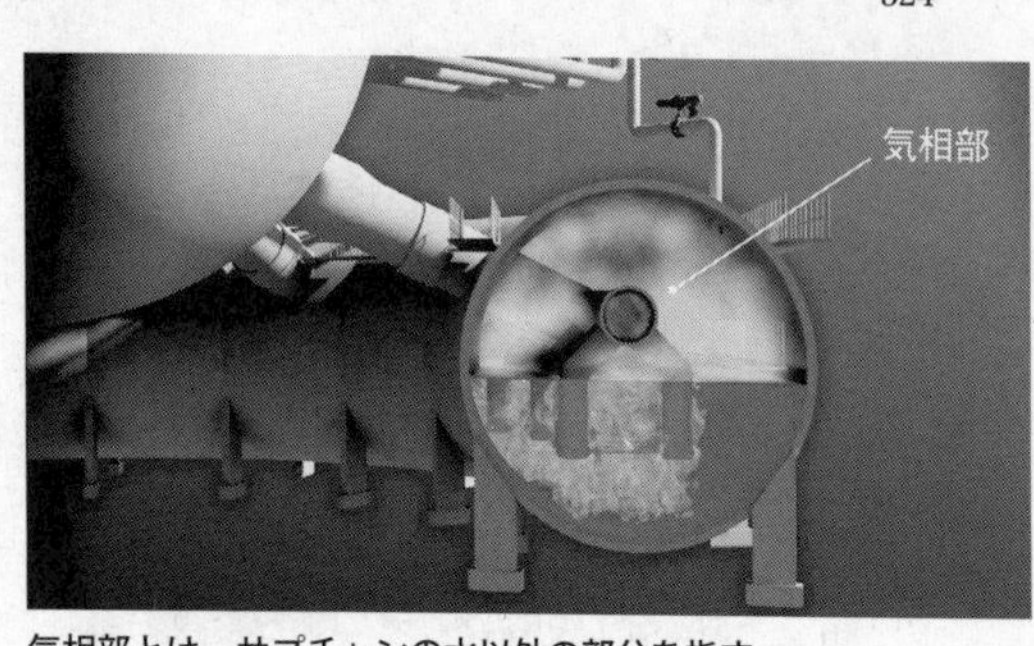

気相部とは、サプチャンの水以外の部分を指す

あの、まず給水とかそういったことについて、まあ、あの、少し、そろそろ考えるタイミングであることは確かなので、少し時間下さい」

一連の発話からは、格納容器の圧力が変動し、設計圧力の2倍になっていることに危機感を覚え、原子炉に注いでいる注水量を再検討すべきではないかという懸念がうかがえる。

なぜ、こうした懸念が出るのか。実は、事故当時の東京電力のマニュアルには、格納容器に注水できる水の量の上限が定められていた。「外部からの注水量は2300立方メートル以下」と記載されている。これはサプチャンの水位が上昇しすぎると、気相部（上図参照）と呼ばれる、サプチャンの水以外の部分の体積が減ることで、圧力抑制機能に不都合が生じる懸念から定められている。

サプチャンは、圧力抑制室とも呼ばれ、原子炉や格納容器内の圧力が蒸気などで上昇した場合に、その蒸気をサプチャン内部の冷たい水に導いて冷却し凝縮させることで、原子炉格納容器内の圧力を低下させる装置だ。しかし、サプチャンが水で満たされて、ベントのための配管まで到達してしまうと最後の切り札であるベントができなくなる恐れがある。そのため、格納容器に注ぎ込む水量に一定の制限を加えているのである。

合理的な理由がある制限だったが、結果的に、このマニュアルを遵守しようとすれば、注水量の上限を超えてしまうと、外部から原子炉や格納容器に水を注ぎ続けることができなくなる。このマニュアルは、内部の水を循環して冷却する本来のシステムが健全であることを前提にしたものであり、消防注水のように外部からの注水が継続することを想定していなかった。

このマニュアルを熟知する安全グループは格納容器への注水量が多すぎるという懸念から、午前8時46分、次のように発言している。

「給水量についてはですね。あの、かなり初期の段階から崩壊熱相当を入れれば、必要容量としては十分であるということで、かなりやってきてますけども。それに対して余裕を持ってですねたくさん注水してきたと。で、現在は1F3号機、あの、他の号機に比べてだいぶ注水が多くなっていてドライウェルまで水位が形成されているという状況になっております。このままですね、継続して上昇させていくと、気相部の体積が減ってしまうことによって、圧力をまた上げる格好になりますので、これはあの、なるべく避けたい。一方で、燃料、TAF[※]ですね。までは水位をあげたいということですが、そのバランスの中で現在はちょっと多めに入っているので、これを絞っていくという方向が必要だというふうに思っております」

つまり注水量が多すぎて格納容器のドライウェルまで水位が上昇しているので、これ以上、格納容器の圧力を上げすぎないために、原子炉への注水量を少なくする必要があると判断し、福島第一原発に助言をしていたのである。

安全グループの発言はマニュアル通りの判断とも言えるが、当時は原子炉にどれだけ水が届いているか、炉内の水位が本当に回復しているのか、東電内部でも疑問に思っている人たちが多くいた。

その一人が、1号機の注水に関する懸念を伝え続けてきた柏崎刈羽原発の所長、横村だった。3月16日に撮影されたヘリの映像によって確認できた格納容器の上部から漏れ出る大量の蒸気、そして水素爆発に至った水素が格納容器から漏れたという事実を踏まえ、午前9時17分、安全グループの見解とまったく反対の見解を述べた。

「格納容器はすでに気密性がない。この状態でどこまで満水にすればいいのかっていうのを冷静に考える必要があります。いくら水を注水しても、思ったほど水位があが

※TAF＝燃料先端。有効燃料頂部

ってきてないというふうに考えるべきで、かけた水はですね、海水はほとんどスプレー状態で蒸発して今のパスを通ってですね。すべて大気に放出されている。だから10t／hで入れたからといってドライウェルの中が満水状態に近づいているなんていうのは夢の夢物語。すべて蒸発しているというふうに見るべきです。ですから、私は非常に細かくてデリケートなその、水位調整を今の水位計とか今の注水した量がすべて、今の注水した量がすべて、ドライウェルの中にたまっているというふうに想定して水位を絞ることには反対です」

この横村の発言に対し本店側は、

「ご懸念はわかりました。あの、ちょっと時間が、作業の時間が間があきますので、この間に安全側のほうと検討して、えー万全を期したいと思います。よろしくお願いします」

と返している。

しかし、次の瞬間、吉田はまったく別の発言をしていた。

「大丈夫か。待避したのか。もう20分だぞ」「それはどっちのチーム？　両方ともきてないの？　中操。4人のうち中操の2人。どうぞ」

吉田の発話は、3号機の冷却をめぐる注水量とはまったく関係がないもので、作業員の退避をめぐるものだった。実は横村の指摘は、3月17日午前中に行われる予定だったある重要なオペレーションのさなかに発言されたものだった。

この日、自衛隊ヘリコプターによる使用済み燃料プールへの放水が予定されていた。テレビで生中継されたことから福島第一原発事故を巡るハイライトの一つとして記憶されている方も多いだろう。

福島第一原発の1号機から4号機の燃料プールには、合計3100体あまりの核燃料が保管されていた。うち2700体あまりは高熱を帯びる使用済み核燃料で、適切な冷却ができないと、プールの水が蒸発し、燃料がむき出しになりメルトダウンを起こす恐れがあった。自衛隊ヘリからの放水は、これを防ぐためのオペレーションだった。吉田所長の発話は、燃料プールへの放水の際、作業員が危険にさらされることを懸念したものだった。「3号機の注水量」に対する横村の重大な指摘は、自衛隊ヘリ放水作戦の準備の混乱でかき消されてしまったのである。

テレビ会議を読み解くと、時間にしてわずか10分程度のヘリ放水オペレーションは調整などに非常に時間や労力を要していたことが見えてきた。取材班は村上らIBMのチームと3月17日の発話記録をAIで分析。すると、ヘリの放水が行われる燃料プールに関する発話は突出して多く242回、つづいて自衛隊や機動隊の放水を行うための「警備誘導」に関する発話が69回、「作業員の退避」が32回など燃料プールの冷却を巡る会話が大部分を占める。そして懸念された3号機の注水を巡る判断など「原子炉の冷却」に関する発言はわずか6回にとどまっていたのである。

なぜ、ここまで燃料プールへの冷却に発話が集中したのか。危機管理の専門家の畑山は事故対応に関係する組織があまりに多かったと指摘した。3月15日早朝、菅直人総理が東電本店に乗り込んで以降、東電本店内部には「統合対策本部」が設置された。それまで東電関係者のみでやり取りしていたテレビ会議だったが、15日以降は、所管官庁の経済産業省のトップである海江田万里経済産業大臣を筆頭に、細野豪志首相補佐官、また保安院や自衛隊、警察の幹部たちが次々と発話するようになった。これを本店側で仕切っていたのがフェローの武黒という構図になった。その日の燃料プールに関する発話回数を見てみると、吉田は242回とトップだが、次は本店の武黒で210回、続いて主に燃料プールへの放水を取り仕切った本部班の67回、本店復旧班が63回、海江田経産大臣が50回、細野首相補佐官が29回、防衛省・自衛隊が28回。一方で、福島第一の現場の発話は激減し、保安班が15回、総務班が5回となっていた。

洪水や台風、地震など災害時に現地の対策本部に出向き支援する経験を多く持つ畑

吉田所長の発話内容のうち、燃料プールの242回を筆頭に、警備誘導、退避、放射線状況モニタリングなど燃料プール冷却をめぐるものが多数を占めた（©NHK）

山は、この状態は「調整コスト」をかけ過ぎている状態だと指摘する。「調整コスト」とは、対応する組織が肥大化することで、組織どうしの連絡や意思疎通などの「調整」に労力が割かれることをいう。

会話のデータを見た上で畑山は「ずいぶん〝調整〟に手間をかけているような感じがします。手順がまったく頭に入っていない人が入ってくるだけで、みんなそこに至るまでの説明を入れなきゃいけませんから時間を取られてしまって現場をより混乱させてしまっている」と語る。

ともに分析を行った原子炉の事故解析が専門の内藤は、

「重要ではあるが、優先順位の低い問題の調整にリソースが割かれる中で、本来、最優先すべき事故を大きくしないで防ごうという観点、そういう見方がときとして欠落してしまう」

と厳しく断じた。

そして、東京電力は、横村が問題提起した注水量をめぐる議論を深めないまま、本店の安全グループの意向に従う形で、3月17日のヘリ放水が始まる前に3号機原子炉への注水量を低下させた。そして、もうひとつの懸案だった1号機注水量についても3号機と同様に絞り込むことが決断される。

横村の発言からおよそ3時間後の3月17日午後0時すぎ、福島第一原発の幹部が円卓で発話する。「午前中に話がありました海水系の炉心への注入ですけども、これから1号についても絞り操作を行います。1号については流量計がありませんので、現在1MPa〔メガパスカル〕近くで注入する吐出圧を2号機、3号機同様、0・3MPa程度に落としたいと思います」（3月17日午後0時8分の発話）。

これによってさらに注水量が減った1号機。事態はより深刻化し、最新のシミュレーションによると、格納容器内部ではメルトスルーした核燃料が床のコンクリートを溶かし続けていたとみられている。

起こった大量放出

一方で、事故から8年が経過して当時の3号機の注水量を減らしたオペレーションが放射性物質の大量放出につながった可能性が指摘されている。

大気汚染の観測データとして全国で計測されたデータにセシウムなどの放射性物質が含まれていたことが次々と明らかになっている。実は3月17日以降、放射性物質の放出量やその放出範囲も見過ごせない影響が出ていた。3号機の注水量を低下させた3月17日から原発で目立った出来事は起こっていないものの、3回にわたって1号機や3号機の水素爆発に匹敵する放射性物質の放出を計測。解析によれば3月18日から4日間の放出量が事故全体の4割に及ぶとされているのだ。

内藤らのサンプソン解析では注水量を低下させた後、3号機の原子炉内の温度は上昇。いったん200℃まで下がっていた温度は400℃近くまで上昇していた。水科学の専門家である、エネルギー総合工学研究所の内田の分析によれば、「原子炉の温度上昇によって、格納容器内部の温度も上昇。内部に付着していたセシウムが温度上昇により乾燥、剝離し格納容器から放出された可能性がある」と指摘する。実際にNHKのヘリコプターで撮影された当時の映像には3月18日3号機から大量の蒸気が放出される状況が映し出されていた。さらに隣の2号機でも同じ時期に注水量を絞る判断がされていた。専門家たちは3月18日以降の放射性物質の大量放出に2号機がどれだけ寄与したのかさらに検証が必要だと指摘している。

原子炉の注水量を減らした事実は、当時の事故対応を巡る関係者の間で広く共有されていた事実も明らかになった。取材班は、原子力安全委員会に届いた2万枚を超えるFAXについて送信先や時間、そして内容をすべて分析した。すると、2万枚のFAXの中に3号機の注水量を減らすことについて記されている2枚のFAXが見つかった。つまり、当時、注水量を減らすという重大な決断は、東京電力のみならず、原子力安全・保安院、原子力安全委員会という規制機関にも共有されていたのだ。しかし、この注水量を減らす判断について、テレビ会議で指摘した横村以外、懸念を示す声や記述はどこにも見つからなかった。

当時、統合対策本部のトップを務めた海江田にインタビューする機会があった。海江田は事故当時に記録していたノートの記載を惜しげもなく取材班に示してくれた。

「今になって思えば、私たちもああすればよかった、こうすればよかったということがたくさんありますから、そういうことを教訓化しなければならない。もちろん二度とこんな事故があってはいけないですが、想定外などと言わないで、いろんな訓練もしなきゃいけないし、対応もしないといけない」

事故を風化させず教訓を引き出したいと、自らの対応についても本音で語ってくれた。当時、注水量を減らすという情報は共有していたものの、東京電力の判断に対し反対はしなかったという。

「もちろん政府にも責任はあると思いますが、特にその時点で注水にストップをかけるという判断は、情報もない官邸にはできなかった。それができたのは保安院で、この問題の重要性を指摘するとかね、そういうことも必要だった」と当時の規制機関である保安院の技術能力の不足を指摘した。

注水量を絞った3月17日以降の汚染の拡大は事故後の後始末においてもさらに広範囲に重い負担をかけることになった。３月17日までは放射性物質に汚染されていた地域は福島県から岩手県南部にかけて、そして関東地方北部が中心だった。しかし、３月18日以降の大量放出によって宮城県、岩手県でも汚染が悪化。さらに東京を含む関東地方南部や山梨県、静岡県にも汚染が拡大した。東京湾の埋め立て地の一角にある黒いシートの中に福島第一原発事故の影響で東京都内から出た放射性廃棄物が厳重に保管されている。その量は９８０トンに及ぶ。放射性物質が漏れ出ないよう管理が続けられているが、最終的な処分方法は今も決まっていない。

そして訪れた限界

超人的な体力と精神力で現場の指揮を続けてきた吉田にも限界のときが訪れる。事故から9日目の3月20日午前10時53分、吉田はテレビ会議を通じて切り出した。

吉田「本部、本部、本店本部、福島第一吉田です」
本店「はい、お願い致します」
吉田「すみません、ちょっと私、かなり頭が、目まいがしてきましたので、ちょっと●●君に指揮権を代わります」
本店「はい、了解致しました」

自ら歩くことも困難なほど、気力・体力ともに尽き果てていた様子の吉田。この発話の直後のテレビ会議の映像には、厚生班ら2人の社員に両脇から抱えられるようにして吉田の大きな身体が運ばれていく様が映し出されていた。

この日、吉田の疲労がピークを迎えていたことも人工知能の分析で明らかになった。

当初、村上らと検討していた、「あー」「えー」「あの」などの言いよどみや言い詰まりの傾向はこの日特にピークを迎えてはいなかった。

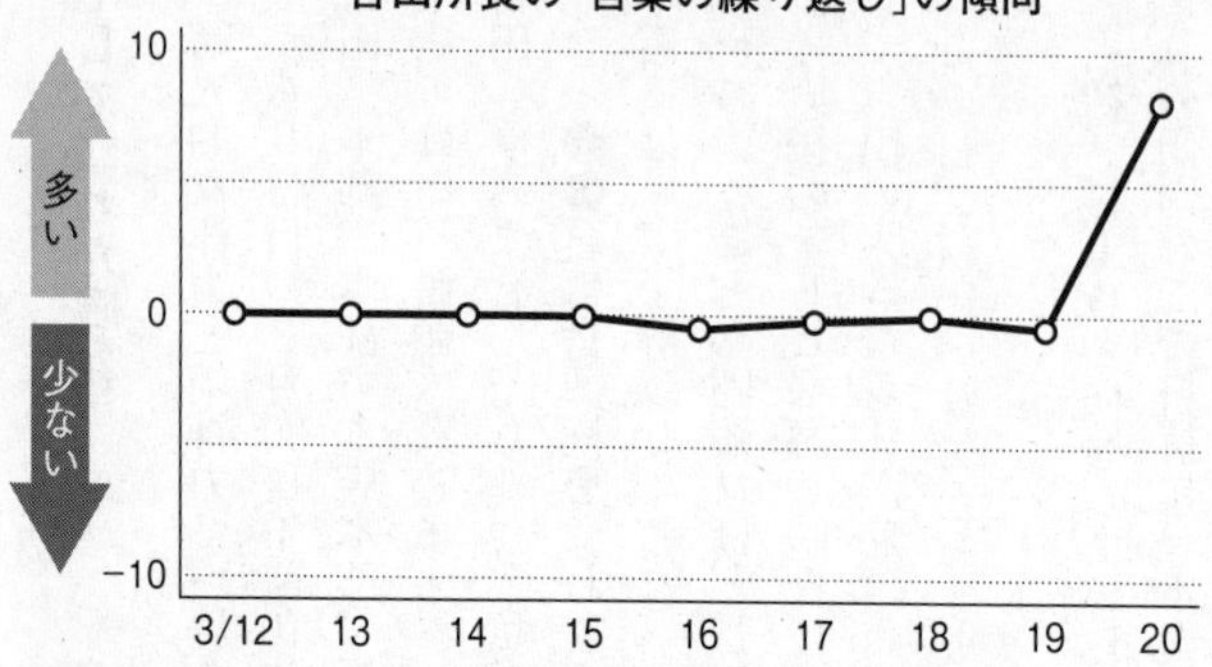

ワトソンを用いて、吉田所長の「繰り返し表現」の回数を調べたところ、体調不良を訴えた3月20日に急増していることがわかった

一方、ワトソン開発チームの若手エンジニア田内照輝が開発した「繰り返し表現」のトレンド分析によって、この日吉田が疲労のピークを迎えていたことがはっきりと見て取れた。繰り返しの表現とは、「ちが、ちが」「違います、違います」「やら、やらざるをえないんだから」など言葉を繰り返す、言い詰まりにも似た発言である。

この発言が全体の会話数の中でどれだけの割合で現れるか分析すると、事故当初からほとんど変化がなかった数値が、3月20日になって急激に増え、それまでの8倍の頻度で出現していたのだ。

そして、1号機の危機が進行していることに現場が気付いたのは、皮肉にも吉田が医師の診断を受けるために、免震棟を離れているときだった。この頃、バッテリーを接続することで1号機原子炉周辺の温度が事故後初めて中央制御室で計測できるようになったためだった。３月20日午後２時前、福島第一原発から本店に衝撃的な状況が告げられた。

「1号機もノズルの温度、えーっとベッセルのボトムヘッドの温度、或いは、そのー、安全弁の排気管の温度、のきなみ、４００℃近くまでえっと上昇しているということがわかりました。えっと時刻を違えてえっと２回測定しましたが２回ともほぼ同じような値が出ています。ということでえっとー、1号についても、注入量、原子炉への海水の注入量を増やして、えー、冷却の、えー、機能を強める必要があるというふうに考えています」(３月20日午後1時59分)

事故当初から1号機に必要だったのは注水量の増加だったことにこのとき初めて気付いた福島第一原発。３日前、本店の意見が優先され、1号機への注水量を絞っていたことが誤りだったたと気付いた瞬間でもあった。

テレビ会議が問いかけるもの

日本ＩＢＭの技術者の協力を得て、初めてテレビ会議の発話を定量化する試みは、危機管理の専門家である畑山や、内藤ら原子力の専門家たちに大きな衝撃を与えた。

畑山は、地震や津波、豪雨などあらゆる災害現場の最前線で被災者支援を行いながら危機管理の研究を続けてきたが、今回の福島第一原発の特殊性を嚙みしめていた。

「次から次へとあらゆる事象が、連鎖的に起こる。だから、何となく冷静に見れば切れ目があるように見えるものも、たぶん現場にいると切れ目が見えないという、そういう状況だったんだろうな……。これは、厳しいですね」

隣接した複数の原子炉が連続してメルトダウンして事態が加速度的に悪化していく「複数号機同時事故」。これまで世界で起きたスリーマイルアイランド原発やチェルノブイリ原発とはまったく異なる福島第一原発事故の特殊性である。畑山によると、福島第一原発事故のように重大事故が連続して発生して、連鎖的に事態が悪化していく災害の研究はこれまでほとんどなされたことがないという。

「実は我々の世界でも、連鎖災害に対する研究はあまり進んでいません。何かの事態の悪化から連鎖して次の事態が起こってくるという話は、シナリオとして非常に重要なんですが、最先端の研究でも、単独の災害のメカニズムを分析するところにとどまっています。今回のように地震と原発事故が連続して発生するような連鎖災害が起きたら、どんなシナリオになるのか、まだ未知の分野なんです。しかも、今回の事故は、原子力発電所内にある隣接する原子炉が次々にメルトダウンしたり、爆発事故を起こしたりして事態が悪化している。これまでの災害の研究の中では、こうした複雑に連鎖する災害は積極的に取り上げられなかった。福島第一原発事故は、私たち防災の専門家に、こうした複雑な連鎖災害にもっとちゃんと取り組むべきではないか、という問いを突きつけているんです」

これほど長期にわたる事故対応は、日本が原子力規制の参考としてきたNRC（米国原子力規制委員会）でも想定していない異常事態だった。NRCは、福島第一原発事故後に今後の安全対策を見直すために設置されたタスクフォースの提言の中で「指揮命令系統及び意思決定者の資格を評価し、長期SBO（全交流電源喪失）または複数ユニット事故または両方に関して正しい施設に適切なレベルの権限及び監視があるか確認する」と原子力事業者に迅速な対策をとることを求めた。

それほどまでに長期にわたる事故対応と複数号機同時事故が世界の原子力関係者に与えた衝撃は大きかったのだ。

「はずはやめよう、はずは」

分析の最後に、村上が興味深いデータを示してくれた。「はず」という発話の抜き出しだ。正確には把握できていないものの、「おそらくこうであろう」という発話の最後に使われる「はず」という言葉。実は、「はず」に注目したのは、3号機の対応を巡って、電源復旧、原子炉の減圧、注水、ベントなどあらゆるオペレーションが現場の想定通りうまくいかなかった後に、吉田が次のように発話していたためだ。

1F「軽油はあるはずです」

吉田「あるはずじゃなくて、はずはやめよう、はずは。今日は『はず』で全部、失敗してきたから、確認しましょう、確認。いいですか」(3月13日午前9時47分)

3万4432回の発話の中に、この「はず」は133件あり、原子力部門だけでなく、東京電力の建設部門、配電部門、通信部門などあらゆるセクションの人間がこの「はず」を使っていた。

村上は、「本来確認をして報告をしなければいけないものが、確認ができない状況にあって、『あそこにはたしか3台置いてあるはずです』とか、『水は溜まるはずです』といった発話しか、どうしても報告の中ではできなかった。そういう状況にあったと考えられます」と分析している。

これは、今回の事故の本質を示すデータだった。放射線の影響から現場に長く滞在できないことや、水位計に代表される計器が不具合を起こし原子炉の状況が断片的にしかわからないこと、また通信が十分ではなく場所ごとの連絡手段がスムーズに行かない状況では、人は推測でしか事故の現状を判断できない。一方、1号機の核燃料が、現場が事態を把握できない状況でもコンクリートを侵食し続けていたように、一度制御不能に陥った「核」は、人間の意識の外でも無慈悲に事態を悪化させていく。

「はず」の統計をとっていた村上が興味深い発言をした。

「吉田所長は、はずは絶対だめだ、ちゃんと確認してから言えとおっしゃってるんですけど、実は、発話数が多いからというのもあるんですが、吉田所長本人がいちばん『はず』をおっしゃっていました」

福島第一原発事故の教訓を生かす

今回のテレビ会議の分析をするために、全会話の文字起こしを行うことを元東芝の原発部門の技術者だった宮野廣に相談したのは２０１６年10月のことだった。即座に宮野は「もしできることなら、専門家も一般の方も、広く社会に共有できる形で残してほしい」と取材班に告げた。いまも東京電力の本社でテレビ会議の視聴が許されているのは、メディアの関係者だけである。取材班は２０１７年３月、ＮＨＫのホームページに２０１１年３月のテレビ会議の全文起こしを掲載した。

https://www3.nhk.or.jp/news/special/shinsai6genpatsu/index.html

第9章

巨大津波への備えは本当にできなかったのか?

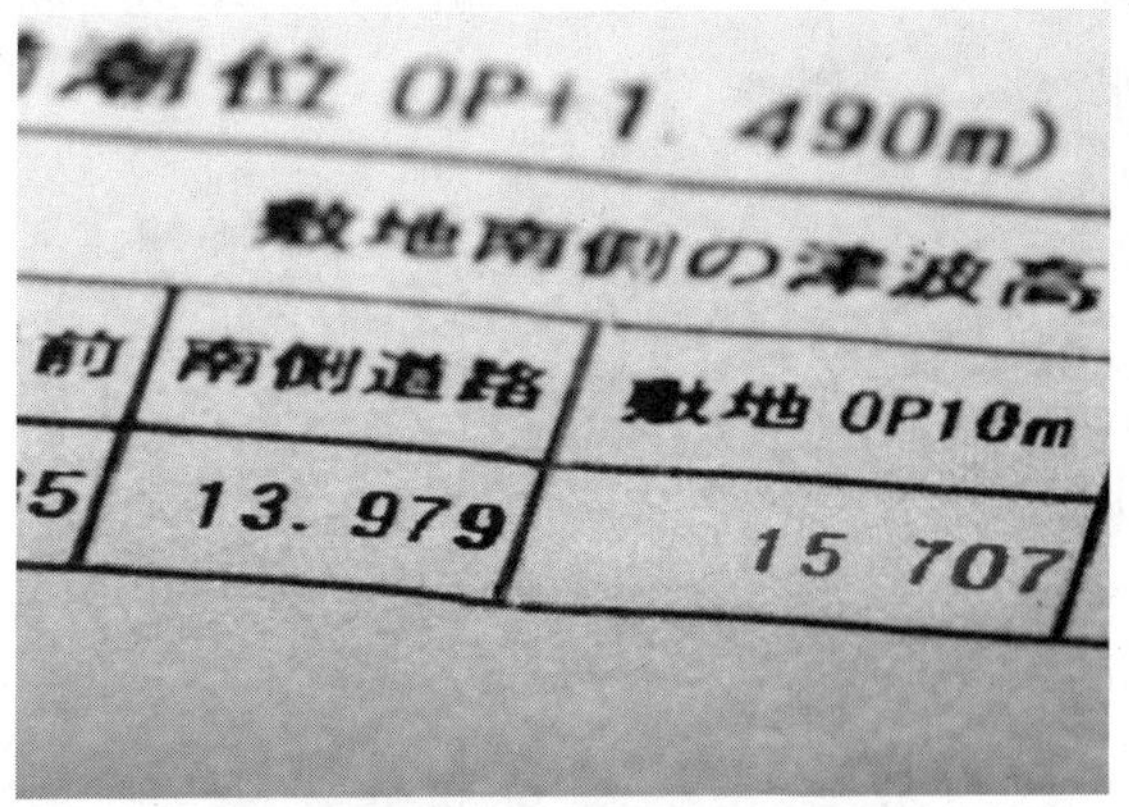

2002年に公表された政府の地震調査研究推進本部の「長期評価」をもとに東京電力が計算した、福島第一原発敷地南側の津波の高さは15.707メートルだった。それまでの津波想定5.7メートルを10メートル上回るものだった
(©NHK、東電株主代表訴訟の証拠資料より)

事故から8年半後の判決

東京電力福島第一原子力発電所の事故から8年半が過ぎた2019年9月19日の正午前。東京・霞が関の東京地方裁判所の周りには、この日、行われる裁判を傍聴しようと長い列ができていた。45席の傍聴席に対して傍聴を希望した人は835人。傍聴券の倍率は実に18倍を超えていた。

ちょうど同じ頃、黒や紺のスーツに身を包んだ東京電力の旧経営陣3人が厳しい表情で裁判所に入った。元会長の勝俣恒久(かつまたつねひさ)（79歳）、元副社長の武黒一郎（73歳）、元副社長の武藤栄（69歳）の3人だ。勝俣と武黒はややうつむき加減であったが、武藤は前をまっすぐに見つめて足早に裁判所に入っていった。3人の被告に対する2年3ヵ月に及んだ裁判の判決が言い渡されようとしていた。

東京地裁で最も大きい104号法廷。午後1時10分すぎに入廷した3人は、互いに目を合わせることはなかった。午後1時15分、開廷。3人が法廷の中央にある証言台の前に並ぶ。裁判長が「被告人らはいずれも無罪」と主文を読み上げた。傍聴席からは思わずため息が漏れた。

東京地裁の正面玄関前は、報道陣や裁判の結末を見届けようと訪れた人たちでごっ

2019年9月19日の正午前、東京・霞が関の東京地方裁判所に入る勝俣恒久元会長（右）、武黒一郎元副社長（中央）、武藤栄元副社長（左）（©NHK）

た返していた。真夏を思わせる強い日差しが照りつけるなか、憮然とした表情で２人の女性が裁判所から出てきた。その手には「全員無罪　不当判決」と書かれた紙が掲げられていた。

責任追及への長い道程

旧経営陣３人の刑事責任を問う裁判が始まったのは、２０１７年６月。事故からすでに６年３ヵ月が過ぎていた。

刑事裁判の開始までには長い道のりがあった。まず、事故の翌年の２０１２年、福島県の住民など合わせて１万人以上が東京電力の旧経営陣らの刑事責任を問うよう求める告訴状や告発状を検察に提出。東京地方検察庁が旧経営陣から任意で事情を聞くなど捜査を進めたものの、全員を不起訴とした。これを不服とする住民グループは市民が審査する検察審査会に申し立て、審査の結果、「起訴相当」という議決が出された。検察は改めて捜査をすることになるが、再び不起訴となる。これを受けて検察審査会は、別の審査員によって再度審査を行った。そして、事故から4年余りが過ぎた2015年7月、「起訴すべき」とする2回目の議決を出した。これによって、当時の経営陣3人は強制的に起訴されることになった。

あの事故の責任は誰にあるのか。責任を誰かに問うことはできるのか。注目の裁判がようやく始まることになった。

裁判で問われたのは、東京電力は本当に事故を防ぐことはできなかったのか、あの津波を予見し、対策を取ることはできなかったのか、という論点だ。

審理は37回に上り、21人の証人が証言に立った。なかには、東京電力の現役の社員、当時、津波対策に中心的に携わった元幹部なども含まれていた。裁判の過程でそれまで表に出ていなかった新たな事実が次々に明らかになっていった。

最初の警告

2018年4月10日の公判。日差しの暖かい穏やかな春の一日だった。この日、思いもかけず、東京電力の現役の社員から、裏表のない率直な口ぶりで当時の状況や心境が語られ、法廷が息をのんだ。

「わかりやすい言葉でいえば、力が抜けた」

この証言をしたのは、長年、東京電力で地震や津波の想定に携わってきた現役の社員だった。東京電力のこの分野におけるスペシャリストだ。事故の前に、東京電力が津波をどう想定し、どのような対策を取ろうとしていたのか、また取ろうとしていなかったのか、詳細を知る人物だ。背筋をまっすぐに伸ばし、聞かれたことにまっすぐに答える姿勢が印象的な技術者然とした人物だった。

この社員は、この日、事故の3年前から、敷地を越える津波を想定して対策を進める必要があると考えて、現場の担当部署は準備をしていたと証言した。しかし、この考えは会社に通らなかったという。当時、原子力・立地本部副本部長だった武藤は「研究を実施する」として、すぐには対策を行わず、時間をかけて検討する方針を示したからだった。社員はこのときのことについて、「かなり私自身は前のめりになって検討に携わっていましたので、そういった、検討のそれまでの状況からすると、ちょっと予想していなかったような結論だったので、わかりやすい言葉でいえば、力が抜けた」と当時の心境を赤裸々に語ったのだ。

この証言から少なくとも東京電力の社内の一部が巨大津波への備えを進める必要性

を認識し、上申していたことがわかった。さらにこの証言から読み取れるのは、従来の想定を超える津波に対して、どのように対処するべきか、現場の担当者たちは議論をある程度詰めており、何らかの対応は必要だろうと考えていたことだ。ところが、会社としての判断は現場の担当者の考えとは異なる方向に進んだ。証言に立った社員は、社内の議論の結末が、自分たちが予想もしない結論に至ったことに頭が真っ白になったというのだ。

なぜ、東京電力は社内で意見が出ていたにもかかわらず、会社として対策をすぐには取らなかったのだろうか。この証言に注目した取材班は、この裁判のほか、民事裁判なども取材、そして東京電力をはじめとした電力各社、国、自治体など関係者への聞き取りを開始した。

事故前の真実

浮かび上がってきたのは「事前に巨大な津波を想定して、備えるチャンスがない訳ではなかった」ということだ。事前の備えで事故そのもの、もしくは事故の規模を小さくすることができたのではないか。１００人以上の関係者への取材から、２０００年代に発表された最新の研究や過去に発生した地震・津波など、備えの必要性に気づくチャンスもしくはきっかけが少なくとも4つあったことがわかってきた。

①まずは2002年に公表された政府の地震調査研究推進本部の「長期評価」だ。過去の地震などを踏まえ、将来、三陸沖から房総沖で起きる大地震や津波を想定したもので、このうち日本海溝寄りの領域では過去400年の間にマグニチュード8クラスの津波を伴う大地震が3回発生していることに着目し、同様の地震は、今後30年以内に20％程度の確率で発生すると推定した。

②次に2004年のインドネシア・スマトラ島西方沖の地震と津波だ。マグニチュード9・1という巨大地震によって発生した津波はインドネシアからはるか離れたインドにある原発にまで到達。安全系の装置が壊れ被害を被った。福島での事故を予見させるような事故となった。

③そして2007年に茨城県が作成した津波の浸水想定だ。茨城県は、江戸時代に千葉県沖から茨城県沖で起きたといわれる「延宝房総沖地震」の記録などをもとに、新たに津波浸水想定を作成し、これをきっかけに東海第二原発が被災するリスクがあることが明らかになった。

④最後に2008年にまとめられた「貞観地震」についての研究成果だ。

産業技術総合研究所にいた東京大学教授の佐竹健治らは、平安時代に起きた「貞観地震」についてそれまでの調査で確認された津波堆積物の分布を再現するように津波をシミュレートしてみたところ、宮城県沖を中心とした領域で、マグニチュード8・4程度の規模の地震が起きていた可能性が高いとの研究成果をまとめた。これは、それまで想定されていた地震の規模をはるかに上回るものだった。

これら4つの事象や研究は、従来の津波想定や対策に見直しを促すきっかけになるものだったといえる。電力会社、国、そして自治体、原発に関わるそれぞれの組織は、4つのきっかけをめぐり、実はそれぞれに動きを見せていた。しかし、結果的に2011年3月11日の事故を回避することはできなかった。以下、①~④の4つの事象、研究を軸に、東京電力をはじめとする電力各社、原子力安全・保安院などの国、そして自治体がどう対応したのかを順に追ってみる。

1つ目のチャンス「地震調査研究推進本部による長期評価」

事故の9年前の2002年7月31日、文部科学省を事務局とする政府の地震調査研究推進本部が「三陸沖から房総沖にかけての地震活動の長期評価」を発表した。

報告書の名前が示す通り、三陸沖から房総沖までの領域を対象として、長期的な観点で地震発生の可能性などを評価したものだ。

評価対象とされた領域の中で注目されたのは、東日本沖の海岸線にほぼ並行して存在する日本海溝に近い領域だ。この領域は広く、「三陸沖北部から房総沖の海溝寄り」として一つの領域に区分された。そして、この領域においては、過去４００年の間にマグニチュード８クラスの津波を伴う大地震が3回発生しているとし、同様の地震は、今後30年以内に20%程度の確率で発生すると推定した。つまり、日本海溝寄りの三陸沖から房総沖にかけての領域では、福島県沖も含め、どこでも大きな津波を引き起こす地震が発生しうることを初めて示したのである。想定震源域には、北から東北電力の女川（おながわ）原発、東京電力の福島第一原発、福島第二原発、日本原子力発電の東海第二原発が立地していた。

発生確率を推定する根拠となった3回の地震とは、１６１１年に三陸沖で起きたとされる慶長三陸地震、１６７７年の延宝房総沖地震、そして１８９６年に起きた明治三陸地震だ。

一方で、この長期評価には判断が難しい部分もあった。それは過去４００年の記録に関していえば、この領域でまんべんなく大きな津波を引き起こした地震が発生して

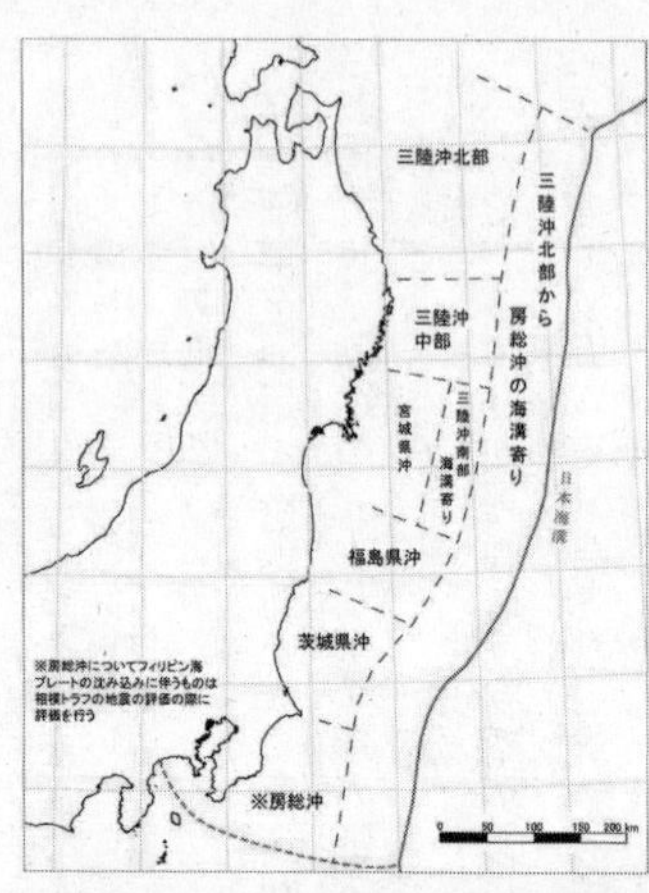

2002年7月31日に政府の地震調査研究推進本部が示した「長期評価」の対象領域。将来、三陸沖から房総沖で起きる大地震や津波を想定したものだ

（政府　地震調査研究推進本部のHPより転載）

いたわけではないことだ。福島県沖でも、大きな津波を引き起こす地震は記録から確認されていなかった。

この２００２年の長期評価に東京電力は敏感に反応していた。取材班は当時のいきさつが垣間見える資料を入手した。東京電力の津波想定の担当者が社内の関係者や地震の専門家に送っていたメールだ。この中で、東京電力の担当者は、旧知の地震の専門家に対して、「若干困惑しております」と心情を吐露している。長期評価の考え方を受け入れれば、福島第一原発の津波想定が大きく変わることは容易に想像されたからだ。

当時の福島第一原発の津波想定は５・７メートル。過去に発生が確認されている地震などのデータをもとに、想定し得る最大規模の地震による津波を想定し、余裕を持って決められた値とされていた。ところが２００２年の長期評価にもとづくとこれより大きな津波が襲う可能性があることになりかねない。もし、より高い津波を想定し直すとなると、現状の堤防をかさ上げするなどの対応が求められる可能性が出てくる。そうなれば、巨額な費用がかかることになり、それは会社の経営にもつながる問題になる。

また、このメールから、当時の原子力安全・保安院の担当者が東京電力に対して、長期評価の考え方を踏まえ、津波の高さがどれくらいになるかの計算を一度してみるように求めていたこともわかった。これに対して、東京電力の担当者は、「40分間くらい抵抗した」などと記されている。津波の高さの見直しが東京電力にとって簡単ではないことが読み取れる。

取材班は、当時のいきさつを知る東京電力の関係者に接触した。証言によると、福島県沖でも大きな津波を引き起こす地震が発生する可能性があるという新たな指摘に、東京電力の担当者たちは戸惑い、地震の専門家に問い合わせたという。

問い合わせを受けた専門家は地震調査研究推進本部の中でも議論があり、賛否両論あると東京電力の担当者に答えたという。担当者に送られたメールには「津波地震についてては、その発生メカニズムなどまだ完全に理解されているわけではありません」としたうえで、400年に3回とされた津波地震と呼ばれる大きな津波を引き起こす地震の発生頻度について、反対意見があったことが記されていた。東京電力は、こうした反応を踏まえ、長期評価は必ずしも専門家の一致した考え方ではないとの感触を得た。津波対策をやり直すとなると莫大な経費と時間がかかる可能性がある。国や自治体など多数の関係先とのすりあわせなどの調整も必要となる。簡単なことではない。長期評価の考え方が、確定的な知見にまでは至っていないのであれば、現時点で新たな計算をするまでの状況にはない。それが社内の雰囲気となったのだった。

長期評価の考え方。実際、専門家はどう捉えていたのだろうか。

地震調査研究推進本部は、名だたる地震や津波の専門家で構成される権威ある機関である。長期評価は、地震計による測定が始まる明治時代以前の地震や津波を古文書などから調べる歴史地震学の成果も取り込み、過去400年に3回の大きな津波を伴う同じタイプの地震が起きていたとみなした。そのうえで地震発生確率を推定した。

日本地震学会の元会長で、地震調査研究推進本部の委員を務め、長期評価をとりまとめた東京大学名誉教授の島崎邦彦（しまざきくにひこ）は、この点について裁判の中で証人として発言をしている。島崎は、日本海溝では、海側の太平洋プレートが陸側のプレートの下に潜り込む構造をしているのはどこも同じで、どこでも同じような地震が発生する環境にあると述べた。一方、同じく証人の一人として証言した地震学者の東北大学大学院教授の松澤暢（まつざわとおる）は異論を述べた。「東北沖の北部と南部では海底の構造などいろいろなものが違っている。北部と南部で同じ確率というのは考えづらく、乱暴な議論だと思った」。また東北大学教授の今村文彦（いまむらふみひこ）は、取材に対して、大きな津波を伴う地震が起きたという記録が存在していない福島県沖で、そうした地震を仮定するのは無理があるのではないかと疑問を呈している。福島県沖についての考え方はこの時点では研究者によって考え方が分かれていた。

一方、原子力の規制を担当する当時の保安院はこの長期評価をどう受け止めていたのか。

取材班は、保安院の元幹部にも接触した。この元幹部は長期評価が出たことを踏まえて、東京電力に確認を取り、津波の高さについてどうなるか計算を求めたことを覚えていると話した。少なくとも、保安院にとっても気にはなる評価だったということだ。しかし、その求めは、「心配ならとりあえず計算しておけばどうか」というニュアンスだったという。そして、東京電力から、専門家の間でも意見が分かれ、新たな理学的根拠が示されているわけでもないなどと聞かされると、「根拠がよくわからないのに国が強硬に求めることはできない」と考え、それ以上、東京電力に求めることはなかったと語った。

結局、東京電力は、この時点で長期評価にもとづいて津波の高さを計算することはなかった。もちろん、計算しなければ具体的な津波の想定水位も導かれない。議論が前に進むことはなかった。

2002年に政府の地震調査研究推進本部が示した長期評価。専門家の意見が分かれるなか、東京電力も保安院も、この評価が示したリスクの大きさ、最悪の事故につながる可能性に目を向けるのではなく、知見に根拠が乏しく、十分に確定した知見とは言えないことに目を向けた。

長期評価が示した巨大津波のリスクが前向きに議論されることはなかった。最初の気づきのチャンスは、生かされなかった。

2つ目のチャンス「インドネシア・スマトラ島西方沖の地震と巨大津波」

長期評価が示されてから3年半たった2006年1月30日、午後1時半。東京・虎ノ門のビルの一室に関係者たちが集まり、ある会合の第1回目が開かれた。「溢水勉強会」だ。保安院、東京電力、関西電力、東北電力、北海道電力などから来た20人は、津波が、各社の原発にどのような影響をもたらすのかを調べるために議論を始めた。国側からは、原発の敷地高さより50センチ～1メートル上の津波の高さを目安として機器の影響を調べるとの具体的な提案も出された。保安院が設置したこの溢水勉強会が、のちに原発の津波に対する脆弱性を明らかにしていくことになる。

このときなぜ、保安院は津波に焦点を当てたのか。取材班は、そのきっかけをつくった人物に話を聞くことができた。

福島第一原発の事故のときの保安院ナンバー2、次長だった平岡英治（64歳）だ。東京大学工学部電気工学科を卒業し、1979年に経済産業省の前身である通商産業省に入省したキャリア技官だ。

「福島第一原発事故が発生してしまったことは規制当局として規制に失敗したと言われても仕方ないことだと認識している。それを防ぐのが規制の仕事であり、どうしてこれを防げなかったのかという思いを今も強く持っている」

そう述べて、取材に応じたいと答えた。

平岡は、原発規制だけでなく製品安全課長を務めた経歴も持つ。消費生活用製品によって消費者に危害が出るのを防止するため、製品事故に関する情報収集や規制にも当たってきた。そして、保安院の原子力安全技術基盤課長になって4ヵ月後の2003年11月、「安全情報検討会」を立ち上げた。溢水勉強会につながるものだ。この検討会では国内外の原発で起きたトラブルや事故の情報を分析し規制に反映させるため、比較的大きな組織であった保安院の各課幹部らを集め、組織横断的に議論を試みた。取り扱われたテーマは、原発で高温の蒸気が通る配管の損傷や電気ケーブルの火災など、多岐にわたった。広く情報を集めてきた製品安全課長時代の経験を生かした形だった。

検討会設立から1年余りが経った2004年12月、インドネシア・スマトラ島西方沖で巨大地震が発生する。マグニチュードは9・1。発生した巨大津波はインド洋沿岸諸国に到達し、死者・行方不明者は22万人以上にのぼった。インドネシアなどでは防災設備が少なく、情報伝達の体制も整っていなかったことで被害が拡大したとも言われている。

平岡は、この巨大津波によって起きた、ある原子力発電所のトラブルに注目した。震源地から遠く離れたインドのマドラス原発だ。巨大地震が引き起こした津波は、マドラス原発にも押し寄せた。当時、運転中だった2号機では、海水をくみ取るためのトンネルを通じて海水がポンプ室に入り込み、原子炉冷却に必要なポンプは水没するなどして運転不能となった。

これまで国内外では、発電所内部の機器からの浸水や河川の氾濫(はんらん)による被害はあったものの、巨大津波による重要設備の原発被害は、国際的な報告の中でこれが初めてとみられた。平岡は、直感的にこの巨大地震と津波は日本にとって調査すべき事例だと感じた。

しかし、検討会ではこのマドラス原発のトラブルが議論のテーマとしてしばらくあがらなかったという。日本に届く情報はアメリカやヨーロッパの原発関連に偏りがちになっていた。インドの原発のトラブル情報は簡単には入手ができなかったという。そうした状況に平岡は疑問をもち、事務局に指示をして、マドラス原発の被害について情報を集めて、議題としてあげた。

ここに2つ目の気づきのチャンスが訪れることになる。

平岡は当時を振り返った。

「審査のときに1つの機器の故障は当然、想定するが、水で複数の機器が同時にやられる可能性があり、非常に重要な事柄であるのは間違いない」

さらに翌2005年には、津波ではないが、アメリカのキウォーニ原発で、配管が破断した場合、建屋内に水があふれ、安全上重要な設備が故障する可能性があるとの報告も出される。こうした出来事を受けて、2006年1月に電力会社なども参加させる形で、前述した「溢水勉強会」が立ち上がった。津波を含めて水は原発にどんな被害をもたらすのか、検証に着手したのだった。

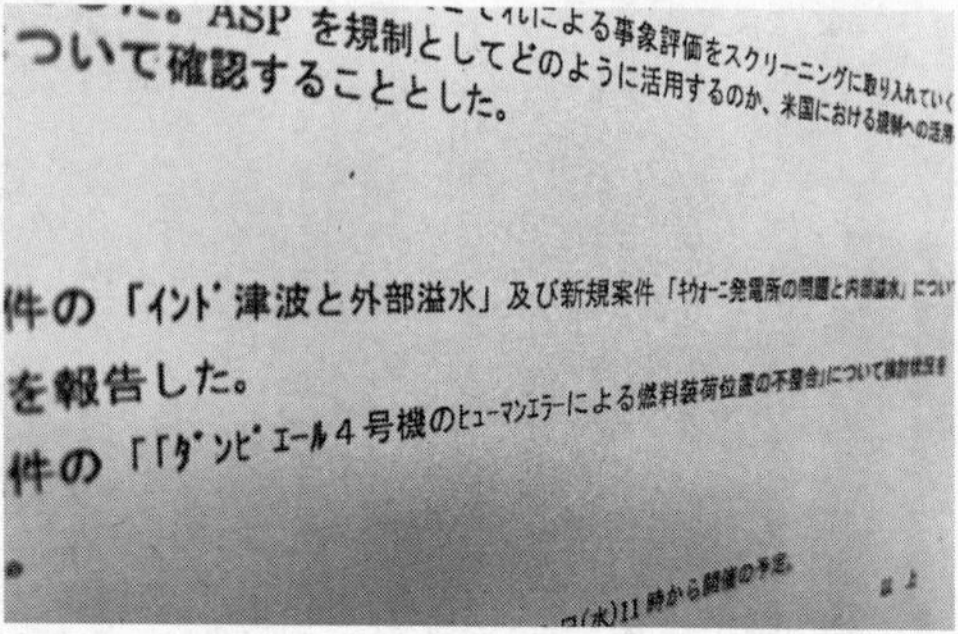
…ASPを規制としてどのように活用するのか、米国における規制への活用…ことによる事象評価をスクリーニングに取り入れていく
…ついて確認することとした。

件の「インド津波と外部溢水」及び新規案件「キウォーニ発電所の問題と内部溢水」につい
を報告した。
件の「「ダンピエール4号機のヒューマンエラーによる燃料装荷位置の不整合」について検討状況を

日(水)11時から開催の予定。
以上

福島第一原発事故発生当時、保安院のナンバー2だった平岡英治が立ち上げた第38回安全情報検討会の議事録（2005年10月12日）。「インド津波と外部溢水」が検討情報として書かれている
(©NHK)

平岡が立ち上げのきっかけをつくった「溢水勉強会」の議論は、やがてくる東日本大震災への備えにつながる示唆を多く含んでいたことが取材からわかってきた。保安院の関係者に話を聞くと、福島第一原発や福島第二原発などでは、原子炉冷却に必要となる海水ポンプの位置が、当時想定されていた津波の高さに対して「余裕がない」ことが把握されたという。そのときの5・7メートルという想定の津波水位では浸水はしないが、少し想定より高い津波がきたら、海水ポンプは水没する。海水ポンプは原子炉の冷却のために使う海水を取り込む重要施設だ。原発は熱交換器などを経由し海水に熱を逃がす仕組みになっている。このポンプが水没して停止したら原子炉を冷やす主要な手段が失われる。つまり重大な事故につながる可能性があるのだ。東日本大震災でも実際、この海水ポンプが使えなくなった。そして、電源系もほとんど水没して使

うことができず、冷却手段を失ってメルトダウンに突き進んでいった。

溢水勉強会には東京電力からある資料が示されていた。福島第一原発5号機の「想定外津波検討状況について」という資料だ。そこには原子炉建屋がある敷地よりも1メートル高い14メートルの津波に襲われ、タービン建屋にある大型の搬入口や別の建屋の入り口から海水が入り込んだ場合、電源設備の機能を喪失する可能性があるとしている。そして、原子炉冷却に使うRCICという重要な安全装置やポンプなどが、軒並み使えなくなることが記されていた。

２００６年6月には、勉強会のメンバーが、福島第一原発の現地調査に向かった。建屋の自動ドアに遮水する仕組みはなく、発電機の吸気口は敷地の低い場所にあった。何の囲いもない海水ポンプは、電動機が海水に浸かるとどうなるか。東京電力の担当者に尋ねると「1分程度で電動機が機能を喪失します」という返答だった。勉強会に参加していたメンバーは、津波に日本の原発が弱いことを把握し、最悪の場合、メルトダウンに至る危険性があるとの認識を持っていく。

当時の津波の想定に比べて海水ポンプの位置に余裕のない福島第一原発では、早急に対策を講じなければならないと溢水勉強会の保安院担当者は考えていた。地震とは異なり、津波は想定を超えると、確実に浸水が起きて機械が壊れる懸念があるからだ。

しかし、溢水勉強会での議論が、津波対策に繋がることはなかった。規制を取り仕切る保安院の担当者が実際の現場確認まで行っていながら、なぜか。

保安院の担当者は、私たちの取材に、既に過去のことであり、検察庁などの聞き取りに答えてきた資料をみてほしいと答えた。それらの資料は担当者の苦悩が垣間見えるものだった。第1回目の溢水勉強会で想定を超える津波による機器の影響を検討するよう求めるも電力各社は「地元には『津波が敷地を越えることはありません』と説明しているのに、このような想定波高(津波の高さ)を前提として検討した結果について、対外的な説明ができません」との懸念を示したのだ。勉強会の中で保安院の担当者は「女川原発だって基準地震動を超えました。自分たちの知見だけではわからないことがあるのです。自主的に対策を打っていかないとだめです」と何度も主張した。実は、2005年8月に起きた宮城県沖の地震で、東北電力の女川原発では、想定される地震の揺れ=基準地震動の一部がそれまでの想定を上回った。自然災害は人間の知見を超えることがある。それを経験したケースだった。しかし、電力各社の腰は重かったという。

さらに保安院にも理由があった。これまでの津波の想定は、法律にもとづいて行われた審査で許可が出されている。対応を求めるならそれまでの審査の根拠を変えることになるからだ。これは保安院の担当者にとっても簡単なことではなかった。新たに電力会社に対策を強く求めることができるだけの根拠が必要になる。当時の原子力規制の制度設計はそうなっていたのだ。

この点について平岡は「許可をした想定を超える事象に対して、何か対応しなさいということは規制として直接言えない。余裕を高めるということは、基本的に事業者の自主的な努力判断で行われる性格のものだった。規制当局が想定を不十分と考えるならば、規制基準自体を変えていくのが筋だ」そう振り返る。

のちに、保安院の担当者は、後任に引き継ぎをするためのメモに溢水勉強会での経緯を記していた。そこには、福島第一原発などでは津波高さの余裕がほとんどないため、対応するよう議論してきたが、電力各社から前向きな対応がなく、具体的な議論がほぼできなかったとしている。その上で、「バックチェックで対応することとした」と書かれていた。担当者が望みを託した「バックチェック」とはいったいどのようなものだったのか。

安全性の向上「バックチェック」の仕組み

「バックチェック」。簡単にいうと電力会社が最新の研究や新たな知見などを踏まえて、すでに国から許可が出されている原発の安全対策について再び評価をして、必要ならば新たな対策を講じなければならないというルールだ。過去に許可が出ていても振り返って、つまり「バック」して、安全性などに問題がないかを確認、「チェック」することになる。だから「バックチェック」と呼ばれている。

バックチェックの仕組みは、溢水勉強会の議論が進められていた２００６年、国の原子力安全委員会が25年ぶりに原発の耐震に関する指針を改訂したことに伴って導入された。指針は阪神・淡路大震災を受け専門家なども交えて新しい知見を入れて改訂されたものだった。そしてバックチェックの導入により、この指針にもとづいて電力会社が再評価する地震の想定や対策について、保安院が審査で確認することになった。またこの指針の改訂ではもう一つポイントがあった。地震だけでなく、「津波」の2文字が明記され、評価をすることが盛り込まれたのだ。数十年と見込まれる運転期間中に極めてまれな頻度で発生するかもしれない大津波が襲っても、安全機能が損なわれないことという項目が加わった。電力各社は津波についても自社の原発が対応できているかどうか再評価する必要が出てきた。さらにバックチェックでは、新たな知見をできる限り反映させることにもなっている。このことによって一度は津波対策の議論の枠の外に追いやられた政府の地震調査研究推進本部の長期評価にも再度スポットライトが当たることになっていく。

そして保安院はこのバックチェックの仕組みの中で、溢水勉強会で示された原発の「水」に対する脆弱性についても確認する考え方で動いていた。２００６年10月、保安院は電力各社を一斉に集め、想定を超えた津波によって炉心損傷に至るおそれがあるとして、バックチェックで対応策を確認すると指示した。各社の経営層にも伝わるよう土木担当だけでなく原子力担当なども呼びつけた中での発言だった。これを聞いた溢水勉強会の担当者は、肩の荷が下りたような感覚を覚えていた。

ただし、バックチェックは完璧とはいえない部分もあった。それは再評価の主体は、保安院ではなく、あくまでも電力会社であるという点だった。原発の安全に一義的に責任をもつべき電力会社が、まずはどのような津波を考慮して想定をまとめるかを決める。その後、保安院が審査をして判断が適切かどうかをみる形だ。逆に言うと保安院が考慮する津波を指示する仕組みではないため、電力会社によってどの津波を考慮するか考え方が分かれることになった。また何をもって新たな知見だと判断するのかが曖昧だったため、後に電力会社の判断に影響を及ぼすことになる。

姿勢を変えた東京電力

とはいえバックチェックの導入は効果があった。それは東京電力に顕著に現れた。東京電力の裁判のある証言に取材班は驚いた。

「長期評価は耐震バックチェックに取り入れるべきであると考えておりました」

2018年4月10日、第5回目の公判でのこと。この日、証言に立った津波想定に関わった東京電力の現役の社員の発言だ。2007年12月の時点で、長期評価をどう取り扱うべきと考えていたか見解を問われ、はっきりとした口調で答えたのだ。傍聴席がどよめいた。

長期評価を取り入れることは、東京電力にとって津波想定を大きく変更することを意味する。当然、多額の費用がかかる津波対策も覚悟しなければならない。2002年7月に長期評価が公表された時点で、東京電力は後ろ向きだったことは先に書いた。実は、この社員も、当時、保安院が長期評価を踏まえて津波の計算をするよう求めたのを断った人物である。

長期評価については専門家の中でも考え方が分かれていた。明確な根拠のある確定的な知見にもとづかなければ、巨額な費用をかけた津波対策は理解を得られない。社内はそういう雰囲気であったはずだ。

しかし、耐震に関する指針の改訂、それを受けたバックチェックの仕組みの導入で東京電力は考え方を変えた。当時の東京電力の社内ではどのような動きがあったのだろうか。

取材班は当時の担当者の認識を示す資料を入手した。長期評価の取り扱いを巡り、東京電力が、関係する電力事業者と打ち合わせした際の議事録である。

実は、長期評価をどう扱うかは、東京電力だけの問題ではなかった。東北から関東地方の太平洋沿岸に原子力施設を持つ、東北電力、日本原子力研究開発機構、日本原子力発電（日本原電）にも共通する問題だった。いずれの社も、長期評価を踏まえて津波の想定を見直せば、従来の想定を大きく超え、対策が求められることになる可能性があったからだ。

２００７年12月11日、バックチェックの導入を受けてこの長期評価をどう扱うかについて各社の担当者が東京・大手町のビルに集まり、打ち合わせが開かれている。このときの議事録が残されていた。

東京電力の担当者はこの席上で注目すべき発言をしていた。「『三陸沖から房総沖においてどこでも津波地震が発生する』という考え方について、現状明確な否定材料がないとすると、バックチェック評価に取り込まざるを得ないと考えている」「どこでも起きると考えるべきと思っている」と発言しているのだ。長期評価に後ろ向きだった東京電力がバックチェックの導入を踏まえてより高い津波の襲来を示唆する長期評価を取り入れる姿勢を見せたのだ。

これに関して、日本原電の担当者は、「社内的にも議論しているところであり、バックチェックで扱わざるを得ないという方向で進んでいる」と発言し、東京電力と同様、長期評価を取り入れる方向を示した。一方で、東北電力は、本当にどこでも起きるとした場合、地震の発生場所によっては、「NGになることがわかっている」と発言、そのようなものは「考慮しないと言えれば助かる」として、長期評価の取り入れに難色を示した。日本原子力研究開発機構も、対策の規模が大きく異なるため、長期評価は扱わなくていい方向にしたいが否定する材料は現状ない、と苦しい胸の内を明かした。長期評価の取り入れに躊躇する社もあるなか、東京電力は積極的な姿勢を見せたのだった。

前にも触れたが、長期評価を考慮することになると、より厳しい津波対策が必要になる可能性がある。費用は増大する。住民や自治体への説明も発生しうる。それだけに、確固たる学術的な根拠がない限り、各社にとっては、できるだけ消極的な対応で済ませたい案件ともいえた。しかし、東京電力の担当者は長期評価の津波想定に対応しないと保安院のバックチェックの審査に合格しないだろうと考えていた。

裁判で証言した東京電力の社員は、当時、日本原電の担当者との話し合いの中で、「今回、バックチェックで取り入れないと、後で不作為であったと批判される」と語ったことも裁判で明らかになった。このあと、東京電力は、長期評価を取り入れて津波水位を想定し、それにもとづいた対策の検討へと進んでいくことになる。

「御前会議」

東京電力で津波を評価する部署は、土木グループである。東京電力の中で地震や津波を専門とする集団だ。彼らは、２００７年11月ごろより、本格的に福島第一原発の津波について検討を開始していた。東京電力のグループ会社で津波のシミュレーションなどを行っている東電設計の担当者とともに打ち合わせをはじめ、11月21日には、長期評価を取り入れた場合の概略的な計算結果を得た。それによると、福島第一原発で想定される津波の高さは７・７メートルであった。それまでの想定の５・７メートルを上回っていた。そして、これはあくまで概略の計算であり、詳細な計算を行えば、想定水位はさらに高くなる見通しだった。

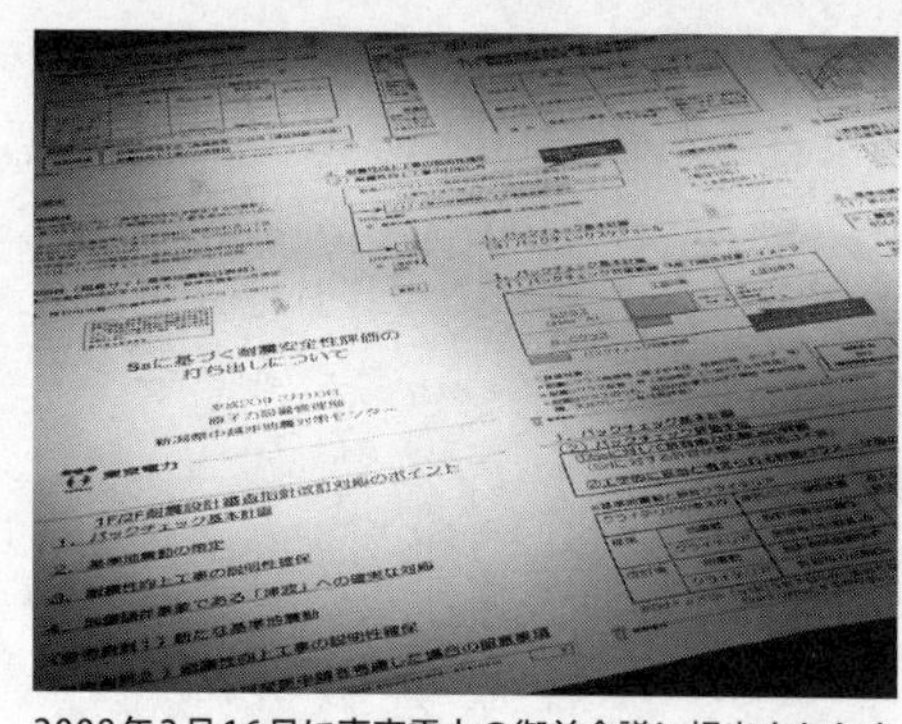

2008年2月16日に東京電力の御前会議に提出された内部資料の一部。長期評価を取り入れて津波対策を見直す必要性について書かれているが、この会議で意見が交わされたかどうかはよくわからないままだ

(©NHK、東電株主代表訴訟の証拠資料より)

こうなると当然ながら、一グループの手に負える仕事ではなくなる。

土木グループでは、早く津波に対する認識を社内で共有したいと考えていた。そのため、津波対策を進める別のグループへの情報共有や、実際の現場となる福島第一原発、第二原発での説明などを実施している。

当時、東京電力には情報を共有するための絶好の場があった。このとき、社長であった勝俣をはじめとする幹部が一堂に会する会議が月に1回程度、開かれていたのである。通称「御前会議」だ。社長が出席するため、社員の間でそう呼ばれていた。

2008年2月16日に開かれた御前会議に提出された資料が残されている。この中には、長期評価を取り入れ、津波の高さを見直す必要があること、その場合、この時点でそれまでの想定を超えること、詳細な計算によってさらに津波水位が高まることなどが記されている。とすれば、この時点で土木グループの方針は共有され、社内の方針となっていったということだろうか。

しかし、実は、このことが御前会議で説明されたのかどうかがはっきりしないことがわかってきた。津波想定に中心的に関わっていて、この日の会議で説明するはずだった担当者が、折り悪しく体調を崩し欠席していた。代わりに説明を担当したとされるのは、欠席した担当者の上司だが、提出されていたはずの資料が御前会議でどう扱われ、どう判断されたのか、取材を重ねてもはっきりしないのである。ただ、資料は確かに提出されている。

このときの事実関係は、裁判でも焦点の一つとなった。裁判で検察官役を務めた指定弁護士は、当時の社長の勝俣らは、この時点で、長期評価について認識していたのではないか、つまり、従来の想定を超える津波が起こりうること、それに対する対策が必要になることを認識していたのではないかとただした。

これに対して、勝俣ら3人はいずれも否定し、その時点ではそのような説明を受けた記憶はないと述べている。

新潟県中越沖地震の影

安全性に関わる極めて重要な情報。幹部が勢揃いする会議の場にあげられていながら、結果としてその情報を生かすことができなかった。この御前会議とは何だったのだろうか。

取材班では、御前会議に出席したことのある複数の元社員に取材を試みた。するとある事情があったことがみえてきた。

この会議には、設置自体に明確な目的があった。それは、その年の前年2007年7月に起きた新潟県中越沖地震で大きな被害を受け全基停止していた柏崎刈羽原子力発電所への対応だ。会議の正式名称も、「中越沖地震対応打ち合わせ」であった。そのため、あくまで柏崎刈羽原発が主体の会議であり、福島の原発に関わることは付け足し程度で、時間が足りなくなると、省かれることもあったという。

また、会議に出席していたある元幹部は、「会議では一度に多くの資料がその場で配られ、どんどん説明が行われていく。たとえ説明があっても記憶に残らないだろう」と話した。この元幹部自身も福島第一原発の津波について話し合われた印象が残っていないと証言している。

当時のことを知る東京電力の関係者に取材すると、誰もが口にしたのが、当時の社内における中越沖地震のインパクトの大きさである。社内の最大の関心事はとりもなおさず柏崎刈羽原発の再稼働だったというのだ。別の元幹部は悔恨を込めて振り返る。

「やっぱり柏崎刈羽原発の問題が大きかった。世界最大規模のプラントが全部止まって、しかも地震動が思っていたよりすごく大きくて、いったいこれからどうなるのだろうというパニック状態だった」

2007年7月16日に発生した新潟県中越沖地震で柏崎刈羽原発の変圧器から出火する様子（©NHK）

経営的に深刻だったのは、想定を超える揺れに見舞われ、全基が停止に追い込まれたことである。

柏崎刈羽原発は新潟県柏崎市と刈羽村にまたがる敷地に全部で７基ある。総出力は８２１万キロワット。世界最大規模の原発だ。原発は、動き続けることで莫大な利益を生む。逆に、想定外の停止が長引くと経営には大きなダメージとなる。

予期せぬ形での柏崎刈羽原発の全基停止は、東京電力にとって切迫した経営問題だった。さらに柏崎刈羽原発で観測された地震の揺れは想定を大きく超えていた。つまり、保安院と電力会社の地震想定の甘さが突きつけられていた。このため再稼働に向けては、なぜ揺れが想定より大きくなったのか。今後どのような想定をすべきなのか。そして、どう対策を取るのか。こうした一連の問題に答えを出さなければならなかった。

こうしたなかで、福島第一原発や第二原発、それも津波への意識は極めて希薄だったと東京電力の元幹部は振り返る。「柏崎があれだけ傷んでしまって、みんなの目がそっちにフォーカスしてしまい、その間はどうしても福島の原発のことはなおざりになっていた」と。この元幹部に、もし、柏崎刈羽原発の全基停止がなかったらどうなっていたと思うか聞くと、少し考えてから、「もう少しは津波の対策が進んでいたかもしれない。ヒト・モノ・カネがあって、バックチェックに対応しないといけないとなっていれば、違う結果になっていたと思う」とゆっくりと答えた。

阪神・淡路大震災の後、日本の原発は地震への備えが大きなテーマであった。そこに加え、想定を超える揺れを引き起こした中越沖地震。原子力業界の耳目は完全に地震対策へ集中してしまい、地震に付随する他のリスクへ目を向けることを難しくしてしまったのだった。

裏目に出た「御前会議」

結局、こうした流れの中で、トップを含めた幹部が勢揃いする御前会議も機能しなかったことになる。当時の東京電力は非常に上下関係が厳しい会社だった。何階級も飛び越えて上役に意見をするなどということはない。また縦割りの文化も根強い。そうした風土の組織にあって、現場の管理職が社長に直接説明するということは、通常ならあり得ないことだった。それも、縦割りを超えて多くの部門の担当者が一堂に会す御前会議は異例だった。その点で会議自体は会社として意味があるものだったと同じ元幹部は話す。「現場の部長クラスや課長クラスに説明させて、勝俣さんが話を聞いている。それだけ危機感があったということで、それ自体は英断だったと思う」

御前会議は、縦割りを排し、意思決定を迅速にし、柏崎刈羽原発の再稼働に対しては効果があったという評価の声が社内にある。

しかし、福島第一原発の津波対策には機能しなかった。機能しなかったばかりか、結果的に悪い作用をもたらすことになった。どういうことか。

それは津波想定を担う現場の社員たちと経営幹部の受け止めに齟齬が生まれたことだ。土木の現場の社員からすれば、幹部が勢揃いする会議で方針が説明され、異論は伝わってこなかったため、大きな方針は認められていると受け止められていた。そのため現場は準備を進めていくのだった。当時、東京電力の内部で交わされていたメールが残されている。そこには御前会議のあと、津波水位を想定する土木グループや対策を検討するグループが情報を共有しながら、対策の検討を進める様子が記されている。そこには、「社長会議（御前会議）でも津波の対応について報告しています」との文言も出てくる。社長を含めた幹部の了承を得られているとの認識のもと、対策検討を進めていたことがうかがえる。しかし、実際は先にも書いたように、資料は提出されたものの、具体的な意見交換がされたかはわからない。少なくともそのような事実は裁判でも取材でも確認できなかった。

あの御前会議でどのような報告がなされ、勝俣らはどう応じたのか。具体的なことは未だ藪の中である。ただ、現場は伝えたつもりになり、決定権を持つ経営幹部は、後になって聞いていないということになった。結果的に双方に乖離を生じさせうる会議だったのである。これはその後の東京電力の動きに影響を及ぼす。

中越沖地震とバックチェックの変容

もうひとつ、中越沖地震がもたらした余波にも触れておく必要がある。それはバックチェックの在り方の変容についてだ。

２００６年の耐震指針の改訂にともない電力各社は地震と新たに項目に加えられた

津波に対して従来の想定が適切か検討し、自社の原発に影響がないか再評価する作業を開始していた。期間については電力各社と保安院の間で3年程度かけて行うということでコンセンサスが得られていたという。そのため東京電力は福島第一原発については2009年6月までにバックチェックを終えて報告書を提出するとの工程を保安院に示していた。

しかし、2007年7月に中越沖地震が発生。柏崎刈羽原発をそれまでの想定を超える揺れが襲うことになる。保安院は発生の4日後の7月20日には電力各社に中越沖地震から得られる新しい知見を作業中のバックチェックに適切に反映させるよう指示を出した。また、できるだけ早い対応も求めた。電力各社は翌8月にバックチェックの内容や今後の作業をどう進めるかなどを保安院に説明した。ここで元々なかった「中間報告」という概念が登場する。バックチェックの最終的な報告には3年程度とされたが、これでは時間がかかり過ぎる。そこで、その前に一度「中間的な」報告を挟むということだ。中越沖地震の新しい知見の反映を急ぐ必要性を踏まえ保安院もこの進め方を了とした。東京電力は翌年の2008年3月、福島第一原発については5号機を代表的なプラントとして評価し中間報告を提出した。安全上重要な主要設備の耐震性の評価が行われた。津波の評価は中間報告にはなく最終報告に譲られていた。

そしてその最終報告は当初の予定通り2009年6月に提出するとした。ただ期限は「進捗によって見直される場合がある」とされ、先延ばしに含みを残した。そして実際にそうなっていく。

中越沖地震を巡ってはその後も地下構造の影響で揺れが増幅したことなど新しい知見が出てきた。保安院は追加的に電力各社にバックチェックに反映させるよう指示をした。作業量が増えていったのは確かだった。そして2008年12月8日。この日、東京電力はプレスリリースを出した。追加的な作業の実施が必要になったとして2009年6月としていた福島第一原発の最終報告の提出を延期すると記されていた。いつ提出するかは示されなかった。結局、東日本大震災のその日まで最終報告は出されないままだった。

中越沖地震の経験から電力各社は原発の地震対策を強化した。間違いなく国内の原発の耐震性は向上した。その一方で津波の再評価を求めたバックチェックの最終報告は遅れることになった。結果的に震災の前にバックチェックによって福島第一原発の津波対策を進めることはかなわなかった。もちろんすべて結果論ではある。が、あまりに皮肉な結果だといえる。

15・7メートルの衝撃

津波対策の見直しを求める資料が提出された御前会議から1ヵ月後の2008年3月。東京電力社内に衝撃が走った。土木グループがグループ会社の東電設計に詳細な計算を発注していた、長期評価を踏まえた場合に福島第一原発で想定される津波の水位の結果がもたらされたのだった。それは最大で「15・7メートル」。それまでの想定の3倍近い驚きの結果だった。担当者にとっても想像していなかった数字だったという。それまでの計算で福島第一原発の津波想定はすでに7・7メートル以上になることは見込まれていたが、さらに詳細な計算を行っている中で、どこまで高くなるかははっきりしていなかった。7・7メートルでも対策は必至だったが、原子炉建屋など主要な建屋がある高さ10メートルの敷地を越えるかどうかは、大きな分岐点と言えた。15・7メートルは、その10メートルをはるかに超えている。それだけに衝撃が大きかったのだ。

10メートルを超えることの意味を端的に示す記述が残されている。2008年3月7日、土木グループと対策を実施するグループとの間で津波対策についての今後のスケジュールを議論する打ち合わせが開かれていた。このときの議事録によると、対策側の担当者は打ち合わせで、10メートルを超えると、「主要建屋に水が流入するため、対策は大きく変わることを主張」し、「対策自体も困難」であることを説明していた。津波水位が10メートルを超えれば、原子炉建屋への浸水も想定され、その対策が必要になる。しかし、対策を実施するグループからすれば、守るべき安全上重要な設備が非常に多くなることから、その困難さを思い、困惑を吐露していたのである。それだけ10メートルを超えることは、対応に大きな差を生むのだった。

この打ち合わせに参加していた土木グループの担当者は、法廷でこの時期のことを証言している。

「(対策を実施するグループでは)タービンやリアクター(原子炉)が設置されている10メートルを超えないという理解をしていたと思うんですけれども、それよりも大きいと私が伝えたところで、そうなると、考えていた前提条件が成り立ちませんよというふうに言っていた」「10メートルを超えると、タービンやリアクター、守るものが無数にあって、対策ができないという、できないというか、事実上、かなり困難だという話をどこかの段階で言われたのは記憶してます」と。

翌4月に行われた打ち合わせの議事録には、「主要な建物への浸水は致命的」との言葉も残され、敷地の高さを越える津波に対する危機感がうかがえる。にわかには対策の方法も見当たらないような15・7メートルという計算結果。土木グループでは、沖合などに防潮堤を建設した場合にどの程度津波水位を下げられるかなど対策の検討を進めていくことになった。しかし、この数字はこのとき、保安院には報告されていない。後述するが保安院は福島第一原発に15メートルを超える津波が襲う想定を知らないまま、規制の対応を進めていくことになる。

武藤副本部長の指示

15・7メートルという数字に社内は揺れた。実は所長として福島第一原発の事故対応を指揮した吉田は当時土木グループが所属する原子力設備管理部で部長を務めていた。この津波の数字が吉田に伝えられた。吉田は「なんでそんなに高くなるんだ」と驚いていたという。その後、土木グループは、沖合に防潮堤を設置したり、敷地に鉛直壁を設けたりした場合に数字がどう変化するかなどを計算したうえで、再度、2008年6月上旬に報告している。その際、吉田は、自分では手に負えないとして、原子力部門のナンバー2である副本部長の武藤に報告しようと提案する。そして説明の場がもたれることになった。

それから約1週間後の6月10日、武藤への説明が行われた。現場の担当者たちとしては、長期評価はバックチェックに取り込まざるを得ない。そうであれば、津波対策は必須となる。具体的な対策を進めるため現時点で想定される対策案を説明し、今後の方針について了解を得たいと考えていた。

この日は、この問題を初めて聞いたという武藤から質問が相次いだ。説明の場は2時間近くに及んだ。そして、その日は答えが出ないまま、継続して検討することになった。

最初の説明から約1ヵ月半後の7月31日、再び武藤への説明が行われた。この日、武藤は前回とは異なり質問を挟むことなく話を最後まで黙って聞いていた。そして最後のほうでこう言ったという。

「研究を実施しよう」

武藤は、長期評価にもとづいたときに具体的にどのような津波がどう発生してどの程度の高さになると想定するのが妥当なのか、さらなる研究を進めるべきだと指示したのだった。そして、これまで原発で想定される津波の高さを評価する方法を作ってきた土木学会に研究をゆだねてはどうかとの考えも示した。

現場の担当者にとっては、この方針は予想もしないものだった。

そのときのことを、担当の社員は、裁判でこう振り返った。

「残りの時間はもうあと、2〜3分ぐらいなんだと推測しますけれども、私は残りのその数分の部分はよく覚えていないという状況です」「それまでずっと対策の計算をしたり、かなり私自身は前のめりになって検討に携わっていましたので、そういった、検討のそれまでの状況からすると、ちょっと予想していなかったような結論だったので」

御前会議、そして前回の武藤への説明を経て、全体として津波対策を進めることが認められていると考えていた現場の担当者たちからすると、まったく予期せぬ結論だったのだ。

この社員はこう結んだ。「わかりやすい言葉でいえば、力が抜けた」と。

本章冒頭に紹介した裁判での証言のくだりだ。それまで自分たちが理解していた会社の方針やそれを踏まえて進めてきた準備はなんだったのか。「力が抜けた」のだった。

ここで進みかけた東京電力社内の津波への対応は、事実上ストップする。

武藤副本部長の真意

なぜ、武藤はそのような方針を示したのか。武藤は裁判の中で2008年7月31日の打ち合わせについてこのように証言している。

「いろいろやり取りはありましたけれども、要すれば、計算結果があったが、そのきっかけになった評価の根拠は何だということになって、根拠は何回も議論したと思いますが、要は、根拠はわからないということでした。わからないのであれば、それは勉強しなきゃしょうがないだろうということで、研究しようじゃないかということになった」

武藤が問題視したのは長期評価の根拠であった。武藤は、土木グループから、日本海溝沿いのどこでも大きな津波を伴う地震が起き得るとした長期評価は、何か新しい知見が出てきたわけではなく、その根拠がわからないと説明を受けたとして、「根拠がわからないことを出発点にしてやった計算も、それは大変難しい話なわけで、波源（津波の発生の源）を一体、置くのか置かないのか。置くとしても、一体何を置くのかということがよくわからない。ですから、何かそれをもって対策をやるんだというようなことが決められるような状況ではありませんでした」と当時の認識を述べている。

また、現場が津波リスクへの備えを進める背景にあったバックチェック。保安院の審査に通るためには長期評価への対応も必要だと考えられていた。このバックチェックについて武藤は当時どう考えていたのか。裁判の中で武藤は次のように述べている。「バックチェックというのは手続きでありまして、（中略）我々は、発電所の安全性をどういうふうにして積みましていくのか、それをしっかり固めることが最初だと思いました」武藤はバックチェックとは関係なく、会社としてまずは津波のリスクについて根拠をもって議論していくべきだと考えていた。

武藤は経営的な視点から以下のようなことも述べた。

「経営として判断するという観点で言えば、（中略）機関決定をするときに、その根拠はどうだと、こう言われたときに、自分のところの担当者がわかりませんと言い、じゃあ、この計算の信頼性はどうなんだと言ったときに、いや計算の前提になっている波源の信頼性はよくわからないんですということをもって会社として機関決定をするということは、それは無理です」

そして、武藤は、当時の自らの立場を強調して、こう主張した。副本部長には決定権限がなく、あくまで技術的な相談に乗る立場だったと。2008年6月、7月の打ち合わせへの認識を尋ねられたのに対して、「私は何か大きなことを決めたと言われるのは大変に心外」だと答えた。副本部長の自分には大きなことを決められるわけもなく、会社として決定するために今後どうすればいいかを議論したまでだ、ということだった。本来は本部長の武黒が決める立場にあったというのだ。武黒は柏崎刈羽原発の対応のため、不在にすることが多かった。結局、経営幹部の間でどのような意思疎通がされたのか、いまもわからないことが多い。そして、このときをタイミングとして、東京電力の社内は動きを止めた。現場が具体化しようとした津波対策の検討は立ち止まる。一方、経営側は津波への向き合い方や対策について「会社として」責任をもった判断を下さないままの状態が、「御前会議」以降続く結果となる。

スマトラ島西方沖の地震による巨大津波で原発の津波への脆弱性に集まった関心。そして、バックチェックの仕組みの導入で電力会社が再び注目することになった長期評価。しかし、ここでも東京電力は結果的にこれらの機会を対策実施につなげることはできないままだった。

3つ目のチャンス「延宝房総沖地震」と日本原電

津波対策に対して消極的な姿勢に転じていく東京電力。ところが取材を進めるところに反した意外な取り組みが、ある電力会社で進んでいたことが明らかになってきた。この事実は取材班にとっても驚きだった。

というのも東京電力は業界のリーディングカンパニーだ。業界のスタンダードは東京電力が決めるとも言われる。ほかの電力会社も東京電力の考えに気配りをする。それが電力業界、とくに原子力業界の不文律だ。

ところが、だ。この東京電力とは異なる道を選んだ会社があった。日本原子力発電だ。茨城県と福井県に原発をもつ原子力の専業会社だ。日本原電は、新規技術を導入するパイオニアとしての役割を担い、東京電力を含め電力各社の出資で運営されている。日本初の商業原発である黒鉛炉の東海原発も日本原電が運営し、さらに商業原発では初めて廃炉作業に着手している。日本原電の社長は代々、東京電力と関西電力から送り込まれる。

東京電力が津波対策に後ろ向きになる中、日本原電は独自に津波対策を進めていた。しがらみの多い原子力業界のなかで、敏捷な動きがとれない東京電力を尻目に、なぜ、日本原電は対策を打てたのだろうか。取材を進めていくと、その経緯が徐々に浮かび上がってきた。

2008年8月6日、東京・神田にある本店で開かれた社内ミーティング。

「こんな先延ばしでいいのか」

「なんでこんな判断をするんだ」

開発計画室長が発言した言葉は会議を気まずい雰囲気にしたという。室長の発言は東京電力の対応に対してのものだった。実はこのミーティング、東京電力の現場担当

送信者：
宛先：　"原電　　"東北電力　　課長"
Cc：　"東電　土木　　"東電　土木　　"東電　土木中越　　"東電　土木中越　　"電事連

送信日時：　2008年7月31日 11:01
件名：　【会議案内：要返信】推本　太平洋側津波のバックチェックでの扱い

原電　　GM
東北　　課長

東電　　です。お世話になっております。

推本太平洋側津波評価に関する扱いについて、以下の方針の　　について早急に打合せしたく考えております。

・推本で、三陸・房総の津波地震が宮城沖〜茨城沖のエリア　　で起きるかわからない、としていることは事実であるが、
・原子力の設計プラクティスとして、設計・評価方針が確定し　　る訳ではない。
・今後、電力大として、電共研〜土木学会検討を通じて　　平洋側津波地震の扱いをルール化していくこととするが、当面、耐震バックチェックにおいては土木学会津波をベースとす
・以上について有識者の理解を得る（決して、今後な　　対応をしない訳ではなく、計画的に検討を進めるが、いくらなんでも、現実問題での推本即採用は時期尚早ではないか　　というニュアンス）

以上は、経営層を交えた現時点での一定の　社結論となります。

以上の方針について、関係各社の協調が必要であり、また各社抱えている固有リスクの観点で、一枚岩とならない可能性があると思います。

以上を踏まえて、早急に打合せをしたく考えます。8月4日午前・午後、8月5日午前で設定したいと思いますので、ご都合を御連絡お願いします（原電　　様：必要があればJAEAさんにも転送お願いします）。

東京電力の担当者から、日本原子力発電・東北電力などの担当者に送られたメール。「推本即採用は時期尚早」と書かれ、東京電力として地震調査研究推進本部の長期評価を取り入れることを事実上見送ったことを伝えている。メールでは、東京電力が「関係各社の協調が必要」と呼びかける文言があった。業界で足並みをそろえることが、長年の慣習になっていた
（©NHK、東電株主代表訴訟の証拠資料より）

者から、各社の担当者に対して、長期評価にもとづく津波対策を事実上保留する方針が伝えられた直後に開かれたものだった。日本原電では、ちょうどその前日の8月5日に常務会が開かれ、津波対策の検討状況が報告されたばかりでもあった。

日本原電ではどのような対策が取られていたのか。取材班は2008年5月に作成された日本原電の内部資料を入手した。ここでは、従来の想定の倍以上となる12・2メートル（日立港の海面を基準にした数値）という津波の高さが記されていた。その対策として、海沿いの敷地に防潮堤代わりとなる盛り土を造成し、この盛り土を越えた場合

に備えて建屋の扉を防水にして浸水を防ぐことなども計画されていた。きわめて具体的な対応が進んでいたのだった。結果的に日本原電は、太平洋に面した茨城県東海村にある東海第二原発で重大な事故の危機を回避することになる。仮にだが、東海第二原発から大量の放射性物質が出ていたら、首都圏は大混乱に陥っただろう。東海第二原発は首都圏唯一の原発で、東京に最も近い。業界の盟主である東京電力ができなかった「英断」が、なぜ日本原電にできたのか。取材班は鍵を握る人物にたどり着いた。

茨城県と日本原電

茨城県東海村。ＪＲの駅を降りると、ショッピングセンターや住宅が建ち並ぶ街が見えてくるが、海に向かってのびる道路の名前は「原電通り」「原研通り」などと、原子力に由来したものばかり。日本で初めて原発が稼働し、数多くの原子力関連施設が立地するこの村は「原子力発祥の地」とも呼ばれる。この地に立地する日本原電の東海第二原発で、震災前から津波対策が行われた。取材班は、２０１８年10月、対策に乗り出す理由の一つをつくった人物に出会った。茨城県の原子力安全対策課で課長などを務めた山田広次（やまだこうじ）（67歳）だ。東日本大震災の前に、日本原電に対して津波対策

日本原子力発電・東海第二原発（茨城県東海村）（©NHK）

を要請し、日本原電はこれを踏まえて対策を実施していたのだった。

2007年3月。茨城県は津波浸水想定を作成していた。2004年に起きたインドネシア・スマトラ島西方沖の巨大地震を受けて国土交通省の委員会が津波対策を早急に進める必要がある旨をまとめ、自治体ごとに津波浸水想定を作成するよう求めていたことなどが背景にあった。担当の茨城県河川課は、専門家による委員会を立ち上げ、2005年から津波浸水想定を作成し始める。

県の津波想定に関する委員会で委員長を務めた茨城大学学長の三村信男（みむらのぶお）（69歳）は、取材に対して歴史的に考えられる津波すべてを想定しなければならないと考えていたと話した。それまで茨城県沿岸では1960年のチリ地震津波での被害などは知られていたが、36人の死者を出したとされる1677年の「延宝房総沖地震」による津波被害は文献の記載のみで、具体的な震源や規模につながる資料はなかったという。そこで県の委員会は、独自に文献や現地調査、シミュレーションなどを積み重ねた。そして国が知見の不確かさから想定を示していなかった延宝房総沖地震をもとに津波評価をまとめることになる。三村は「科学的に予想し得る最も危険な想定をして対策を打たなければ、県民の命は守れないと考えた」と振り返る。

地元紙の記事で県の津波浸水想定を知った山田は、河川課から直ちに取り寄せた。そこには東海第二原発に近い2ヵ所の津波の高さが記されていた。1ヵ所の久慈川河口は7・6メートル。もう1ヵ所の新川河口は、6・6メートルだった。この数字が、山田の中の不安を強める。

「海水ポンプがやられてしまう可能性がある」

原子炉の冷却に不可欠な装置である海水ポンプが、津波をかぶれば壊れることは知っていた。山田は、日本原電の担当者を呼ぶ。津波浸水想定のデータをもとに、東海第二原発での津波の高さを出してほしいと伝えたのだ。日本原電はすぐに計算を行ったという。その結果は、やはり想定より高いというものだった。数値は海水ポンプ近くで「5・72メートル」。当時、東海第二原発で推定されていた津波は4・86メートルだったので、それを0・86メートル超える。そして、高さ4・9メートルの壁に囲われた海水ポンプも浸水することを意味した。山田が「すぐに対応すべきだ」

と伝えると、日本原電の担当者は「そうですね」と返事をしたという。

山田は何十年も茨城県で原子力の安全対策に向き合ってきた。かつて、東海第二原発の近くにあった別の施設に、使用済み核燃料を搬入する際、その作業に本当に問題がないか確認するため、立ち会ってきた。一職員の山田が現場に行きたいと言えば、上司はそれを許したという。使用済み核燃料を積んだ船が港に着く様子を幾度も見てきた。そして、その際、山田の目には、港近くにある東海第二原発の海水ポンプが映っていた。海水ポンプが置かれている場所、その大きさ、海面からの高さ。津波浸水想定を見て、何度も通った現場の光景が、頭の中にすぐに思い浮かんでいた。

そして、過去の災害が甚大な被害をもたらしたことが山田の心に刻み込まれていたことが大きかった。甚大な被害をもたらした1995年の阪神・淡路大震災。自然災害は常に人間の常識を超えてくる。この震災をきっかけに、山田は、これまでの想定を大きく上回る自然災害が、茨城県内の原子力関連施設を襲うことを否定できないのではないかとの思いを強くしていた。数万円もする活断層の専門書を課で購入してもらうなど、過去の歴史地震や津波に関する資料をひたすらに調べていった。そして、津波浸水想定を見た瞬間、山田は延宝房総沖地震による被害の記録を思い出した。

足繁く通った現場、過去の津波被害。これらが、日本原電への要請につながっていく。

山田は大学で原子炉を扱った研究を行っていたことから原子力関連施設が多くある茨城県に入庁した。県庁ではほとんどが原子力安全対策課。多くの事故やトラブルを経験することになる。その中でも山田に衝撃を与えた体験がある。１９９９年、東海村の燃料加工工場で起きた臨界事故だ。作業員2人が大量の被ばくで亡くなった。国内で初めて原子力事故による避難要請が出され、住民など６００人以上が被ばくするなどした。当時、国内では過去最悪の原子力事故だった。山田は発生から1時間余りで現場に着き、県庁に戻ったあとも情報収集に当たった。山田は被ばくもした。山田の中で、原子力に対する意識が大きく変わっていった。「何かあったら県民の安全を守れない」起きるかどうかわからない。しかし、備えておかないと起きたときに県民を守れない。原子力に関わることは不確実でもリスクに備えておくべきだとの考えを強く持つようになっていった。

しかし、実際に電力会社の対策につなげるのは簡単ではなかった。自治体と電力事業者の間の取り決めの一つに「安全協定」というものがある。事故時の対応などを約束したものだ。しかしこれは法的根拠を持たない紳士協定だ。この協定には「起きるかもしれないリスク」を根拠に正式な対策の要請を認める取り決めはない。対策実施には巨額の費用だけではなく、県庁内、そして住民、国にも「なぜその対策を行うのか」という対外的な説明が必要となる。「根拠・エビデンス」が必要だった。残念ながら津波浸水想定は確たる証拠にはならず、これでは茨城県からの正式な要請はできないと考えた。

結局、山田はあくまでも自らの判断で「口頭要請」を行うことになった。当時について山田は、こうきっぱりと答えた。

「組織として動いたわけではない。別の見方をすれば、スタンドプレーという評価になるかもしれない。ただ、茨城県で長いこと原子力に関わってきた中で、いい加減なことはやりたくない。それは許されないという気持ちはあった」

2011年3月11日の東日本大震災、東海第二原発は地震の揺れを感知し自動停止した。東海村で震度6弱の揺れを観測し、原発ではタービンの軸が大きく震動したため、約2分後に原子炉が止まったのだ。外部から電源が送られず、3台の非常用ディーゼル発電機が起動し、原子炉の冷却が続けられていった。しかし、地震発生から約4時間半後のことであった。非常用発電機を冷却して動かすための海水ポンプ1台が、津波によって水没する。残る2台の海水ポンプを使って2台の非常用発電機を動かし続けることとなった。

実は、これは山田からの非公式とも言える要望に日本原電が応えた結果であった。日本原電は、東海第二原発の海の近くにあった3台の海水ポンプまわりの壁の高さを6・1メートルに上げる対策に水面下で乗り出していた。東日本大震災では約5・4メートルの津波が押し寄せた。対策を取る前の海水ポンプの壁の高さを50センチ上回るものだった。対策を取っていなければ3台のポンプが浸水し、壊れることを意味する。震災当時、一部の排水溝の穴を塞ぐ工事が終わっていなかったため、1台が水没することになるが、壁の工事は完了しており、2台のポンプは守られた。東海第二原発の原子炉は、時間をかけて冷却され、重大な事故に至ることはなかった。

山田は、2011年3月に退職する予定だった。しかし、退職目前の3月11日に東日本大震災、原発事故が起きる。避難してきた多くの人たちの避難先や避難経路の確保、放射線量を測定するモニタリングに従事した後、翌4月15日に退職した。作業着のまま辞令を受け、一人県庁をあとにした。山田は、原子力を扱うのであれば、常にリスクと向き合い続けなければならないと語った。

「原発や原子力施設では、事故やトラブルが幾度となく繰り返されてきた。福島第一原発の事故から数年が経つが、電力事業者・国・地元自治体は、緊張感を持ち続けて、リスクはどこにあるのか調べ議論し続けなければ、原子力はいつ再び、私たちの生活を脅かすかわからない」

日本原電の功

自治体の要望を踏まえて東海第二原発の津波対策をいち早く進めた日本原電。社内で対策を進めることに異論は出なかったのだろうか。東京電力のようなことはなぜ起こらなかったのだろうか。当時、対策を検討した関係者から話を聞くことができた。

「長期評価などをもとに、津波が来るだろうというリスクは社内で共有されていたと思う。まずはできる対策を取っていき、大規模な工事は今後、順次やっていけばよいという考えだった」

実は、日本原電では、茨城県の津波浸水想定にもとづく想定を大きく上回る、あの長期評価にもとづいた想定で対策を講じていたのだ。最大の津波の高さの想定は従来の倍の12・2メートルにもなる。そして、少しずつできるところから対策が進められていったという。

複数の関係者によると、日本原電の本店で、津波対策を中心となって進めたのは「耐震タスク」と呼ばれるチームだった。「耐震タスク」は、2006年に国がバックチェックを指示したことを受けて地震や津波の新知見に対応するため、社内のさまざまなグループから代表者が集まる組織横断的な部隊だった。各グループの情報は耐震タスクに集約され、対応が検討される。結果を各グループに持ち帰っては、共有・検討を繰り返す中でさまざまなアイディアが出ていたという。

特に津波対策で中心となったのは、事故対策などを担当する発電管理室と、土木や建設などを担当する開発計画室という部署だった。日本原電は原子力専業の会社であり、他の電力会社と比べて規模が小さかったため、担当者レベルで密に情報交換ができたと振り返った。こうした素地があった日本原電。茨城県からの非公式な要望にも迅速に応えることができる準備が整っていたと言える。その結果がすぐに東海第二原発の津波対策につながっていく。一般的に原発では、敷地内に一切水が入らない「ドライサイト」が想定されている。津波の流入を防ぐのであれば、防潮堤などを建設することが考えられるが、当時、日本原電では、大がかりな工事を行うには巨額の費用と長期間の工期が必要となるため、いつ実行できるか不透明だったという。このため、耐震タスクは、各グループが連携して、敷地に水が入ってきたとしても、まずは少しでも機器や設備を守る対策を進めようと、防潮堤ではなく、短期間で安価にできる盛り土と、建屋の防水という複合的な対策案をまとめていたのだ。２００９年にこれらの対策は講じられた。２０１１年の東日本大震災では、津波はそこまでの位置に達しなかったが、対策は間に合う形となっていた。

日本原電は、扉の水密化といった津波対策を太平洋側だけでなく、日本海側の福井県敦賀市にある原発でも実施していたことも取材でわかった。東京電力をはじめ電力各社が巨額な費用を前提として躊躇した津波対策。時期的には、土木学会に研究を依頼するとして東京電力の動きが止まった2008年に、着実に対策が進められている。柔軟で的確にリスクに向き合うひとつの答えを日本原電は示したといえる。

私たちはこの事例を踏まえて電力各社に東日本大震災前の津波対策について取材した。すると、静岡県御前崎市にある中部電力の浜岡原発でも対策に着手していた。想定を超える巨大津波で地下トンネルから海水が敷地内に入り込む可能性を考え、震災の前に防水性をより高めた扉の設置を進めていた。また、配管の隙間を塞いで海水の流入を防ぐ工事も行っていた。さらに高さ10メートル以上の防潮堤の設計も始めていたのだ。

しかし、こうした前向きな対策の事例が東京電力をはじめ業界全体に波及することはなかった。いったいなぜなのか。

広がらなかった取り組み

その理由を探して「英断」を下した日本原電にさらに取材を重ねた。すると見えてきたのは電力業界の「東京電力を中心に各社足並みを揃える」という長年の〝物事の進め方〟だった。日本原電は、自らが行っていた津波対策を対外的に気づかれないようにしていたことがわかってきた。

日本原電は、東日本大震災の前、東海第二原発で津波対策を行ったことは公表せず、対策の根拠を曖昧にすることに苦心していたのだ。長期評価に対応するべく種々の対策を練り上げていたにもかかわらず、その事実を隠す形となった。

取材班はそれを示す資料を入手した。当時、日本原電が保安院に対して、津波対策工事の内容を説明するために作成した想定問答集だ。そこには驚くべき記述があった。日本原電がもとにした長期評価によれば、建屋には津波は「遡上する」ことになる。しかし、問答集には長期評価の文字はなく「遡上しない」と説明するようにと記されていた。また対策工事は、万が一のための自主的なものに過ぎないとしていた。

なぜこうした対応をとったのか。その背景に何があるのかを日本原電の元幹部に取材した。元幹部はそこには原子力業界の長年の慣習があると語った。

「電力各社は、横並びというか、他社のことも考えながら物事を進めるのが原則となっていて、特にリーディングカンパニーの東京電力などに配慮をしながら進めるという習慣が身についている。対策をやってしまえば、たちまち他社に波及することになり、気をつけなければならない」と。そしてこうしたやり方は電力事業という公共性の高い事業を全国で進めるにあたって電力各社の連携が不可欠なことから派生していると付した。

日本原電は、震災後、茨城県の山田からの求めに応じ、津波対策を取っていたことは認めている。しかし、それ以外はメディアに発表していない。電力各社は原発の安全対策に関わる案件は比較的丁寧に発表することが多いにもかかわらず、だ。取材班は、日本原電に見解を求めた。返ってきたのは「回答は差し控えたい」というものだった。すでに東日本大震災から10年が経とうとしている。そんな今でも、東海第二原発で行われた「英断」を明らかにしたくないものなのか。

対策を進めていた中部電力もメディアに発表していなかった。理由について聞くと「一部の津波対策が社として意思決定されていなかったため、公表していなかった」との回答が寄せられた。東京電力の存在や各社との横並びが理由ではないとした。

いずれにしても見えてきた事実は、津波へのさらなる備えが必要だと考えて扉の水密化など具体的な対策を検討し着手していた会社があったにもかかわらず、こうした姿勢や対策が業界全体には波及しなかったということだ。また、メディアへの発表もなかったことから、原発を巡る津波のリスクを社会全体として共有する機会も持てなかった。もしこうした取り組みが広く国民に知らされていたら、東京電力を含めた電力各社の姿勢や保安院の取り組みも、少し違ったものになっていたのではないだろうか。そう思わざるを得ない取材結果だった。

4つ目のチャンス「貞観地震」

東京電力の津波対策に向けた動きが止まっていた2009年6月24日。この日、4つ目の機会が訪れることになる。保安院の会合でのある委員の発言が東京電力を慌てさせたのだった。その委員とは、産業技術総合研究所の岡村行信（おかむらゆきのぶ）である。津波の新たな知見を巡り、この日、公開の場で議論が交わされていた。会合では2008年3月に東京電力が提出していたバックチェックの中間報告が審議されていた。中身は地震についてだ。中間報告では津波については扱う必要はないはずだった。

この会合の中で岡村は、869年に起きたとされる貞観地震の津波について触れられていないことに違和感を表明した。発言が議事録に残されている。

「貞観の津波というか貞観の地震というものがあって、西暦869年でしたか、少なくとも津波に関しては、塩屋崎沖地震とはまったく比べものにならない非常にでかいものが来ているということはもうわかっていて、その調査結果も出ていると思うんですが、それにまったく触れられていないところはどうしてなのか」

電力会社と保安院の間で話し合っていた中間報告と最終報告の内容の仕分け方は関係なく、研究者として指摘すべき津波の研究成果に言及したのだ。

これについて、東京電力は地震動については、塩屋崎沖地震を検討すれば問題ないと考えていると回答した。

これに岡村は納得しない。

「少なくとも津波堆積物は常磐（じょうばん）海岸にも来ているんですよね。かなり入っているというのは、もうすでに産総研の調査でも、それから、今日は来ておられませんけれども、東北大の調査でもわかっている。ですから、震源域としては、仙台のほうだけではなくて、南までかなり来ているということを想定する必要はあるだろう、そういう情報はあると思うんですよね。そのことについてまったく触れられていないのは、どうも私は納得できないんです」

岡村がこのときに触れた産業技術総合研究所などの調査が、津波対策に着手するまさに4つ目の機会につながるものだった。貞観津波の堆積物の調査が各研究機関で進んでいた。そうした成果をもとに、津波のシミュレーションを行って、地震の規模や発生場所を推定したレポートが発表されていたのだった。

東京電力はこれには答えず、事務局である保安院が、地震動への影響については事務局でも確認したいとしたうえで、津波については貞観地震も踏まえて検討を行って最終報告で出されると考えていると引き取った。

貞観地震は、平安時代に編纂(へんさん)された『日本三代実録』に記録が残されている地震だ。大きな津波も襲ってきたと言われ、文献には、東北沿岸に津波が押し寄せ、１０００人ほどが溺死したと記されている。長年、文献調査の域を出なかったが、２０００年代以降、津波によって運ばれた砂などの津波堆積物の調査が本格的に進んだ。そして過去の津波を引き起こした地震の発生場所や規模などを割り出す研究が行われていた。そして、２００８年、貞観津波に関するレポートが出され、これが地震や津波の専門家の間で注目を集めていたのだ。このレポートは当時、産業技術総合研究所にいた東京大学教授の佐竹健治らがまとめたものだった。それまでの調査で確認された津波堆積物の分布を再現するように津波のシミュレーションを実施してみたところ、宮城県沖を中心とした領域で、マグニチュード８・４程度の地震が起きていたことになるという結果を導いたのだ。これは、それまで考えられていたよりも大きな津波をもたらす地震が宮城県沖を中心とした領域で起きていた可能性を示すものだった。震源から近い原発の津波への備えに対して警鐘を鳴らす知見だった。

佐竹は、レポートをまとめたときのことについて「2008年時点では、過去に貞観地震があったことは間違いないという認識だった。それによって津波が起き、その物証があることもわかっていた。地震の規模はマグニチュードにすると8・4以上ということまでわかってきていた」と話す。

佐竹が「マグニチュード8・4以上」と「以上」をつけたことには理由がある。津波堆積物の分布が明らかになったのは仙台平野と石巻平野に限られていたため、断層が南や北にどれだけ延びているのかまでは、その時点ではわからなかった。そのためもし断層が延びれば、地震の規模はより大きくなる。マグニチュードは最低でも8・4だというのだ。レポートの最後の部分で佐竹は、「断層の南北方向の広がり（長さ）を調べるためには、仙台湾より北の岩手県あるいは南の福島県や茨城県での調査が必要である」と結んだ。

レポートは、さらに調査と研究が進めばより大きな脅威の輪郭がはっきりとしてくることを示唆していたのだ。

貞観津波は、2002年に地震調査研究推進本部が示した長期評価と比べて、よりリアルな物証にもとづいたものだ。東京電力はこのレポートの内容を知った2008

年秋頃から内部で検討を始めていた。貞観津波もまた、バックチェックでの評価の対象となる可能性があると考えたからだった。

東京電力は、レポートで示されている断層モデルを参照し、シミュレーションも行っていた。その速報値は、２００８年11月中旬に報告されている。当時の資料からは、この時点での最大値が約９メートルになることが読みとれる。長期評価で想定された15・7メートルに比べると低い結果だが、従来の想定の5・7メートルを超えて

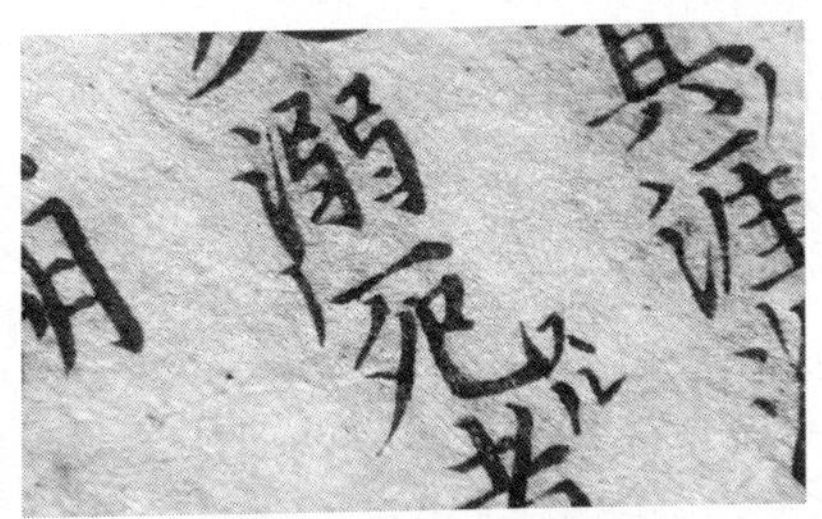

平安時代に編纂された『日本三代実録』には貞観地震についての記載があり、津波により1000人ほどが溺死したことが書かれている（©NHK）

貞観津波の津波堆積物の調査の様子（©NHK）

東京大学教授の佐竹健治。佐竹らの津波のシミュレーションのレポートは関係者の間で貞観津波への関心を高めた（©NHK）

いた。

しかし、東京電力は、貞観津波についてもこの時点ではバックチェックの評価の対象とはしないこととした。その理由を佐竹らのレポートの内容に求めていた。レポートでは、断層のモデルを一つに定めておらず、また、断層の南北方向への広がりを調べるためには、岩手県や福島県、茨城県での調査が必要などともされ、今後、モデルが変更される可能性があった。東京電力はこの点に注目していた。つまり、まだ確定していない研究段階の知見であるから、現時点では取り入れないということである。これは1つ目のチャンス、長期評価が示されたときに専門家の間で見解がわかれ確定したものではないとしたときと類似する。ただし、貞観津波にはこのあともスポットライトがあたるチャンスが何度か訪れる。

遮る「横並び」の構図

この貞観津波に関しても、実はバックチェックの対象にすべきと考えていた電力会社があったことがわかった。宮城県女川町と石巻市に立地する女川原発を持つ東北電力である。震災時、女川原発は地震の激しい揺れで緊急停止し、建屋の壁に多数のひびが入るなどの被害があったものの、事故にはならなかった。高台にあったことから、周辺住民約360人が原発内に避難して最長80日余りを過ごしたことでも知られている。

東北電力はバックチェックの津波に関する審査で、この貞観津波の最新の研究成果が問われるのではないかと考えた。女川原発は建設に関する最初の許可が下りた1970年の時点で、まだ詳しい痕跡の調査などは進んでいなかったものの既に貞観津波を考慮していたためだ。土木建築部の担当者は津波評価に関するバックチェックの報告書案の準備を進めていく。一方、貞観津波はまだ確定的な知見でなく調査が必要だとした東京電力にとって、この東北電力の動きは望ましいものではなかった。東北電力の動きを知った東京電力はある提案を東北電力に行っていたのだ。

東北電力・女川原発（宮城県女川町・石巻市）。地元出身の採用も多い東北電力。地域が歴史的に津波の被害にあっていることから津波への意識は高かった（©NHK）

取材班は、当時、東京電力と東北電力の担当者の間で交わされたメールを入手した。そこには横並びの業界の構図をにおわす生々しいやりとりがあった。

▽東京電力→東北電力（２００８年11月13日）「社内の方針会議を実施し、８６９年貞観津波については、ＢＣ（バックチェック）対象としない方針としました」

△東北電力→東京電力（２００８年11月14日）「貞観津波について。ＢＣ（バックチェック）報告書には記載することで報告書を完成しております。当社が記載することについて不都合ありますでしょうか」

▽東京電力→東北電力（２００８年11月17日）「福島サイトへの影響が大きく、福島のバックチェック報告時の対応が時間的に間に合わない状況です。御社がバックチェックで報告する場合、当社の方針と異なり、社内上層部まで至急話をあげる必要がありますので、再度御社の方針をご確認させていただきたく思います」

△東北電力→東京電力（２００８年11月25日）「うまい落としどころは考える必要があると思っています。本件について打合せをしたいと思いますが、いかがでしょうか」

「うまい落としどころは考える必要がある」足並みをそろえるようほのめかす東京電力に東北電力はこう応えた。そして、２００８年11月28日、東北電力は、東京・内幸町にある東京電力本店を訪れ、打ち合わせを行った。その日の打ち合わせについて記した東北電力の内部文書には次のように書かれていた。

東北電力「『新知見』として評価すべきと考えられる」

東京電力「歩調を合わせるという観点から、東北電力のBC報告書への記載については、『参考』的な位置付けで記載できないか」

打ち合わせの文書に添付された資料には、東北電力の担当者が準備していた案を修正し、貞観津波の前に【参考】という文字が新たに書き加えられていた。こうしておけば、保安院に対して東京電力は「東北電力も貞観津波の評価について正式なものではなく、あくまで参考ということですから」と説明ができる形となる。

取材班は入手した資料をもとに私たちの疑問と当時の判断について東北電力と東京電力に取材を試みた。

東北電力は、一連のやりとりや担当者が準備して

い。
・今後，福島第一の報告（平成21年3月）
・東京電力と歩調を合わせるという観点か
「参考」的な位置付けで記載できないか。
・当社としては，これまでの記載を変更す
討する旨を回答。

東北電力出張報告書には、2008年11月28日に、東京電力が「『参考』的な位置付けで記載できないか」と東北電力に提案したことが記載されている
（©NHK、東電株主代表訴訟の証拠資料より）

いた報告書案を修正したことは認めたうえで、次のように回答があった。

「東京電力から繰り返し確認をされ、この状況が続けば時間が割かれて、当社の津波バックチェックの作業などに影響が出る可能性があった。このため、打ち合わせを行った。担当者には、東京電力に配慮するといった特別な意識はなく、準備を進めていた案を修正した。【参考】がついても女川原発の津波評価に影響はなかった」と。

一方、東京電力は「個別の訴訟に関する質問については、回答を差し控えさせていただく」というもので、実際について明確な答えはもらえなかった。

しかし、東北電力の内部文書には「『東京電力ニーズ』を満足するもの」と記されている。

担当者は、東京電力は東北電力が確定的に貞観津波をバックチェックで扱うと、先例になってしまうことをおそれたのだと思うとしている。そして、貞観津波は女川原発の津波評価に影響を与えないことから、東京電力の依頼に応じて貞観津波を参考にとどめることを決めたという。当時の判断にわからない部分はあるものの、結果から言えることは少なくとも双方が互いに迷惑がかからない形を模索したこと。そして結果的に東北電力の前向きな対応は参考扱いになり、正式なものとはならなかったということだ。

貞観津波を巡る保安院の対応

東京電力と東北電力のやりとりの中で【参考】扱いとされた貞観津波について安全規制を行う保安院はどうとらえていたのか。産業技術総合研究所の岡村の指摘を受けて、保安院も東京電力に説明を求めた。東京電力は、２００９年の8月、9月と2度にわたり、保安院の担当者に対処方針を説明した。その内容は、貞観津波はまだ確立した知見とは言えないため当面はバックチェックの対象とはしない一方で、津波堆積物の調査などを実施し、知見が固まれば必要な対策を実施していくとするものであった。前向きに研究はするが、今すぐ何か対策を取ることはしない、そういう趣旨の説明であったという。

2度目に当たる9月7日の説明の際には、東京電力は、保安院に貞観津波のシミュレーションの結果も伝えている。そのときの資料には、最大で約9メートルの水位になることが示されていた。モデルが確定していないにせよ、貞観津波の研究成果をもとにしても福島沿岸に大きな津波が起こりえること、そして福島第一原発のそれまでの想定を上回ることが保安院に示されていた。

このとき、貞観津波についての評価を隠すことなく保安院に説明した東京電力だが、もうひとつの計算結果については持ち出さなかった。それはすでに計算結果が出ていた長期評価にもとづいた津波の想定、あの「15・7メートル」の衝撃の結果についてだ。新たな津波想定にもとづくシミュレーション結果という点では保安院に補足として説明をしておいてもよいものと思われるが、求められていないものは説明しようとしなかったのである。

結局、保安院は、貞観津波に対しての東京電力の報告を踏まえた上で、特段の対応をすぐに求める行動には出なかった。東京電力に残された議事録には保安院の当時の返答が残っている。

「十分検討されていないモデルによる結果で、運転中プラントがとまってしまう、等という不合理なことを考える人はいないと思う」また、「バックチェックでまともに扱うべき、との意見は暴論だと思うが、一方で、まったく触れない、ということで通るかどうかは議論があるかもしれない」といったコメントもあったと記載されている。これはあくまで東京電力側の記録ではあるが、東京電力に同調するかのような発言だ。少なくとも東京電力はすぐの対応は求められず、バックチェックの対象にも現時点ではならないと受け止めた証左であった。

実はここに当時の規制当局である保安院と電力会社の関係性が浮かび上がってく

る。端的にいうと、規制する側とされる側の距離が近いということだ。ここに「地震対策が目下の中心で優先順位が低かった津波リスク」に対して後手に回った遠因が見えてくるのだった。

規制する側とされる側　「朝会」が象徴するもの

東京電力の担当者が保安院に求められて、地震や津波の検討状況について説明するのは当時、一般的に行われていたことである。しかし、この頃、このような担当者どうしの打ち合わせとは別の会合が週1回の頻度で行われていた。取材班はその詳細を関係者から聞き出すことに成功した。東京電力から参加するのは、武藤や吉田などのそうそうたる幹部、保安院からは課長や審議官クラスが出席していた。その会合は「朝会」と称され、その名の通り、朝8時頃からという早い時間帯に開かれていた。主要なテーマは、やはり柏崎刈羽原発の再稼働だったが、福島の津波についても話し合われていたという。

規制する側とされる側の幹部が顔をそろえていたが、当時の状況を知る複数の関係者は、その会合の雰囲気は淡々としたもので、決して緊迫感のあるものではなかったと証言する。お互いの事情を理解し合いながら、協調しながら歩む仲間のような雰囲気すら感じられたという関係者もいた。

この朝会で、貞観津波についても議題に上ることがあった。保安院側は貞観津波について評価しなければならないという考えを伝えていた。しかしその一方で、貞観津波が確定した知見ではないことは両者の共通認識としてあり、堆積物調査を行ってから対応していくという東京電力の方針を保安院も了承し、すぐに対策を求めることはなかった。朝会でこうした共通の認識が確認されていったのだった。

また、バックチェックの最終報告の時期についても話し合われていたという。当時、東京電力は福島第一原発の津波評価を含む最終報告について容易に提出できる状況にはないということを保安院側にも伝えていた。柏崎刈羽原発の対応に追われ、解析を行うメーカーの人員も限られ、苦しい状況にあることを朝会で説明していたという。それに対して保安院も理解を示していた。電力会社側の状況を踏まえるとすぐには難しいだろうと。保安院としても東京電力以外の原発の審査を多く抱えていた。こうした事情もあり、東京電力を急かすことはなく、事実上、津波評価を項目に入れたバックチェックの最終報告の期限がずるずると先延ばしされていくのを容認していくことになるのだった。

専門集団ＪＮＥＳのクロスチェック

４つ目の気づきの機会だった貞観津波の新知見。実はもう一度、保安院が向きあうチャンスが訪れる。それは【参考】がつけられた東北電力の報告書案の扱いだった。保安院の扱い次第では、貞観津波のリスクがクローズアップされる可能性があった。保安院がこの【参考】がついた情報をどう受け止めていたのか。詳細はつまびらかにされていないため、取材班は、情報公開請求でこの問題の鍵を握る文書を入手し関係者への取材を進めた。

入手した文書の一つは、保安院のシンクタンクといえる当時の原子力安全基盤機構、通称ＪＮＥＳ（ジェイネス）が行った「津波クロスチェック」だった。電力会社の行った評価をもう一度、分析や解析の専門家からなるＪＮＥＳが評価しチェックするので「クロスチェック」と呼ばれている。ＪＮＥＳは保安院に依頼され東北電力が準備していたバックチェック報告書案の内容もクロスチェックしていた。そして、「貞観津波を想定津波の一つとして検討する必要がある」という見解をまとめていたのだった。

ＪＮＥＳは、保安院を技術的に支援する役割を担う組織である。２００６年に耐震指針が改訂され、バックチェックを行うよう保安院から指示を受けた電力各社は保安

原子力安全基盤機構（JNES）元理事の蛇沢勝三

院に報告書を提出することが求められていた。JNESは、保安院から、電力各社のバックチェックの報告に問題がないかを確認するため第三者の立場から科学的な見解を求められていた。そのJNESが東北電力のバックチェックの報告書案を検討した結果、東京電力が知見はまだ不確かであり、すぐには対応をする必要はないとした貞観津波について「想定津波の一つとして検討する必要がある」としたのだ。

取材班は、JNESで長く原子力発電所のリスク評価を担い現場の責任者も務めていた人物に話を聞くことができた。耐震安全部長や理事を歴任した蛇沢勝三（えびさわかつみ）（69歳）である。

2020年2月、雪が降りしきり、肌を刺す寒さのなか、盛岡市にある自宅で話を聞くことができた。蛇沢は、当時のJNESの役割、チェックの意義について丁寧に説明してくれた。

蛇沢は、JNESは国の一機関ではあるが、独立性や透明性を大事にする組織であったと繰り返し語った。技術者、専門家の集団であり、それゆえ、電力会社が出してきた報告書をＪＮＥＳがうのみにすることはなかったという。保安院をサポートする技術集団として科学をよりどころとしてリスクに向き合ってきた自負がのぞいた。

電力会社の報告などをチェックするなかでＪＮＥＳがレポートを作成すると、電力会社のものと一緒に公開の場で議論を行うことになっていた。つまり電力会社の考えと、ＪＮＥＳの考え方がどう違っているのかを透明性をもって説明することがその後の科学的な検証にもつながると考えていたからだ。蛯沢は、透明性こそが重要なポイントであったと強調する。

「リスクを正しく評価するためにはすべてをオープンにすることだ。そこには、科学的・合理的でないものも含まれているかもしれないが、オープンにすることで、それに対して指摘を受け、対応していくことができる。すべてをオープンにすることが神髄だ」

地震や津波などの自然科学には不確実さが伴う。不確実さの考え方も専門家によって意見が分かれる。ＪＮＥＳが正しいということではなく、考え方を相互に示し、公開の場で議論することがポイントだったのだと。

蛯沢は、取材に対してくだんの東北電力の報告書案の分析には直接はタッチしていないとし、記憶も少し曖昧だとした。その上で、当時の津波に対する組織の考え方や分析結果についてどう考えるか答えてくれた。

まず東北電力の報告書案については「2006年の指針改訂の趣旨を踏まえ、当時の知見や不確実さも考慮し、緻密なレポートに練り上げている」とした。

JNESはこの東北電力の報告書案について独自の検討を加え、東北電力の示した14・4メートルを上回る、14・9メートルの津波の高さを提示した。東日本大震災で女川原発に押し寄せた津波は最大で約13メートルだった。

「東北電力もJNESの専門家も、当時としてやるべきものをきちっとやっていたということは言える。東日本大震災が起こる前に、日本海溝を起因として14メートル台の津波を想定していたのは重要なメッセージを持っていたと思う」と蛯沢は語る。

ではなぜ、保安院はこのJNESの結果を踏まえて行動にでなかったのだろうか。

JNESによるクロスチェックの報告書が出る段階では、蛯沢はすでに異動していたため、このJNESのクロスチェックの結果がどう扱われたのかわからないという。

そして、こう付け加えた。「東北電力もJNESもきちんとしたレポートを書いていた。あとは、これを使って意思決定するところだった。しかしそこにスピード感がなかったのだろう。科学を踏まえて専門家が解析し、評価したものを、今度は、意思決定に使う立場の人たちがどうそれを評価しオープンにして議論するか。そこは今も問われていることではないか」と。

ＪＮＥＳの結果報告と保安院の謎

なぜ保安院は科学的に評価したＪＮＥＳのクロスチェックの結果を活用しなかったのか。ＪＮＥＳは、貞観津波を「想定津波の一つとして検討する必要がある」として、東北電力が報告書案につけた参考的な扱いとはしなかった。取材班はクロスチェックの結果の内容を書いた人物にたどり着いた。２０２０年、解析担当者は原子力規制庁に所属していた。

閑静な東京・六本木のビル街に、原子力規制庁はオフィスを構えている。その一室で解析担当者は机の上に並べた資料を示しながら、自身の記憶を呼び覚ますように話をしてくれた。当時のＪＮＥＳの担当チームは、保安院から依頼を受けて、女川原発を襲う可能性のある津波について最新の知見と照らし合わせて解析作業を進めた。このほかにも各地の原発の津波評価について、順番に解析を進めていて、女川原発もそのひとつであった。そのため女川原発に特段に気負いを持って作業に臨んだわけではなかったという。ＪＮＥＳは電力会社が行った分析を同様の手法で行い評価結果に間

東北電力の報告書案をチェックしたJNESの解析担当者は【参考】の2文字に違和感を覚えたと証言する（©NHK、東電株主代表訴訟の証拠資料より）

違いがないか確認する。さらに、これとは別に独自の視点で評価することも行っていた。ただあの【参考】の2文字に違和感を覚えたと振り返った。

「東北電力の報告内容を確認していくと、貞観津波の評価を盛り込んでいたことに気がつきました。ただ、【参考】という位置づけでした。私たちは中途半端な【参考】とするのではなく、きちんと評価に取り入れたほうがいいという判断をした覚えがあります」

このためＪＮＥＳはクロスチェックの結果に貞観津波を想定に取り入れるべきだとする文言を入れたのだった。東京電力が東北電力と打ち合わせた結果、挿入されたとみられる貞観津波の【参考】扱いを是正するチャンスが訪れることになる。

ＪＮＥＳは２０１０年11月に保安院に結果を報告した。そうなると次の疑問はなぜ保安院がＪＮＥＳの考え方を活用しなかったかだ。

その理由は思わぬものだった。それは東北電力から提出されているものが最終報告ではなく、最終報告の案だったためというのだ。解析担当者もそのことをはっきり記憶していた。「私たちが報告書を出したとき、東北電力からの報告は案のままでした。いずれ東北電力から最終報告が出てくれれば、再び分析をやることになるのだろうと思っていた」という。このため公開の会合の場で議論される機会を逃すことになった。つまり最終報告書が東北電力から出されたところで、東北電力の報告内容とＪＮＥＳがチェックした報告内容を公開し、議論を重ねるのがこれまでの手順と認識されていたからだった。

しかし、保安院は少なくとも報告は受けている。通常通りの公開での議論が行われないとしても、その扱いはどうなったのだろうか。取材班は、当時の保安院担当者に話を聞くことができた。彼は少し記憶をたどりながら、こう答えた。

「報告を受けたかどうかもわからないんです。中身も見た記憶がありません」

どうにも記憶にないという。そんなに軽い扱いでしかなかったのか。

「当時は、いずれ津波の議論が行われると考えていました。そこで確認していけばいいと思っていたことは確かです」それ以上のことはわからなかった。

もっと詳しいことが知りたい。ほかにも当時保安院にいた職員に取材を重ねた。しかし、ＪＮＥＳのチェックの結果がどう扱われたのか明確な証言や資料を入手することはできなかった。わかったことは少なくとも保安院として重要視して扱った形跡は認められなかったということ。こうして電力会社が【参考】とした貞観津波の評価から【参考】の文字を取り、重きを置くように科学的な視点から提言したＪＮＥＳの結果はすぐには生かされないままとなったのだった。

最後のチャンスと自治体

貞観地震で巨大な津波が太平洋沿岸を襲ったことを示す証拠。つまりそれは、将来、同じような規模の津波が東北を襲う可能性を否定できなくなったということでもある。一連の貞観津波の研究成果を生かすチャンスは実はもう一回だけ巡ってくる。命運を握ったのは自治体だ。

２０１０年８月６日。東日本大震災の７ヵ月前だ。福島県庁２階の特別室で開かれた幹部会議。ここで当時の福島県知事の佐藤雄平（さとうゆうへい）（62歳）が発言した。

「プルサーマル実施を最終的に受けることにします」

プルサーマルとは、原発で使い終わった核燃料から取り出したプルトニウムを「ＭＯＸ（モックス）燃料」という特殊な核燃料に加工し、再び原発で燃やす方法だ。エネルギー資源に乏しい日本では、核燃料をリサイクルして自国でエネルギーを確保しようとする「核燃料サイクル政策」を掲げている。プルサーマルはこの政策を支える一つの方法であり、国の旗振りのもと、電力各社はプルサーマルを急いでいた。

この日、福島県は福島第一原発3号機でプルサーマルを開始することを認めた。そして、翌月、3号機でのプルサーマルが開始されたのだった。国と東京電力の悲願の一つが成就した。

福島第一原発。左に見える2基が5号機、6号機。その右が7号機、8号機建設予定地だった（©NHK）

福島第一原発でのプルサーマルは一度、事前了解を得ていた。1999年にはMOX燃料が運び込まれ、実施に向けた準備が進められていた。しかし、東京電力が原子炉の部品に入ったひびを隠したことなどの不祥事が判明。信頼が失墜し福島県も強く反発。プルサーマルは白紙撤回となっていた。東京電力は信頼回復活動を重ね、プルサーマルの安全性なども説明。県の理解も進んだ。また県が認めた別の理由もあった。福島第一原発では、7号機、8号機の増設計画が進んでいた。地元の振興につながると立地自治体の双葉町なども増設に前向きだった。この増設は、プルサーマルの開始が実質的な前提条件ともなっていた。県には立地の町から要望も出されていた。こうした背景もあり、県は福島第一原発3号機でのプルサーマルにゴーサインを出したのだった。

しかし、ここに至るまでに、ある議論がなされていた。そこに貞観津波のリスクが俎上に上るチャンスがあった。

それは県がプルサーマル受け入れの条件として事前に東京電力と国に出していたものに関わる。①施設の耐震安全性の確保、②運転開始から30年以上が経った原子炉などの安全対策、③プルサーマル用のMOX燃料の健全性の確認の3つである。この1つ目の「耐震安全性の確保」の条件が貞観津波に関わってくるのだった。

MOX燃料を原子炉に入れるタイミングは、法律で13ヵ月に1回、運転を止める「定期検査」だけだ。国と県の交渉が行われていた2010年3月の時点で、福島第一原発3号機の次の定期検査で燃料を入れるタイミングは5ヵ月後の8月だった。このため最速となるこの日程が期待された。経済産業省の中で原子力の推進を担当する資源エネルギー庁はそれまでに福島県の条件をクリアすることを目指したのだ。

当時、福島第一原発では5号機でバックチェックの中間報告が完了していた。この中間報告には津波評価は含まれていない。ただ、県が条件に出した３号機の「耐震安全性の確保」は、場合によっては３号機でもバックチェックを実施することが必要になるかもしれなかった。ここでバックチェックを中間報告だけでなく津波も含む最終報告の評価まで新たに行うと段違いに時間がかかり次の定期検査には間に合わない。資源エネルギー庁はこのあたりを心配し、後に当時の経済産業大臣の直嶋正行（64歳）にもこの状況をレクチャーしている。

もし最終報告の評価まで行うと、バックチェックの対応はかなりの時間を必要としてしまうこと。そして、原子炉にＭＯＸ燃料を入れる８月という直近のタイミングに間に合わないと、その次は１年後になることなどだ。直嶋は事情を知った上で、保安院にも対応するよう指示をすることになる。

できるだけ早く所定の手続きを進めたいと考えていた資源エネルギー庁は５号機に続き３号機についても、バックチェックを実施するよう保安院に打診する。しかし、突然、予定にはなかった評価を行うことは、他の原発の審査などを後回しにすることになる。安全の砦たる保安院としては、プルサーマルの実施という推進行政については管轄外のことだ。

当時の保安院の幹部に取材をすると、このときは、かなり資源エネルギー庁の依頼

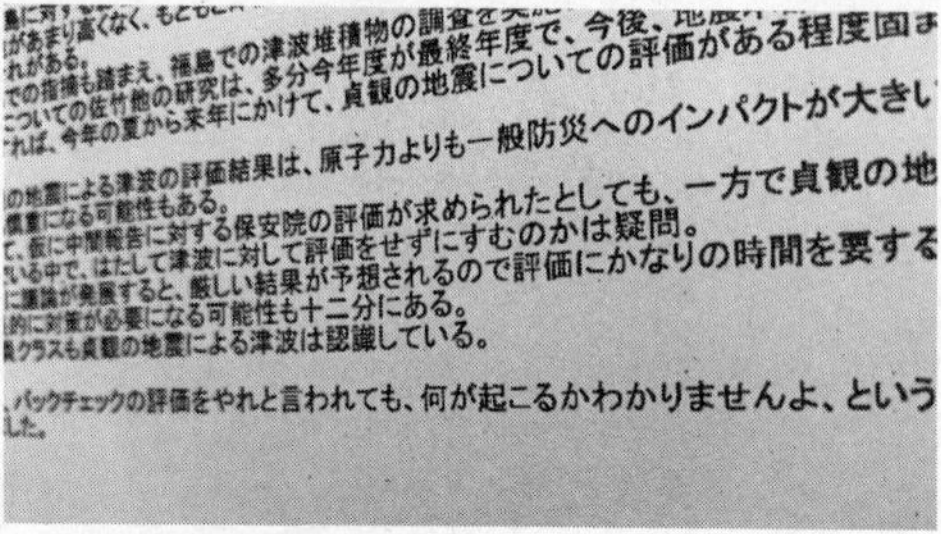

保安院の審議官が部下に送っていたメール。「バックチェックの評価をやれと言われても、何が起こるかわかりませんよ」と記されていた（©NHK）

に抵抗したと語っている。当時、保安院にいた他の関係者も「介入しないでくれとの思いがあった」と振り返っている。しかし、同じ経済産業省の中にある保安院。大臣の指示も出される。結局、保安院は3号機のバックチェックも手がけることになる。ただ津波についてどうするのか。保安院の審議官が院長ら上層部に説明した内容について担当者たちに送ったメールを入手。当時の受け止めの様子がわかってきた。

「1F3（福島第一原発3号機）の耐震バックチェックでは、貞観の地震による津波評価が最大の不確定要素である」福島県の条件に応えるため、3号機でバックチェックの審査を行った場合、貞観津波について、評価されずに済むのだろうかという問題提起であった。もし津波の問題に議論が発展した場合、審査は長期化すると予想される。そうすると、早くプルサーマルの実施にまでもっていきたい資源エネルギー庁の思惑とは反することになる。また、メールには「バックチェックの評価をやれと言われても、何が起こるかわかりませんよ」とまで記されていた。

国と福島県　貞観津波を巡る問答の結末は

こうした資源エネルギー庁と保安院のやりとりが進む一方、資源エネルギー庁は福島県との交渉も着々と進めていた。県との調整をできるだけ早く行うためだ。

私たちは国と県の交渉の内実に迫るため、県側の交渉の窓口だった元職員に取材をお願いした。まだ寒さの厳しい２０２０年1月、ＪＲ福島駅前で待ち合わせをした。そこに現れた初老の男性。「こんにちは」と話しかけると、コートを着込みハットを被った男性は深々とお辞儀を返した。当時、福島県の原子力安全対策課長を務めた小山吉弘（やまよしひろ）（67歳）だ。

初めてカメラのインタビューに応じたという。自らの経験を教訓にしてほしいという理由だった。緊張した面持ちで、取材班に資源エネルギー庁との交渉の様子を話してくれた。

小山は福島県庁で30年以上、原発の対応に当たってきた。県民の不安や疑問になるべく応えようと、独自に原発の安全性に関わる記事や論文などをスクラップしては、情報収集を欠かさず続けてきた。

福島県原子力安全対策課元課長の小山吉弘（©NHK）

小山自身、その中で「貞観津波」の存在や研究成果について知っていたという。

小山が貞観津波のリスクをさらに認識したのは２００９年６月、保安院で行われた福島第一原発５号機のバックチェックの審査の中での、例の産業技術総合研究所の岡村の発言だ。

「このように貞観津波の話が出てくると、いずれは議論をしなければいけないと思った」

小山は、その当時のやりとりを思い出しながらそう答えた。

２０１０年３月から４月にかけて資源エネルギー庁と交渉の場が持たれた。この中で資源エネルギー庁の担当者は「耐震安全性の確保」を具体的にどういう内容で考えているか聞いてきたという。３号機についても５号機で行ったバックチェックと同様に中間報告でいいか、福島県の考えを確認するためだった。中間報告と、津波評価を含む最終報告では、かかる時間が大きく異なる。資源エネルギー庁にとってその点が重要だった。

一方、福島県のスタンスは、安全に関わるところであり、あくまでそこは国や東京電力の責任で考えるべきというものだった。小山はそのときの対応をこう振り返った。「『津波とか影響評価を除くのか』などと国のほうから何度も求められました。しかし福島県で議論を限定することではなく、あまりこれをやってほしいとお答えしなかった」と。また資源エネルギー庁から具体的に対象とする津波の名前までは出してこなかったという。このあたりについて取材班は、当時の資源エネルギー庁の交渉窓口だった担当者にも話を聞くことができた。少し忘れていることもあると前置きした上で交渉担当者は「貞観津波について差し迫ったリスクとは思わなかったと思う。安全性に影響するようなものではないと受け止めていた」と話した。そして福島県との交渉の中で貞観津波に触れたかどうかはよく覚えていないとのことだった。双方への取材から言えることは一連の交渉で貞観津波が議論の俎上に明確には上ってはいなかったということだった。

保安院は先述のメールの通り貞観津波についての認識はあった。そして福島第一原発は敷地が高くなく、貞観津波が原子炉冷却に必要な海水ポンプのある敷地を越えてくる懸念も共有されていた。しかし、東京電力が前年の２００９年９月７日に保安院に示した「最大で約9メートル」という計算結果は、保安院のごく一部の担当者でとどまっていたのだ。

また、小山も貞観津波の想定津波について東京電力が計算した詳しい結果を知らされていなかった。

小山は、もし具体的な想定津波の高さを知っていたら、安全性の担保は国と東京電力に求めたとしても、交渉の仕方が変わったのではないかと悔恨とともに振り返る。

「昔、トラブルが起きたときに福島県から原発を止めるように要請したことさえある。具体的な数値を知り『このままでは駄目だ』という話になれば、福島第一原発を止める、止めなきゃいけないと、そんな対応をしていたはずです」と。

小山は、東京電力と情報共有が図れなかったこと、そして貞観津波について問題提起できなかったことを今でも自身の力不足だったと痛恨の念を抱いていた。そして、結果として津波の評価については先延ばしになったことについて「津波についてオープンにして議論する場が設けられずに、こんな事態になってしまった。何かもっとできたのではないかという悔いは当然ある」とカメラに語った。

結果、福島県からプルサーマル実施の条件で示された「耐震安全性の確保」は、津波評価を含めない地震評価の中間報告をもって了とされた。こうして貞観津波を巡る最後のチャンスにも手が届かなかったのである。

東日本大震災4日前に伝えられた「15・7メートル」

２０１０年８月。福島第一原発を巨大津波が襲う7ヵ月前のことだ。東京電力の内部で津波対策を進めるためのワーキンググループが立ち上がった。グループには、土木グループをはじめ、津波対策に関わる各グループの担当者が集められた。２００８年7月に武藤が研究を進める方針を示し、対策を事実上保留して以降、各現場では各グループの検討は進められていたが、具体的な対策はこの2年間で進んでいなかった。その流れを変えたワーキンググループの立ち上げ。きっかけは、皮肉にも公表を行っていなかった日本原電の津波対策を東京電力の担当者が知ったことだった。「これではいけない。弊社もしっかりやらないと」きちんとした体制で対策の検討を進める必要を強く感じた担当者はワーキンググループの立ち上げを幹部に進言したのである。

ようやく社内の議論が胎動した東京電力。しかし、検討は容易には進まなかった。２０１０年12月に開かれた第2回目の会合では怒声さえ響いたという。当時の状況を知る土木グループの社員が裁判で証言している。

「いろいろ対策を所掌しているグループから、こんな問題があって難しいという話がたくさん出てきた」これに対して、ワーキンググループのトップを務めた幹部は「そんなこと言ってないで何かできることをちゃんと考えろ」「できないことを並べ立てているだけじゃなくて、解決する方法を考えろ」怒気を含んだ声で指示を出したという。現場の動きは鈍かった。なぜなのか。

当時の状況を知る東京電力の元幹部は理由の一つに東京電力という巨大組織の縦割り、風通しの悪さがあったのではないかと言う。縦割りで横のつながりが弱く、部門と部門の間で情報が遮断されていた。それゆえに土木グループの危機感は他のグループには伝わっていなかったというのである。

また、別の元幹部は、縦割りでそれぞれ専門性が特化しているために、全体としての安全性を見ることができなかったとも振り返っている。例えば、津波の高さを想定する担当者は、原子炉を冷やすために重要な安全設備がどこにあるのかについては十分に把握できていない。そのため、津波が敷地の高さを越えて建屋に浸水すればすぐに炉心損傷につながりうるという想像力を持つことができなかった。一方で、安全対策を検討する担当者からすれば、地震や津波についての専門知識はほとんどなく、本当にそのような巨大津波に備える必要があるのかと、危機感を持ち得なかったのではないかというのである。先に語った日本原電とは違った組織の困難さを抱えていた。

しかし、ともあれ、ワーキンググループの設置で前に進み始めた東京電力。会合を開くなかで、リスクの共有が徐々に進んできた。２０１１年の2月14日には4回目の会合が開かれた。議事録によると、建屋の浸水防止対策などについて、各グループが連携して取り組んでいくことや津波の解析や模型での実験を実施することなどが検討されている。ワーキンググループでは、津波が原子炉建屋のある敷地まで遡上し、建屋に浸水する可能性があることを前提とし、安全上重要な電源を守る対策の必要性を認識していた。この日のワーキンググループは5回目の開催を4月4日に決めて閉会した。しかし次の会合が開かれることはなかった。

２０１１年3月7日。保安院の担当者2人は、東京電力からあの15・7メートルという津波の計算結果を初めて伝えられる。聞いた1人は、どう理解したらいいかわからない状態になったという。東京電力内でこの津波の高さの想定結果が出されてから3年もの年月がたっていた。そしてその4日後、東日本大震災が発生し福島第一原発に15メートルを超える巨大津波が襲いかかったのだった。

それぞれの悔恨と教訓

取材班は、東京電力の旧経営陣3人の裁判を端緒に膨大な資料を集め、100人を超える関係者に話を聞いて、事故前の時間を遡った取材を終えた。多くの人が東日本大震災の前、地震に比べて津波を直近の危機と捉える雰囲気はなかったと語った。津波に関する調査や研究、シミュレーションで想定された津波が実際に押し寄せ、福島第一原発が致命的な損傷を受けることを想像できなかった。リスクの存在は把握していたものの確定的ではないとして横に置いた。原発の安全神話。リスクの自治体への慮り。原発推進の国家政策。民間企業としての経営。電力業界の横並び。そこに国と自治体の思惑も交錯し、津波のリスクは正面から取り上げられなかった。津波対策につながるかもしれなかった4つの機会は手のひらからこぼれ落ちていった。原発は他の施設とは決定的に違うことがある。それは一旦事故が起きると、その被害はとてつもなく大きく長期に及ぶということだ。リスクの考え方は最大限厳しくあるべきだろう。そうした認識がどれほど電力業界や国、自治体にあったのか。結果的に、不確実だからと後回しにされていった実態がそこにはあった。

津波想定に中心的に携わり裁判で証言した東京電力の元幹部は、法廷で、個人的な思いを聞かれ、一つ一つ言葉を絞り出すようにしてこう述懐した。

「福島であれだけの事故が起きたということに関しては、やっぱり、どこかで何かを間違っていたわけで、昭和40年代から間違っていたのかもしれないし、あるいは、誰がやってもああなったのかもしれない。でも、あってはならない事故が起きたということは、やっぱり何か間違っているのだと思います。どこで間違ったのか。東京電力は、私は、どこで間違ったのか。それは、ずっと、今も気にはなっています」と。

東京電力の別の元幹部は津波対策のワーキンググループの開始が遅すぎたことを今も悔やんでいる。柏崎刈羽原発の再稼働に意識を取られすぎて、福島が片手間になってしまったことを指摘した。「2年間の空白という事実は重い。それは否定できないし、言い訳するのは難しい」と静かに語る。また、どうすればよかったのか、という問いに次のような考えを語った。

「ちゃんと水を原子炉に入れたり、非常用電源を高いところに置いたりということは、お金をかけないでできたはずです。悪かったのは防潮堤ができなかったことじゃないし、津波の評価だっていろいろあったが、可能性として、当時から見れば、10 0%じゃないかもしれないけど、そういうことが言われているなら、せいぜい数億円だから非常時の対策をやっとこうと誰も言わなかった。それがやっぱり風土とか文化の問題で、問題はそこなんじゃないかと思います」と。

この元幹部はそうした柔軟な発想が出てこなかった理由について組織の問題をあげた。大きな組織の縦割り、風通しの悪さ。また分業や専門性が進みすぎた結果、全体を俯瞰してリスクを把握し、対応する部署や人がいなくなり、結果、リスクを見誤ったのではないかと総括した。

そして、原子力安全・保安院。地震・津波を担当した元幹部は、バックチェックの最終報告の審査でいずれ津波の議論を行えばよいと考え続けてきたことを後悔し「東京電力の試算結果をもとに対策を取っても事故を防げたかはわかりませんが、あのとき、最終報告の期限を明確に決めて貞観津波の知見に向き合っていれば、何かしら津波対策をできたかもしれません」とした。

原発事故のときに保安院を率いた元次長の平岡英治にも聞いた。溢水勉強会を立ち上げるきっかけをつくった平岡は、保安院の中でも津波のリスクを気にかけていた一人だった。しかし、その平岡も原発で相次いださまざまな不祥事や地震などのトラブルなどへの対応に追われていたと話し、優先順位を付けてリスクに向き合うべきだったと忸怩たる思いを述べた。

「日本のような自然災害の非常に多い国において、自然災害から原子力発電所の安全

福島県大熊町の自宅があった場所にたたずむ小山吉弘。事故後、維持が難しく自宅は解体された (©NHK)

をどう守るかという視点をもっと強く持つべきでした。将来起こりえるかもしれない災害に対し、規制側の人材やリソースをもっと投入する必要があり、そこが欠けていたかもしれません。原子炉の損傷につながるような重大リスクに対して活動を集中していく余地はあったのではないかと、大きな反省をしています」

津波発生の1年前、国との交渉を担った福島県の小山吉弘は２０１３年３月に県庁を定年退職した。月に一回は大熊町の実家に通う。そこは曾祖父から4代にわたって１００年近く暮らしてきた場所だった。原発事故で避難を余儀なくされ、今も帰還困難区域に指定されたままだ。事故後、家屋は傷み維持が難しくなって、２０１９年に解体した。いまは広大な庭に手つかずの木々が残るのみだ。小山は、ひときわ目を引く大きな桜の木を見上げてつぶやくように話した。「親から譲っていただいたものを、こうして荒廃させてしまったことが無念です。父が住んでいた頃は桜のライトアップなんかをやって、よく花見をしていました。柚（ゆず）や木蓮、牡丹（ぼたん）もありました。畑ではキウイを作っていたんです」小山はそう話して懐かしそうに庭を見渡す。

目を周囲にやると他の家々も解体が進んでいた。地区は更地が目立った。

小山は別の場所に暮らしている。しかし、大熊町には通い続けている。

「ふるさとに関わらなければならないというか、逃げられない、そういう感覚です」

福島県職員として、大熊町の住民として、原発と向き合い、時々の問題に懸命に対処してきた自負はある。ただ、津波に対しては何かできたのではないかと悔やむ。

「事故が起きてみれば、お金をかけずに安全を向上させる道はいくらでもあったのに、なぜもっと前にできなかったのかと思います」

変わり果てた故郷を前に小山は事故を防ぐ違う道が片方で開けていたのではないかと今でも自問自答を続けている。

規制側と電力会社側の狭間の「バックチェック」

新しい知見を踏まえて、過去に審査に合格した原発についても安全性を確認するバックチェックの仕組み。それまでの原発の規制の在り方を大きく変えるものだっただけに、検討の中でも内容を巡り、規制側と電力会社側でせめぎ合いがあった。当時、指針の策定を進めていた原子力安全委員会の事務局が2004年5月、内々に示した指針に関する見解案が残されている。そこには「既に許可等がなされた原子力施設に関しては、耐震安全性の確保は極めて重要な事項」と記されたうえで新規の原発と同様、新たな指針にもとづいて十分な安全余裕を有する設計が重要だとしていた。これに対し電力側は「改訂指針に基づくバックチェックを既設炉に対して早急に実施すべきとの方向性に読める。ある程度の猶予期間をもって要請する旨の文書にしていただきたい」と反発した。またこれを巡っては「現行プラントの耐震安全性が不十分との主張に発展しやすく、建設（運転）差止訴訟に与える影響が大きい」などと、反対派や世論などを心配するような意見が出された。その後、バックチェックが始まるにあたって、電力側から「評価終了までの所要の期間（3年程度）を提示して頂くようお願いしたい」と求めが出された。つまり電力会社の反発はすぐに対応をとることは難しいということだった。巨大なインフラである原発。関わる多くの関係者への周知と理解。住民や自治体などへの説明。時間的な猶予が必要だということだ。定期検査の頻度も考えると3年程度であればバックチェックによる評価を終えて、対策も講じられるとした。

この議論に対して保安院は「3年では長い」との考え方を示していたという。当時を知る保安院の関係者は「一般的に指示が出て3年程度かかるというのは遅い。なんでもそうでしょう。何か対応してほしいと伝えて『3年です』なんて言ったら、地元が不安がってしまう。きちんとやっていることを早く示すべきだと考えた」と話す。ただ、指針をまとめた原子力安全委員会の事務局の元職員も、長いと感じたという。

実際に対策を行う電力会社側が「3年あればできる」つまり「3年はないとできない」との考えで足並みを揃え、各社が具体的な工程表まで示したことから、原子力安全委員会も保安院もそれ以上突き返すことは難しかったという。最終的にバックチェックは3年程度の期限をもって報告書を提出する形となった。しかし、この期限も途中で新潟県中越沖地震が起き、柏崎刈羽原発で想定を超える揺れが観測されたことで「中間報告」という手続きが加えられ、結果、津波の評価を含む「最終報告」の期限は先送りされていくことになったのである。

第 10 章

緊急時の減圧装置が働かなかったのはなぜか?

主蒸気逃がし安全弁とも呼ばれるSR弁は、原子炉の冷却機能が失われた非常事態に使われる重要な機器。しかし、メルトダウンを食い止めるはずの安全装置は、メルトダウンが進み高温高圧になると動作しにくくなるという弱点を抱えていた。写真は停止中の東京電力柏崎刈羽原発の原子炉格納容器内部にあるSR弁 (©NHK)

吉田所長を追い詰めた2種類の弁

福島第一原発事故では数々の想定外のトラブルが、事故対応にあたった東京電力の技術者たちを苦しめた。なかでも彼らを窮地に陥らせたのが2種類の「弁」だった。ひとつは、格納容器の圧力を逃がす「格納容器ベント」を行うための空気作動弁。そして、もうひとつが原子炉の圧力を下げるSR弁である。わけても「冷却の要」といわれる緊急時の減圧装置〝SR弁〟の不具合は、吉田所長以下、事故対応にあたった東京電力の技術者を絶望の淵に追いやることになる。

吉田が「死を覚悟した」と語ったのは、3月14日から3月15日の未明にかけて2号機が危機に瀕した局面だ。このとき、高温高圧になった原子炉の圧力を下げるために、復旧班が繰り返しSR弁を開く操作を試みたが、弁は思うように開かない。SR弁による減圧ができなければ、唯一の冷却手段である消防注水もできない。一方、もうひとつの頼みの綱であるベント弁も開かず、最悪の事態である「格納容器破壊」を回避するための最終手段が機能しない八方塞がりの状態が続いた。吉田は、2号機の格納容器が破壊され大量の放射性物質が漏洩することで、東日本が壊滅するイメージが頭をよぎったと証言している。

SR弁（Safety Relief valve／主蒸気逃がし安全弁、写真は福島第二原発のもの）

吉田を絶体絶命の窮地に追い込んだ2号機。その原因となったSR弁の不具合。実は、SR弁をめぐるトラブルは、2号機のみならず、5号機と3号機でも起きていたのである。

唯一の減圧装置SR弁の相次ぐトラブル

SR弁（Safety Relief valve）は、主蒸気逃がし安全弁ともいわれる。原子炉の圧力が異常上昇した場合、自動または中央制御室で手動により弁を開き、原子炉の水蒸気をサプレッションチェンバー（圧力抑制室）に逃がす仕組みになっている。原子炉の冷却機能が失われると、急速に炉内の圧力が上昇し、設計圧力を超える危険な状態になりかねない。SR弁はそれを防ぐために、原子炉の圧力を格納容器に逃がす重要な役割を担う。

SR弁は、今回の事故時には原子炉を減圧できる唯一の装置であった。高圧で注水できる装置（HPCIやRCICなど）が機能を失った後、残された冷却手段は消防車などの低圧注水システムだったが、これを使うにはSR弁で減圧する必要があった。すなわちSR弁が正常に機能することが原子炉を冷却する大前提であった。福島第一原発事故では、この唯一の〝減圧手段〟であるSR弁が、3号機、5号機、2号機でことごとく作動しないという、異常事態が起きたのである。

最初にSR弁のトラブルが起きたのは3号機だった。地震発生から2日目にあたる3月13日深夜、それまで3号機を冷却してきた高圧注水系・HPCIが、駆動源となる蒸気の流量低下から動作が不安定になり、いつ停止してもおかしくない状況に追い込まれた。3号機の当直長は、HPCIを停止し、代わりにタービン建屋地下にあるディーゼルを駆動源として動く消火用ポンプ（DDFP）を起動させて、消火用ポンプによる注水システムに切り替えることを決断する。

午前2時42分。中央制御室では3号機の運転員が、HPCIを手動で停止し、すぐさま原子炉の圧力を格納容器に逃がすため、SR弁を開けようとレバーをひねった。

ここで予期せぬ事態が起きた。SR弁がまったく反応しなかったのだ。焦った運転員は8つあるSR弁を次々に開操作するも弁は動かない。3号機ではSR弁を制御するための直流電源が確保されており、本来であれば、SR弁の遠隔操作は問題なくできるはずだった。

運転員がまず疑ったのは、SR弁の駆動用の窒素ガスの供給不足だ。SR弁を作動させるには、弁を操作する電源に加えて駆動源となる窒素が必要になる。この窒素は格納容器の外からSR弁に供給されている。これが供給されないため、開動作しないと考えた運転員は、供給ラインからの補給を試みるため現場に向かった。しかし、供給ラインの弁は空気作動弁であり、手動で開けることができる構造ではなかった。そしてもう一つ疑ったのは、バッテリー不足の可能性だった。

SR弁が開かない状態が続き、中央制御室に焦燥感が高まっていった。SR弁によって原子炉を減圧しなければ注水ができず、数時間以内にメルトダウンが始まる。これまで原子炉を冷やしてきたHPCIが停止したことで、原子炉圧力がじわじわと上昇。HPCIが停止した直後の午前2時44分には、5・8気圧だった原子炉圧力は、午前3時には、7・7気圧、1時間後の午前3時44分には、一気に41気圧まで上がっていた。温度が上昇した原子炉内で水蒸気が発生、水位が下がっていたことを意味していた。

復旧班は、苦肉の策として、発電所構内の駐車場に停車していた所員の自家用車から12ボルトの車載バッテリーをかき集めて、これを10個直列に制御盤に繋ぐことでSR弁を動かす運用を思いつく。

13日午前7時頃、復旧班は、免震棟にいる社員に自動車のバッテリーの提供を呼びかけたところ、首尾よく必要な数が集まり、復旧班5名が自家用車で3号機中央制御室へ運搬した。

班員たちは、暗闇となった中央制御室で懐中電灯のわずかな灯りを頼りに、細かな配線の接続作業を行った。午前9時過ぎ、手製の直列バッテリーをこれから制御盤に繋げようという矢先のことだった。突然、SR弁の制御盤のランプが点灯し始めたのだ。それまで暗いままだった盤面のSR弁の「開」を示す赤ランプがチカチカと点滅し、すぐに弁の「閉」を示す緑のランプも点灯した。やがて制御盤は緑も赤も点灯する中間開の状態になった。

ドキュメント編第5章で述べたように、これは電源が一時的に復活し、自動減圧装置（ADS）が働きSR弁が開いたと東京電力はみている。ADSの動作で開くSR弁は6つ。70気圧あった炉圧は一気に低下し午前9時25分には、3・5気圧にまで下がった。まるで奇跡が起きたかのような不思議な現象だった。

それにしても、なぜ急造の車載バッテリーを繋ぐ前に、電源が復旧し、SR弁の自動減圧装置が働いたのか。東京電力は事故から2年後に公表を始めた「未確認・未解明事項」の調査・検討の取り組みの中で、この謎の減圧挙動の分析を進めてきた。それによれば、3号機は、いくつかの意図せぬ幸運が重なり、ADSが作動し、減圧に成功したという。

ひとつは、バッテリーに余裕が生まれたこと。3号機のHPCIを停止した後、中央制御室ではわずかに残った直流電源の延命措置として、午前3時39分にHPCIの補助油ポンプを、午前4時6分には同じくHPCIの復水ポンプを相次いで停止させた。その結果、直流電源の負荷が減りわずかな余裕が生まれる。

しかし、これだけではADSは作動しない。6つのSR弁を開放し、一気に減圧を行うADSは、注水ができなければ原子炉の水位が低下するだけのリスクのあるシステムだと考えられてきた。そのため、原子炉を減圧した後、確実に注水できる準備ができているか、制御システムが確認することになっている。具体的には、原子炉に一気に水を注ぐことができるポンプ、CSポンプとRHRポンプのうちいずれかが起動し、「吐出圧力」が一定以上になっていることが条件となっていた。

当時、全電源喪失で、2つのポンプは停止していた。電源がなければポンプを動かすこともできないからだ。ところが、不可思議なことにRHRポンプの「吐出圧力」が一定値以上であった可能性が浮上した。中央制御室で運転員が操作したわけでもなく、ましてや電源がなければ起動しないポンプにもかかわらず、である。実はこの「吐出圧力」は偶然に高まり、それを計測装置が〝ポンプが回っている〟と誤認し、ADSが起動した可能性があると東京電力は見ている。

からくりはこういうことだ。RHRポンプと格納容器の一部であるサプレッションチェンバー（S／C）は実は配管でつながっている。なぜならばRHRポンプの水源はS／Cであるからだ。RHRポンプの「吐出圧力条件」は0.344MPa[gage]。これは、ADS作動の直前、午前8時55分に計測されたS／Cの圧力0.354MPa[gage]と類似する数値である。つまり、原子炉の状況が悪化し、S／Cの圧力が高まることで、システムが「RHRポンプが起動して

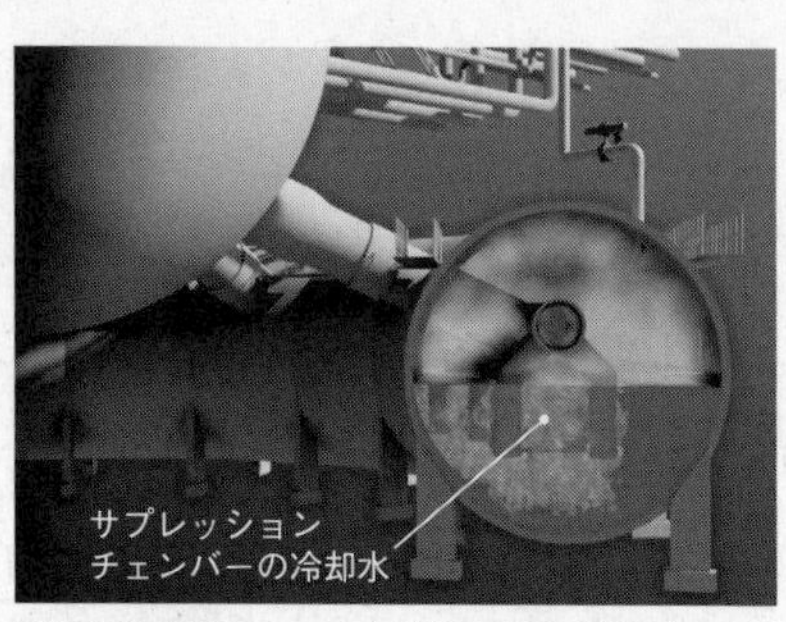

原子炉から送られてきた高温の蒸気がサプレッションチェンバー（S/C）に噴き出すことで、S/Cの冷却水の温度が上昇。その結果、S/C内部の圧力が上昇し、制御システムが、S/C内の冷却水を水源とするRHRポンプが起動していると誤認し、ADSが起動したと考えられている（©NHK）

いる」と誤認し、最終的に電源の確保などの条件が重なり、偶然にも6つのSR弁が開くADSが起動したというのである。

3号機のSR弁による減圧は、2つの偶然が重なった「僥倖」だった。炉圧が一気に下がったことで、原子炉を冷やす注水がようやく可能になった。まずディーゼル駆動消火ポンプによる注水が始まり、9時25分には消防車による注水が始まった。

寸前のところで、お株を奪われた形になった復旧班渾身の手作りバッテリーだが、その努力が無駄になったわけではない。直流電源は依然として不安定だったため、その後は復旧班が作った急造バッテリーが活躍することになる。車載バッテリー10個を直列に接続したバッテリーはSR弁を制御する制御盤につなぎ込まれ、運転員は手動でSR弁を開操作し減圧維持をした。

途中、バッテリーの配線外れなどのトラブルがあったものの、配線を復旧することで、なんとか減圧の維持に成功。その後、原子炉圧力は上昇に転じると、復旧班員は、バッテリー取り替えや別のSR弁開放などの懸命の作業を続けていくことになる。

5号機に迫っていた危機

一方、4日間にわたってSR弁との格闘を続けたのが5号機だ。

津波が福島第一原発を襲ったとき、5、6号機の原子炉の運転は停止していた。しかし、運悪く、5号機では定期検査の最終段階で、原子炉の圧力の耐性を確認する検査が行われていた。原子炉の中には熱を持った核燃料が548体も残っていた。

原子炉は停止していても、核燃料から崩壊熱による大量の熱エネルギーが常に発生している。温度上昇によって水が蒸発し失われ、核燃料がむき出しになれば、熱によって損傷しメルトダウンを起こす。そのため、あまり注目されていないが、5号機でも、運転中だった1号機から3号機と同様の危機と向き合い、過酷な事故収束作業が行われていたのだ。

津波後、全電源喪失によって暗闇となった5、6号機の中央制御室。運転員たちは3月11日の夜から現場確認を行った。80気圧という高い圧力の状態となっていた原子炉に水を注ぐための高圧系の冷却装置を生かせるか、探るためだ。しかし、1号機から4号機同様、津波によって電源が失われた5号機では、2号機と3号機の原子炉を一定期間冷やすことができたＲＣＩＣやＨＰＣＩは使えないことがわかった。さらに

5号機では原子炉や格納容器から熱を逃がすためのRHRと呼ばれる残留熱除去系も、交流電源がすべて失われたため使用できない。

悪いことは重なり、5号機では前述したとおり原子炉が高圧になっても漏れがないか、運転に向けての最終試験を行っていたため、原子炉冷却の要となるSR弁が通常どおり使用できない状況になっていた。圧力が逃げないように、SR弁が動作するために必要な条件の一つ、窒素ガスが格納容器の外から供給できない状態になっていたのである。

専門的になるが、ここでSR弁の持つ2つの機能について説明しておこう。主蒸気逃がし安全弁という名前のとおり、SR弁には、「逃がし弁」と「安全弁」の機能がある。

核燃料の熱によって原子炉内が高温高圧になったときに使うのが〝逃がし弁〟機能である。この機能を使う場合、開閉に関しては電源や窒素を使う。その際、制御システムが原子炉の圧力を検知し、自動で開閉する仕組みに加えて、人間による操作も可能だ。すなわち、注水ができるところまで圧力を下げ、ある程度水位が回復すれば、また人間の判断でスイッチを操作し、再び閉じることができる。

SR弁の〝逃がし弁〟機能を使うことさえできれば、建屋の中に常設されている低

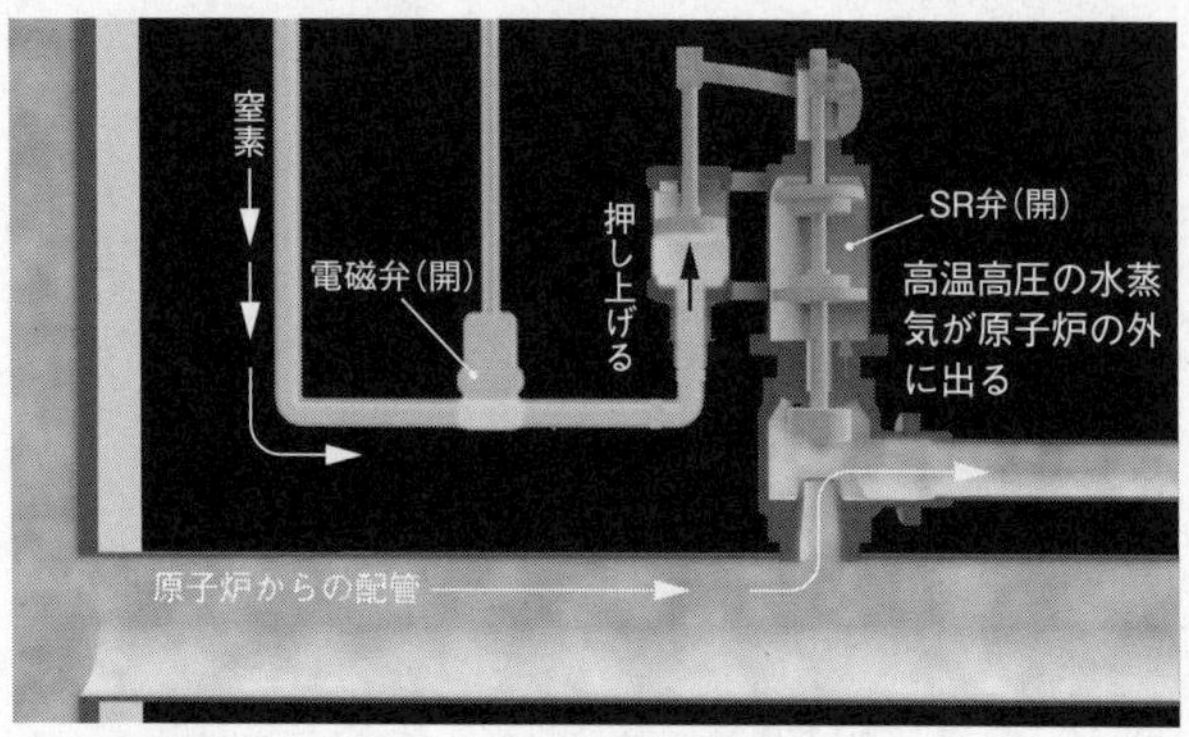

SR弁（主蒸気逃がし安全弁）の構造。電磁弁を遠隔操作することで、高温高圧の原子炉の水蒸気を外部に逃がす〝逃がし弁〟機能と、原子炉圧力に応じて自律的に弁を開閉する〝安全弁〟機能とがある (©NHK)

圧のポンプ、あるいは消防車によって注水できるので、核燃料を冷却することができる。また、自動減圧装置を使えば、運転員が介在しなくても、あらかじめ設定された圧力に達すると、自動的に窒素を送り込み、SR弁を開き、蒸気を逃がすこともできる。まとめると、原子炉に水を注ぐために圧力を自在にコントロールする機能、これがSR弁の持つ〝逃がし弁〟機能だ。

しかし、前述したように、SR弁には、中央制御室から人の意思で動かせる〝逃がし弁〟機能と異なるもう一つの顔がある。一定の圧力になると、電源や窒素がなくても自律的に働く〝安全弁〟機能である。5号機のSR弁はそれぞれ、原子炉が一定の圧力になると自動的に開く数値が設定されている。物理法則にしたがって弁は動作するので、電源や運転員の操作は不要だ。最も低いもので、76気圧程度。この圧力になると、原子炉につながる配管から流れ出る高温高圧の水蒸気がバネを自然に押し上げてＳＲ弁を開くように設計されていた。弁が開けば、原子炉内部の水蒸気がサプレッションチェンバーに流れることで、原子炉の圧力は下がり、高圧破損は免れる。

一方で、原子炉の気圧が一定以下になれば、ＳＲ弁が閉じるようになっている。５号機の場合、炉圧が75気圧以下になれば、バネを押し上げることができなくなり、自然にＳＲ弁は閉じる。原子炉内部の蒸気の圧力を利用して自律的に原子炉の安全性を保つ。これがＳＲ弁の〝安全弁〟機能である。しかし、一定以下の圧力になれば自動的に閉じてしまう〝安全弁〟機能が作動していると、低圧による注水を始めることができない。原子炉は高圧状態が維持されるからである。

付け加えて、重要な説明をしておかなくてはならない。〝逃がし弁〟機能にせよ〝安全弁〟機能にせよ、原子炉の圧力、すなわち蒸気を原子炉の外に出すということは、水を原子炉の外に出すことを意味する。いずれの機能にせよＳＲ弁が開けば、水位は下がっていくのだ。水を注がない限り。

人為の力と自然の力を組み合わせた見事な仕組みだが、〝逃がし弁〟機能は電気がなければ動かず、〝安全弁〟機能は、物理法則まかせで、人の力では制御できない。これが厄介な事態を招くことになる。

話を5号機に戻そう。地震と津波が発生した当時、5号機では原子炉が高圧時の漏洩の有無を調べる試験が行われていた。この試験では、自動的に減圧するSR弁を作動しないようにしている。原子炉の圧力を徐々に上げて、どこからか漏れが出ないか調べる必要があるのだが、逃がし弁の設定圧力に達することでSR弁が勝手に開いて減圧してしまうと、漏れの有無を確認することが難しいからだ。特に、低い設定値で作動する「逃がし弁機能」が働くことは、圧力試験では避けなくてはならなかった。

そこで、原子炉圧力を上げていく段階でSR弁が開かないように、11個あるSR弁のうち8つの弁に「ギャク」という部品をとりつけるとともに、SR弁を制御する配電盤の裏にある電子回路からヒューズを外した。さらに弁を開ける駆動源である窒素がSR弁に供給されないように、窒素タンクからの供給ラインの弁を閉じていた。これによってSR弁の「逃がし弁機能」は無効化された。

しかし津波発生によって冷却機能が喪失すると、状況は一変する。原子炉圧力はじわじわと上昇し、一転して、急ぎSR弁を開放し、減圧する必要に迫られた。5号機当直長は、中央制御室の制御盤裏の電子回路にヒューズを接続したが、逃がし弁を開くための窒素供給ラインを復活させるために当直員を格納容器に送ることは見合わせた。格納容器内がどのような状態になっているかわからないため、できれば立ち入らせたくなかったからだ。

ここで一つ補足をしておくと、原子炉が運転している際には、格納容器内部で水素爆発などが起こらないよう、格納容器内部には窒素が充塡され、酸素がない状態にな

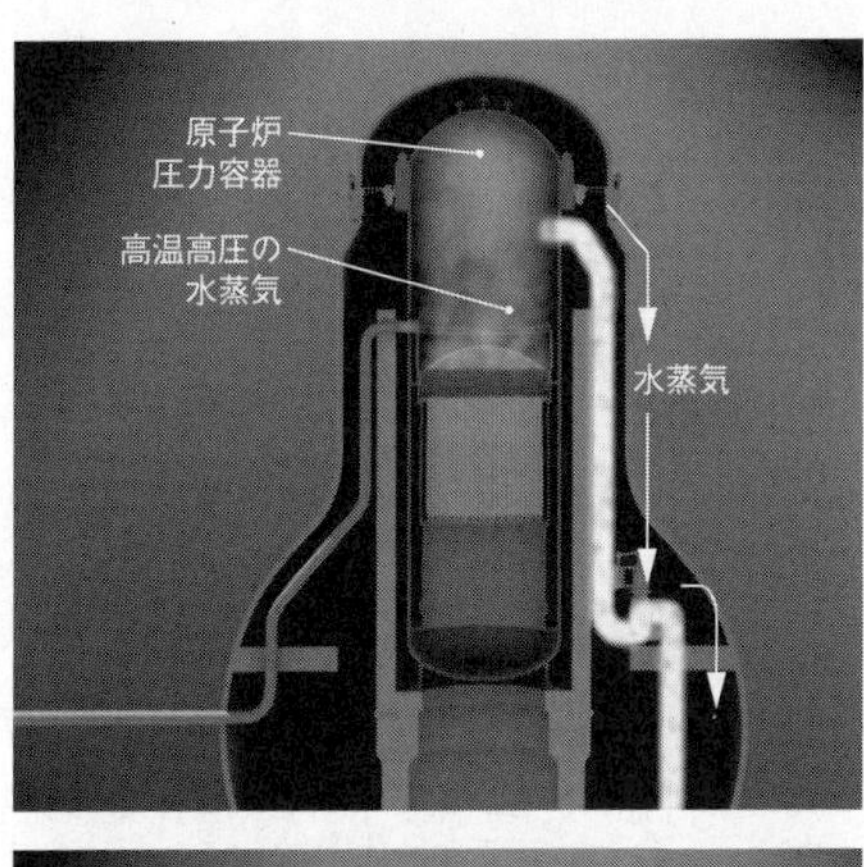

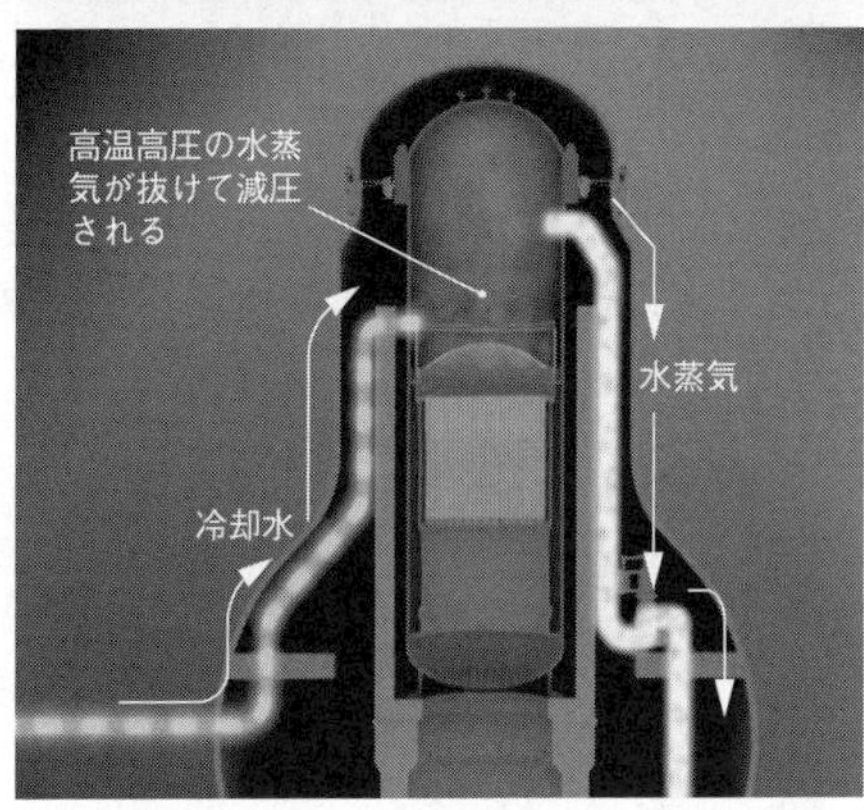

冷却装置が止まれば、原子炉の水位は急速に低下するが、注水口から冷却水を補えば、メルトダウンを防ぐことができる。ただし、原子炉の内部は高温高圧の水蒸気があるため、冷却水を入れるためには、蒸気を原子炉から逃がして圧力を下げる必要がある（©NHK）

っている。1号機から3号機ではまさに窒素が充填されており、今回の事故では格納容器の内部には人が入ることができなかった。一方の5号機では、定期検査中であり、格納容器の内部に人が入る必要があったため窒素が充填されていなかった。そのため、必要とあれば格納容器の中に運転員が入ることができる状態にはあった。

幸い、前述のSR弁の「安全弁機能」が働き、設定圧力になるとSR弁が勝手に開いて減圧してくれた。東京電力の事故報告書によると、3月12日の午前1時40分「安全弁機能」が働き、5号機のSR弁が自動的に開いたことが確認されている。これ以降、SR弁は安全弁の設定圧で開閉を繰り返して、原子炉内の圧力は80気圧以下になんとか維持された。

しかし、この状態は長くは続けられない。高温高圧の水蒸気や水は格納容器のサプレッションチェンバーに逃がすことで減圧はできたが、原子炉を冷やす冷却水の水位は低下の一途をたどっていたからだ。この状態が続けば、原子炉は高温高圧になり、核燃料が溶けるメルトダウンになるのは時間の問題だった。

もう一つの決死隊

5号機当直長は、残された冷却系であるMUWC（復水補給水系）で注水したいと考えた。MUWCの稼働には電源が必要だったが、幸い5号機に隣接する6号機はディーゼル発電機1台が津波の被害を免れたことが確認されていた。6号機からケーブルで5号機の生き残った電源盤に電源融通作業を行えば、MUWCを動かすことができた。

しかし解決しなければならない難問が残っていた。MUWCの吐出圧力は10気圧と低い。つまり、原子炉の圧力を10気圧以下に下げないと、MUWCでは給水できないのだ。しかし、安全弁が開く設定気圧は76気圧であり、75気圧以下の気圧になるとSR弁は勝手に閉じてしまう。

炉圧が70気圧もあったのでは、低圧注水系では冷却水を原子炉に送り込めない。5号機では、〝安全弁〟機能が仇になって、原子炉内の水位は下がるが、原子炉に冷却水が入らない「危険な状態」が維持されるという、皮肉というしかない事態に陥ったのである。

5号機のオペレーションにあたった運転員はこう証言する。

「SR弁が〝安全弁〟機能で開いても、70気圧以下には下がりませんから、いつまでたっても原子炉には蒸発分を補う冷却水が入りません。これが安全弁が働いたときに、最も注意しなくてはならないことなんです。通常であれば、高圧系で注水できるのですが、津波後は一切使えなくなってしまった。だから中央制御室から自分たちの手で圧力を下げることができる〝逃がし弁〟機能を使って原子炉を低い圧力まで減圧したかったのです」

事態を打開するには、SR弁を強制的に開いて、10気圧まで減圧するしかない。だが、前述したように、原子炉の漏洩試験のため、SR弁の逃がし弁機能は無効化されていた。

そこで、まずは格納容器に立ち入らない方法で原子炉を減圧することが試みられた。中央制御室で検討を行ったのは、原子炉の頂部に備えられた「小さな弁」を開けるオペレーション。この弁は小型のSR弁のような機能があり、原子炉の圧力を抜くことができる。しかし、SR弁のように大容量の蒸気を一気に抜くほどの減圧機能はない。空気作動弁であるため、開けるには弁に窒素ガスを送り込まなくてはならない。そのためには真っ暗な原子炉建屋に入り、弁にのびるラインを窒素ガスのラインに切り替える必要があった。しかも弁が開いたら原子炉格納容器建屋内に放射性物質を含んだ高温の蒸気が噴き出て、全身を汚染する恐れもあった。

中央制御室では誰が向かうか相談がもたれた。現場をよく知っている者、弁の構造をよく知っている者、そして状況判断に優れたベテラン運転員の3人が選ばれた。出発した3人は原子炉建屋入り口の二重扉のロックを解除。原子炉建屋に入った。電源喪失ですべての装置は停止している。シーンとして静かでそして真っ暗だ。懐中電灯を頼りに階段を上り、配管を乗り越えていく。途中、光で仲間がどこにいるか確認する。運転員が叫んだ。「弁はここだ！」仲間を集め、窒素を送り込むための弁の切り替えを開始する。人力で開けるのだ。1人が弁の駆動部を持ち上げた。少しだけ開いた。「今だ、工具を入れろ」もう1人が工具を差し込んだ。力任せだ。「もう一つだ」さらに工具を差し込むと弁は全開した。「やったあ！」3人は安堵した。原子炉の減圧が始まる。「早く！　出るぞ」3人は、一目散に建屋の外に出た。幸い被ばく汚染はなかった。

3月12日午前6時6分、原子炉圧力容器頂部のベント弁の開操作により、原子炉圧力容器の減圧が実施された。これと並行して、6号機ディーゼル発電機によって供給された6号機の電源盤から5号機の低圧電源盤へ仮設ケーブルを結ぶ作業が行われた。

5号機1階は津波で浸水しており、ここにケーブルを誤って落とすと感電死する恐れもあった。作業はまさに命がけだった。運転員たちはケーブルを水につけないよう、一人あたり20キロから30キロになろうかというケーブルを抱えながら、暗闇の中で懐中電灯を頼りに作業を続けたという。そして、3月12日午前8時以降、順次6号機からの電気の供給が可能になっていく。津波による全電源喪失から丸二日以上が経過した13日午後8時54分、MUWCのポンプを手動で起動。しかし、これでも原子炉に水は入らない。原子炉圧力を調べると16気圧で、MUWCの吐出圧力の10気圧をはるかに超えていた。原子炉頂部の「小さな弁」による減圧だけでは、不十分だったのだ。

生き残った低圧系によって原子炉に水を注ぐためには、10気圧以下に原子炉の圧力を下げるさらなる〝減圧〟操作が必要だった。

原子炉の耐圧検査のために配電盤から取り外されたヒューズは元に戻されており、6号機からの電源融通でSR弁を遠隔操作できる条件の一つ、電源については環境も整っていた。残された問題は、窒素だった。

SR弁は定期検査の圧力試験のため、弁を開けるための窒素を供給するラインにあるバルブがベント弁同様〝ロック〟されていた。SR弁を開けるためには、作業員が格納容器に入り、このロックを手動で解除する必要があった。

SR弁を開け続けるために、窒素を安定的に供給する必要がある。そのためには開けなくてはならないバルブが2つあった。一つは格納容器内部にあるアキュムレーター（蓄圧器）と呼ばれる窒素タンクからSR弁に窒素を供給するためのバルブだ。そ

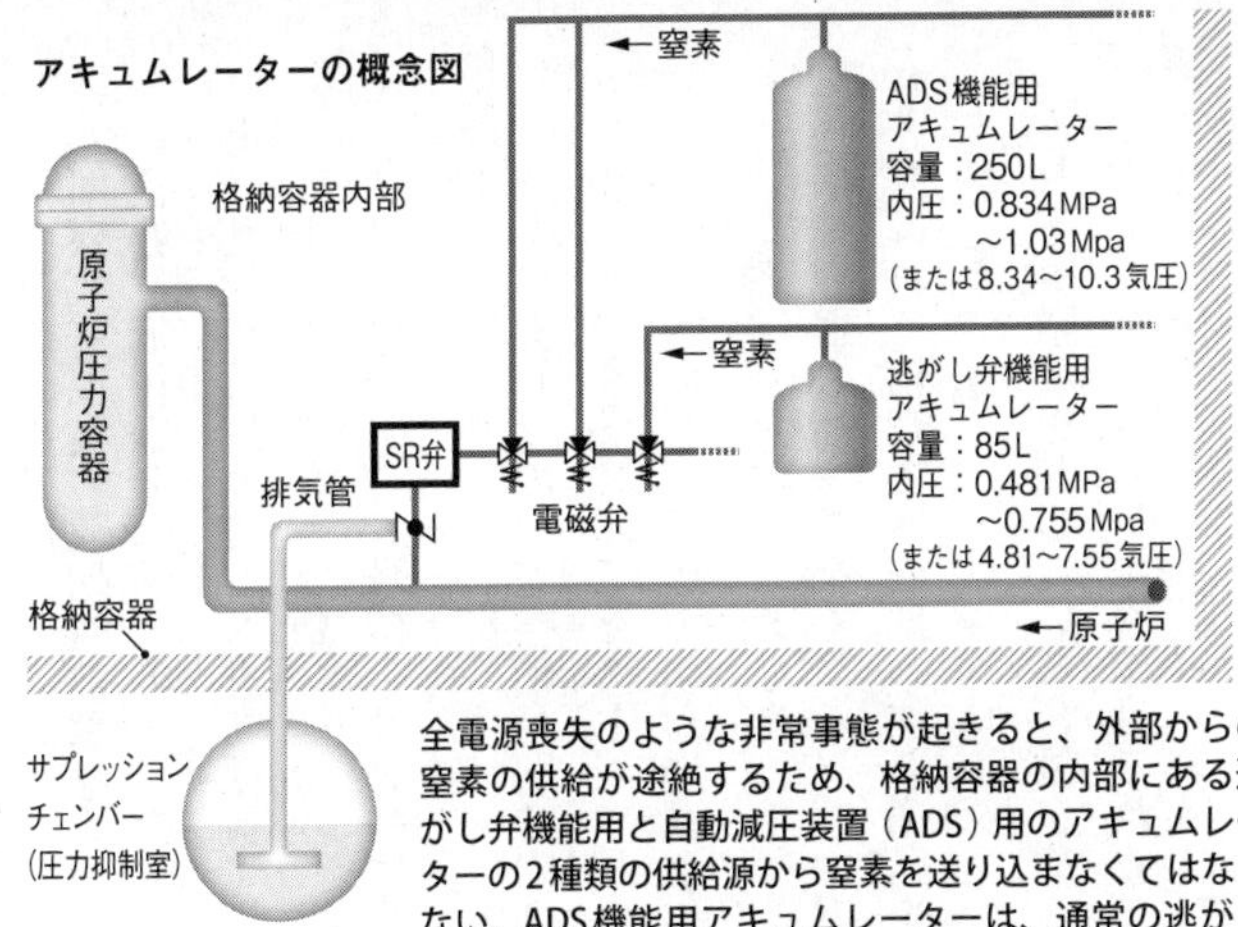

全電源喪失のような非常事態が起きると、外部からの窒素の供給が途絶するため、格納容器の内部にある逃がし弁機能用と自動減圧装置（ADS）用のアキュムレーターの2種類の供給源から窒素を送り込まなくてはならない。ADS機能用アキュムレーターは、通常の逃がし弁機能用に比べて大型で大量の窒素が蓄えられている

してもう一つは、格納容器の外にある窒素タンクからアキュムレーターそのものに窒素を供給するためのバルブだった。

５号機の当直長は、放射性物質の漏洩で汚染されている可能性がある格納容器に当直員を派遣することを一貫して躊躇してきた。しかし、この難局を乗り切るためには、作業員を格納容器に送り込み、ロックされているバルブを開放するしかない。

「誰か行ってくれるものはないか？」

５号機の当直長からの呼びかけに対して、１人、２人とベテラン運転員たちが手を挙げた。メルトダウンの危機が刻一刻と迫る状況で格納容器に入り、原子炉に近づくという厳しいオペレーション。１号機のベント実施に「決死隊」が結成されたときと同様に、現場の運転員の献身的な使命感が発揮されたのである。

定期検査中でSR弁がロックされ、そこに全電源喪失という事態が発生する。こうした想定外の局面でSR弁を手動で開けるということ自体、世界で初めて行われるオペレーションである。いわばぶっつけ本番でSR弁の復旧作業が始まった。

3月14日未明、5号機のSR弁に窒素を供給するため、運転員たちが格納容器に入った。

「まず目指したのは、格納容器の内部に入り、アキュムレーターからの窒素供給ラインのバルブを開けることでした。格納容器内部は狭い。そして放射線量もある程度あります。しかも、暗闇です。過酷な作業になるのは明らかでした」(5号機の対応にあたった東電社員)

格納容器のハッチをくぐる。懐中電灯で、場所の表示を確認しながらグレーチングと呼ばれる格納容器内部の狭い通路を進む。階段を上がると、銀色のアキュムレーターが見えてきた。アキュムレーターは大きなものが6つ、そして小さなものが8つ。それぞれ窒素を溜めている容量が違う。

大きなアキュムレーターはこれまで一度も使ったことがないADS機能用のアキュムレーター、容量は250リットルあり、圧力も約8~10気圧で小さなものに比べて高い。そして小さなアキュムレーターは通常SR弁を操作するときに使う。容量は85リットルと少なく、圧力も低い。

暗闇の中、運転員たちは、大小それぞれのアキュムレーターについているバルブを開けていった。

「ピッ！」

胸ポケットに入れたAPD（線量計）の警報音が定期的に鳴り響く。

「格納容器内部はたとえメルトダウンしていない状態でも放射線量が高いんです。暗闇の中で作業するなんて環境はこれまでありませんから、それもあって緊張感がありました。でもSR弁を開けるためにはアキュムレーターからの窒素のラインを生かすことが絶対必要でしたから、失敗できない作業でした」

慎重にバルブを回す。窒素が通って手応えを感じた。これでひとまずSR弁に窒素は供給できた。しかし、SR弁を使えば使うほど、窒素も消費し、アキュムレーターの内圧は下がっていく。次は、アキュムレーターに窒素を供給するラインを構築する必要があった。

そのラインについているバルブは格納容器の外にあった。暗闇の格納容器を出て原子炉建屋に入った運転員たちは、高いところにある窒素供給ラインとバルブを見つけた。しかし、そのバルブが問題だった。操作しようにもハンドルがない。通常は交流電源で遠隔操作できるので、ハンドルなど初めから付いていないのだ。

「安定してSR弁に窒素を供給するには、格納容器外にあるバルブをなんとしても開けなくてはならない。でも交流電源がないから遠隔で操作できない。手作業でやろうにもハンドルはない。じゃあどうするんだという話になりました」

通常の運転中から毎日建屋内設備の巡視作業を行っている運転員たちは機器の配置はもちろん、その形状についても頭に染みついていた。事前にこのバルブの形状を認識していた運転員たちは、半ば強引な手段でバルブを開くことを考えていたのだ。

高いところにあるバルブに手を伸ばす。手にしていたのはレンチだった。

「レンチで強引にバキッて開くしかないと思ったんです。もちろん、次には使えなくなりますが、そんなこと気にしている状況じゃない。思い切ってレンチをひねりましたよ。すると、配管についていた流量計が反応したんです」

SR弁を開けるために必要な窒素が格納容器の外からアキュムレーターに流れ始めた。ようやくSR弁を開く準備が整った。運転員たちは足早に原子炉建屋を後にした。

14日朝5時、5号機のSR弁のレバーを運転員がひねり、原子炉の減圧が始まった。

た。そしてその30分後、生き残っていた低圧のポンプで原子炉注水が始まる。

「原子炉注水確認！」

中央制御室で歓声が上がった。5号機の最大の危機は去ったのだ。

運転員が津波後の4日間を振り返る。

「この日までに1号機が水素爆発したことや3号機のHPCIが止まるなど大熊町にある1〜4号機はすさまじい状況になっていました。免震棟や本店、それから保安院や政府も1〜4号機の対応に必死でした。私たちの5号機は決して安心できる状況ではなかったんですが、とにかく自分たちだけでオペレーションに集中することができた。余計な問い合わせや指示もない。マニュアルにはない操作ばかりでしたが、自分たちでやれることに集中して確実にできたことが5号機のメルトダウンを防げた理由だと思っています」

連鎖する危機

3号機は、自動減圧機能の奇跡的な復旧と復旧班渾身の手作りバッテリーによってSR弁のトラブルを乗り切ったかに見えた。ディーゼル駆動消火ポンプと消防車による注水も進み、3月13日午前中には、復旧班が復活させた原子炉水位計によって、原子炉水位も燃料の先端を上回ることが確認された（実際には水位はＴＡＦを上回っておらず、この数値も誤ったものだったのだが……）。

しかし、午後になると状況は一変、原子炉水位のデータが低下するようになり、原子炉建屋の二重扉の内側で1時間あたり３００ミリシーベルトの高線量と、モクモクした水蒸気が確認された。水素爆発を起こした1号機でも起きた不吉な前兆だった。結局、その後、3号機の原子炉もメルトダウンを起こし、3月14日午前11時1分に水素爆発を起こした。

危機の連鎖はさらにスピードを増していく。長らく2号機の原子炉を冷却し続けてきたＲＣＩＣがついに機能停止したのである。3号機の爆発から約3時間後の午後1時25分に所長の吉田はＲＣＩＣの機能喪失を判断した。ＲＣＩＣ停止後、免震棟の雰囲気は一変した。最初に危機感を強めたのは〝安全屋〟と呼ばれる事故進展予測の担当者たちだった。彼らは、国家資格である原子炉主任技術者の資格を持ち、限られたデータから、いま原子炉の中がどのようになっているか予測し、対策を立案する役割を担っていた。

彼らは事態が急速に悪化し始める状況を「トランジェント（過渡期）」と呼ぶ。3号機の爆発直後という非常時に、よりにもよって2号機がトランジェントに突入したのである。免震棟で対応にあたった〝安全屋〟の一人は、こう振り返る。

「RCICがずっと回っているのは奇跡だと思っていたので、いつ止まってもおかしくないという認識でした。炉水位が落ちているという報告を聞いて、(くるべきものが)ついにきたという感じでした。2号機のRCICが停止したことを確信してからは、異常に焦りだしたのを覚えています」

できることは限られていた。電源はいまだ復活しておらず、高圧注水系などの冷却装置は動かせない。原子炉を冷やすための唯一の手段は、3号機同様、ディーゼル駆動消火ポンプ(DDFP)と消防注水という、低圧系による注水しか残されていなかった。

「他の安全系(冷却装置のこと)が生きていれば、まだいいんですけど、あのときの状況というのは、高圧系は一切ない。やるとしたら、消防車で入れる低圧系しかないわけですよ。それをまともな低圧系と言っていいのかというと、もう全然違う。しかし、手段を選り好みしている余裕はないから、原子炉の水位低下が続くようなら、どこかで決断を下さなきゃいけない。その低圧注水を行うためには、もう、急速減圧をかけるしか手はない。そしてその急速減圧をかけるにはSR弁を開くしかない。でもどれもこれも100%できる保証というのは、何もないんですよ」

ＳＲ弁を開けるしか道は残されていない。しかし、ＳＲ弁を開けることができるのか？　そしてその直後に間髪入れず注水ができるのか？　免震棟は極度に緊迫した状態にあった。

3月14日午後1時25分、ＲＣＩＣの機能喪失を判断して以降、2号機の原子炉圧力は急激に上昇し、その後70気圧を超える状況が続いていた。消防車のポンプは10気圧程度しかないから、これではとても原子炉には水は入らない。原子炉の圧力を下げて消防注水を行わなければ、メルトダウンは時間の問題だ。

減圧作業の指揮をとった復旧班長の稲垣武之（いながきたけゆき）は当時の緊張感を語る。

「あれは私の人生の中で一番きびしい時間帯でしたね」

そして彼は自分の腹部を指さし、続けた。

「ここに鉛が存在したかのような状態……」

原子炉の圧力を一気に下げるにはＳＲ弁の開放しかない。困難なオペレーションではあったが、ぶっつけ本番というわけではなかった。先にメルトダウンした3号機では、ＳＲ弁を開けるためのバッテリー不足に悩まされたが、ＳＲ弁の開放に成功している。

2号機にはＳＲ弁が8つ取り付けられており、どれか一つでも開けることができれば、消防車で注水できる10気圧まで炉圧を下げることができる。難航を極めた3号機のようにならないように、準備は入念に行われた。2号機のRCICが停止する前には、SR弁を動かすために必要な12ボルトのバッテリーを10個確保し、中央制御室でそれを直列につなぎSR弁開放の準備をしていた。原子炉こそ異なるものの、バッテリーを用いた操作は基本的に同じ手順で行われる。あとは、いつSR弁を開けるか、そのタイミングだ。

免震棟の〝安全屋〟の面々は原子炉の中の核燃料が持つ熱量と炉内の水位から、いつ燃料の先端（TAF）まで水位が落ちるか予想を始めていた。

午後1時13分、推定時刻がテレビ会議を通じて免震棟と本店に伝えられる。

「2号機、水位低下が予想よりちょっと早くなっておりまして、午後3時半にTAFまで到達すると予想しています」

TAF到達まで2時間。復旧班に残された時間はわずかしかなかった。

SR弁を中央制御室から開ける実働部隊は復旧班のなかの「計測制御グループ」と呼ばれる10人余りのメンバーだった。このわずかなメンバーで、2号機と3号機までのSR弁開放のオペレーションを担ってきた。復旧班長の稲垣はこう振り返っている。

「SR弁を開けるための電磁弁に電気を通電する『励磁』といった特殊な作業が必要です。こうした特殊な作業ができる技術者の数も限られていたので、2～3人ずつを交代で中央制御室に送るしかない。そのやりくりには苦労しました」

彼らは2号機と3号機をたびたび往復し、それぞれの中央制御室の操作を行う盤の反対側、通称「裏盤」での作業を続けていた。裏盤は、建屋内部のバルブやポンプ、そして計器につながる制御回路が集中している場所だ。暗闇の中、懐中電灯の明かりを頼りに、小さなビスを使って、バッテリーをつなぎ込まなくてはならない。

すでに当時は、2号機の中央制御室もメルトダウンした1号機や3号機の影響で放射線量が上昇していた。計測制御グループは視界の狭い全面マスクを着用し、綿手袋と二重のゴム手袋を装備した指でこの緻密な作業を強いられていた。後に多くの被ばくをすることになったこの計測制御グループは福島第一原発の中でも、運転員たちとならび最も過酷な作業にあたった人たちだった。

SR弁が開かない！

14日午後2時すぎ、1、2号機の中央制御室では、SR弁を開けるためのバッテリーが計測制御グループによって整えられていた。

復旧班は、3号機の爆発によって使えなくなっていた注水ラインの再構築を急いだ。14日、午後2時43分、2号機タービン建屋の脇にある消防車の接続口にホースの接続を完了させ、午後3時30分には消防車を起動した。あとはSR弁を開いて炉圧を下げることができれば、消防車から送り出された冷却水を原子炉に届けることができる。SR弁は開けることができるはずだ。誰もがそう考えていた。

吉田の右腕として、指揮をとっていた1号機から4号機の事故対応を統括するユニット所長の福良昌敏(ふくらまさとし)は、当時の思いをこう語っている。

「2号のSR弁に減圧操作の準備は比較的早くから整っていました。あとはゴーが出れば、3号と同じ手順でやれば開くだろうとみんな思っていました。2号も3号もそんなに回路が違うわけでもないしバルブの型式が違うみたいなこともありませんでしたのでね」

福良もSR弁が開かないという事態は考えてもいなかったのだ。

14日午後4時34分の中央制御室。免震棟とやりとりをしていた当直長が運転員に向かって指示を出す。

「SR弁開！」

「了解。SR弁、開操作します」

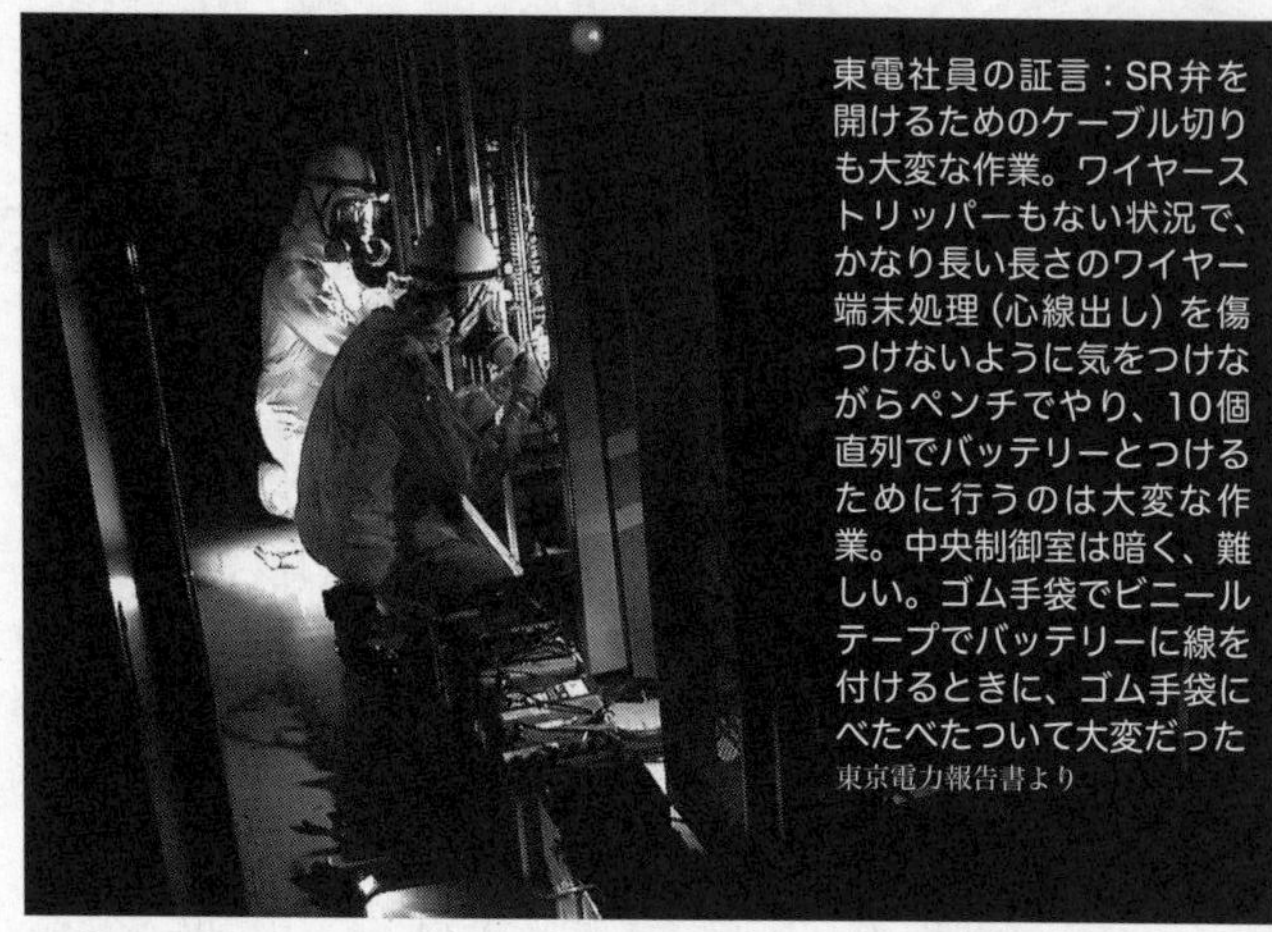

3号機と5号機とでは成功したSR弁の開放が2号機では難航を極めた
〈再現ドラマ〉(©NHK)

スイッチをひねる運転員。すぐ横にある原子炉の圧力計を確認する。しかし、一向に下がる気配がない。

「原子炉圧力下がりません！」

運転員たちはバッテリーのところへ急いだ。SR弁そのものの不具合が起きているかもしれない。バッテリーの接続に長けた計測制御グループの社員たちと別のSR弁の制御回路への接続を急ぐ。

しかし、どのSR弁も開かない。

当直長が免震棟とのホットラインを手にし、全面マスク越しに叫んだ。

「SR弁、開操作するも、原子炉圧

力低下せず！」

免震棟では吉田の横に座っていた福良が復旧班の所へ駆け寄ってきていた。剛胆で本店幹部にすら声を荒らげることのある吉田とは対照的に、常に冷静だった福良が思わず大声をあげた。「なんで開かないんだ⁉」

福良が恐れていたのは2号機の原子炉にまったく水が入らずに、格納容器の圧力が高まり、ベントもできない事態だった。2号機はRCIC停止後、建屋内部でずっとベントの準備が続けられていた。しかし、まだベントは実施できていなかった。

福良はこう振り返っている。

「これ以上ない切迫感がありました。2号機が減圧して、その次のステップに進めなくて原子炉を冷却できないと、これはやはり大変な事態になりますよね。2号機から大量の放射性物質が外に出るような事態になれば、なんとかうまく炉に注水できている1号機や3号機の作業も止まってしまう。注水作業を続けるには燃料を定期的に補給する必要がありますが、2号機からまき散らされた放射性物質で作業員が外に出られないようなことになると、消防車に燃料が補給できずに、いずれ1号も3号も注水が止まってしまう」

福良、そして吉田が恐れたのは、2号機のSR弁が開かず、まったく水が注げない

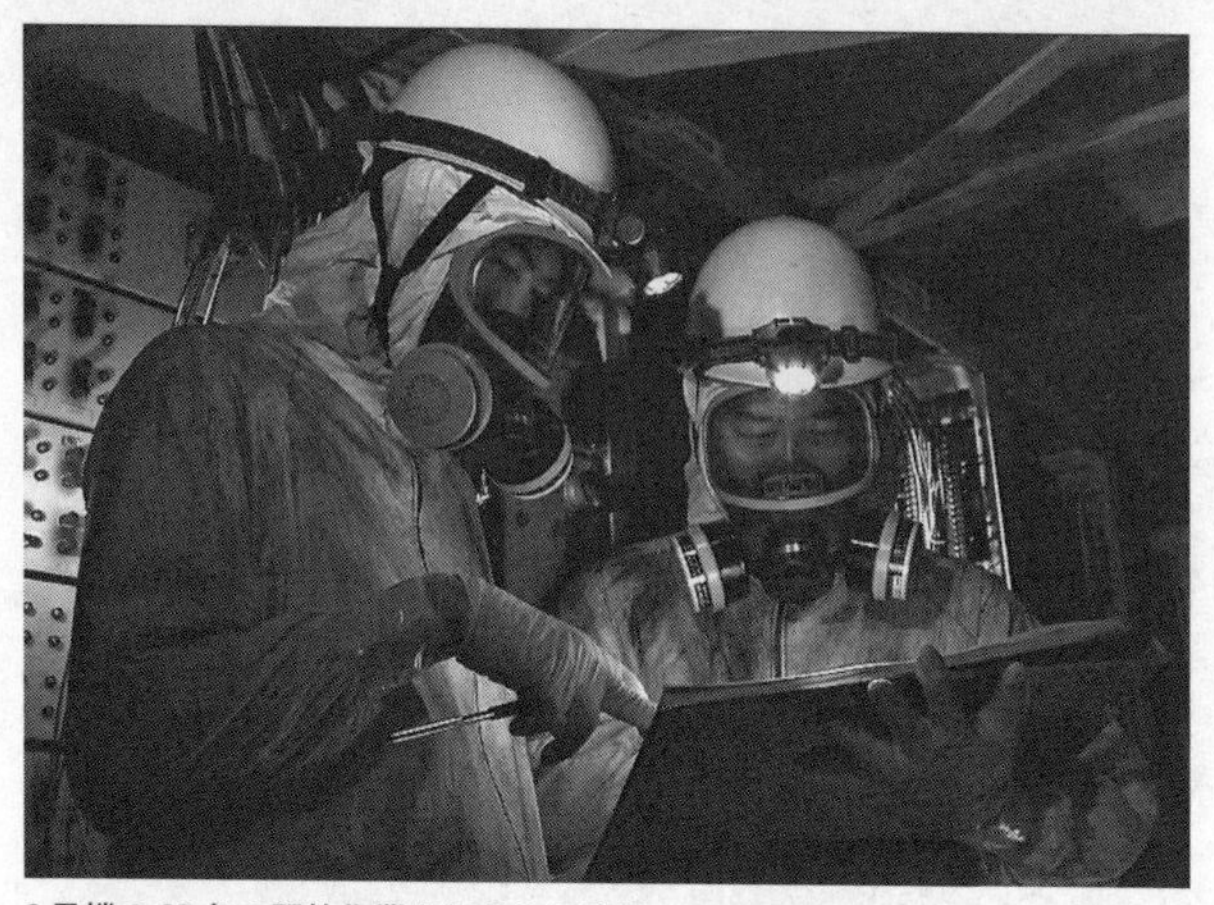

2号機のSR弁の開放作業を行う復旧班員〈再現ドラマ〉(©NHK)
東電社員の証言：バッテリーをつないでいき、120ボルトくらいになると、バチバチで恐ろしい状態。つないでいく際には火花がバチバチとなった。24ボルトでさえ、手が滑って火花が大きく出てバッテリーの端子が溶けたときもあった 東京電力報告書より

ままメルトダウン、そしてベントができない状態で格納容器が破壊され、周辺が高線量の放射性物質で汚染されてしまった場合、1号機と3号機に水が注げなくなってしまい、さらに4号機も含めた大量の核燃料が保管されている使用済み燃料プールへの対策が滞ってしまうことだった。まさに福島第一原発事故の最悪のシナリオだ。そしてそこから放出された放射性物質の影響で南におよそ10キロの所にある福島第二原発もオペレーション不能になれば、それこそ東日本全体が放射能に覆われてしまう。

吉田以下、免震棟の幹部たちは、

祈るような気持ちでＳＲ弁が開くのを待った。

ＳＲ弁と向き合う、中央制御室では、懸命なバッテリーのつなぎ替え作業が続けられていた。

復旧班長の稲垣は、こう語っている。

「最初10個のバッテリーは〝並列〟だったんです。これだと12ボルトのバッテリーでＳＲ弁を開けるための１２０ボルトはかせげない。直列に並べ替えてまたトライしました。それでも全然原子炉の圧力が下がらない」

どうすればＳＲ弁を開けるのか、本店でも協議が続けられていた。

午後5時頃だった。テレビ会議で重要な問い合わせが本店から免震棟に入る。

「格納容器の外側からつながっている窒素のラインは開いているのでしょうか？」

5号機で運転員たちがレンチを使って強引に開けた小さなバルブ。本店は2号機でもそのバルブが閉まっていて、ＳＲ弁に十分な量と圧力の窒素を供給できないことを懸念したのだ。

しかし、当時、5号機でこの窒素ラインのバルブを強引に開いたあのオペレーションは免震棟には伝わっていなかった。

加えて、2号機は5号機とは状況が異なっていた。原子炉建屋内部はすでに放射線量が上昇していたため、長時間の作業ができない状態だったのだ。2号機のRCICが停止する前に、この窒素のラインを開けておけばよかったが、今となってはもう間に合わない。

中央制御室では全面マスクで二重手袋の装備の中、汗だくになった計測制御グループによってSR弁をつなぎ替える懸命の作業が、数時間にわたって続けられていた。午後6時2分、回路の接続を変更したことによって、SR弁が開き原子炉の減圧がようやく開始された。

免震棟も東京本店も注水開始という報告を待っていた。ところが、減圧成功の報告からわずか1時間あまり後の午後7時20分、2号機の近くで待機していた2台の消防車がいずれも燃料切れで停止しているという報告が入ってきた。長時間、エンジンをかけたまま待機状態にしているうちに燃料が切れてしまったのだ。構内にあったタンクローリー車は水素爆発による瓦礫などの影響でパンクしていた。手運びで消防車に給油するため作業員が現場へ向かう。待ちに待った注水ができなかったのだ。

この直後だった。免震棟の技術班の担当者が報告した。

「これまでの2号機の状況ですけど、午後6時22分ぐらいに燃料がむき出しになっているのではないかと想定しています」

技術班の試算では、SR弁で減圧、すなわち大量の蒸気を原子炉の外に出し、さらに消防車による注水に失敗した結果、すでに1時間前に2号機の原子炉の水位は、燃料がむき出しになるまで下がっているという報告だった。

担当者は、試算結果では午後8時すぎには完全に燃料が溶解し、さらにその2時間後の午後10時すぎには原子炉圧力容器が損傷するという予測を告げた。

「非常に危機的な状況であると思います。以上です」

報告が終わった。

免震棟も東京本店も一瞬静まりかえった。2号機のメルトダウンの危機が迫っていた。

この後、関係者のわずかな望みを打ち砕く情報が免震棟に届く。せっかく開いたSR弁が再び閉じてしまったというのだ。SR弁が閉じると再び原子炉の圧力が上昇に転じて、消防注水がまたできなくなってしまう。

浮かび上がるSR弁の弱点

中央制御室でのSR弁との闘いはその後も続いた。一度開いたSR弁が再び閉じてしまったり、再度開こうとしてもなかなか開かなかったりした。SR弁は不安定な挙動を続けた。電気の供給不足の問題は解消しているはずで、何らかの別の要因が疑われた。

しかし、当時は、免震棟も東京電力本店の技術者もその原因を特定することができなかった。

なぜSR弁は開かなかったのか。取材班は、原発メーカー東芝のOBで福島第一原発2号機の試運転に携わった角南義男(すなみよしお)、そしてSR弁そのものの開発を担当した安藤(あんどう)博(ひろし)への取材を重ねた。電源や窒素の状況などを時系列に沿ってつぶさに検証したが、それだけではSR弁が開かない理由が説明できない。そんな中、安藤が取材班に告げたのは、SR弁の弱点とも言える重要な指摘だった。

「格納容器の〝背圧〟によってSR弁が開かなくなる……」

「背圧」とは、格納容器内の圧力が上昇した場合に発生する、SR弁を上から押さえつける力だ。格納容器内部にあるSR弁は格納容器の圧力をいわば背負い込む形になる。それが「背圧」の意味だ。この背圧に打ち勝つためには、平常時のSR弁の開閉に必要な窒素の圧力では足りない可能性がある。

前述したようにSR弁を開けるための窒素は、格納容器内にあるアキュムレーターと呼ばれる窒素タンクから供給される。わざわざ格納容器内部に備え付けられている

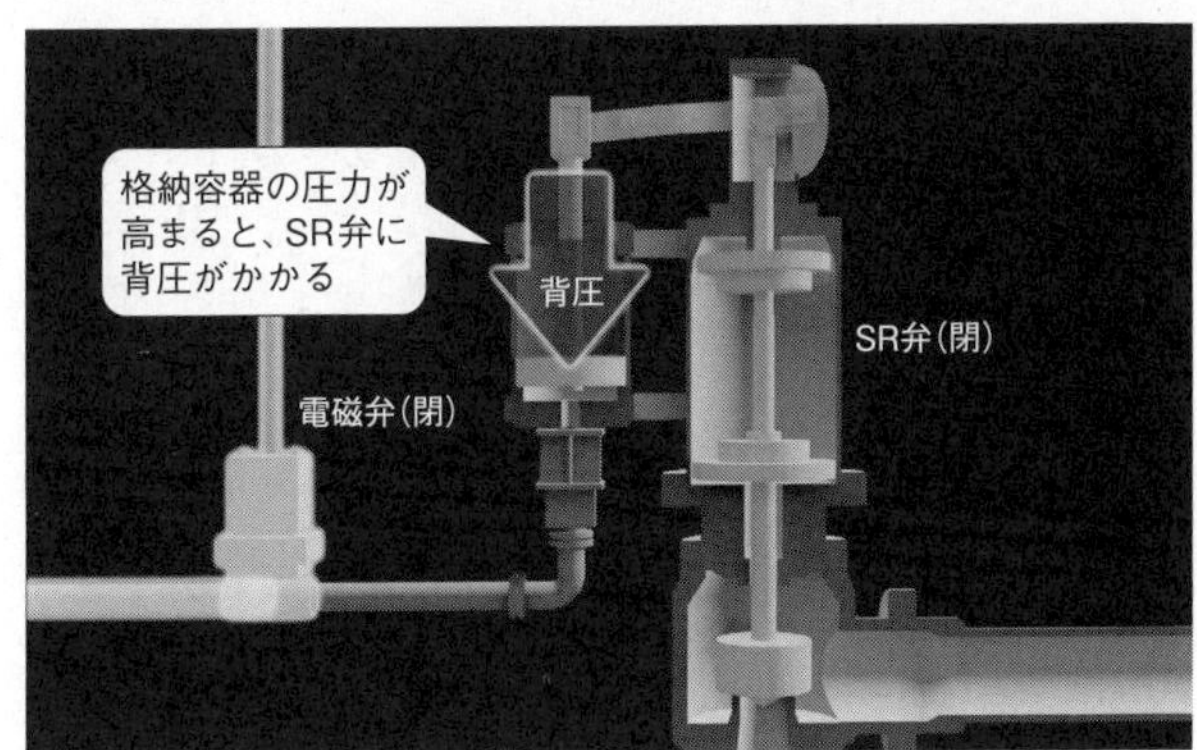

冷却が止まった原子炉の温度はただちに上昇し、その影響で格納容器内部にあるSR弁にかかる圧力が増す

さらに原子炉が高温高圧になると、電磁弁を開けても……

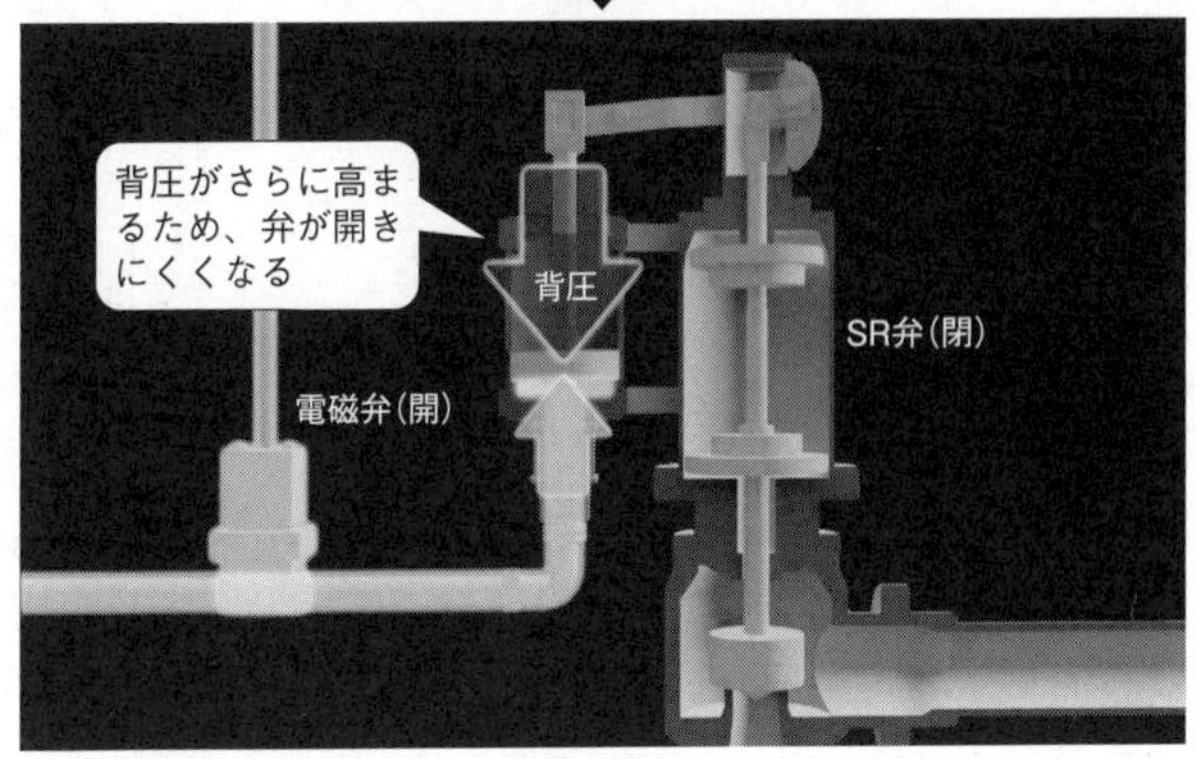

電磁弁を開いて窒素を入れても、その窒素圧がSR弁にかかる圧力を上回らないとSR弁は開放できない（©NHK）

のは、SR弁への窒素ラインを極力短くすることで、確実に窒素を届けるためだ。通常時は、格納容器の外側にある窒素ボンベから格納容器内部のアキュムレーターに窒素を供給するためのラインがつながっており、自動的に窒素が充塡される仕組みになっている。

しかし、全電源喪失になると、放射性物質の漏洩を防ぐためにこのラインについている弁が自動的に閉まり、外部からアキュムレーターに窒素を供給できるラインは使えなくなる。ただ、アキュムレーター自体に一定量の窒素が蓄えられているので、格納容器の外部から窒素の供給が断たれても、何回かはSR弁を開けるだけの窒素を供給できる。緊急事態に備えた用意周到なバックアップともいえるシステムだが、使っているうちに窒素の内圧が低くなるという欠点がある。それでも平常時であれば、SR弁を開くのに十分な圧力が確保できるはずだった。

しかし、2号機では通常のオペレーションではSR弁は開かなかった。その原因の一つとして疑われたのが、格納容器の圧力上昇によって生じる「背圧」だった。

では、格納容器がどれほどの圧力になれば、背圧でSR弁が開かなくなるのか。　原発で使われている弁の構造に詳しい東京海洋大学教授の刑部真弘は言う。

「2号機のSR弁は、アキュムレーターの内圧が格納容器の圧力に対して4気圧以上、上回っていなければＳＲ弁は開かなくなる設計になっています。しかもメルトダウンが進めば、原子炉から出る膨大な熱によって、その外側にある格納容器の圧力はさらに上昇し、ＳＲ弁にかかる背圧も高まる。原子炉が危機的な状況になればなるほど格納容器の圧力は高まり、安全装置であるＳＲ弁が開きにくくなります」

原子炉を減圧できる、〝唯一〟の手段であるＳＲ弁が、非常時には機能しなくなる。恐るべき実態であった。

明らかになる現場のオペレーション

では、当時東電本店や免震棟では、ＳＲ弁が「背圧」によって開きにくくなっている情報を把握していなかったのか。

実は、ＳＲ弁の開操作に苦戦していた3月14日の夕方以降、東京電力本店の技術者がＳＲ弁の製造メーカーにＳＲ弁が開かない原因について、なにか知見がないか直接問い合わせを行っていた。

製造メーカーの技術者はこう答えたという。

「格納容器が設計条件を超えた圧力になっている場合、ＳＲ弁を開けようとしても開かない。格納容器の外側から窒素を供給するためのラインがあるはずだ。そのライン

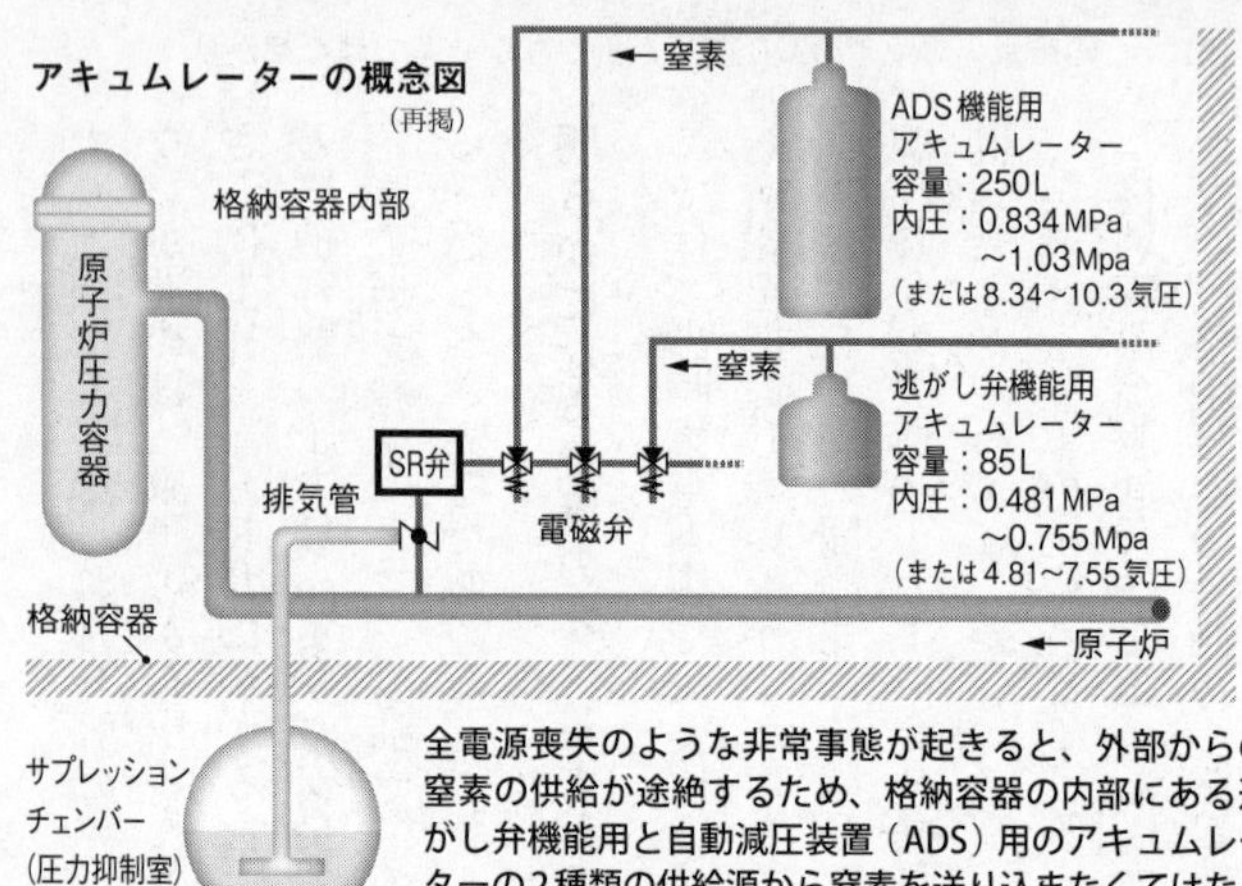

全電源喪失のような非常事態が起きると、外部からの窒素の供給が途絶するため、格納容器の内部にある逃がし弁機能用と自動減圧装置（ADS）用のアキュムレーターの2種類の供給源から窒素を送り込まなくてはならない。ADS機能用アキュムレーターは、通常の逃がし弁機能用に比べて大型で大量の窒素が蓄えられている

につながっている窒素ボンベの排出圧力を上げ、格納容器の背圧に打ち勝つようにしなくてはSR弁を開けることはできない」

製造メーカーはSR弁開操作難航の理由を「格納容器の背圧」と見ていた。そしてその打開策として提案したのが、奇しくも5号機でわずか数時間前に行われていた格納容器外からアキュムレーターにつながる窒素ラインのバルブの開放だった。

しかし、5号機で行ったこのオペレーションに関する情報は、本店と免震棟では共有されることはなかった。後の取材に対し、免震棟でSR弁対応の指揮をとった稲垣は「格納容器の圧力（背圧）が高いため、SR弁が開かないという議論は正直当時行われなかった」と語っている。

しかし、5号機では、当事者が「背圧」の存在を把握していたかどうかは別として、現場の技術者たちは、いったん閉じてしまったアキュムレーターと格納容器外の窒素タンクとの供給ラインを、レンチでこじ開けるという非常手段で復活させていた。5号機についてはSR弁の製造メーカーの技術者が助言した正しい対応策をとっていたのである。

5号機の技術者たちの問題意識を免震棟や本店が共有していれば、RCICが停止する前に、アキュムレーターに高圧の窒素を供給する外部の供給ラインを復活させるオペレーションを現場に指示できたかもしれなかった。残念ながら、彼らは5号機の教訓を生かすことができなかったのである。

懸命な努力

3月14日夜、中央制御室では、「背圧の影響」の議論がなされることのないまま、2号機のSR弁をどのように開けるのか、その闘いが続いていた。復旧班計測制御グループは、バッテリーを電磁弁につなぐ回路を変更する作業を繰り返し行った。

SR弁は8弁あり、A～Hの番号が付けられている。しかし、バッテリーは1つのSR弁に電気を供給するだけの分しか中央制御室にはなかった。そのため、SR弁が開かなければ次のSR弁の操作に移り、ケーブルのつなぎ替えをやり直さなければならなかった。操作を間違えれば感電の恐れもあった。放射線量が上昇する中央制御室。極限の疲労と緊張感の中、意識が遠のいていく社員もいたという。

この作業にあたった復旧班の東電社員は、こう証言している。

「1つのSR弁の開操作に失敗すると、免震棟からは次は○弁だという指示が飛んでくる。それでバッテリーからの電気を供給する接続部分のつなぎ替えを行い、別の電磁弁に電気を供給していました。SR弁が開いたかどうかは、原子炉の圧力を見て、下がっていけば開いたと判断していましたが、なんどやってもなかなか開かない。特に厳しかったのが、夜11時を過ぎたあたりからでした」

通常では1気圧程度しかない格納容器圧力は、14日午後11時10分、6気圧を超えていた。逃がし弁機能用のアキュムレーター（内圧が4・81〜7・55気圧）では、この格納容器からの「背圧」に打ち勝つことはできない。復旧班は、逃がし弁機能用のアキュムレーターを使ってSR弁を開こうとするが、8つの弁はどれも開かない。14日から15日に日付が変わり、追い詰められた復旧班は、内圧の高い（8・34〜10・3気圧）ADS機能用のアキュムレーターを使ったという。

「免震棟からはADSを優先して使えという指示もなかった。ADS機能用のアキュムレーターを使ったのは、いわば〝ダメもと〟でした」

2号機の原子炉圧力は、14日午後11時25分には31気圧まで上がったが、このオペレーションが功を奏したのか、日付が変わった15日午前1時すぎからは、再び6気圧程度を推移するようになっていた。最後の最後で、現場は技術者の勘ともいえる手段で、SR弁を開けることに成功したのだ。

10気圧程度の消防車のポンプ圧で、十分水が入るはずの圧力だった。復旧班は、2台の消防車の燃料を数時間おきに補給しながら、2号機への注水を続けていた。

2号機の結末

SR弁と並行してトライされていた、2号機ベント作業。試行錯誤したものの、成功する兆しは見えなかった。サプレッションチェンバー（圧力抑制室）を通さずに、格納容器のドライウェル（D／W）から直接大気に放射性物質を放出するいわゆるドライベントまで試みられたが、ベントのための空気作動弁はいっこうに開かなかった。

そして、3月15日午前6時10分。福島第一原発の1、2号機の中央制御室は、ドーンという異音とともに下から突き上げられるような異様な衝撃に襲われた。計器盤を監視していた運転員の一人が叫んだ。

「サプレッションチェンバーが落ちた！」

「ドライウェル、サプチャン、圧力確認」

「了解」

「圧力は！」

「サプチャン、圧力……ゼロになりました……」

サプレッションチェンバーの圧力計がゼロを示していた。

発電班から2号機の圧力計がゼロを示したという報告を受けた吉田ら免震棟は、2号機の格納容器で何らかの事態が起き、圧力計がゼロを示したものと判断した。格納容器が破損したとすれば、大量の放射性物質の漏洩は避けられない。東京電力の作業員の全面退避を迫られる最悪のシナリオが現実になったかのように思われた。しかし、2号機の格納容器の破損は部分的なものとなり、放射性物質の漏洩は限定的なものにとどまった。

SR弁の開放と、その後の消防ポンプによる注水の途絶。そしてその後のSR弁を巡る苦闘。複数号機の原発事故では同時対応が求められ、現場の疲労感も時間が経つにつれ極限状態になっていく。こうした状況下では、わずかなミスが致命傷になりかねない。1号機の冷却機能喪失を早期に発見するチャンスが複数回あったにもかかわらず、重要な技術的な情報の共有ができずに、メルトダウンを招いた。

マニュアルにないＳＲ弁操作という共通の事態に向き合った、2号機、3号機、5号機。もちろん2号機は、3号機や5号機と比べ過酷な事故対応を求められたが、2号機のＲＣＩＣが動いている間、すなわち冷却が続いている間に格納容器外からの窒素ラインの開通手順など、5号機との情報の共有ができなかったのか。

今回のＳＲ弁の対応で見えてきたのは、重要な情報や知見を持つ人は福島第一原発にも本店にもメーカーにもいたにもかかわらず、それを現場に届けることができなかったという事実である。ひとたび事態が悪化すると、猛スピードで進展していく原発事故を食い止めるには、どのような技術的な情報共有のシステムが必要なのか。ＳＲ弁をめぐる問題はきわめて重大な問いかけを今後に残している。

そして、ＳＲ弁と注水を巡る苦闘が、実際はメルトダウンの進展にどう影響したか、最新の福島第一原発の2号機、3号機、そして1号機の格納容器の内部調査から、第11章から第13章で読み解いていく。

ＳＲ弁の「背圧」影響と向き合い始めた規制機関と東京電力

取材班がＳＲ弁の〝背圧影響〟を番組で報じた直後、取材班の一人の記者の元に、経済産業省の幹部の一人が足早に寄ってきた。そして「あのＳＲ弁の指摘は、誰に聞いたんだ？」と少し声を荒らげて詰問したという。当時の規制では、格納容器の圧力が４気圧を超えることを想定しておらず、その結果ＳＲ弁に対する「背圧影響」を考慮し、ＳＲ弁が動作できるように備えることを国は電力会社に要求していなかったのだ。国もまた知見不足だった。

事故が悪化すればするほど、開きにくくなる安全装置ＳＲ弁。その後、当該幹部は新設された原子力規制庁に籍を移し、福島第一原発事故を教訓とした新規制基準を手がける中心の一人となっていった。そして今の新規制基準では、ＳＲ弁の背圧対策が求められるようになった。実際に東京電力の柏崎刈羽原発や日本原電の東海第二発電所など、福島第一原子力発電所と同じタイプのＢＷＲの再稼働に向けた審査では、必ずＳＲ弁の「背圧対策」が確認されるようになった。

取材班がＳＲ弁の背圧影響を指摘した２０１２年。それ以降、東京電力は同じく２号機の午後６時以降のＳＲ弁の挙動に注目し、「背圧」影響を含めて調査、検証を進めてきた。２０１５年12月に公表された「未解明事項」の調査報告で東京電力は、当時対応に当たっていた社員の証言と合致するように、14日の午後11時以降の格納容器の圧力つまり「背圧」の上昇により〝逃がし弁〟用のアキュムレーターではSR弁は作動できなかった状態であったことを認めた。

一方で当時の技術者たちが見いだしたADSアキュムレーターを活用すれば、全期間にわたってSR弁を動作させることが可能だったとも記されている。では、なぜ最初から窒素を送り込む圧力や容量が大きかったADSのアキュムレーターを優先的に使わなかったのか、その記述は未解明事項の調査報告書にはなかった。

取材班がSR弁に注目して取材を続けてきた理由はアクシデントマネジメントに対応する設備として最重要な設備であるというだけではない。もともと、SR弁は原子力発電所発祥の地、米国のメーカーが開発したものだが、原子力発電の黎明期のSR弁は多くの課題を抱えていた。「開いたまま閉じない」、あるいは「漏れがある」。原爆による唯一の被爆国であり放射能に対するアレルギーが極めて強かった日本で、原発を安全に運転するにはSR弁の改良は絶対に必要だった。当時、若かった東芝の技術者の安藤博たちは海を渡り、米国のメーカーと喧々囂々の議論を重ねながら福島第一原発で使われるようになる新しいSR弁を開発した。万が一のときに、安全に原子炉を減圧するために。これが今回の事故の際に頼みの綱となった。しかし、そのSR弁は、厳しい事故進展のなかで十分に活用できなかった。

SR弁を開発した安藤は、いま88歳となった。すでに退職し、企業や組織に所属しているわけではないが、いまなお事故当時に計測されたデータやその後明らかになる現場の実態に向き合い、強い熱意を持って福島第一原発事故の教訓を次の原子力安全に活かし続けようとしている。

そうした人がいる限り、事故を検証する歩みを止める理由は見つからない。

第11章

吉田たちを追い詰めた「2号機」の原子炉で起きていた〝想定外の事態〟

福島第一原発2号機の原子炉格納容器底部を画像解析して作成した画像
(©国際廃炉研究開発機構)

12年の時が明らかにするメルトダウンの真相

事故から時を経て、明らかになることがある。福島第一原発の廃炉作業を進める中で、メルトダウンの真相が徐々に見え始めている。実は、1号機から3号機までの3つの原子炉のメルトダウンのシナリオはそれぞれ異なり、被害状況も三者三様であることがわかってきた。

福島第一原発事故から12年あまり。この間、福島第一原発の廃炉に関する話題は、汚染水の漏洩や、なかなか凍らない凍土壁など、ネガティブな話題が続いていた。一方で、福島第一原発を訪れるたびに原子炉建屋周辺では遮蔽や除染などの対策が取られ、事故から3年目には事故対応の最前線となった中央制御室に取材班が入ることも可能になった。

廃炉が完了するまでに30年から40年、そしてコストは8兆円かかるとされている。それだけ莫大な時間とコストをかけ、廃炉を進める目的は、いわば「メルトダウン」の後始末とも言える。メルトダウンによって溶け落ちた核燃料と金属などの構造材が混じり合い、固まってできた〝核燃料デブリ〟。現在は十分に冷却できているものの、核燃料を保管する理想の状態にはほど遠い。つまり、〝デブリ〟を取り出すまで

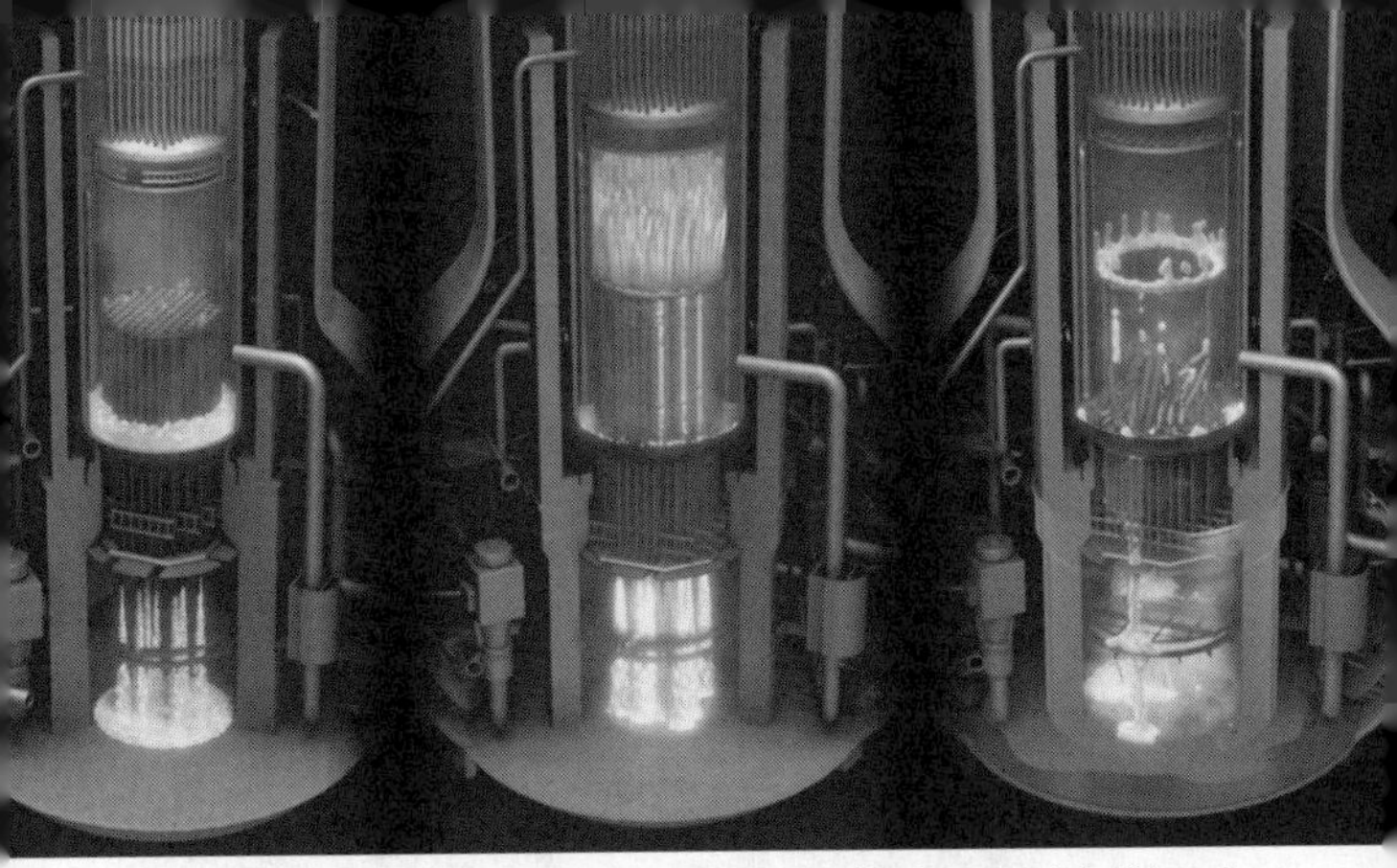

福島第一原発事故では、運転中の3つの原子炉が相次いでメルトダウンするという世界初の原発事故となった（©NHK）

は、本当の意味で事故が終わっていないことを意味する。

デブリを取り出すためには、原子炉や格納容器のどこにデブリが残っているのか、まずその状態を把握する必要がある。しかし、2023年時点でもなおデブリの取り出しは始まっておらず、デブリがどこにあるのかその全容すら正確にはわかっていない。それを知るには、メルトダウンによってどれだけ核燃料が原子炉から溶け落ち、格納容器に広がっているのか詳細に調査する必要がある。その調査は大きく2つに分けられる。格納容器内部調査と原子炉内部調査だ。

しかし、格納容器の内部、いわば原発の最深部にある原子炉にはロボットがアクセスするルートすら確保できていない。ロボット投

2号機（2011年3月）

1号機（2011年6月）

2号機（2017年2月）

1号機（2018年1月）

入の拠点となる原子炉建屋内部はいまだに強い放射線が残り、作業時間が限られていることなどからロボットですら原子炉に入れていないのだ。

通常であれば、原子炉建屋の最上階、オペレーティングフロア（通称オペフロ）から格納容器と原子炉の蓋を開けることでアクセスすることができるが、事故の影響から1号機と2号機ではいまだにオペフロに人が入ることができない。

一方、3号機では、水素爆発の影響で飛散した高線量の瓦礫を取り除く作業を、事故から2年7ヵ月後の2013年10月に完了させた。その後、装置のたび重なるトラブルを経

4号機（2011年3月）

3号機（2011年3月）

4号機（2013年5月）

3号機（2018年2月）

て2019年4月から燃料の取り出しを開始。およそ2年後の2021年2月28日に3号機の使用済み核燃料、全566体の取り出しが完了した。今後、デブリを取り出すために、原子炉にオペフロから垂直方向にアクセスするのか、または横方向からアクセスするのか、まだその方針は明確には定まっていない。

原子炉の内部調査が進まない一方で、原子炉を納める格納容器の内部調査はこの12年で劇的に進んだ。2012年1月に2号機の格納容器内部に内視鏡カメラが投入されたのを皮切りに、次々とカメラやロボットが投入され徐々に内部やデブリの状況が明らかになってきている。

事故から5年11ヵ月。メルトダウンしたデブリの姿は、最初に2号機で確認された。メルトダウンした3つの原子炉のうち、現場の事故対応が最も過酷だったのが2号機だ。3号機の水素爆発からおよそ2時間後、所長の吉田は2号機の冷却装置が機能を喪失したと判断。その後、SR弁による減圧に苦戦し、さらに、原子炉への注水にも失敗。さらに1号機、3号機でかろうじて実施できた最後の切り札であるベントもできないという最悪の事態に陥る。

吉田は事故後の政府事故調の聞き取りで2号機の対応についてその過酷さから、「思い出したくない」と語り、ともに対応にあたった免震棟の幹部は、「最悪チェルノブイリになると思った。そして日本がおかしくなってしまうというところまで追い詰められた。僕らだって生きては出られないと思いましたからね」と吐露した号機である。

しかし、その事故対応とは裏腹に、2号機で初めて捉えられたデブリの状況は実に意外なものだった。

2号機〝デブリ〟調査ドキュメント

福島第一原発の朝は早い。2017年1月30日、午前4時、事故後に新設された入退域管理施設に続々と作業員たちが出勤していた。温度計の針は0℃を指していた。この日、NHKの取材班は事故後、初めてデブリの姿を確認することになる「格納容器内部調査」の取材のため福島第一原発に入った。

線量計を借り受け、事故対応の拠点「免震重要棟」に向かうために外に出る。吐く息は暗い中でもはっきりとわかるほど白かった。乗り合いバスがやってくると、東京電力の紺色の作業服を着た社員たちが次々と乗り込んできた。その中に、この日行われる2号機の格納容器内部調査の指揮をとる東京電力のマネージャーの姿もあった。普段は温厚で気さくな人物だが、この日は声をかけるのを躊躇するほど集中しているように見えた。無理もない。「廃炉への道」の最も重要なステップとなるデブリ取り出し。メーカーを中心に多くの関係者が技術開発を重ねて、3年にわたり周到な準備を重ねてきた〝デブリ〟の調査がこれから行われようとしているのだから。

免震棟の2階にロボットを操作する遠隔操作室がある。実際に操作を担当するのは東芝のエンジニアたち。2号機の建設・メンテナンスを担ってきた東芝では、原子炉の真下の構造を模擬した訓練用の設備を作り、ロボットの投入から操作など精密な訓練・トレーニングを重ねてきた。

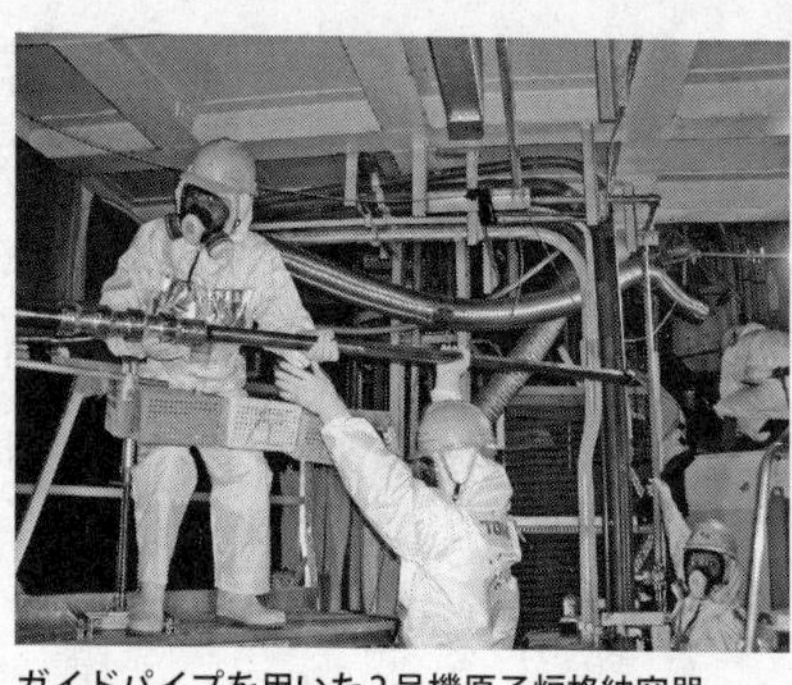

ガイドパイプを用いた2号機原子炉格納容器の内部調査の様子。先端についたカメラで初めてデブリを撮影した

この日、格納容器の内部に投入されたのは「ガイドパイプ」と呼ばれる調査装置。長さ10メートルを超える筒状構造物の先端には調査用のカメラを搭載している。遠隔操作室にいるエンジニアと、原子炉建屋で作業の準備を進める現場の作業員との間では、PHSで連絡を取りながら、「ガイドパイプ」の操作に向けたやりとりが行われていた。この調査は経済産業省が予算を投じて行ういわば「国プロ（国家プロジェクト）」として位置づけられている。ロボットの開発、調査、またその後の分析など1号機から3号機合わせて一連の調査に3年半で70億円の予算が投じられる。目指す場所は、原子炉の真下にある「ペデスタル」という部分。ここでデブリが確認されれば、メルトダウン、そして溶融した核燃料が原子炉の底を突き破るメルトスルーが起こっていたことも確定される。

午前6時を予定し始まった調査は慎重に進んでいった。格納容器の貫通部から内部に挿入されたガイドパイプの先端は伸縮できる構造になっている。先端に取り付けられたカメラは上下、左右に回転させることができ、ポイントごとに止めて動画を撮影していく。後の分析にいかすためだ。

調査開始からしばらくすると、画面のノイズが激しさを増した。強い放射線によって、カメラ撮影はノイズの影響を受ける。

「強いな……」「650シーベルト」。福島第一原発事故後、最も高い放射線量が記録された（画面のノイズから放射線量を割り出して算出した数値は暫定値で後に80シーベルトに変更された。それでも福島第一原発で測定された放射線量で最も高い数値である）。

さらにカメラは奥へ進んでいく。原子炉の真下、ペデスタル内部に入った。先ほどまで激しかったノイズがペデスタル内部に入ると減っていく。

「不思議ですね……」東電社員の一人がつぶやいた。強い放射線を放つとされるデブリに近づけばそれだけ放射線量も上昇し、カメラのノイズも増加すると考えていたからだ。デブリはペデスタル内には存在しないのか……。しかし、次の瞬間、少し興奮気味にエンジニアの一人が声を上げた。

「グレーチングの穴だ」

グレーチングとは、ペデスタル内で作業員がメンテナンスを行う際の格子状の足場で、炭素鋼でできている。本来、ペデスタル内をくまなく覆っているはずが、ところ

2017年1月30日に行われた2号機原子炉の内部調査で撮影された、グレーチングの上に付着したデブリと見られる堆積物

どころ脱落していることが映像で確認できた。その真上には原子炉がある。事故の際にメルトダウンした高温の核燃料が原子炉の底を突き破り落下。その結果、炭素鋼のグレーチングを溶かし、穴を開けたのではないか。

さらに、調査は続いていく。カメラがグレーチングにへばりついている物体を捉えた。

「なにか、べっとりとついていますね……」

慎重な東京電力社員はすぐに付着している物質を核燃料デブリとは言わない。しかし、光沢を見せるその物質は明らかに溶融した物体が固着しているように見えた。私たちは、それが初めて見る福島第一原発のデブリだと認識した。メルトダウンの真相に迫る大きな手がかりが見つかったのだ。

しかし、謎は残った。デブリに近づいてもなぜ放射線量が上昇しないのか。この謎は、次々と浮かび上がる疑問の最初のものだった。

深まる2号機メルトダウンの謎

最初にデブリと見られる堆積物が確認された2017年1月以降、2号機では格納容器ペデスタル内の調査が続けられていた。2018年には、再びロボットがペデスタル内に投入された。前の年の調査で判明したグレーチングの穴を逆に活用し、ペデスタルの床面、つまりデブリが堆積しているエリアに迫ることができた。そこには、事故の真相を浮かび上がらせる様々な手がかりが見つかった。

そのひとつが、「ハンドル」と呼ばれる燃料の上部に取り付けられたコの字形の部品だ。東芝・東京電力も参加するＩＲＩＤと呼ばれる廃炉の研究組合の分析では、このハンドルは燃料集合体の上部にある「上部タイプレート」であることがわかった。上から見ると正方形である燃料集合体の一辺はおよそ14センチ。つまり、通常は原子炉の中にある燃料集合体の一部がペデスタルに落下しているということは、原子炉にはそれ以上の大きな穴が開いているということを意味していた。

そしてデブリは床一面に堆積。ところどころ周辺に比べて堆積物の高さが高い場所がある。これは、原子炉の底に複数の穴が開いており、デブリの落下経路もいくつかあることを示唆していた。

融点	融点あるいは溶融温度
2840℃	UO_2
2707℃	酸化ジルコニウム
2200℃	UO_2とジルコニウムの反応物
1833℃	ジルカロイ
1566℃	鉄酸化物
1398℃	スティール

サンプソン（SAMPSON）での構造成材料の融点の設定

2018年1月19日に行われた2号機原子炉の内部調査で撮影された、ペデスタルの床面のデブリ。金属部品の溶け残りが確認された

東京電力は、ペデスタル床面の破損状況に注目していた。デブリが堆積している金属の構造物に大きな変形が見られないのだ。核燃料を形成するウランの粉末を焼き固めて作ったペレットの融点は２７００℃以上。メルトダウンによってペレットが溶融し、２０００℃を超える超高温のデブリが落下していれば金属の構造物が熱で溶けたり、あるいは少なくともゆがんだりしているのではないか。しかし、ペデスタルの床

にある構造物は熱で変形した形跡が見られない。デブリに近づいても放射線量が上昇しないことに続く、新たな謎であった。

調査はロボットがデブリをつかむところまで進んでいった。

２０１９年2月、初めてデブリとみられる堆積物をロボットがつかんだ。その過程で、得られた貴重な放射線量のデータに取材班は注目した。一般的に放射線を出す「放射線源」に線量計が近づけば近づくほど放射線量は増していく。しかし、ロボットをデブリに向けて徐々に下ろしていっても、線量計の数値は少しずつ上昇するものの、その上昇率は緩やかだった。デブリからの距離がおよそ3メートルで毎時６・４シーベルト、そして50センチ以下だと毎時７・６シーベルトを示していた。核燃料や放射線が専門で、元東京電力社員の東京都市大学の高木直行(たかきなおゆき)教授は、「底面に近づいてもそれほど線量が上がらないということは、強い線源は底部にない。もしくは、あっても何かで遮蔽されているということが考えられる」と分析する。

デブリとみられる床の堆積物は放射線源ではない？　謎がまたも深まった。

2号機　謎の〝デブリ〟の正体に迫る

2号機の謎を解くために、デブリをつかむ過程で撮影された映像から、事故の進展

日本最大の原子力研究機関JAEAの倉田正輝は事故の進展によって異なる1号機から3号機のデブリの形成メカニズムの分析を続けてきた（©NHK）

について分析を試みることにした。取材班は日本最大の原子力研究機関・日本原子力研究開発機構（ＪＡＥＡ）の専門家を訪ねた。廃炉環境国際共同研究センター燃料デブリ・炉内状況把握ディビジョン長の倉田正輝。経済協力開発機構／原子力機関（ＯＥＣＤ／ＮＥＡ）が主催する福島第一原発事故の分析のための国際共同プロジェクトで議長を務めるなど、国内外から一目を置かれるシビアアクシデント分析の専門家である。

映像を倉田に見せると、驚くことに一見して何かわからない堆積物の正体を言い当てる。

「これはチャンネルボックスの溶け残りの可能性が高いですね」

チャンネルボックスとは、燃料集合体を形成する一番外側の構造材である。ジルカロイ（ジルコニウム合金）でできているもので、融点は１８５０℃程度と、ウランペレットに比べて高くない。これが溶け残っているということは、２号機ではメルトダウンの際に、１８５０℃に達していない部分があるということになる。

さらに、別の〝溶け残り〟も見つかった。

「これは制御棒の可能性があると思っていて、ひっくり返すと……これ、厚みが2ミリぐらいなんですよね」

ステンレス鋼でできている制御棒が溶け残っているということは、2号機の原子炉内部は場所によっては1500℃程度にしか達していないと倉田は見ていた。すると、2200℃に達しなければ溶けることがないウランとジルコニウムの反応物も溶け残っている可能性がある。つまり、2号機は想像よりはるかに低温で事故が進行していた可能性が浮かび上がった。

さらに、倉田は別のデータを示してくれた。2号機と3号機のペデスタル内部で採取されたいわばデブリ成分を含む試料が含有するウランの量である。2号機は3号機に比べて、含まれるウランの量が10分の1程度と大幅に少なくなっていた。

「いろいろな計算結果、あるいは観測結果からですね、やはり2号機の原子炉下部プレナムのところの最高温度が意外に低い……、1800℃から2200℃くらいまでは上がっていると思うんですが、でも、その温度だとウランの酸化物がまだ溶けないんですね。それよりも低い温度の可能性が高い。まだ事故時の原子炉下部プレナム最高温度の段階でもウランの酸化物があまり溶けていなかったと推定されます。とする

2号機の原子炉格納容器内部の画像（ペデスタル底部）

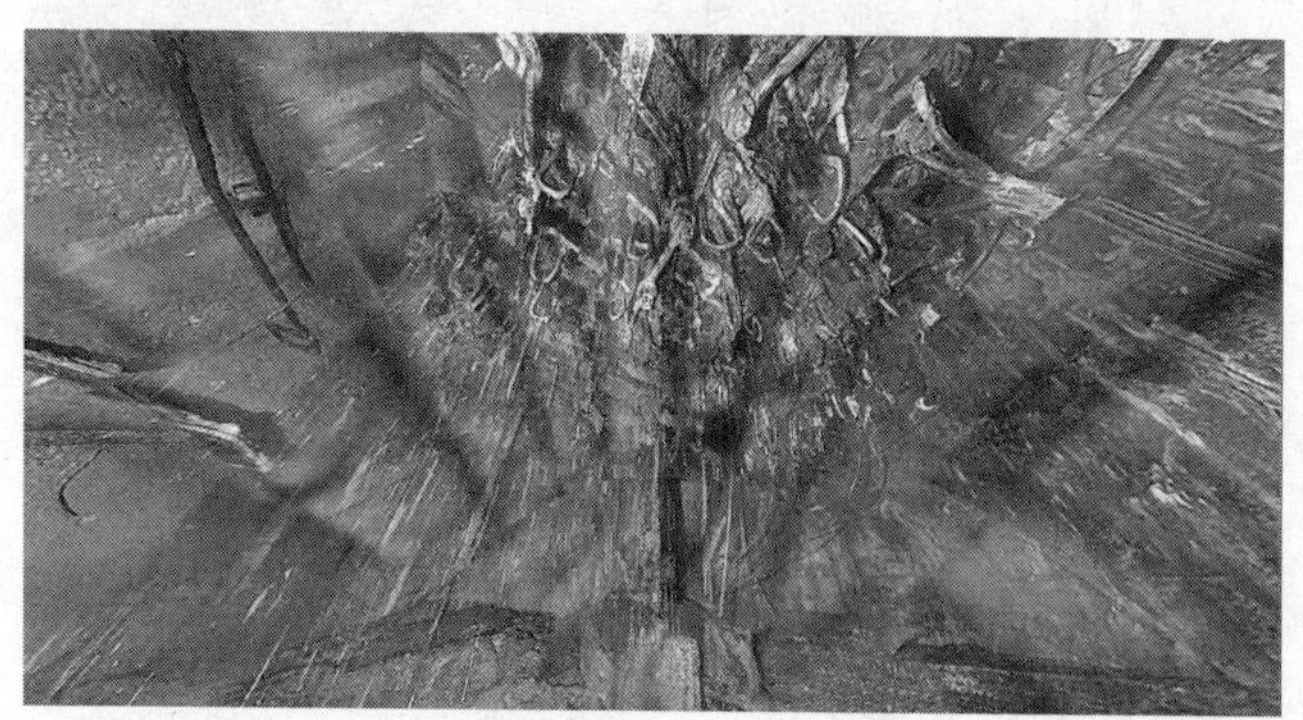

2号機の原子炉格納容器内部の画像（グレーチング上から）

2018年1月に撮影した福島第一原発2号機の原子炉格納容器内部の画像。東京電力が映像を鮮明にする処理を施し、内部の空間の様子がわかるようにした（©国際廃炉研究開発機構）

と、やはり、あまり下には、ペデスタルには移行しにくいという推定が成り立ちますね」

ここまで聞くとようやく、格納容器内部調査で浮かび上がった2つの謎の答えが見えてきた。

・デブリに近づいても線量が上がらない

・ペデスタル内の床の構造物が溶融・変形していない

つまり、2号機のペデスタルに堆積しているデブリは、融点や放射線量が低い金属成分が中心の堆積物である可能性が高い。放射線量が高い核燃料のいわば〝本体〟の多くは溶け残った状態で、原子炉に残っている状況になっている。つまり、吉田たちが死を覚悟した2号機で、メルトダウンは思いのほか進んでいなかったことになる。ベントもままならず、消防注水にも失敗した2号機で、なぜ「最悪の事態」が起きずに済んだのだろうか。

デブリが映し出す2号機　メルトダウンの真相

現場の危機感と乖離する2号機のデブリの状況。事故の真相に迫るため、取材班は、2号機の事態が悪化していく3月14日の夜に立ち返り、メルトダウンに関する分析を深めていくことにした。倉田や、サンプソンによるシミュレーションを続けてきた内藤正則が一致して注目する点は、3月14日午後6時2分、あのSR弁の開放の操作と消防注水の関係だった。

2号機で冷却装置のRCICが停止後、班目春樹原子力安全委員長からの要請に東京電力社長の清水正孝が押し切られる形で、吉田らはSR弁による減圧と代替注水手段である消防車による注水を実施することを決断した。消防車の吐出圧力は原子炉圧力に比べて低いため、SR弁を開いて原子炉を減圧し、水を注ぐオペレーションを実行しようとしたのである。

この決断を免震棟で対応に当たっていた技術班の幹部はリスクの高い判断だと恐れていた。

「SR弁を開けたら開いたはいいけど、原子炉からは水が抜けてしまいますから……。その状態で水が入らないようなことになれば、今度は、事象の進展を加速させてしまうので、もっと早く悲惨な状況になってしまう。本当に、本当に失敗したら地獄みたいなことになり得る」

当時、免震棟の幹部、そして原子力部門のトップだった副社長の武藤ら本店が恐れていたのは、SR弁による減圧、すなわち原子炉から蒸気を抜いてしまった後、消防車による注水に失敗し、原子炉が急速に空焚きになる事態だった。当時のマニュアルでも、減圧を行った後、速やかに低圧系で注水することが強く求められていた。

そして、3月14日の午後6時過ぎ、まさに2号機では恐れていた事態が起こった。復旧班が中央制御室でSR弁操作用のバッテリーを接続し、午後6時2分にSR弁が開いた。しかし、いつまでたっても水位が回復しない。

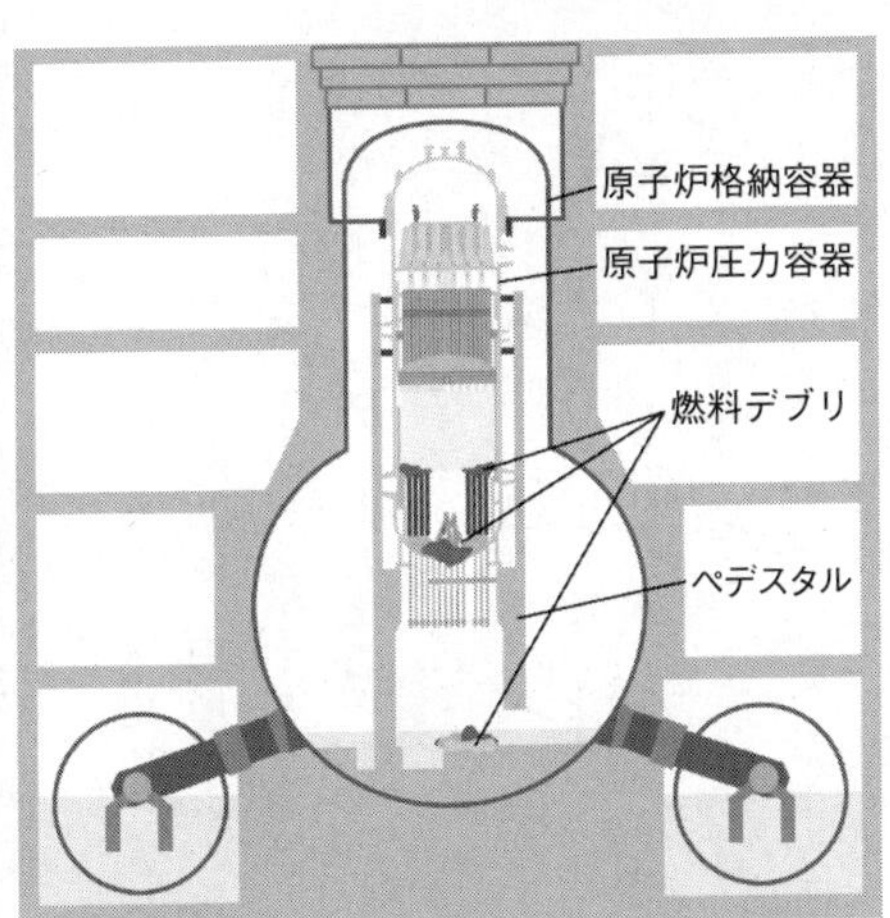

東京電力が作成した2号機格納容器内部の想像図。吉田所長らが「一番思い出したくない」と証言するほど過酷な状況に追い込まれた2号機だったが、意外にも核燃料の溶融は、3つの原子炉で最も少なく、燃料デブリの量も少ないとみられている

ドキュメント編第6章でも触れたが、当時の免震棟ではきわめて緊迫した状況に陥っていた。午後6時30分、現場からの報告を聞いて、吉田が消防注水に失敗していることに気づき、テレビ会議でこう発話している。

「現場ちょっと確認したところ、どうも消防ポンプの海から汲み取っている最初のポンプ、ポンプ2台あって、最後に1台あって、そいつがですね、どうもいま止まっているという話が入ってきたんで、それをいま燃料入れに行っているという話が入っているので、大至急対応しています」

東電の原子力・立地本部長だった武藤も、2号機の原子炉でメルトダウンが進み、これまで水素爆発を起こしてきた1号機、3号機より厳しい状況、つまり「最後の砦」となる格納容器が破壊する危機が迫っていると感じていた。

「ともかくその格納容器のウェットウェルのベント、蓋を開けるというのが、2号はさぁ、これからそのもっと厳しいことになっていったときに、多分最後、格納容器を救うことになるのだから、そこを一生懸命やると。これが大事だよ。そうでないと、1号と3号と違うその放出のやり方になるよ。多分、1号3号より悪くなるぞ、そこができねぇと」

のちに吉田が調書の中で「ここは私が一番思い出したくないところです。はっきり言って」と語るなど、現場が最大の危機感を強めた局面だった。

しかし、事故後の解析では、原子炉の中ではまったく違う事態が進んでいたことがわかってきた。水がないにもかかわらず、核燃料の溶融がそれほど進んでいなかったのだ。事故後の解析では、原子炉下部プレナムの温度は、ウランが溶ける2200℃以上の高温に達していないとみられている。

なぜ、2号機は最悪の事態を免れたのか。

倉田は2号機の内部調査や解析で得られたデータを見て、こう振り返る。

「2号機では、SR弁を開けたタイミングで消防車による注水が中断し、原子炉が水不足に陥ったことで、結果として、核燃料の温度上昇を防いだ可能性が高い」

水不足に陥ったことで核燃料の温度が上昇しない？　本来、水がなくなれば温度が上昇しメルトダウンが加速するのではないのか？

メルトダウンを加速させる「水－ジルコニウム反応」

福島第一原発事故のメルトダウンの解析を続けてきた内藤によれば、核燃料がメルトダウンを起こす際に起こる温度上昇は主に2つのメカニズムによってもたらされるという。最初に温度上昇をもたらすのが、核燃料の崩壊熱だ。二段式ロケットにたとえるなら、崩壊熱は一段目のロケットに相当する。原子炉を運転することで起きる核分裂反応は放射性物質を生み出す。ここで生み出された放射性物質が安定した状態になる際に、放射線が出て熱が生じる。2号機では原子炉が停止した24時間後でもおよそ1万2100キロワットの崩壊熱があったとみられる。身近なたとえで言えば、家庭用の5キロワット程度の石油ファンヒーターに換算すると2400台分ほどだ。原子炉が停止した後も核燃料の温度上昇が起こるのはこの崩壊熱によるものだ。

しかし、この崩壊熱だけではウランとジルコニウムの合金を溶かす2200℃以上の高熱まで核燃料の温度を上昇させることは難しい。核燃料をより高温にするもう一つのメカニズムが必要になる。この「二段目のロケット」に相当するのが、「水－ジルコニウム反応」と呼ばれる現象だ。それは崩壊熱によって核燃料の温度が900℃を超えると加速度的に発生する。ジルコニウムと水に含まれる酸素が結合し、酸化ジルコニウムになり、一方で大量の水素が発生。この化学反応によって生じた熱で温度上昇が一気に加速し、2000℃を超える高温状態になるのだ。つまり、核燃料を溶かすための必要条件は皮肉なことに「水」の存在である。原子炉に十分な「水」がなければ、核燃料が冷やせない。しかし、その水が「水－ジルコニウム反応」を引き起こし、加速度的に温度を上昇させてしまうのだ。

3月14日の午後6時すぎのSR弁開放の後の、吉田ら免震棟の幹部たちを絶望させた消防注水の失敗。皮肉にも、これが2号機の「水不足」という状況を生み出し、メルトダウンの進行を遅らせ、原子炉の致命的な損傷を免れた可能性がある。結果論だが、消防車のガソリン切れという致命的とも思えるミスが幸いして、最悪の事態を免れたかもしれないわけだ。

最新のシミュレーションが映し出す2号機の実相

メルトダウンの進展に大きく関係する「水－ジルコニウム反応」。事故当時の2号機の原子炉ではどのように事態が進行していったのか。取材班は最新のデータに基づき内藤と「水－ジルコニウム反応」の時間ごとの変化を含めた新たなシミュレーションに着手した。

まず内藤と着手したのが、2号機の事故進展の「ベースとなる解析」だ。事故当時の東京電力の対応をテレビ会議の発話記録や、事故調査報告書を読み解き、消防注水のタイミングや量など、事故をできる限り忠実に再現する。そして、「ベース解析」を行ったうえで今度は注水の量やタイミングなどのパラメーターを変えることで、事故進展がどのように変化するのかを、シミュレーションで比較検討するのだ。

当時の事故対応がメルトダウンを防ぐうえで妥当なものだったのか、内藤は、今回のシミュレーションで事故の教訓をさらに深掘りし、今後の事故対策を検討する手がかりにしたいと考えていた。

「ベース解析」の条件は以下のとおりだ。

福島第一原発の2号機のSR弁が開いた3月14日午後6時2分時点では、消防ポンプが燃料切れによって止まっていたため注水量はゼロとした。その後、ポンプの燃料を補給し午後7時54分に注水開始、入った水の量は毎時5トンという条件に設定した。これは、消防車から原子炉に向かって注がれた水の18％程度に相当する。つまり残りの82％は消防配管の途中にある分岐配管の存在により原子炉には届いていなかったと仮定した。内藤が設定したこれらの条件は、東京電力が事故後の解析で用いている条件と同じである。

解析開始から2ヵ月あまり。内藤から2号機の解析結果が示された。取材班が注目したのは核燃料の温度の急激な変化だ。消防注水が開始される前に比べ、消防注水が行われた後の方が、急激に温度が上昇していたのだ。

内藤によれば、核燃料の温度がある程度上昇した際に、水が炉内に存在すれば、水－ジルコニウム反応により温度が加速度的に上昇する。注水が途絶えている午後6時

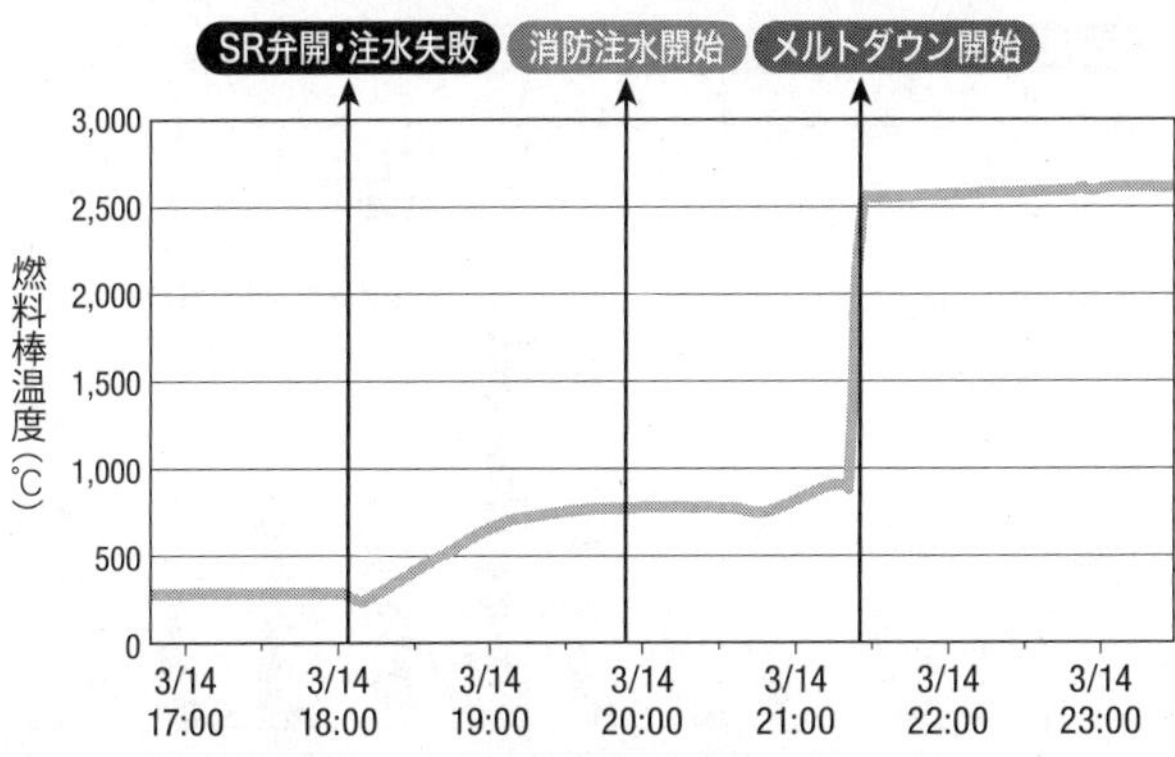

内藤による2号機・ベース解析の結果　燃料温度が2500℃を超えることがメルトダウン開始の目安である。消防注水が始まった20時以降に急激な温度上昇が起こっている（※代表的な部分の温度変化を表示）

30分の時点では、燃料被覆管最高温度は656℃。これは運転を停止した後の燃料が持っている崩壊熱による温度上昇が主な原因だ。その後、午後7時時点で温度は1060℃にジワジワと上昇する。内藤はこの間に有意な水－ジルコニウム反応が始まったと見ている。

皮肉にも、メルトダウンを引き起こす致命的な温度上昇が起きたのは、消防車による注水が始まってからだ。実際、消防注水が始まった直後から午後9時頃までは燃料温度の上昇は緩やかであり、水－ジルコニウム反応の急激な増大は見られない。

ところが、消防注水開始から約1時間経ち、原子炉に水が継続的に届くように

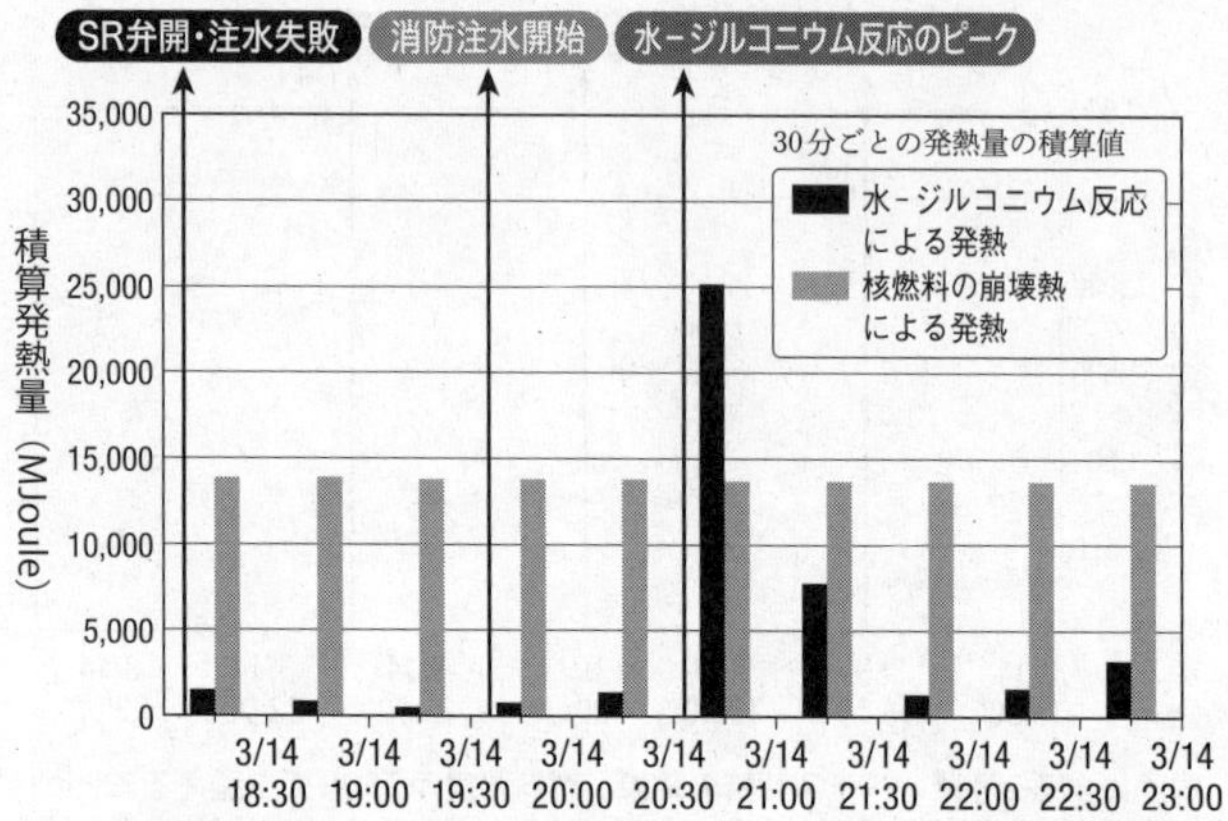

2号機原子炉の発熱状況についてのシミュレーション結果：実際の注水量を想定した場合
消防注水が始まったあと21時以降に水-ジルコニウム反応による発熱がピークを迎えメルトダウンが始まった

なった午後9時頃には、燃料の最高温度は崩壊熱による温度上昇と水-ジルコニウム反応によって約1500℃に達していた。

「1500℃に達するとさらに加速度的に水-ジルコニウム反応による熱は大きく増大する」と内藤が指摘するように、解析結果でも、午後9時から午後9時半の時間帯では、水-ジルコニウム反応による熱が核燃料の持つ崩壊熱を上回った。注水の後に、水-ジルコニウム反応による熱が急上昇していたのだ。

注水と温度上昇の関係をさらに詳細に見るため、取材班は内藤に「全く注水しないケース」の解析も行っ

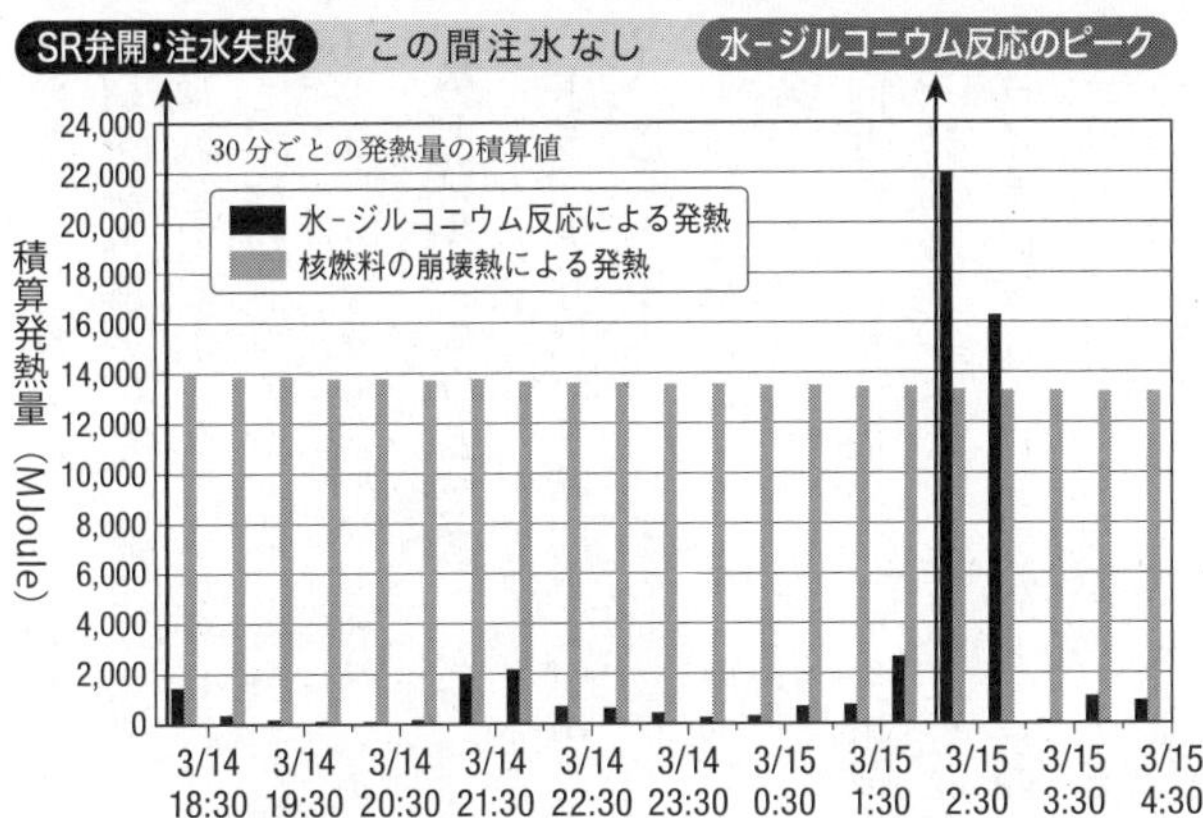

2号機原子炉の発熱状況についてのシミュレーション結果：仮に「注水ゼロ」にした場合
「注水ゼロ」ならば水-ジルコニウム反応による発熱ピークは4時間も遅くなる。解析結果が示したのは中途半端な注水がもたらすリスクだった

てもらった。

仮に消防注水を行わない場合、メルトダウンが始まる時間は4時間ほど遅くなった。解析結果は驚くべきものだった。注水をしない方が燃料の温度が上昇するタイミングが遅くなるのだ。

「全く注水しないケース」ではメルトダウンが始まるのは3月15日の午前1時以降。実際の2号機の事故を解析した「ベース解析」よりも「全く注水しないケース」の方がメルトダウンの開始が4時間も遅くなり、事故対応の時間的猶予ができるというのだ。

原子炉冷却の唯一の手段である注

水。それを行うことで、かえってメルトダウンの進展を早めてしまう。当時のテレビ会議を読み解いても、誰もこのリスクについて言及をしていない。

常識を覆すような現象がなぜ起きたのか。私たちは、その謎に迫るためドイツ南西部にあるカールスルーエに向かった。そこでは、原発事故における「水－ジルコニウム反応」の研究を続ける専門家たちがいまもこのリスクと向き合っていた。

「水－ジルコニウム反応」の専門家たちはドイツにいた

トラムと呼ばれる路面電車が街を走る。豊かな緑に囲まれたカールスルーエ工科大学の広大な敷地の奥にその研究機関はあった。

ドイツと言えば、福島第一原発事故後にいち早く「脱原発」を打ち出した国というイメージを持っている方も多いだろう。メルケル首相は就任した当初、原発の利用に前向きだったが、福島第一原発事故を受け、姿勢を転換。17基あった原発を順次停止し、2022年末までにすべて停止する「脱原発」の判断を下した。ロシアによるウクライナ侵攻後、ロシアがドイツ向けの天然ガスの供給を大幅に削減すると、「脱原発」の期限を4ヵ月程度延長したが、2023年4月15日、稼働していた最後の3基の原発を送電網から切り離し、「脱原発」を実現させた。

事故耐性燃料の研究を行うQUENCHプロジェクト。毎年各国の専門家がカールスルーエに集まる（©カールスルーエ工科大学）

いち早く「脱原発」に舵を切ったドイツだが、実は、欧州の原子力の研究分野では今も存在感を放っている。その代表ともいえる研究機関がカールスルーエ工科大学だ。同大学は、商業用原子炉で世界初のメルトダウンを引き起こした、アメリカ・スリーマイル島原発事故（1979年）をきっかけに、事故の際の核燃料の温度変化の研究に取り組み始めた。以来、カールスルーエでは、40年以上にわたって原発事故の進展を大きく左右する「水－ジルコニウム反応」の分析とその対策について繰り返し実験を行ってきた。現在はメルトダウンの進行を遅らせることを目指す「新型の核燃料」の研究を続けている。

従来にない新しいタイプの核燃料を開発する目的の一つは、事故時の「水－ジルコニウム反応」による温度上昇を緩やかにし、メルトダウンの開始を遅らせることで、現場に事故対応の時間的猶予を与えるためだ。この研究プロジェクトはアメリカ、フランス、イギリス、日本など世界8ヵ国が参加し、OECD／NEA（経済協力開発機構／原子力機関）が資金を出して行われている。

プロジェクトの責任者、マーティン・シュテインブルク博士は12年前の事故の際、福島第一原発事故での消防車による注水を、固唾を飲んで見守っていた。懸念していたのは、原子炉に入れる「水の量」。その量が少ないと、核燃料の温度上昇を招き、むしろ事態が悪化することを恐れていた。

「原発事故においては、できるだけ多くの水をできるだけ早く炉心に入れて冷却することが必要です。しかし、水は核燃料を冷やす『冷却剤』である一方で、水－ジルコニウム反応を促進し温度上昇を招くという一面も持っています」

シュテインブルク博士が指摘した、水が持つもう一つの側面、核燃料の温度上昇を招くという指摘。一体どういうことなのか。

「いったん露出した核燃料に注水する場合、水が、水－ジルコニウム反応を促進するよりも、冷却の効果が高ければ、核燃料の冷却に成功することになります。一方で、冷却の効果よりも、水とジルコニウムが反応することで発生する発熱量が上回ってしまった時には、温度上昇が起こり、核燃料の過熱が加速してしまいます」

核燃料が「冷却」されるケースと「温度上昇」するケース、原子炉の注水は、どちらにも転ぶ可能性があるというのだ。長年この研究を続けてきたシュテインブルク博士は取材班にかつて行った実験の映像を見せてくれた。核燃料の材料を1000℃以上に加熱し、そこに水を注ぐ実験だ。水を入れた直後、画面が白く光る。発熱による発光だ。つまりこの実験では、水による冷却効果より、ジルコニウムと反応する発熱効果が上回ってしまったのだ。

ここまでリスクが明らかになっているのに、なぜウランで作られた燃料ペレットを覆う構造材にジルコニウムが使われているのか。ジルコニウムは、核分裂反応に欠かせない中性子を吸収しにくいため、発電効率が高いことに加えて、頑丈で、融点も高いという安全面の長所を持つ。そのため、「水−ジルコニウム反応」というリスクを抱えながら、世界中で原子炉の燃料の材料として使われてきた。

カールスルーエ工科大学では、アメリカ、フランス、ロシアなど各国から実際の原子炉で使っている燃料を取り寄せ、様々なケースで40回近く事故の状況を再現し、水とジルコニウムの反応と温度変化に関する実験を繰り返してきた。そこで、わかってきたのは、原子炉の水位が下がり露出してしまった核燃料の冷却はきわめて困難である、という事実だった。

シュテインブルク博士とともに様々な条件でテストを行ってきたユリ・シュトゥッカート博士によると、注水時の水の量と、核燃料の温度によっては、注水がかえって温度上昇を招いてしまうケースが何度も確認されたという。

「いったん露出した燃料を再冠水させるための非常に重要なポイントは、『燃料の温度』です。1500℃くらいまで上がっても、そこで止まれば、それ以上加速度的に温度上昇はしません。しかし、水－ジルコニウム反応によって温度が1600℃、1700℃と上がっていったときには、どんどん水素が発生し、さらに温度が上昇。核燃料の溶融が避けられないのです」

「我々カールスルーエ工科大学では、過去20年間調査を続けてきました。小規模な実験から大規模な核燃料を束ねたテストまで行いました。その結果、いったん露出した核燃料に対する注水の実験のうち、50％のケースで温度のエスカレーション（加速度的な上昇）に陥り、残りの半分は核燃料のクールダウンができた。つまり、冷却と温度上昇は半々の結果だったのです」（シュテインブルク博士）

原子炉を冷却するための切り札と思われた冷却水の注入は、意外にも条件次第で約半分は事態を悪化させることになっていたのだ。

2号機原子炉で起きていたこと

福島第一原発2号機の原子炉では、燃料の温度の上昇が一定レベルに収まった結果、水－ジルコニウム反応の加速度的な進展が避けられた可能性が高い。カールスルーエ工科大学のシュテインブルク博士と同じく核燃料の被覆管の専門家である倉田の見立ては次のようなものだ。

2号機では核燃料の温度上昇が発生するさなか、原子炉内は、水－ジルコニウム反応が一定期間進行していた。しかし、3月14日の午後6時すぎのSR弁開放直後に発覚した消防車のガソリン切れで注水ができず、原子炉が空焚きになったことで、結果として水－ジルコニウム反応が加速度的には進まなかったと、倉田は分析する。皮肉にも、吉田たちを絶望の淵に追いやった原子炉への注水の失敗が、2号機の「水不足」という状況を生み出し、メルトダウンの進展にブレーキをかけていたのだ。

倉田は言う。

「2号機では、3月14日の夜以降に始まったとみられる水－ジルコニウム反応の際には、原子炉の圧力が低かった。つまりそれは原子炉の中に水蒸気、すなわち水が不足していたことを意味します。その結果として、水－ジルコニウム反応が抑制され、核燃料の中心部であるウランのペレットの溶融は限定的になったと考えられます」

本章の冒頭で述べた2号機のペデスタルに落下した比較的低温の金属デブリと事故当時のメルトダウンの進展がようやくつながった。2号機の「謎のデブリ」は、極めてシンプルに言えばSR弁を開けた後の「消防注水の失敗」によって生まれた偶然の産物だった。2号機では、消防車が燃料切れで原子炉に注水できなかったことが幸いして、水－ジルコニウム反応が抑制された結果、メルトダウンの進展が抑えられたのだ。

現場が「最悪の事態が起こった」と感じていた2号機の原子炉内で起きていたことは、実は最悪ではなかったのだ。

原子炉の状況を正確に把握することがいかに難しいか、原発事故対応の難しさが改めて突きつけられた。

第12章

最悪を免れたはずの3号機原子炉で起きていたもうひとつの〝想定外の事態〟

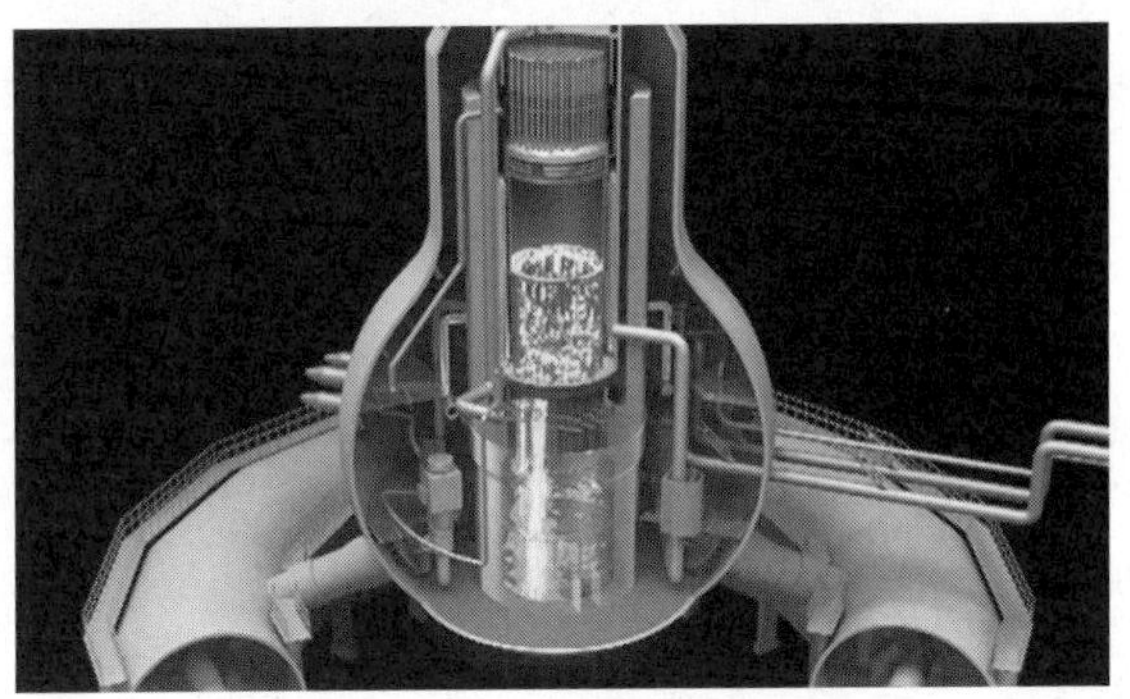

サンプソン（SAMPSON）の解析によれば3月13日午後9時58分に3号機でメルトスルーが発生していた（©NHK）

2号機とまったく異なる3号機の状況

「最悪の事態」が起きたと思われていた2号機でのメルトダウンは、意外にも想定されていたよりも穏やかなものだった。事故発生から時を経て、それまで思い描いてきた事故像を根本から覆す調査結果に、取材班は衝撃を受けた。

想定外の事態はそれだけではなかった。驚くべきことに、水素爆発は起こしたものの、「最悪の事態」は免れていたと思われていた3号機の原子炉が思いのほか深刻な事態になっていたことが、調査で明らかになってきたのだ。

これまで6回にわたってカメラやロボットが格納容器内部に投入されてきた2号機と異なり、3号機での格納容器内部調査はわずか2回にとどまっている。理由は格納容器内部に溜まっている膨大な水だ。実は3号機は3つの号機の中で格納容器内部の水位が最も高い。2号機では、「ガイドパイプ」と呼ばれる長い棒状の調査装置を使って内部を撮影したが、水が溜まった格納容器にはこのやり方は使えなかった。

3号機　原子炉損傷とデブリの衝撃

水中にあると想定される3号機のデブリの調査を行うために、長い年月をかけてロボットの開発と訓練が行われてきた。事故から6年後の2017年7月、3号機の格納容器内部に初めて水中遊泳型のロボットが入った。東芝が開発した「ミニマンボウ」と呼ばれるロボットは、直径約13センチ、長さ約30センチ、重さ約2キロで水中を泳ぎ回る姿からその名がつけられた。親しみを覚える名前とは裏腹に性能は高く、有線ケーブルによって約500メートル離れた免震棟から遠隔操作が可能で、カメラとLEDライトが前方と後方に搭載されているため、暗闇の格納容器底部まで調査ができる。

東芝が開発した原子炉格納容器内部の調査を目的とした水中遊泳ロボット。直径約13センチ、長さ約30センチの小型ロボットを、ゲームコントローラーのようなリモコンで遠隔操作する
（©国際廃炉研究開発機構）

そのロボットが原子炉の真下のペデスタル内で捉えた映像は、2号機を上回る衝撃をもたらした。原子炉内に本来は存在するはずの巨大な構造物がペデスタル内に落ちていたのだ。その構造物の直径は28センチ。正体は制御棒を核燃料の間に挿入するためのパイプで、制御棒案内管（CRガイドチューブ）と呼ばれてい

る。原子炉の下部から制御棒を挿入するための貫通孔（ペネトレーション）はおよそ15センチ。その直径が倍近くに広がらない限り、CRガイドチューブは原子炉から落下しない。つまり、3号機でメルトダウンした核燃料は貫通孔の直径を倍に広げるほどの熱量を持っていたのだ。3号機のメルトダウンは、2号機よりもはるかに深刻な事態に陥っていたことになる。

東芝は取得した画像を貼り合わせることで、3号機のペデスタル内部の立体CGを作成した。すると、3号機はペデスタルの中心を山の頂点とするように、2号機とは比べものにならないほど大量のデブリが堆積していることもわかった。さらに、制御棒の一部や、2号機で見られた核燃料の上部タイプレートと呼ばれるものらしきものも堆積していた。

画像から得られた情報は、

①デブリとみられる堆積物の量が2号機に比べ、圧倒的に多い。
②メルトダウンによって溶けた核燃料が原子炉の底を溶かし、中心部に大きな穴が開いた可能性が高い。
③その穴は複数ある可能性が高い。
④2号機と同様、溶け残った構造物がある。

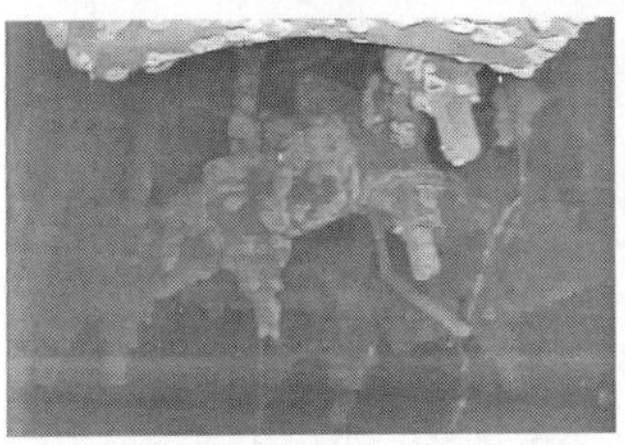

原子炉格納容器内　CRDハウジング下部
(ペデスタル内部の様子)

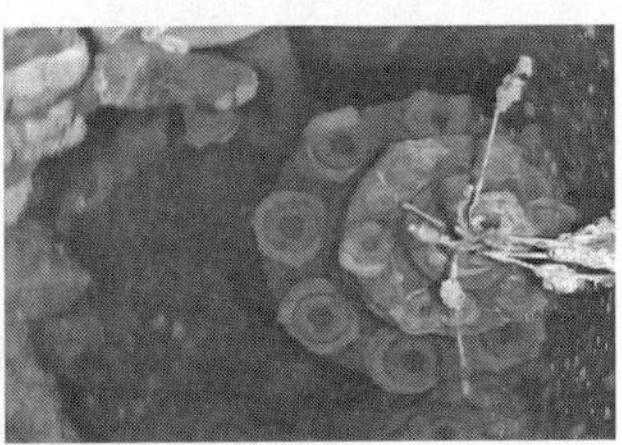

原子炉格納容器内　CRDハウジング下部
(ペデスタル内部の様子)

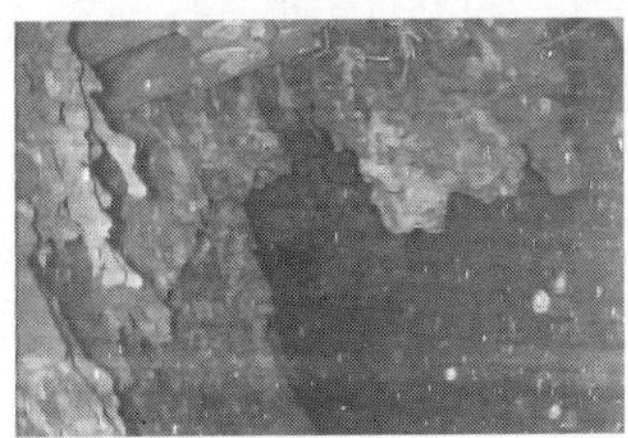

原子炉格納容器内　CRDハウジング下部
(ペデスタル内部の様子)

原子炉格納容器内
ペデスタル内：プラットフォーム付近

東芝が開発した水中遊泳ロボット「ミニマンボウ」が撮影した3号機格納容器内部の写真。2号機よりも大量のデブリが堆積していた。

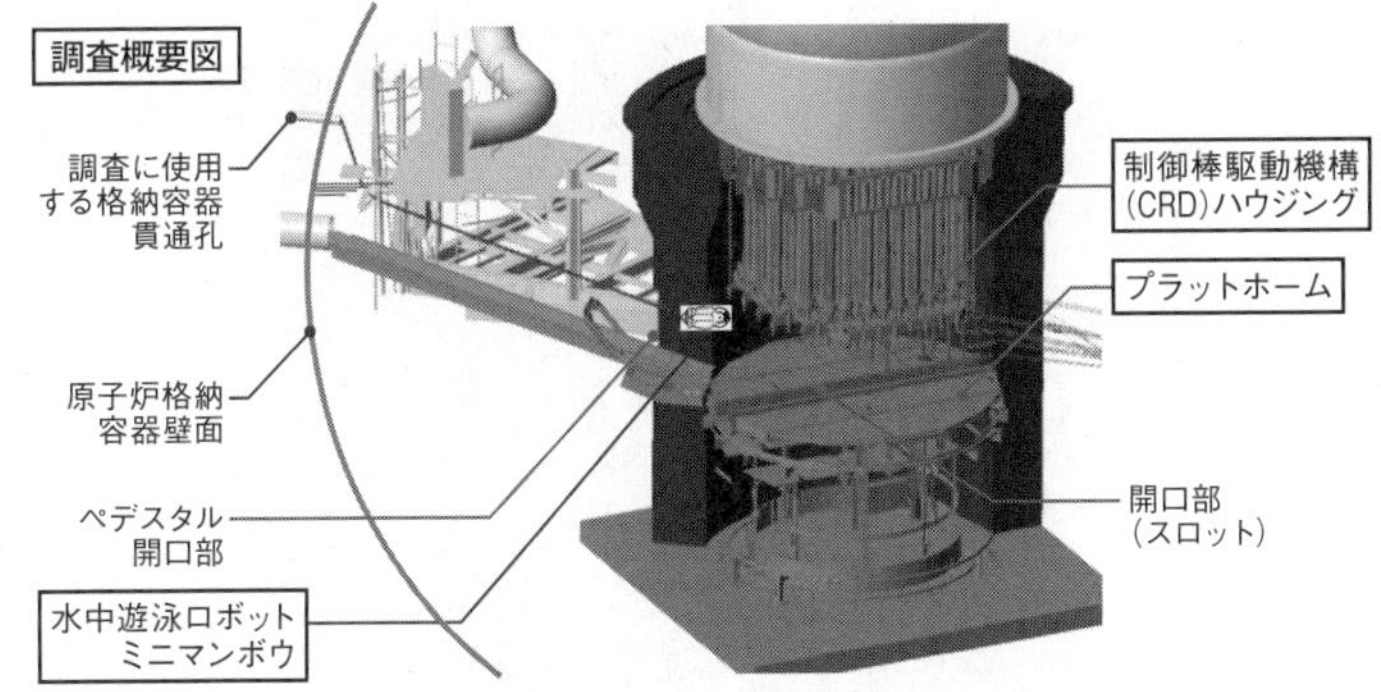

などである。

デブリを含む堆積物の量を2号機と比較すると、3号機ではより多くの量が原子炉からペデスタルに落下し堆積していた。堆積物の高さは2号機の70センチに比べ、その4倍以上の3メートルに達している。

調査で明らかになった2号機と3号機の原子炉の損傷の違いは、事故対応にあたった東電技術者にとっても意外なものだった。所長の吉田らが「死を覚悟した」2号機では、SR弁の開放に手間取った挙げ句、消防車のガソリン切れで消防注水も遅れたため、頼みの綱であるベントも最後まで成功せず、八方塞がりの状態だった。事故当時は格納容器の損傷も疑われた2号機では、原子炉では核燃料の激しいメルトダウンが起き、大量のデブリが発生しているとも考えられていた。

一方、3号機では水素爆発は起こしたものの、SR弁開放で原子炉の圧力を下げたあと、消防車による注水を実施、現場は速やかに十分な量の注水が行われたと思っていたのだ。しかし、蓋を開けてみれば、3号機の原子炉の損傷やデブリの量は、最悪と思われた2号機をはるかに上回る深刻なものだった。これは事故当時、現場が感じていた手応えとは正反対だった。なぜ、現場の危機感と、事故の進展がかくも乖離していたのか。

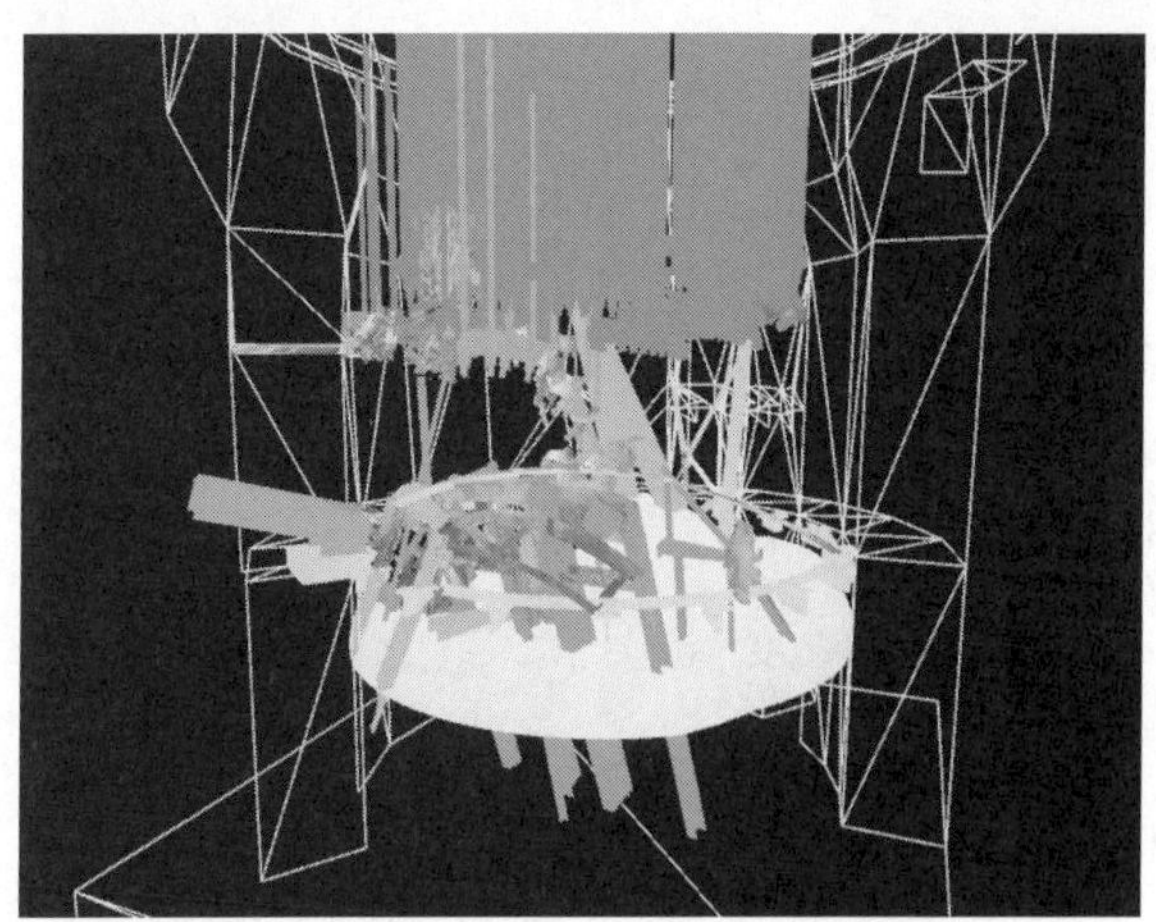

3号機原子炉格納容器内部調査映像からの3次元復元結果。ペデスタル内部の構造物は溶融して原形をとどめていない

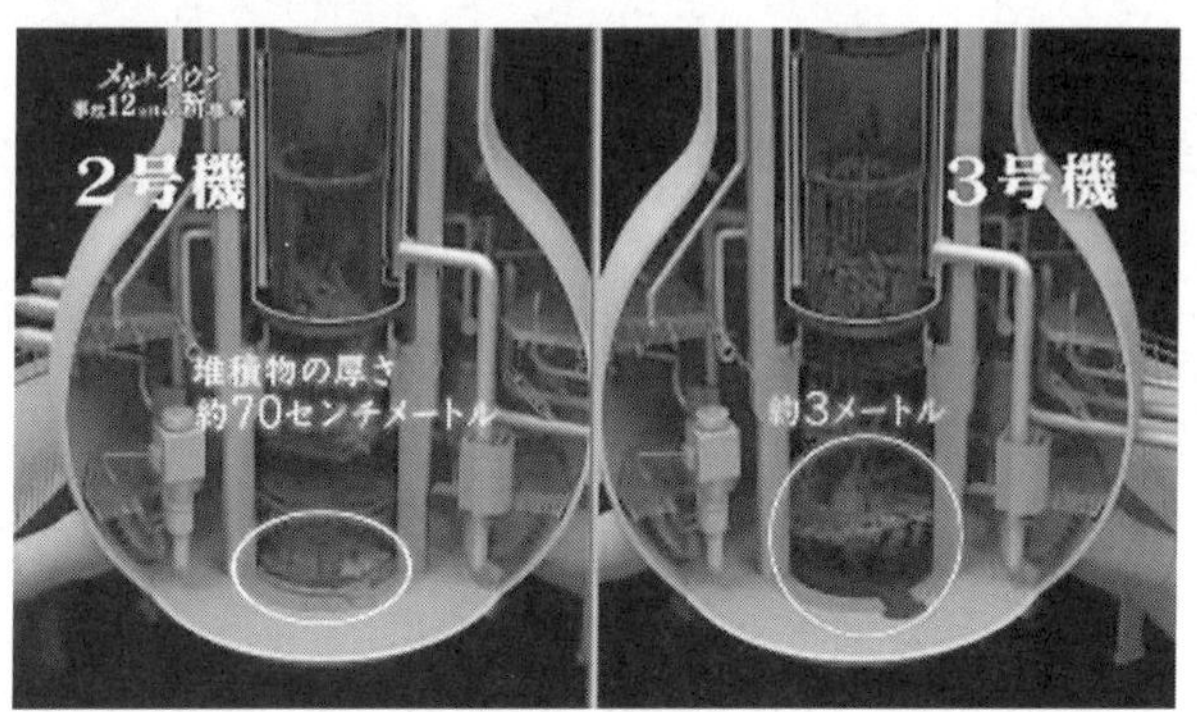

3号機は2号機に比べ床に堆積したデブリの高さが4倍以上に達している
(©NHK)

3号機 メルトダウンの真相

2018年、廃炉のための研究開発を行うIRID（国際廃炉研究開発機構）は、「ミニマンボウ」に付着した水の徹底した分析を行った。注目されたのは、含まれる核燃料成分であるウランの量。限られた微量のサンプルではあるが、比較してみると3号機は2号機に比べ10倍以上のウランの粒子が含まれていた。JAEA（日本原子力研究開発機構）の倉田正輝は、こうしたサンプル調査に加え、実際に映像で確認できたデブリの堆積状況などを参考にして、3号機で起きた事故進展の解析を進めている。

倉田が注目するのは、2号機と3号機のメルトダウンの温度の違いだ。2号機でペデスタルに落ちていると推定される金属デブリの最高到達温度は1400℃程度。ウランペレットはもう少し温度が上昇した可能性がある。

一方、3号機は溶融した核燃料によって、原子炉下部プレナムの温度は1800〜2200℃に達したとみている。この温度差が、その後のメルトダウンした核燃料の量や原子炉の損傷状況に大きな差を生じさせたと、倉田は分析する。

では、なぜ3号機が2号機に比べ、原子炉内の温度が上昇し、激しいメルトダウンを起こしたのか。取材班は、内藤の協力を得て、3号機が最も過酷な状況に陥っていた3月13日未明からのオペレーションの流れを分析し、実際に原子炉内で起こっていた現象をシミュレーションした。

解析にあたっては、2号機同様、3号機でも「ベース解析」を行った。

3月13日午前9時8分、3号機では、いくつかの偶然が重なりADSと呼ばれるSR弁の自動減圧装置が復活したことで、SR弁が開いて、原子炉の圧力が下がった。そのわずか17分後には消防車による注水が始まっている。この際に入った水の量について内藤は毎時10トンという条件に設定した。これは、消防車から原子炉に向かって注がれた水の62・5％に相当する。内藤が設定した3号機の条件も、2号機と同様、東京電力が事故後の解析で用いているものと同じである。

解析結果から見えてきたのは、2号機と異なる3号機のメルトダウンの進展だった。内藤の解析では、原子炉を減圧し、注水が始まったときには、3号機ではすでにメルトダウンが始まっていた。現場は午前9時8分のSR弁による原子炉の減圧後、速やかに注水を開始したと感じていたが、解析によれば、それより1時間ほど前の午前8時5分には一部の燃料の温度は融点に達し、メルトダウンが始まっていたという結果が出た。

なぜ、3号機ではメルトダウンの進行がかくも急激だったのか。取材班は、事故の

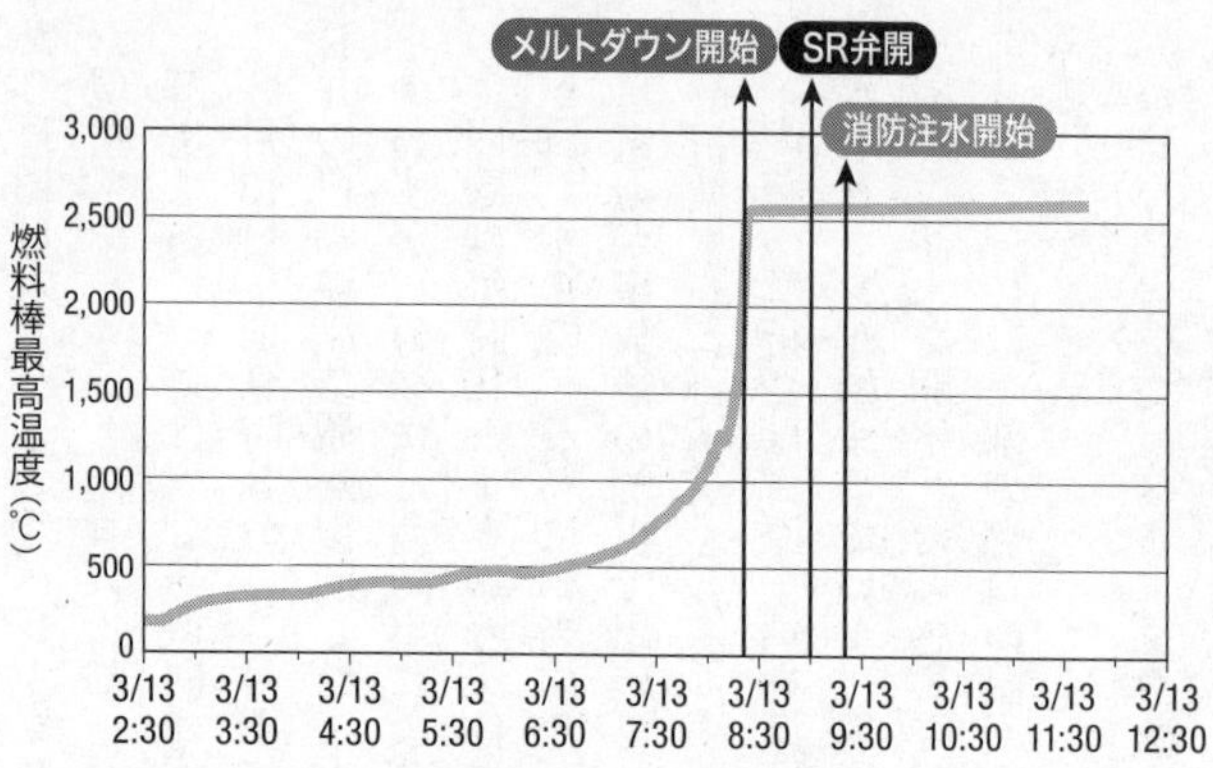

内藤による3号機・ベース解析の結果　2号機と3号機ではメルトダウンと注水のタイミングが逆になった。3号機では注水が始まる前からすでにメルトダウンが始まっていたという解析結果が出た

進展の分水嶺となる「SR弁による減圧」と「消防車による注水」、そして「正確な値を示していなかった水位計」の関係に注目した。

事故進展を大きく左右したのが、原子炉への注水が停止した時刻とその後、SR弁を用いた減圧実施により注水が再開されるまでの「注水停止時間」の長さである。

3月13日午前2時42分、3号機の中央制御室の当直長は、原子炉の冷却装置HPCIの機能低下を危惧して、手動で停止させた。SR弁による減圧を行い、消防注水に切り替えるためだ。

しかし、その後の原子炉の水位や圧力のデータを内藤や東京電力が分析したところ、実はＨＰＣＩは、当直長が停止させるかなり前から注水機能を失っており、手動停止の前から、原子炉の水位も低下していた可能性が高いことがわかった。内藤や東京電力は、ＨＰＣＩの手動停止の6時間ほど前の3月12日午後8時以降ほぼ注水できていなかったと推測している。

しかし、当時、吉田らは3号機が危機的な状況に陥っていたことに、気づかなかった。現場ではＨＰＣＩによる注水は続いており、原子炉を冷却できていたと考えていたのである。免震棟がＨＰＣＩの停止を知ったのは、中央制御室で運転員がＨＰＣＩを手動で停止してから1時間以上経過してからだ。

3号機の中央制御室ではＨＰＣＩを止めたあと、即座にＳＲ弁を開放し、消防車や建屋内に設置してあるディーゼル駆動消火ポンプ（ＤＤＦＰ）による注水を行う予定だった。吐出圧力が10気圧に満たないＤＤＦＰで原子炉に注水するためには、ＳＲ弁によって原子炉の圧力を下げる必要があったからだ。

ところが、ドキュメント編第5章で説明したとおり、ＳＲ弁の開放にもたついた。それでも、一時的にバッテリーの残量に余裕が生まれるなどいくつかの偶然が重なった結果、ＳＲ弁が6つ同時に開き急速に減圧を行うＡＤＳが幸運にも動作し、原子炉の減圧に成功。ようやく午前9時25分に消防注水が始まった。

HPCIによる注水が機能を失ったと内藤たちが推測する12日午後8時ごろから、13日午前9時過ぎのADSによる急速減圧後の注水再開までの「注水停止時間」は実に13時間に及んだ。この間に、原子炉の圧力は徐々に高まり、原子炉内部は水蒸気で満たされた高圧状態に陥っていた。

3号機ではこの「高圧状態」の原子炉で水‐ジルコニウム反応が始まっていた。つまり、2号機とは違って、ADS減圧前の「高圧＝水蒸気がある状態」で水‐ジルコニウム反応が加速していたのである。2号機とは違って、3号機は消防注水が始まる前から、すでに急激なメルトダウンが進行していた。吉田らはこうした事実を知る術がなかった。

3号機、2号機の事故進展に大きな違いが出たのはなぜなのか。

倉田ら専門家は、決定的な差は、「メルトダウンをもたらす、水‐ジルコニウム反応の開始時刻が、SR弁による減圧の開始の前か、後か」その違いによって生じたと見ている。

前述したように3号機では、水‐ジルコニウム反応は、ADSによる減圧が始まる前の高圧状態ですでに進んでいた。一方で、2号機はSR弁による減圧後、低圧状態になってから水‐ジルコニウム反応が本格化した。

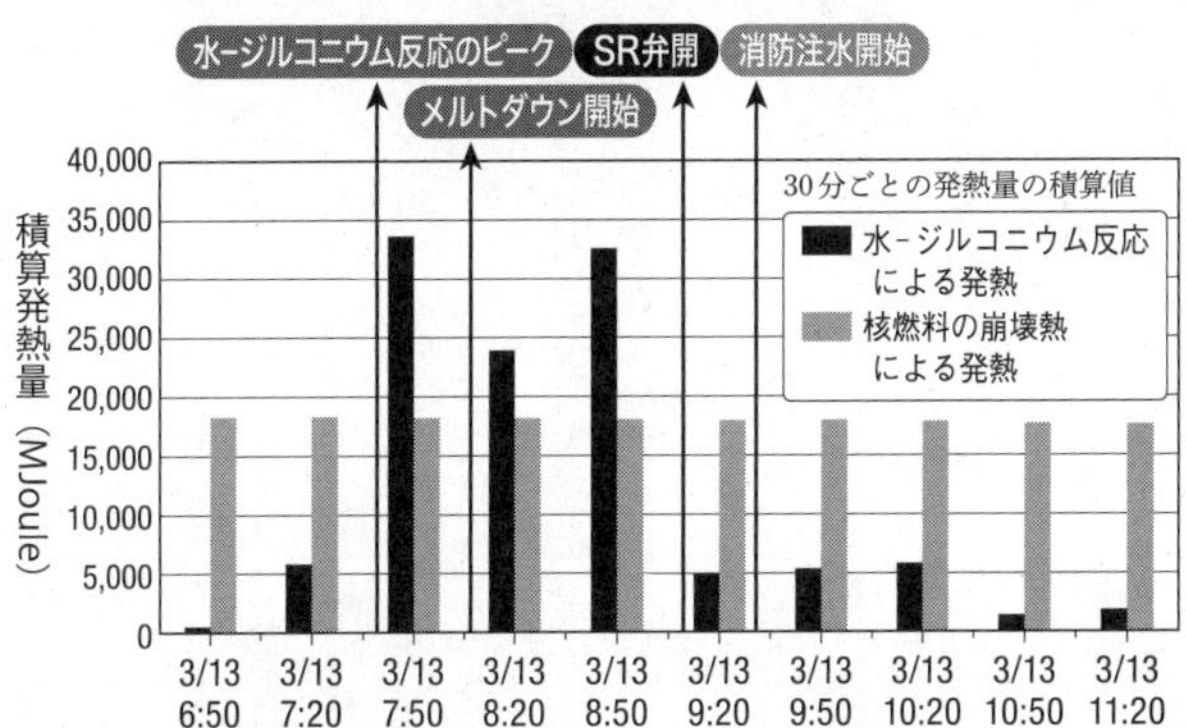

3号機原子炉の発熱状況についてのシミュレーション結果
3号機のメルトダウンは、崩壊熱に水－ジルコニウム反応による発熱が加わることで、消防注水開始前に起こっていた。シミュレーションによると、水－ジルコニウム反応による発熱のピークは午前7時台。SR弁による減圧が遅れ、高圧の状態で温度上昇が進めば原子炉内の蒸気によって水－ジルコニウム反応が促進されてしまうのだ

第11章でも説明したとおり、ひとたび、水－ジルコニウム反応が加速度的に始まってしまうと、それにブレーキをかけることが難しくなる。3号機では、2号機よりも冷却機能の喪失からADSによる減圧まで時間を要したため、原子炉内に蒸気を抱えたまま、燃料の温度上昇が続き、水－ジルコニウム反応が活性化してしまった。このような状態では、ADSで急速減圧したとしても、メルトダウンは急には止まらない。

すなわち問題は、減圧の遅れにあったのだ。HPCIの機能喪失後、炉内では崩壊熱によって水が蒸発。運転員が手動でHPCIを停止したときは10気圧程度だった炉内の圧力は、70気圧まで上昇していった。高温かつ水蒸気で満たされた高圧の原子炉。まさにこの状態は水－ジルコニウム反応による温度上昇を引き起こす条件がそろっていたと内藤は見ている。

水－ジルコニウム反応の激しさは、燃料の温度に加えその周辺にある水の分子の密度で変わる。簡単に言えば、水の分子が多くあればあるほど、反応は激しくなる。第11章で分析した2号機はメルトダウンの開始前に減圧に成功。いったん5気圧程度まで原子炉の圧力が低下したため蒸気の密度は比較的低かった。一方の3号機は70気圧程度まで圧力が上昇した。この状態は、2号機に比べ13倍もの量の水の分子で原子炉内が満たされていたと内藤は分析している。その結果、水－ジルコニウム反応による激しい温度上昇を招いた。

3号機ではADSで急速減圧し、炉内の蒸気が失われたタイミングは、メルトダウンを防ぐにはすでに遅すぎたのだ。

3号機を救うシナリオはあったのか？

実際の事故では、運転員が3号機の冷却装置であるHPCIを手動で止めたのは、3月13日午前2時42分だった。そして6時間半後の午前9時8分頃にADS作動による原子炉の減圧が起こり、午前9時25分に消防注水を開始している。

もし、この注水開始がもっと早かったら、メルトダウンの進行を食い止めることができただろうか。シミュレーションの結果は芳しいものではなかった。HPCIを停止した午前2時42分の後、速やかにSR弁が動作し、仮に午前3時に注水を開始したと仮定した解析を行ったところ、実際より6時間早く注水しても、毎時10トンの注水量では3号機はメルトダウンに至ってしまうという結果がでた。

シミュレーションが示唆するのは、HPCIの機能停止を予測してもっと早い段階で停止させ、消防注水に切り替えていなければ、3号機のメルトダウンを防げないという事実である。

では、運転員は、HPCIを、どの程度早く手動停止し、代替注水に切り替えていれば、メルトダウンを防ぐことができたのか。取材班は、実際の停止時間を遡ること42分となる午前2時に冷却装置を停止し、原子炉の圧力を下げ、注水を開始するケースで解析してみた。しかし、このケースでもメルトダウンを防ぐには至らず、注水開始から2時間あまりたった午前4時半頃にはメルトダウンが始まってしまうことがわかった。

さらに、条件を変えて、午前2時に冷却装置を停止した直後に原子炉の圧力を下げ、注水量を実際の2倍の毎時20トンにしてシミュレーションしてみた。これだけの量の水を入れれば、その冷却効果は水-ジルコニウム反応による発熱効果を上回り、炉心は冷却されメルトダウンが防げるという結果になった。

つまり、実際に行われたオペレーションより、

・42分前にHPCIを手動停止

・実際より約7時間早く注水を開始

・注水量を2倍に増やす

これを行えば、辛うじてメルトダウンを防げることになる。

しかし、これは「望ましい条件」をいくつも重ねた机上の設定だ。稼働しているように見えた頼みの綱であった冷却装置HPCIを早々に見切って手動停止したうえで、即座に減圧、さらに消防注水の量を2倍に増やすというのは、当時の状況からすればおよそ非現実的である。

解析を担った内藤は、計算上はメルトダウンを防ぐシナリオがあったとしても、当時の状況でそれを実行するのはきわめて難しいという見解を示した。

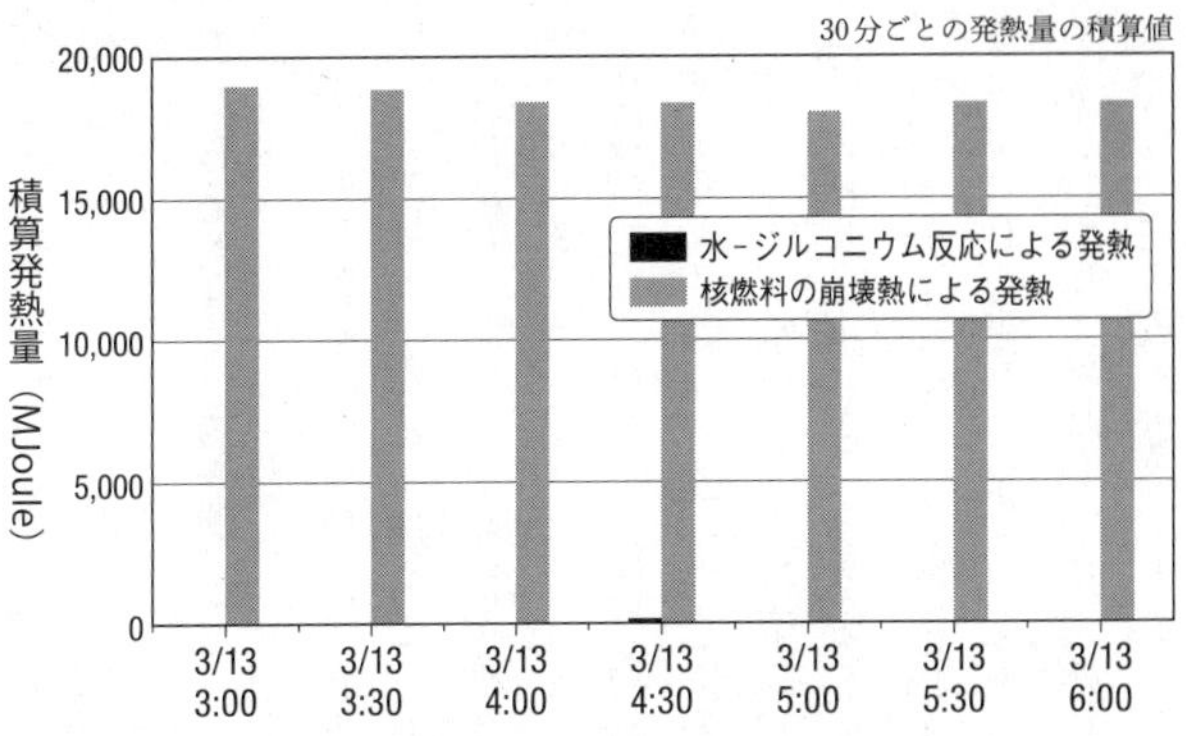

3号機に実際よりも約7時間早く注水を開始し、かつ注水量を2倍にした場合のシミュレーション結果
この条件では、水－ジルコニウム反応がほとんど起きなくなる。その結果、発熱は、ほぼ核燃料の崩壊熱によるものだけになり、メルトダウンに至らない

「原子炉内部の状況を、何も知らずにやるのはものすごく難しいですよ」

内藤は、福島第一原発事故で得られた知見をもとに、手順書を改訂し、運転員に周知徹底しなければ、同じようなことが繰り返される恐れがあると危惧する。

「今回の事故で得られた教訓を生かすとすれば、水位計の数値が読み取れない状況では、稼働しているように見える冷却装置を停止して、消防注水など別の手段に切り替えることも考えるべきかもしれません。いろいろ検討を重ねた結果として『いや、早くやった方がいいんだ』というコンセンサスが得られれば、たとえば手順書を改訂して運転員にも周知徹底させる。そうすれば、このような非常事態にも対応できるかもしれません」

またも騙された免震棟

原子炉を減圧し、注水する前から始まっていた3号機のメルトダウン。しかし、吉田ら免震棟も、東電本店もこうした事態が3号機で進展していることは見過ごしていた。原因は1号機でも事態の悪化を見過ごす原因となった水位計による原子炉水位の誤表示にあった。

3号機ではＡＤＳ動作後、消防車やＤＤＦＰによる注水によって、どれだけ水位が回復するか、固唾を飲んで水位のパラメーターを見ていた。当時のテレビ会議を見直してみると、水位に関する楽観的な発話が相次いでいたことがわかる。

「原子炉水位（ＴＡＦ）プラス１８０」（ＡＤＳ動作後、午前9時26分の１Ｆ免震棟の発話）

「11時40分現在で、１Ｆ３は炉水位がＡ（ＴＡＦ）がプラス６００、Ｂ（ＴＡＦ）がプラス９００を指してます」（午前11時52分の免震棟の発話）

免震棟では、核燃料は冷却水に冠水しており、水位はむしろ上昇傾向にあると判断していたことがわかる。しかし、事故後の内藤によるサンプソンでの解析や、東京電力の見解でも、この頃、水位はＢＡＦ（有効燃料底部）以下であったと一致している。

なぜ水位計は、ＴＡＦ（有効燃料頂部＝燃料先端）より高い数値を示していたのか。ドキュメント編第2章では1号機の原子炉水位計が正常に働いていなかったことを説明したが、3号機においても同様なことが起きていた。格納容器の温度上昇や、原子炉の水位の低下により、水位計の値を正しく示すために必要な「基準面器」の中にある水が失われた結果、水位計は正しい水位を示すことができなくなり、あろうことか水位は実際よりも高い傾向を示したのである。

東京電力の技術者だった高木直行（東京都市大学教授）は、東電に入社した後の運転員の研修では、水位維持の重要性が徹底的にたたき込まれると説明する。

「東電の運転員たちは必ずＴＡＦより水位を下げるなと繰り返し教わります。それは骨の髄までしみこんでいる。そんな彼らでも水位の維持に失敗したのは、水位計が機能せず、水位が見えなかったからに他なりません」

運転員たちは、「水位計」なしで、暴走する原子炉を制御するという未曾有のミッションを強いられたのである。

3号機ではＨＰＣＩを停止する前日の3月12日午後8時36分以降、水位計の電源が失われ、水位が見えなくなっていた。このような状態で、唯一の冷却手段だったＨＰ

CIを、機先を制して停止することは望むべくもなかった。

福島第一原子力発電所廃炉検討委員会の委員長・宮野廣（元東芝・技師長）は事故から12年たった今も課題として残る水位計の弱点を指摘する。

「（原発事故のように）圧力や温度が通常とは大きく異なるような条件下であっても、水位を正しく測定できるセンサーは、現時点ではまだ存在しません」

宮野は、福島第一原発事故のような極限状態では、信頼性の低い水位に頼るのではなく、それ以外の情報、たとえば、燃料や原子炉の温度を手がかりにして、原子炉の減圧や注水のタイミングを計るべきだと提言する。

「温度がどこまで上がったら、水を入れた方がいいのか、あるいは、控えるべきなのかを考えなくてはいけません。高い温度の状態の燃料に注水することで、水－ジルコニウム反応を促進してしまったのでは元も子もありません。運転員が適切な対応をとれるようにする、何らかのガイドラインを決めることが重要です」

12年目の新事実

想定外の事態が起きていた3号機の原子炉ではメルトダウンはどのように進行していったのか。ＪＡＥＡの倉田はこうみている。

3号機の原子炉では、誰にも気づかれることのないままメルトダウンが進行、溶融したデブリが原子炉下部へと落下していった。原子炉下部には冷却水がわずかに残っていたが、溶融したデブリは完全に冷却されることなく、「半溶け」状態で、ゆっくりと原子炉を溶かしていった。そして原子炉下部から漏れ出したデブリは、格納容器を支えるペデスタルにボトボトと落下した。そして、底部に溜まった冷却水で冷えて固まり、高さ3メートルを超える巨大なデブリとなった。そして、床に溜まった水やコンクリートとデブリが反応する過程で発生した水素が、原子炉建屋に溜まり、3号機の爆発を引き起こした。

実はこの3号機の水素爆発には、まだ解明されていない「謎」が残されている。3号機は、1号機に比べると大規模な建屋の水素爆発を起こした。なぜ、水素爆発への対策を講じたはずの3号機で、このような大規模な水素爆発が起きたのだろうか。

取材班が注目したのは、故・吉田昌郎に対する政府の事故調査・検証委員会での聞き取り調査で作成された、いわゆる「吉田調書」に記録されている証言である。

「本店の方から（ドライウェル）スプレイをやめろという話だったんです。それで結局、それに折れてというか、ではやめろという話をしたと思います」（「吉田調書」より）

この証言は、3月13日午前2時42分に、3号機の冷却装置ＨＰＣＩを手動で停止さ

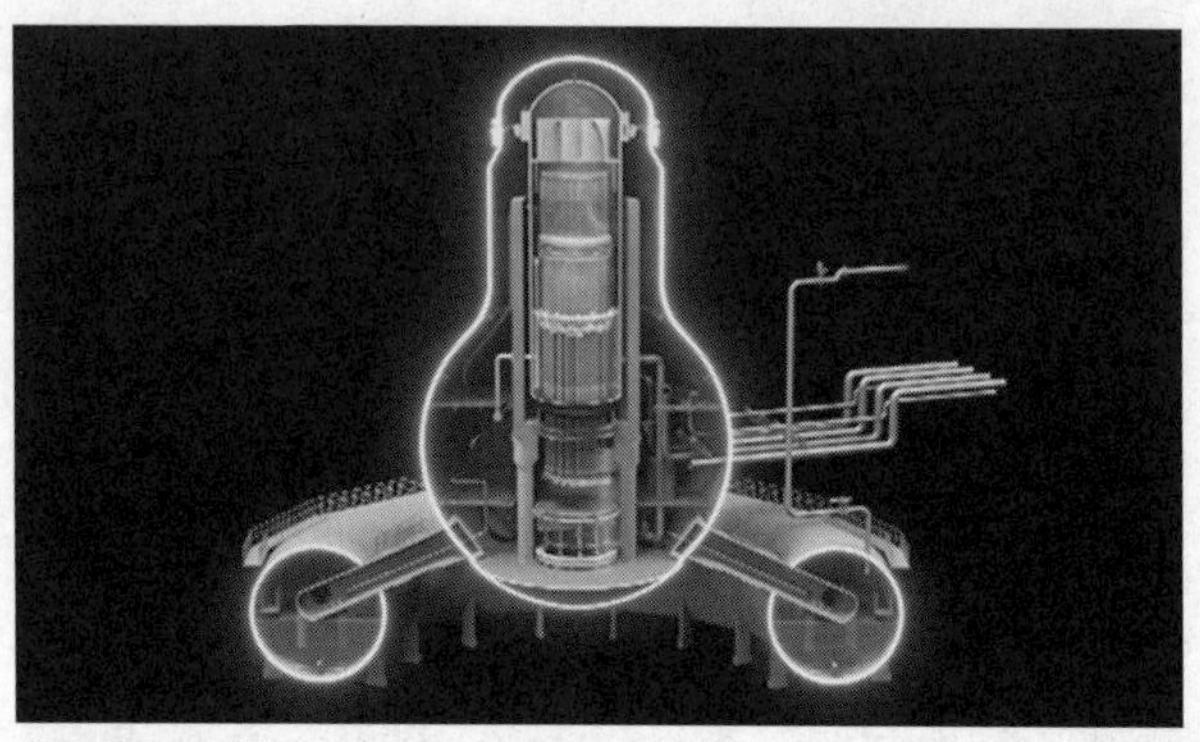

格納容器は、「ドライウェル」（上の部分）と「サプレッションチェンバー」（下の部分）に分かれている（©NHK）

せた後の事故対応をめぐる混乱について、吉田が吐露したものだった。

「ドライウェルスプレイ」とは、原子炉を収納する格納容器の中に水を注ぎ込み、格納容器をまるごと冷やすという対応だ。

当時、運転員たち現場が懸念したのは、核燃料のメルトダウンに続き、放射性物質を閉じ込める「最後の砦」格納容器が破壊されて放射性物質が大量放出に至る事態だった。HPCIを手動停止した後、3号機の原子炉圧力は徐々に高まり、事前に原子炉を減圧しないと消防車では注水できない状態にあった。

しかし、なぜか唯一の減圧手段であるSR弁が開かない。一方で、吉田らが「DD」と呼ぶ「ディーゼル駆動消火ポンプ＝DDFP（以降消火ポンプと表記）」は起動可能な状態であった。運転員たちは、格納容器に外から消火ポンプで水を注水し冷やす「ドライウエルスプレイ」という対応をとった。

格納容器は、右の図のように、フラスコ形の「ドライウェル」とドーナツ状の「サプレッションチェンバー（通称サプチャン）」に分かれている。このドライウェル部分に、水を注ぎ冷やすのだ。

東京電力の報告書には、このドライウェルスプレイに切実な期待をかけていたことが、現場の声として記録されている。

「ドライウェルの圧力上昇を抑えるためにはスプレイは絶対必要なんだ！　消火ポンプでどの程度効果があるか分からないけど、今はそれしかない。誰かがやらなければいけないいんだ」

ディーゼルで動く消火ポンプを使って、格納容器を冷やすことで圧力の上昇を抑え、破壊を防ぐ。これが現場の運転員たちの狙いだった。

一方で、ドライウェルスプレイを行うためには、覚悟が必要だった。当時、3号機は津波によってほとんどの電源を失っていた。スプレイを実施するために、必要なバルブは中央制御室から遠隔で操作することはできない。そのため、運転員が、格納容器の間近にあるバルブまで出向き、直接操作しなくてはならなかった。現場に行った

東京電力のテレビ会議システム。ドライウェルスプレイの停止をめぐって、本店と免震棟との間で緊迫のやり取りが続いた（©NHK）

担当者の証言によれば、「高温、高圧の蒸気が原子炉からサプチャンに流れ、その圧力で巨大な格納容器が揺れていた」という。

「蒸気が噴き出したら無事ではいられないかもしれない」

担当者は覚悟を決め、放射線量が上昇する原子炉建屋で作業にあたっていた。バルブを開けるため、高温になっていたサプチャンに足をかける。バルブは熱く、長い時間は握っていられない。そして、作業している間に長靴の底は熱で溶けた。

3月13日午前7時39分、いくつかのバルブを操作することで、ドライウェルスプレイが実施できた。オペレーションが功を奏したのか、それまで上昇傾向が続いていた格納容器の圧力も狙い通り横ばいになった。しかし、

福島第一原発事故では、官邸や経済産業省の原子力災害対策本部から東京電力本店を通じて、様々な要望や連絡が現場に伝えられた（©NHK）

開始からわずか20分後、テレビ会議を通じて東京電力本店から福島第一原発に連絡が入る。

ドライウェルスプレイの停止を示唆するものだった。その会話がテレビ会議に残されていた。

3月13日午前7時57分・東京電力本店

「いま本省（国）からなんですけども、なるべくね、早いうちにベント始めて、水素とかそういったのを蓄積避けたいから、どっちかというと早くラプチャーを噴かしたいと思ってるんだけども、ドライウェルスプレイって、あんまりそういうことから考えても意味ないんじゃないかって言われてるんだけど。イチエフ（1F）さーん？」

広く知られているように、福島第一原発事

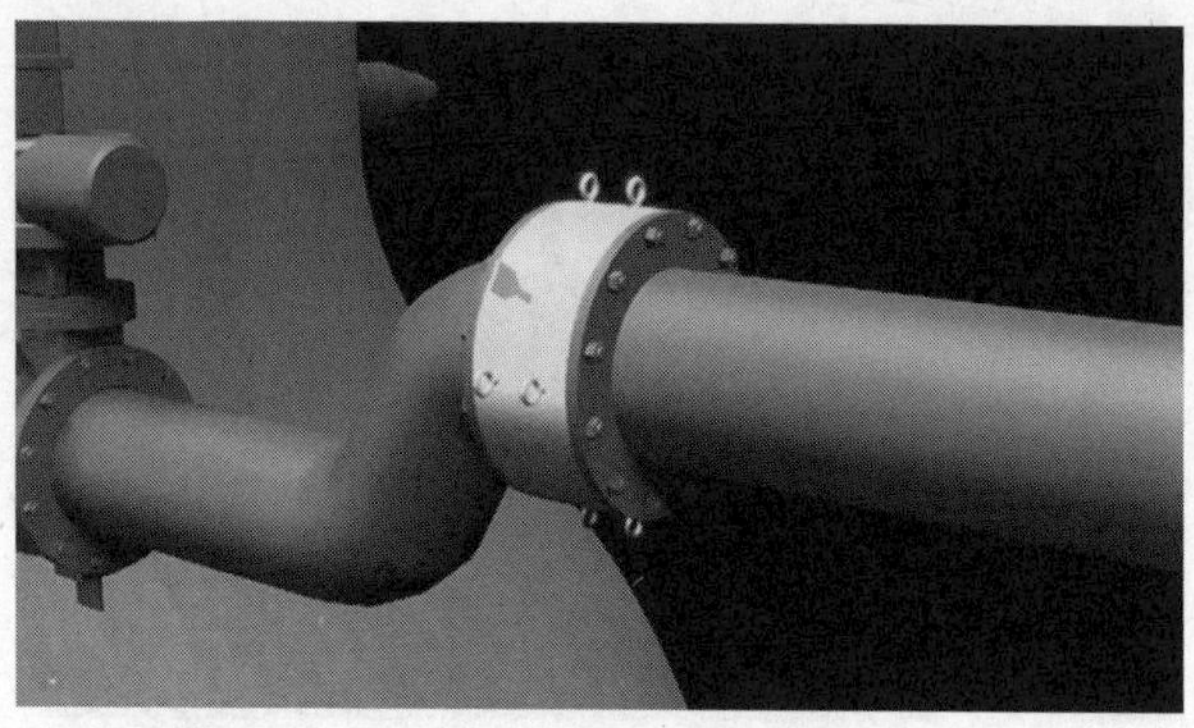

ベントの配管に取り付けられたラプチャーディスク（©NHK）

故では、「海水注入」問題を筆頭に、東京電力の事故対応に不信感を強める官邸や原子力災害対策本部から現場に何度も横やりが入った。ことあるごとに、官邸が東電本店を通じて福島第一原発の現場に質問したり、事故対応に注文をつけたりしたのである。ドライウェルスプレイ停止をめぐる問題もそうした事例のひとつであった。

その後の事故対応を大きく変えるきっかけとなる、ドライウェルスプレイ停止をめぐる一連のやり取りには複雑な情報が含まれている。

まず冒頭の「本省からなんですけども」という部分。当時、東京電力本店は、規制官庁である経済産業省と緊密に連絡を取り合っていた。本店の担当者は「国は、ベントを実施し、水素も排出したい」という意向がある旨を伝えている。背景には、この会話の前日、3月12日に起こった1号機の水素爆発があった。

3号機では1号機同様、水素爆発を起こす恐れがあり、それを避けたいという共通認識があった。建屋の外で注水や電源復旧作業にあたっていた多くの人たちの安全を考えれば、福島第一原発でも水素爆発への対応を優先するという状況も理解できる。

ベントはドライウェルスプレイ同様、格納容器を守るための操作である。しかし、それには「ラプチャーディスク（ディスク）」という聞き慣れない装置を破壊する必要があった。「ラプチャーディスク」は、通常時に、格納容器から放射性物質が漏れないよう、ベントの配管に取り付けられ、蓋をする役割を担っている。格納容器の圧力がおよそ5気圧を超えないと破れず、ベントができない。

ところが当時、3号機はドライウェルスプレイによって冷却されていたため、圧力は5気圧以下にとどまっていた。つまり、ベントを行うためには、格納容器を冷やし圧力を下げる効果がある「ドライウェルスプレイ」を停止して、格納容器の圧力を上げるしかなかった。

格納容器を守るという目的は同じでも、〝同時には両立しない〟という矛盾を抱える「ドライウェルスプレイ」と「ベント」。現場は選択を迫られていた。

テレビ会議で、ドライウェルスプレイによって格納容器の圧力上昇が落ち着いたこ

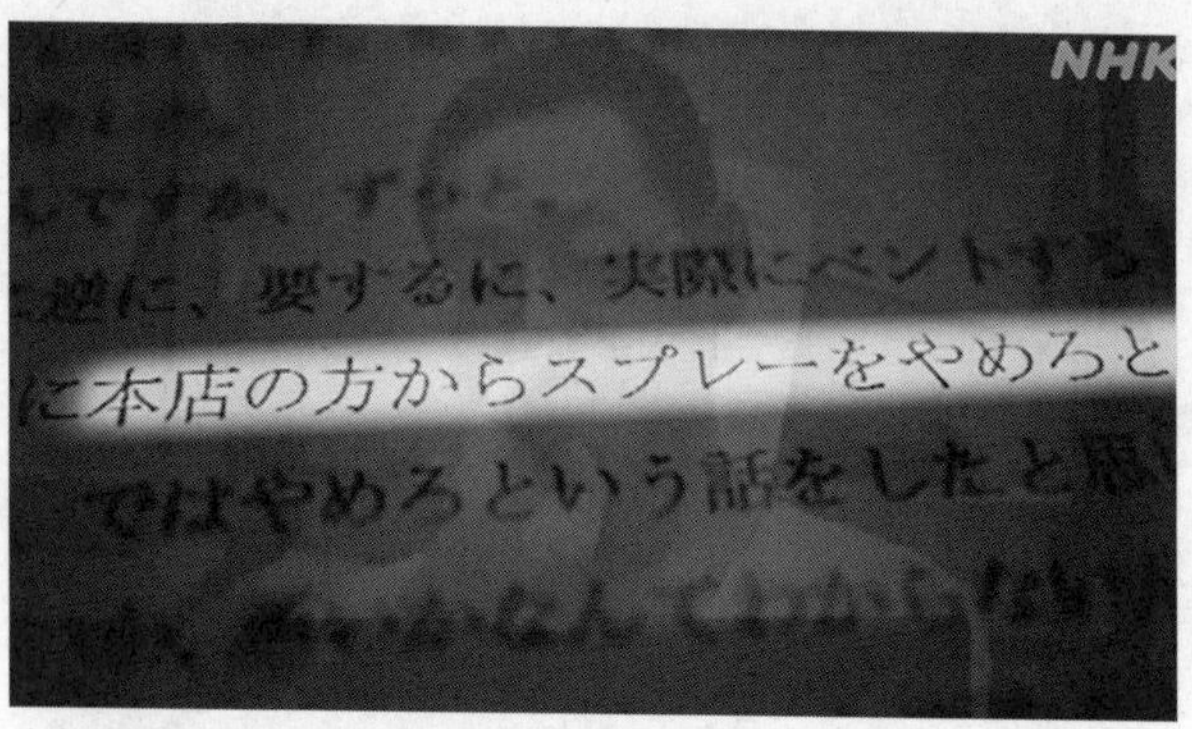

政府事故調による吉田所長に対する聞き取り調査を記録した「吉田調書」には、国からの指示に従って、ドライウェルスプレイを停止した経緯が記録されている（©NHK）

とが福島第一原発から東京電力本店に告げられる。それに対し、本店は「止められないのか？」と問いかけたのだ。

福島第一原発の担当者が即答できずにいると、所長の吉田は「ドライウェルスプレイをやめられないのかっていうのが、今の本店の質問なんだけども」と本店の質問を繰り返す。そして、福島第一原発の担当者もスプレイを止めることに合意した。吉田もこれに対し、テレビ会議では、反対の意を示していない。

運転員たちが決死の覚悟で実施したドライウェルスプレイを中止する作業を行ったのは、開始からわずか1時間後のことだった。

本節の冒頭で紹介した「吉田調書」には、

	20hr 以降 ｜ 25	
5	並行操作でRPV代替注水を実施中の場合は，各注入弁の開度を各々調整し，流量配分に注意する。	FI-
6	ポンプ台数の関係で流量が不足し，それぞれの箇所への代替注水が並行操作で行えない場合は，以下の優先順位とする。 1. 格納容器 2. ペデスタル 3. 原子炉	
7	外部水源によるペデスタル注水を実施中は外部水源注水総量を監視し，サプレッションチェンバーベントラインの水没防止のため，注水総量 $2300m^3$ に到達にてペデスタル注水を停止する。	

福島第一原発3号機の事故時運転操作手順書（©NHK）

「本店の方から（ドライウェル）スプレイをやめろという話だったんです。それで結局、それに折れてというか、ではやめろという話をしたと思います」

という証言が記録されている。

スプレイが持つもう一つの役割

実は、東京電力には、「ドライウェルスプレイ」の実施についての、細かい手順書がある。当初、東京電力は知的財産の保護などを理由に、この手順書の公表を拒んでいたが、国の原子力安全・保安院は、法律に基づいて東京電力に提出させた。取材班は、東京電力が作成した事故時運転操作手順書を入手し、専門家とともに、読み解くことにした。

「3号機事故時運転操作手順書（シビアアクシデ

ント)」には、「RPV(原子炉圧力容器)破損が確認された場合は本操作(著者注:ドライウェルスプレイ)を実施する」と定められている。そして、「ポンプの台数の関係で流量が不足し、(中略)代替注水が並行操作で行えない場合は、以下の優先順位とする。

1．格納容器
2．ペデスタル
3．原子炉」

この手順書の意味するところは、原子炉の破損が確認された場合には、もはや原子炉保護にこだわらず、原子炉を収納する格納容器や原子炉を支える鉄筋コンクリートの土台であるペデスタルの保護を優先すべき、ということだ。

メルトダウンが進み、核燃料が原子炉の底を突き破るメルトスルーが起きると、核燃料は格納容器の床に溶け落ちる。懸念される事態は2つある。溶融した核燃料の熱による圧力上昇によって格納容器が破壊されること、もうひとつは、高温の核燃料が床に広がり格納容器に直接接触することで、炭素鋼でできた容器そのものが破壊される「シェルアタック」と言われる現象が起きてしまうことである。

ドライウェルスプレイによって格納容器の床(ペデスタル)に注水することは、メルトスルーした「溶融炉心(デブリ)」を冷却する重要な役割を担っていたのである。

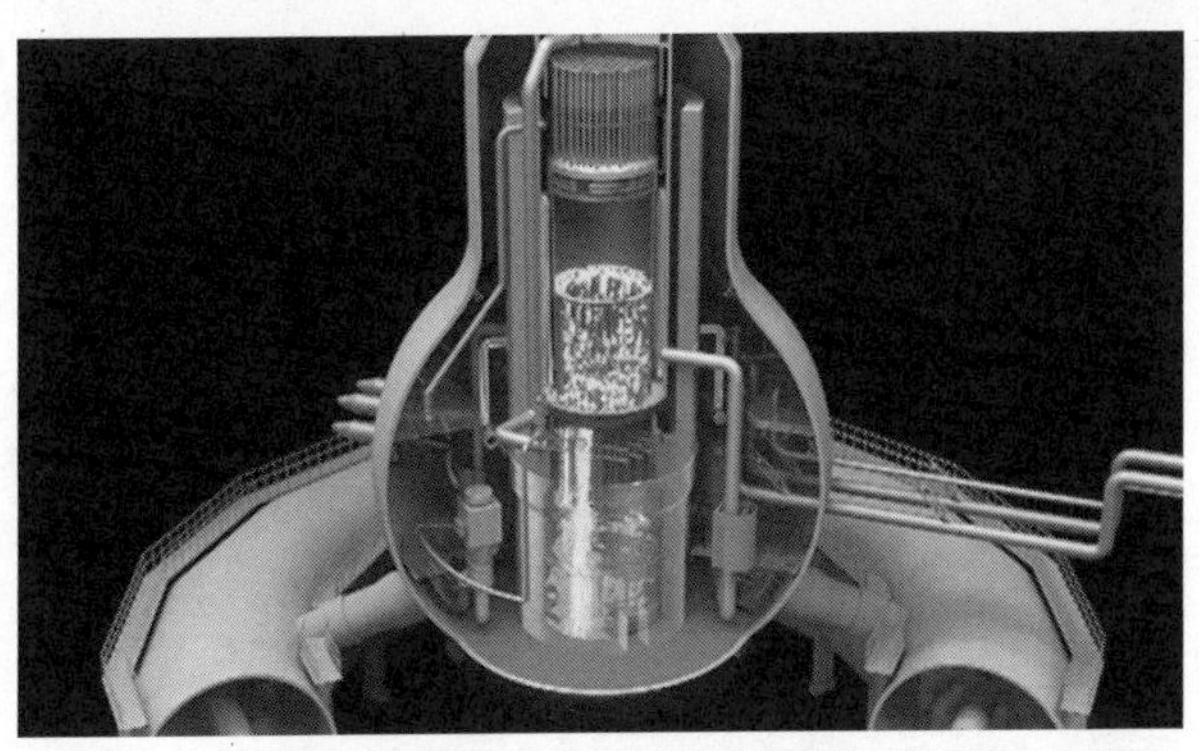

サンプソン（SAMPSON）の解析によれば3月13日午後9時58分に3号機でメルトスルーが発生していた（再掲）（©NHK）

原子炉の圧力を外部に逃して原子炉を守る「ベント」と格納容器を内側から冷やす「ドライウェルスプレイ」。この二者択一を迫られたとき、本店や福島第一原発では、なぜ「ドライウェルスプレイ」を選択しなかったのか。

原発事故の進展を詳細にシミュレーションできるサンプソン（SAMPSON）の解析によれば、3月13日午後9時58分には3号機では原子炉の底が破れるメルトスルーが起こっていた。

しかし、電源喪失によってほとんどの計測機器が機能せず、ほとんどのパラメーターが失われる中、メルトスルーに対する共通した問題意識を当事者たちが持つことは困難だった。

ドライウェルスプレイを続けていれば3号機の水素爆発を緩和できる可能性があった（©NHK）

ただし、現場が、すでに原子炉が破損している可能性が高いと判断すれば、手順書の通り、ベントではなく、ドライウェルスプレイを継続し、格納容器やペデスタルを優先する選択肢もあったはずだ。

では、ドライウェルスプレイを止めたことによって何か悪影響が出たのか。取材班は今回、事故解析が専門の内藤に依頼し、スプレイを停止した場合と、その後も続けた場合の違いを解析してもらった。続けた場合の注水量に設定したのは東京電力の手順書にある「メルトスルー前に先行して行う70トンの注水」である。

当初、内藤もドライウェルスプレイを継続することによる効果に懐疑的なところもあった。しかし、結果は意外なものだった。水素爆発を引き起こす水素の発生量を減らすことができるというのだ。

ドライウェルスプレイを停止した場合の原子炉からの水素の発生量はおよそ800キロ、一方でドライウェルスプレイを継続していた場合水素の発生量はそれより25％程度少ない、600キロまで抑えられるという解析結果となった。

解析を行った内藤は「ドライウェルスプレイによって原子炉を外側から冷やすことで、結果として核燃料の温度上昇を抑制する効果がある。すると、高温になることで活性化する水－ジルコニウム反応が抑えられ、水素の発生量が減るという効果があることが示唆された」と分析する。

さらに、ドライウェルスプレイは、格納容器内にも床から1メートル程度水を張ることができ、メルトスルーした核燃料や格納容器そのものを冷やす効果も期待できるという。ドライウェルスプレイを継続することは事故の悪化を食い止める可能性があったのだ。

「ドライウェルスプレイ停止」を検証する

この「ドライウェルスプレイ停止」の事故対応を巡って、取材班は専門家とともに何が問題だったのか、検証を行った。

元東芝・技師長の宮野は、現場が行っていたドライウェルスプレイの継続を支持した。

「あえてスプレイを止めて、ラプチャーディスクを壊すために内圧を上げるという選択は、基本的に〝ない〟と思う。実際、スプレイによって冷却され圧も下がっている。であればスプレイを維持するべきだった」

内藤もこの意見に同意した。実は内藤は、事故が発生した当日からドライウェルスプレイを有効に使うべきだという議論を専門家の間で行っていたという。

「原子炉を外側から冷やせば、炉心の溶融を少しはマイルドにできる。これを期待して、ドライウェルスプレイをちゃんとやるべきだという議論はした。実際、東京電力の手順書にはそう書いてあるし、私は、正しいことを言っていると思う。ドライウェルスプレイによって格納容器の床に水が溜まる、そうするとそこでメルトスルーした溶融炉心を冷やし固めることで、広げない役割を果たせる。このように考えると、スプレイを止めてまで、ベントをとにかく早くやるっていう発想はなかなか出てこない」

原発の設計を担ってきたメーカーの幹部だった宮野は、ベントに関して、事故時の対応を考慮した設計になっていなかったことを問題視した。

福島第一原発の吉田昌郎所長。事故発生時には現場の所長が責任者として対応にあたるはずだった（©NHK）

「福島第一原発事故の前、日本では『放射性物質を絶対に漏らしちゃいけない』という考えがまず基本にあった。事故が起きる、そしてベントをするという考えは優先されていなかった。だから、高い圧力でないと破れないラプチャーディスクが設置されていた。そこに問題があった。『事故が起きない』という発想ではなく、『事故が起きたときにどう対応できるか』という発想に設計を変えなければいけない」

ドライウェルスプレイを止める原因の一つとなったラプチャーディスク。事故後、各地の原発では事故の際のベントを妨げるとして、ラプチャーディスクそのものを撤去した。

1号機でベントが進まなかった3月12日早朝。業を煮やした菅総理大臣は福島第一原発に向かい、事故対応にあたっていた吉田所長らを詰問した
(©内閣府)

意思決定をめぐる問題

ドライウェルスプレイ停止をめぐる混乱は、原発事故の対応をめぐる意思決定の問題を浮き彫りにさせた。

そもそも原発事故の現場指揮は福島第一原発の責任者である現場の吉田所長に一任されていた。東京電力の事故調査報告書においても「事故拡大防止に必要な運転上の措置等の実施は、原子力防災管理者である発電所長(今回の事故では吉田所長)に権限があり、本店緊急時対策本部の本部長(社長)は発電所緊急時対策本部への人員や資機材等の支援にあたる」と明記されている。

しかし、東京電力本店は現場の事故対応

を支援するという立場にもかかわらず、現場の意思決定に繰り返し介入を行った。ドライウェルスプレイ停止をめぐっても、現場の意向は無視された。テレビ会議のやりとりをみると、東京電力本店の小森常務が福島第一原発に対し、「止めた方がいいな」と発言。それに従う形で、吉田所長がドライウェルスプレイ停止を指示している。

背景には、官邸や規制官庁である経済産業省への慮りがあった。東京電力本店の発言の冒頭に「本省（国）」からの意見として伝えられたことにあるように、東京電力本店や現場には絶えず横やりが入った。東京電力と経済産業省や官邸には様々な連絡ルートがあり、また時には官邸にいた武黒フェローや原子力安全委員長だった班目から吉田所長に直接問い合わせや指示が入ることもあった。

一連の対応を、専門家たちは厳しく批判する。内藤は、本店に国が意見を伝えることで、実質的に〝介入〟ができる状態だったことを問題視する。

「福島第一原発事故では、東京電力本店が現場に対して、いろいろな注文をつけた。その背景には、本店の意見を左右した人がいるわけです。その人たちは事故時の手順書を知るはずもないから、適切な指示が出せるはずもない。そもそも、彼らに手順書を知っておくべきだって言ったって土台無理な話です。現場のことを知らない人たちに、事故対応を指示する権限を与えたらいけない」

福島第一原発では様々な場面で〝国〟の介入があった。1号機で、菅総理大臣が福島第一原発を訪れ吉田所長に「ベントを急ぐ」よう直接迫った場面、班目原子力安全委員長が2号機の局面で「ベントよりSR弁を優先すべき」と吉田所長に直接電話で意見を伝えた場面。そして私たちの取材で明らかになった、「ドライウェルスプレイの中止要請」。いずれの介入も、事態の改善に資することはなく、現場をいたずらに混乱させた。

今後、国は原子力災害に対し、どのように対応しようとしているのか。電力会社の事故対応を監督する原子力規制委員会で、発足以来10年にわたって委員や委員長と要職を務めてきた更田（ふけた）豊志（とよし）参事に事故対応における国の役割を問うた。

更田は、福島第一原発事故の際に国の介入を招いた背景として、国、電力会社それぞれの準備や能力が不足していた点を指摘した。

「福島第一原発事故の前は、非常に厳しい条件での事故の対策というのは、事業者（電力会社）の自主対策に委ねられていたが、実際には訓練も十分には行われていなかった。だから事業者も不慣れだったし、国に関していえばさらに準備ができていない状況だった。それゆえ事業者が事故の状況や対応について、うまく説明できない部分もあったから、国が介入してしまった面もある」

そのうえで、国としても事故の教訓を生かす取り組みを続けていると語った。

「福島第一原発事故の教訓を受けて訓練を重ねて、事故に対処するための準備を整えている。原則は、規制当局も含めて、国は介入しない。福島第一原発事故のときには国が介入した結果、混乱を招いた。現場を最もよく知る事業者が責任を持って対処にあたるっていうのが基本的な原則で、これは今も訓練等の場で確認されている」

偶然によって守られた格納容器の謎

わずか1時間でドライウェルスプレイを止めた3号機。その後、原子炉から2000℃を超える高温の核燃料が格納容器の床に溶け落ち、圧力の上昇などで格納容器が破壊される恐れがあった。しかしながら、3号機においても、格納容器の大規模破損と大量の放射性物質の飛散という「最悪の事態」は免れた。

本章の冒頭でも説明したとおり、3号機は、1号機や2号機に比べて内部に溜まっている水位が最も高かったのだ。1号機では2・8メートル、2号機では60センチ程度だった水位が、3号機では6・3メートル。これは他の号機に比べ、3号機の格納容器が「健全性を維持」していたことを意味する。

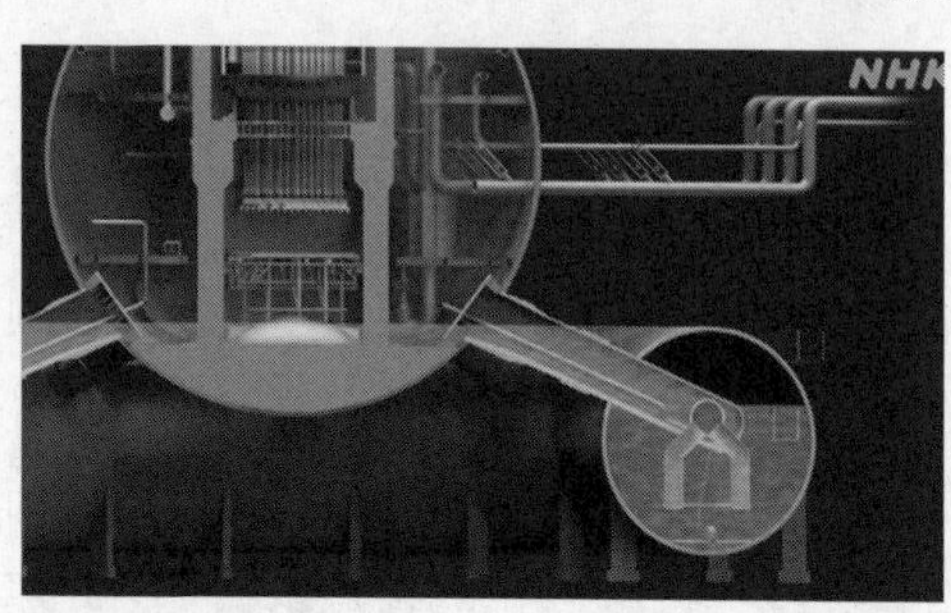

3号機ではサプレッションチェンバーに溜まった水がドライウェルに逆流しデブリを冷やした可能性が指摘されている
(©NHK)

ドライウェルスプレイを停止し、格納容器の十分な冷却ができず、メルトスルーを起こして、大量のデブリを生み出した3号機の健全性がなぜ保たれているのか。

複数の専門家を取材すると、関係者の間である仮説が検討されていることがわかってきた。

「サプレッションチェンバーからドライウェルに水が逆流し、核燃料を冷やした」というのだ。しかも、これはあらかじめ想定された安全機構ではなく、「偶然の産物」だという。

前述したように格納容器は、フラスコ形の「ドライウェル」とドーナツ状の「サプレッションチェンバー(以下サプチャン)」に分かれている。仮説では、このサプチャンの部分に溜まった水が、ドライウェルへと逆流した結果、高温で溶融した核燃料が冷却されたというのだ。

専門家がこのメカニズムを検討するきっかけになったのは、3号機のドライウェルとサプチャンの圧力差である。ドライウェルとサプチャンはつながっているため、設計上は大きな圧力差が生じない。しかし、事故当時の3号機の圧力の変動を見ると、ドライウェルの圧力が高い時間、逆にサプチャンの圧力が高い時間、さらにまたドライウェルの圧力が上回る時間と、双方の圧力に差が生じる現象が交互に起こっていた。

この現象を説明するために検討されていたのがサプチャンからの水の逆流である。ドライウェルに溜まった水蒸気が格納容器の隙間などから漏れることで圧力が低下。するとサプチャンに溜まった水がドライウェルに逆流、床に溜まるという現象だ。さらに格納容器の床には溶け落ちた核燃料があり、それと水が触れることで溶融した核燃料を冷却すると同時にまた水蒸気が発生。ドライウェル側の圧力をまた上昇させるというメカニズムだ。

東京電力もこのメカニズムについて検証していた。福島第一原発事故での「未確認・未解明事項」を調査・検討する最新の報告を2022年11月に公表。サプチャンからドライウェルに水が逆流した現象が起こった可能性を初めて認め、その結果として核燃料デブリを冷やし格納容器の健全性が維持されたと分析している。

しかし、この逆流現象は決して意図的に行ったものではない。偶然の現象だった。

「この現象は、人が意図して逆流を起こさせたわけじゃない。それを仮に自然現象と

いってしまったならば、じゃあこの自然現象は常に期待していいのか？　そんなことはないと思う」（内藤）

「たまたま起きたことで、もしそれを狙うんだったら、そういう仕組みを作らないといけない」（宮野）

人間の意図せぬところで働いた物理現象が、格納容器を冷却して「最悪の事態」を防いだ。結果だけ見ればきわめて幸運だったわけだが、同じような事態になったときにこの偶然が再現される保証はない。もしドライウェルの気密性が高く、圧力が高い状態が維持されていたとしたら、サプチャンとの気圧差もなく、こうした逆流現象は起きなかったかもしれない。そうなると、溶融した高温の核燃料と圧力で格納容器が破損し、大量の放射性物質が漏洩していた可能性もある。

「最悪チェルノブイリになると思った。そして日本がおかしくなってしまうというところまで追い詰められた。僕らだって生きては出られないと思いましたからね」

免震棟の幹部が恐れた事態が起こらなかった理由の一つとして浮かび上がったのは、またも事故の前には想定もされていなかった「幸運」だった。

長く続く検証

いまだに2万人を超える人々が避難生活を余儀なくされるなど、深い爪痕を残す福島第一原発事故。

この事故の教訓をどのようにつむぎだし、後世に伝え、残していくのか。

一つは、廃炉のための調査が進むことで見えてくる格納容器内部の状況など事故の実態から、当時の対応を検証することである。事故調査が集中的に行われてきた2011年から2012年にかけては、原子炉や格納容器の内部が明らかになっておらず、調査には限界があった。

現場の高い放射線量のため、いまだに人が近寄れないエリアもあり、原子炉や格納容器の状況の全容は明らかではない。今後、廃炉に伴う調査が進めば、検証の〝新たな視点〟が浮かび上がってくるはずだ。まさに3号機のスプレイを巡る対応はそれにあたる。

長い時間をかけて少しずつ明らかになる格納容器や原子炉内部の状況。一つ一つのデータに目をこらし、これまで残されてきた膨大な記録と照らし合わせ、検証を続ける。それは国や電力会社だけでなく、私たちメディアの使命でもある。検証はまだ終わっていない。

第 13 章

残された最大の謎
1号機はなぜ破壊を
免れたのか？

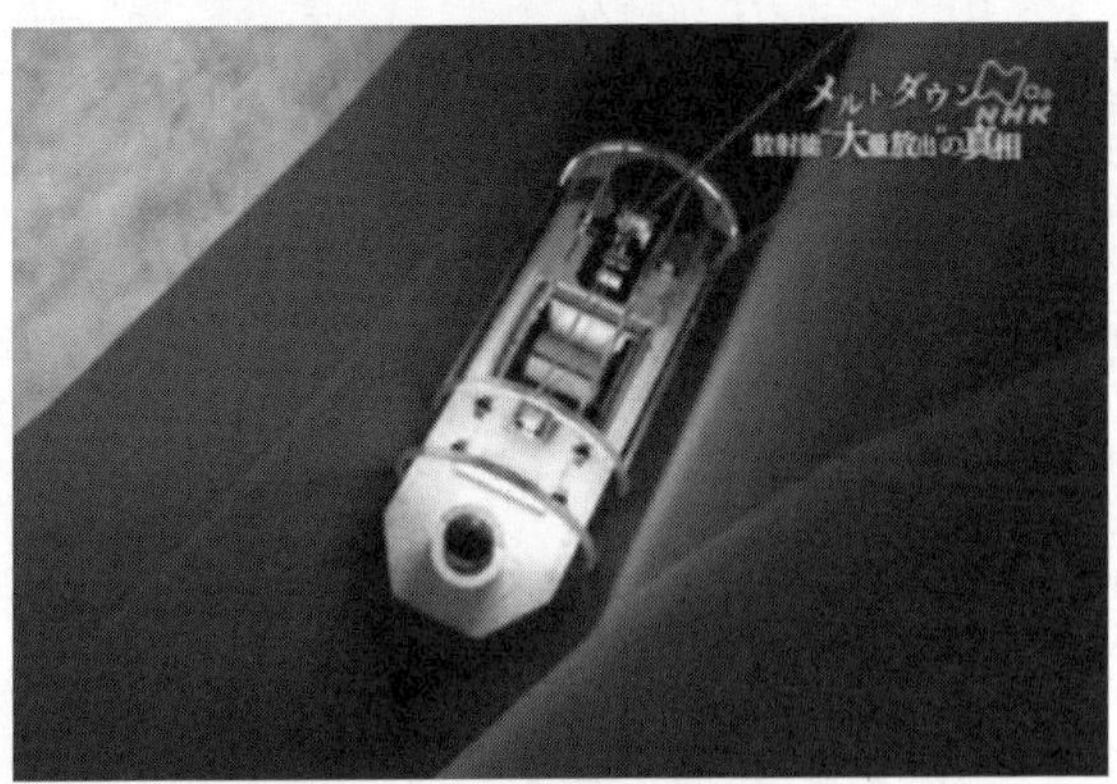

福島第一原発1号機では、格納容器調査用の特殊な水上ボートによって、汚染水の漏洩箇所が撮影された。格納容器が破損した箇所は、よりにもよって、格納容器の中で最も補修が難しい部分だった（©NHK）

号機ごとに別のアプローチが必要になったデブリ取り出し

3号機で初めてデブリの状態を捉えたロボットの調査を行い、その後、デブリのCGを作り原子炉の真下・ペデスタルの状況を分析した東芝の技術者らは、同様に2号機のデブリの調査も担ってきた。彼らは、将来デブリを取り出すための手段の模索を始めている。廃炉作業の中で、デブリの調査を担ってきた東芝の担当部長である安田(やすだ)年廣(としひろ)は、その道の困難さに対する認識を強めている。

「2号の場合はデブリが上から落ちているのは間違いありませんが、非常に少量だと思われます。逆に言うと、圧力容器の下部の損傷状態はそんなに大きくはないと考えられる。原子炉の中の構造物の状態は、いまはわかっていませんが、下に落ちてきていないということは、中にかなり大量のものが残っている可能性があります。その辺を含めてどこからアプローチしたほうがいいのかというのを考えていかないといけない」

安田の同僚で、デブリ取り出しの技術開発を担う、中原貴之(なかはらたかゆき)は3号機の取り出しについての険しい道のりを語る。

「3号機のペデスタル内部は、原形をとどめていない状態です。したがってデブリの

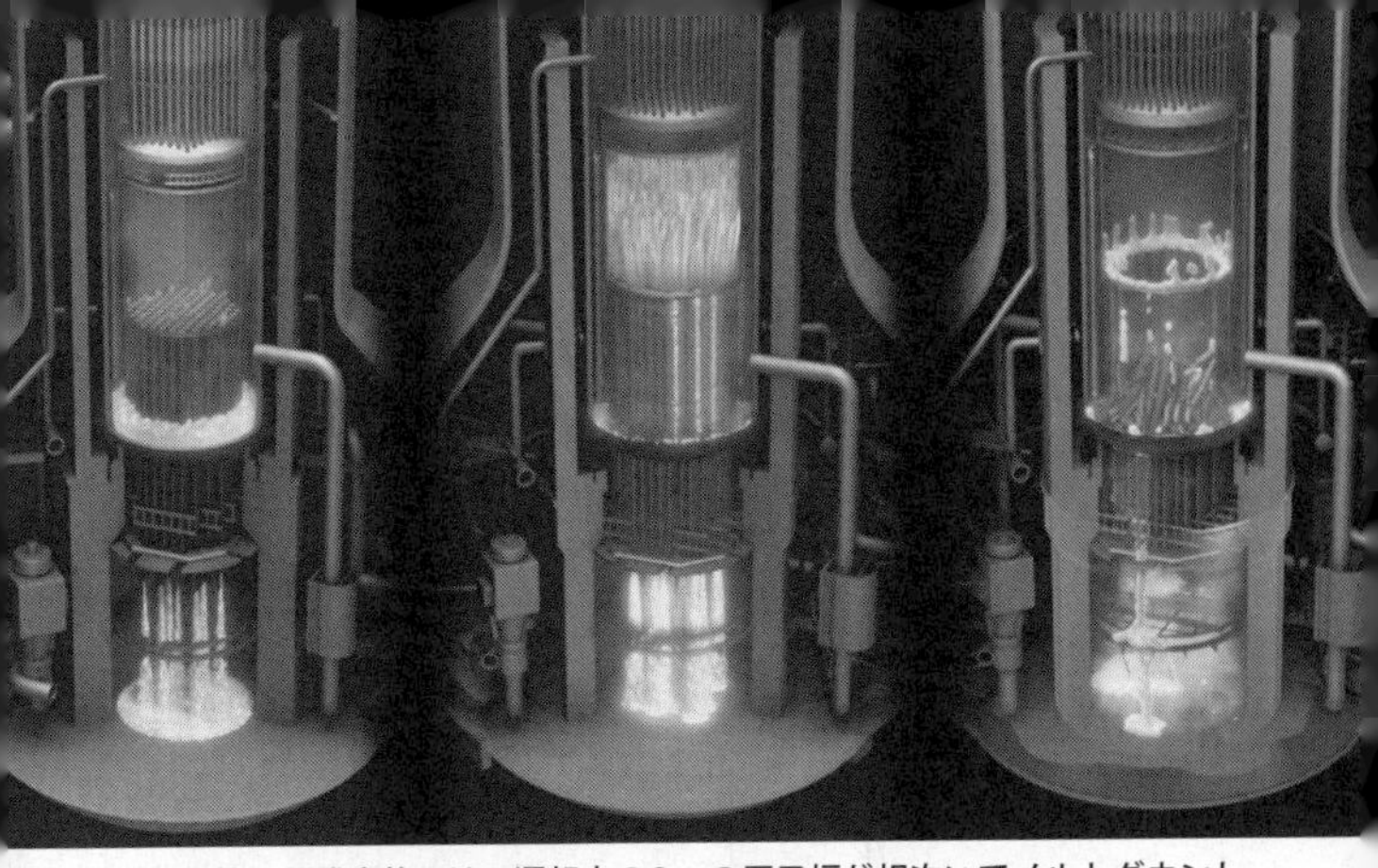

福島第一原発事故では、運転中の3つの原子炉が相次いでメルトダウンしたが、その破損状況は号機によって大きく異なる（再掲）（©NHK）

取り出しでは、まず、残されたペデスタル内部の大量の堆積物を撤去することから始めることになります。一方、2号機のペデスタルの大部分は溶解を免れて、ある程度原形をとどめています。そのため、2号機の下の堆積物を全部回収するためには、たぶん今の健全な状態のプラットフォームを取り除く必要があります、それが済まないと、なかなか全部きれいにならないのかなと思ってます。2号機と3号機どっちが難しいかというと、どちらにも難しさがある。どこからどうやってアプローチしていくか、おそらく2号機と3号機ではまったく違うアプローチになっていくんじゃないかなと思います」

複雑な進展をたどった2号機と、3号機。残された異なる形状のデブリ。このデブリを取り出す道筋はまだ見えていない。

いまだ多くの謎が残る1号機

では最初にメルトダウンした1号機の状況はどうだったのか。2号機、3号機と比べ、最も長い時間冷却ができていなかったのが1号機だ。津波の前にイソコンを停止。その後、短い時間イソコンを動かしたものの、ほぼ消防注水による原子炉への注水が〝ゼロ〟に近かったこともあり、原子炉への注水ルートを変更した3月23日まで実質12日間にわたって原子炉の冷却ができていなかった。

1号機は、2号機、3号機以上に格納容器内部の調査が難航し、原子炉内部はもちろん、格納容器内部でもデブリの状況が確認できない状況が続いていた。2号機、3号機で原子炉の真下のペデスタルにアクセスできたのは、通常の定期検査の際に使われるX－6と呼ばれる貫通孔（ペネトレーション）を使うことができたからだ。このルートでロボットを投入すれば、ペデスタルまで一気にアクセスし、メルトスルーの状況を調査することができる。しかし、1号機では格納容器内部調査の要となるX－6ペネの周辺は事故から12年たっても強い放射線量が計測されている。X－6ペネのある原子炉建屋1階の最大線量を比較してみると、1時間あたり2号機が5・8ミリシーベルト、3号機が22ミリシーベルトであるのに対し、1号機は桁外れに高い630ミリシーベルトが計測されている。1号機ではX－6ペネの周辺で人が長時間作業することが困難であるため、1号機の内部調査が進んでこなかった。

しかし、2023年になりようやく1号機のペデスタルの内部にロボットが入り、メルトダウンの状況が見えてきた。取材班はそれまでの12年間、格納容器の外側や内部で行われた調査で撮影された映像や、採取された放射性物質、そしてOECD／NEA（経済協力開発機構／原子力機関）の国際プロジェクトBSAFで行われているシミュレーション結果など、様々な視点から専門家や東京電力に取材を重ね、1号機の真相に迫る分析を行ってきた。

それらから見えてきた1号機の事故の進展は、決して「現場の対応によって最悪の事態を免れた」とは言いがたいという現実だった。

2013年　ボートによる調査が示した格納容器の損傷

最新の調査結果を説明する前に、1号機の調査の過程を振り返ってみよう。その歩みは決して早いものではないが、薄皮を剝がすように徐々に真相に近づきつつある。

2013年11月。事故から3年目の秋に、日立GEニュークリア・エナジーを中心とする1号機の格納容器の最初の調査が行われた。このときは、ロボットの開発状況や現場の放射線量の状況からまだ格納容器内部にロボットが投入できる準備が整っておらず、格納容器の外周部の調査が行われた。日立GEは原子炉建屋の地下、サプレッションチェンバーの周辺にボート形ロボットを投入し、格納容器の損傷や「汚染水」の漏洩を調べた。この調査で注目するポイントは、格納容器からの漏洩の有無と、漏洩があった場合、その場所の特定だった。技術者たちは、特に、格納容器とコンクリートの隙間からの漏洩を意味する「サンドクッションドレン管」からの漏洩を危惧していた。

2013年11月13日。その日、福島第一原発から、1号機の格納容器から漏洩する汚染水を撮影することに成功したとの報告があった。

漏洩箇所の特定は今も続く重要課題の「汚染水対策」の第一歩であり、それまで全く漏洩箇所が見つかっていない現状からすれば、11月13日に届いた知らせは、本来であれば喜ばしいニュースであるはずだった。

しかし、問題はその場所だった。汚染水は、よりによって「サンドクッションドレン管」と呼ばれる、格納容器の奥底からのびる管から勢いよく漏れ続けていた。このことは、格納容器の中で最も補修しにくい場所に破損箇所がある可能性が高いこと、

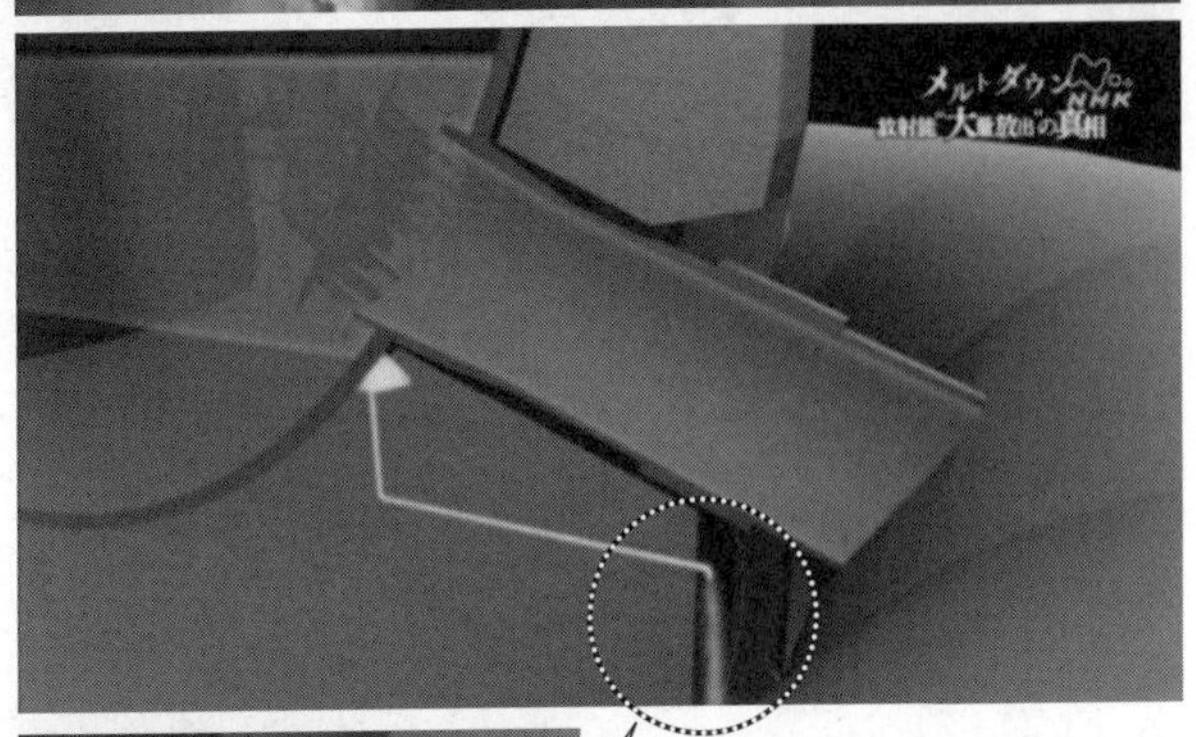

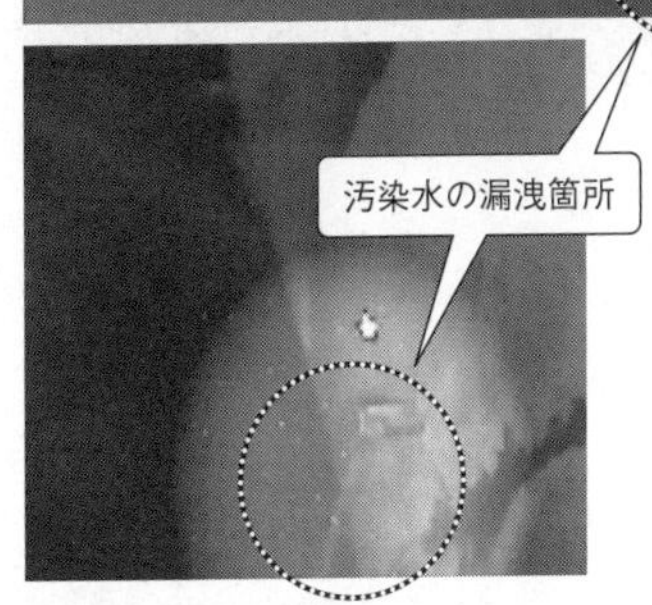

格納容器調査用の水上ボート
（写真上）

汚染水の漏洩ルート
（中央のCG）

水上ボートが撮影した1号機の
汚染水の漏洩箇所（写真下）

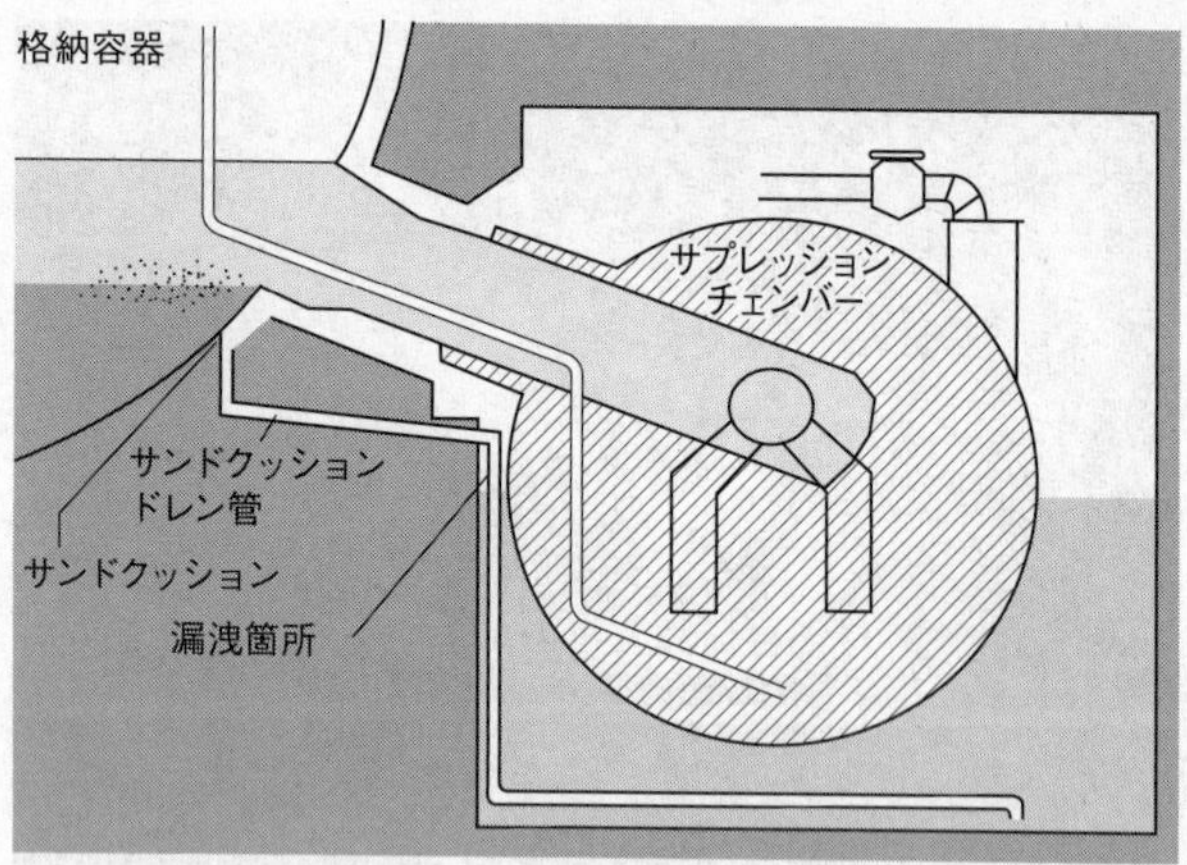

1号機格納容器からの汚染水は、格納容器の奥底にあるサンドクッションドレン管から流れ出していた。この管は、鋼鉄製の格納容器本体と周囲を固めるコンクリートの間の隙間を埋める砂のところからのびている
(東京電力資料をもとに作成)

そしてメルトダウンの影響によって「放射性物質を閉じ込める〝最後の砦〞である格納容器が壊れていること」を意味していた。

格納容器の本体は厚さ27ミリの炭素鋼で作られている。その外側は放射線を遮るための分厚いコンクリートで覆われている。

汚染水が漏れ出していたサンドクッションドレン管とは、格納容器下部にある鋼鉄製の格納容器本体とその外側にあるコンクリートの間の5センチほどの隙間からのびる管である。その隙間には、サンドクッションという名の通り、砂が詰められている。通常は乾いているが、鋼鉄製の格納容器の表面が結露すると、わずかな水が溜まるので、その水を排出する通り道として作られたのがサンドクッションドレン管なのである。

映像には、汚染水が勢いよく流れ続けている様子が映し出されていた。ということは、格納容器最下部とコンクリートの間の狭い隙間付近に破損箇所があり、そこに汚染水が流れ込み、最終的にサンドクッションドレン管から漏れ続けていることを意味していた。

原発プラントメーカー・東芝の元幹部で法政大学客員教授の宮野廣は映像を見て表情を曇らせた。

「止水は容易ではない。あの狭い隙間に調査用のロボットを入れることは簡単ではない」

廃炉に向けた国のプロジェクトでロボット開発タスクフォースの主査を務めていた東京大学教授の浅間一（あさまはじめ）も重々しい口調で語った。

「あの5センチほどの狭い場所を調査できる能力のあるロボットは既存の技術では存在しない。これまで福島第一の廃炉は格納容器の破損箇所を突き止め、それを補修し、格納容器内部の水位を上げていくことで、燃料デブリをすべて〝水浸け〟にして取り出す〝冠水〟が最優先のプランAだった。しかし、1号機の格納容器での止水は困難な以上、早急にプランBを検討する必要がある」

廃炉に向けた道のりに暗い影を落とした1号機格納容器の破損。しかも2号機、3号機では同様の箇所では格納容器の損傷は確認されていない。では、いったいなぜ1号機だけこの箇所が壊れていたのだろうか。取材を進めるとやはり「メルトダウンによる高温」が1号機の「最後の砦」格納容器を破壊したシナリオが浮かび上がってきた。

2013年の調査が示唆する「熱膨張」のシナリオ

汚染水漏洩箇所が見つかった翌週、取材班は福島第一原発の設計や試運転にも携わった技術者の元を訪ねていた。

国内のプラントメーカーに40年にわたって勤務し、米国のプラントメーカーのGEと沸騰水型原子炉（BWR）の設計でしのぎを削ってきた熟練の技術者・角南義男と安藤博。福島第一原発1号機から5号機と同じ構造のMARK－Iの設計に深く関わってきた彼らが真っ先に気にしたのは、メルトダウンによって高温になった格納容器が想定以上に「熱膨張」したのではないか、という点だった。

「格納容器を設計し、規制機関の審査を通すためには、格納容器を構成する炭素鋼が

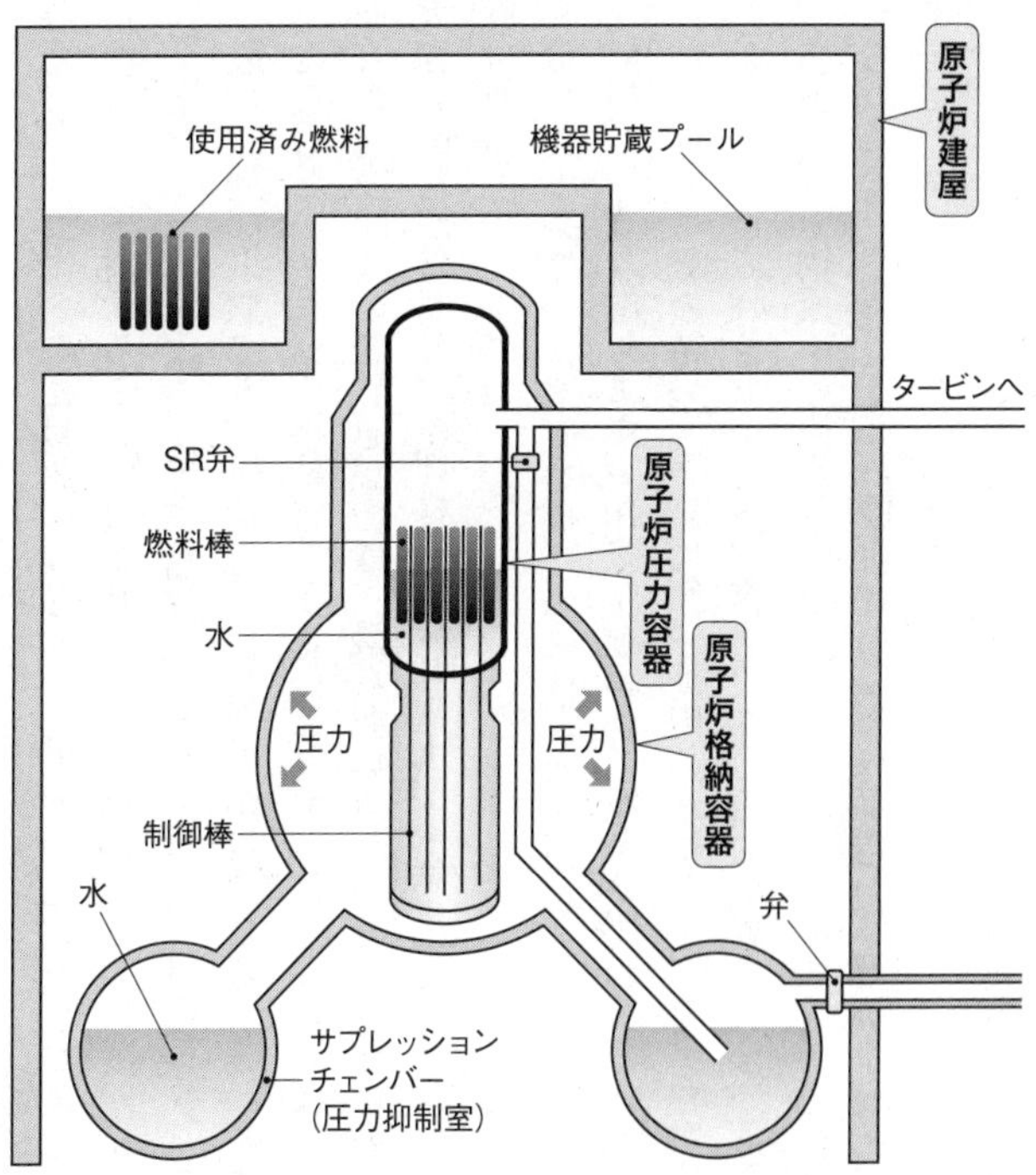

原子炉と原子炉建屋の構造（解説は東京電力ホームページより引用、一部改変）

原子炉建屋：原子炉一次格納容器及び原子炉補助施設を収納する建屋で、事故時に一次格納容器から放射性物質が漏れても建屋外に出さないよう建屋内部を負圧に維持している。別名原子炉二次格納容器ともいう

※原子炉圧力容器：原子力発電所の心臓部。ウラン燃料と水を入れる容器で、蒸気をつくるところ。圧力容器は厚さ約16センチの鋼鉄製で、カプセルのような形をしており、その容器の中で核分裂のエネルギーを発生させる。高い圧力に耐えることができ、放射性物質をその中に封じ込めている

※原子炉格納容器：原子炉圧力容器など重要な機器をすっぽりと覆っている鋼鉄製の容器。原子炉から出てきた放射性物質を閉じ込める重要な働きがある

どれだけの温度でどれだけ膨張するか、そして、この膨張に対して格納容器のどこが一番弱いのか検討することが欠かせません。格納容器の強度が持たなくなる分岐点を〝限界応力〟と呼びます。格納容器の設計にあたっては、様々な状況を想定したうえで、最も深刻な事態でも、格納容器の安全性が保たれるようにします。この限界応力を超える力がかかれば、格納容器が損傷してもおかしくありません」（角南）

彼らの現役時代の設計思想では、最も悪い事故のシナリオは原子炉につながる口径の大きい配管が破断し、冷却材、すなわち水が一気に原子炉から失われる「ＬＯＣＡ（ロカ）」と呼ばれるものであった。

「ＬＯＣＡの条件では、原子炉圧力容器から高温の冷却材（水）が、格納容器にものすごい勢いで噴き出します。70気圧を超える原子炉圧力容器に比べ格納容器の圧力は低いからです。その結果、一気に原子炉内の水位が下がり、格納容器の圧力も速いスピードで上昇していきます。格納容器内部の圧力が高まれば、蒸気の飽和温度も上がり、格納容器を構成する炭素鋼も膨張します。その膨張する力に格納容器がどこまで耐えられるのか？　こうした検討は福島第一原発1号機が建設される１９６０年代から詳細に行ってきました」（安藤）

日本のプラントメーカーや電力会社は、福島第一原発事故前に日本で起きうる最悪の事故はＬＯＣＡだと考え、地震によって配管が破断することのないように強度設計を行った。耐震クラスと呼ばれる分類分けを行い、原子炉からつながる配管や非常用の装置など安全上重要な配管や設備は耐震クラス「Ｓ」とし、世界的に見ても厳しい基準を設けてきた。さらに、何らかの理由でＬＯＣＡが起きても、原子炉から水が失われる速度を上回る速さで原子炉に水を注入できる高圧注水システムをすべての原発に備え付けてきた。

しかし、今回の福島第一原発の事故では、こうした想定とはまったく異なる形の事態が起きた。地震によって外部電源が失われ、約50分後に到達した津波によって非常用のディーゼル発電機は6号機の1台を残し使えなくなった。高圧注水システムを動かすために必要な直流電源を供給するバッテリーも3号機と5号機を除き、すべて失われた。津波によってすべての冷却手段が奪われ、原子炉がメルトダウンして高温の燃料デブリが格納容器に流れ出すというシナリオは熟練のプラント設計者である角南や安藤も想定だにしなかった。

1号機の格納容器の最高使用温度と圧力はそれぞれ、138℃とおよそ4・3気圧。メルトダウンして燃料デブリが格納容器にまで流れ出すと、格納容器内部の状況は、温度・圧力とも、設計段階の想定をはるかに超える過酷な条件となる。その場合、格納容器はどうなるのか。

取材班は設計に携わった技術者たちとともに、最も応力がかかる部分の検討を行った。格納容器の場所ごとに炭素鋼の厚さや外側を覆うコンクリートの厚さなどの詳細が記載されている「工事計画認可申請書」と呼ばれる非公開資料や、1号機の図面を前に、議論は20時間以上にわたって続いた。年の瀬も迫った2013年12月、安藤は重苦しい表情で語り始めた。

「格納容器が壊れる原因として最も考えなくてはならないのは〝熱〟による膨張です。高温の状態が続く限り、鋼鉄部分は外側に広がり続けます。しかし、格納容器のまわりは分厚いコンクリートに囲まれているので、膨張するのにも限界がある。鋼鉄部分が膨張して拡大することは設計上5センチまでしか考慮されておらず、コンクリートと鋼鉄の隙間は5センチしかない。これはLOCAを想定したシナリオです。LOCAであれば、5センチの隙間があれば、膨張した鋼鉄部分がコンクリート部分に接するまでに事故の進展を抑えることができる。しかし、今回は、格納容器の内部は、LOCAとは比べものにならない過酷な状況になっていました。鋼鉄部分はコンクリート部分に接地し、それ以上膨張できなくなったとすると、発生する膨大な応力はある部分に集中することになります」

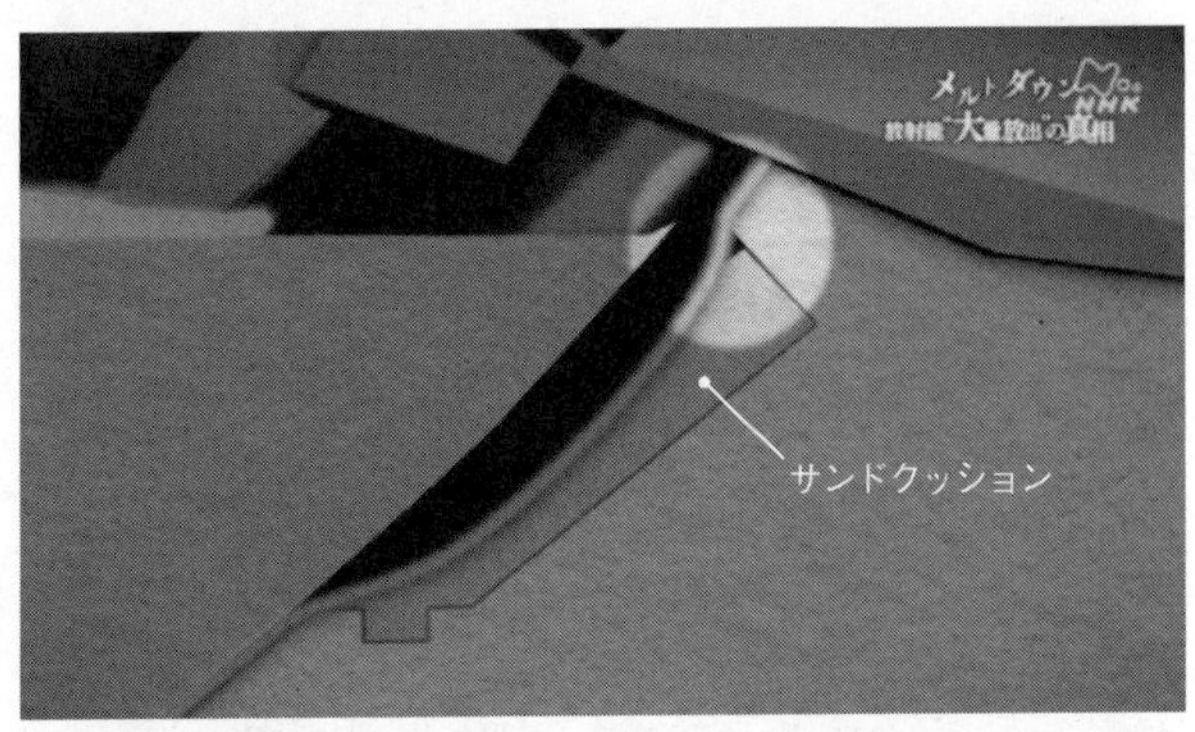

格納容器の熱膨張の応力を最も受けやすい格納容器底部にあるサンドクッション (©NHK)

そして安藤は図面の一点を指さした。

「熱膨張の応力を受けやすい部分は、格納容器の底部です。中でも熱膨張による力が最もかかるのが、耐震強度を上げるためにコンクリートに直接接地している部分と、膨張の力を逃すためにコンクリートとの間に設けられた5センチほどの隙間の境目にあるサンドクッションです」

さらに、安藤は耐震強度を高めるための設計が、今回の熱膨張の事故シナリオではかえって弱点になった可能性があると指摘する。

地震国、日本の原子力発電所では、格納容器に徹底的な安全対策が施されている。まず格納容器を収める原子炉建屋は強固な岩盤の上に建設され、基礎部分はがっちりと接地されている。さらに、高さ32メートル、底部の球状部分の直径は17・7メートルという巨大な構造物である格納容器が揺れないように、鋼鉄製の容器の底部はコンクリートの基礎部分にしっかりと固定され、その周辺も分厚いコンクリートで固めてある。

「格納容器を構成する炭素鋼は、熱を受けると必ず膨張します。原子炉はそれを見越して隙間を設けているのですが、隙間が大きすぎると格納容器の強度が不足してしまう。そこで耐震性を維持するために、想定される最悪の事態に対応できるギリギリの隙間になっている。それゆえ、想定外の熱膨張があった場合に、それを外に逃がすことができないのです」

安藤は続けた。

「今回の事故では、メルトダウンした核燃料が原子炉圧力容器内部だけに留まっているとは考えにくく、一部は圧力容器の底から格納容器に噴き出しているはずです。このような過酷な状況にさらされると、格納容器はどのような状態になるのか、見当もつきません。これらは詳細なシミュレーションで検討する必要があります」

2014年1月、取材班は東京・西新橋にあるエネルギー総合工学研究所の内藤の元を訪ねていた。

1号機では原子炉の中でメルトダウンした核燃料がどれだけ格納容器内部に広がっているのか。内藤は事故解析コード・サンプソン（SAMPSON）を用いて、シミュ

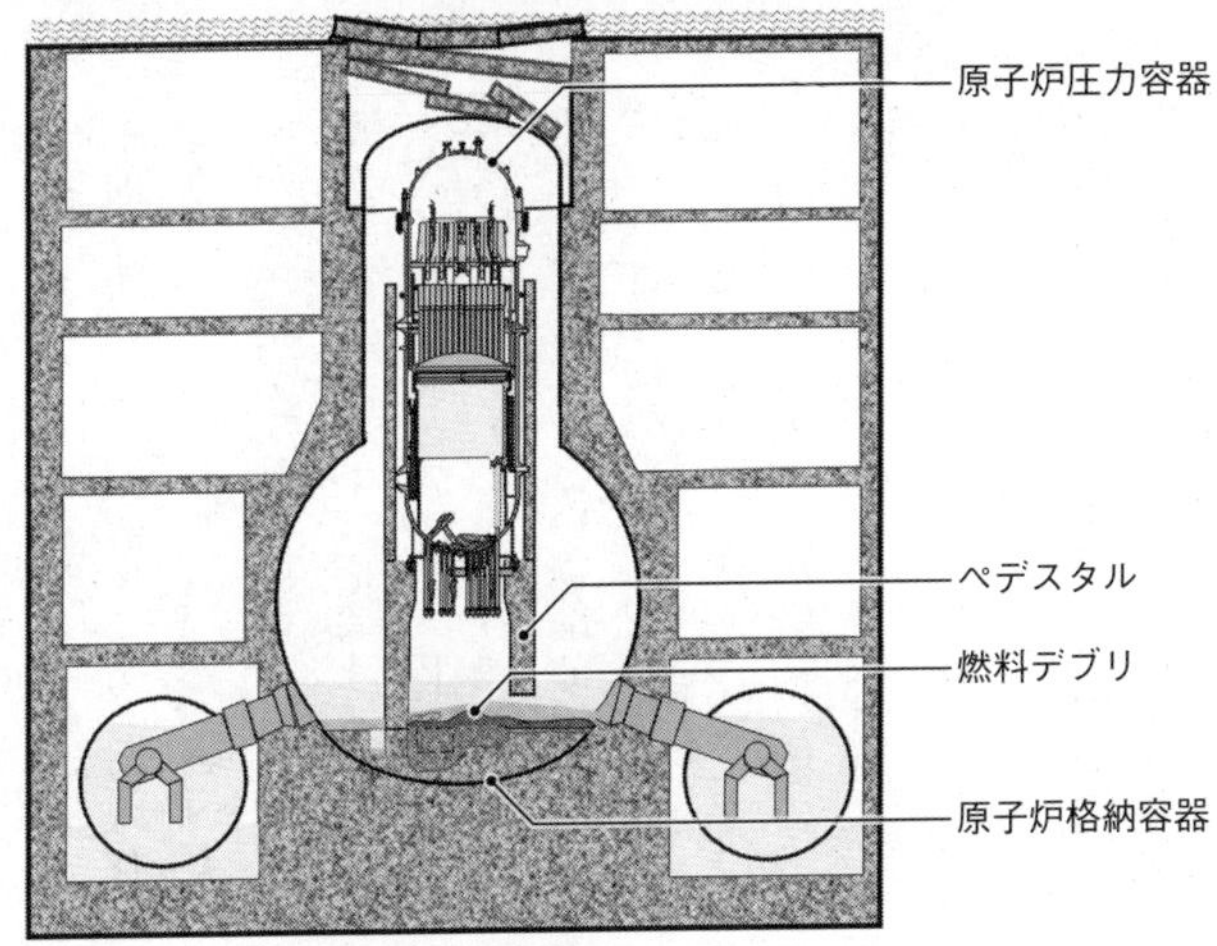

1号機の炉心・格納容器の状況推定図
シミュレーションによれば燃料デブリは、原子炉圧力容器を支える「ペデスタル」という構造物の床にあるサンプピットの凹みから溢れ出して、格納容器の鋼鉄製壁面に向かって広がっていったと考えられている。注.CS系とは炉心スプレイを介した冷却系統のこと（東京電力資料をもとに作成）

レーションを行った。すると、従来の事故のシナリオでは想定していない事態が1号機の格納容器の内部で起こっていた可能性があることが浮かび上がってきた。内藤は、解析結果をもとに、こう語った。

「従来の過酷事故のシミュレーションでは、原子炉圧力容器を支えるペデスタルというコンクリート製の構造物の床にある『サンプピット』というかなり大きな凹みに、溶けた燃料デブリが入り、そこまでで事故は収まるという想定でした。しかし、津波到達後も冷却機能を失わなかった2号機や3

号機と違い、1号機では津波直後からIC（イソコン）が停止してしまった。3月12日午前5時46分、消防車による注水作業が行われるまでの14時間、1号機はほとんど冷却されませんでした※。当然、溶けた核燃料の量も非常に多い。だから原子炉の下でいったん燃料デブリは山のように盛り上がり、ペデスタルの開口部から格納容器の鋼鉄製の壁面に向かってどんどん広がっていったと考えられます」

驚くべき結果だった。内藤の解析では、原子炉の中で溶けた「デブリ」と呼ばれる核燃料は、原子炉圧力容器の底を突き破って格納容器に流れだし、さらに原子炉を支えるペデスタルという部分には収まりきらずに、格納容器の底に広がったというのである。さらに解析では、2000℃ほどある燃料デブリが、格納容器の鋼鉄製の内壁に、あと1メートルというところまで近づいたというのだ。

高温の燃料デブリが格納容器の内壁に近づいたことで、格納容器にどれだけ深刻なダメージを与えたのか。取材班は、専門機関に依頼して、サンプソンの解析結果をもとに格納容器の壁面にかかる熱応力について、不確実性も考慮して3つの温度条件で試算した。

「工事計画認可申請書」や福島第一原発1号機の格納容器の図面をもとに、解析の条件を設定していく。解析を担当するエンジニアは、専門の学会が示している基準など

※実際は1号機は消防車による注水ルートの途中で複数の漏洩ルートがあり、3月23日までの12日間、ほとんど水が入っていなかったことがわかっている

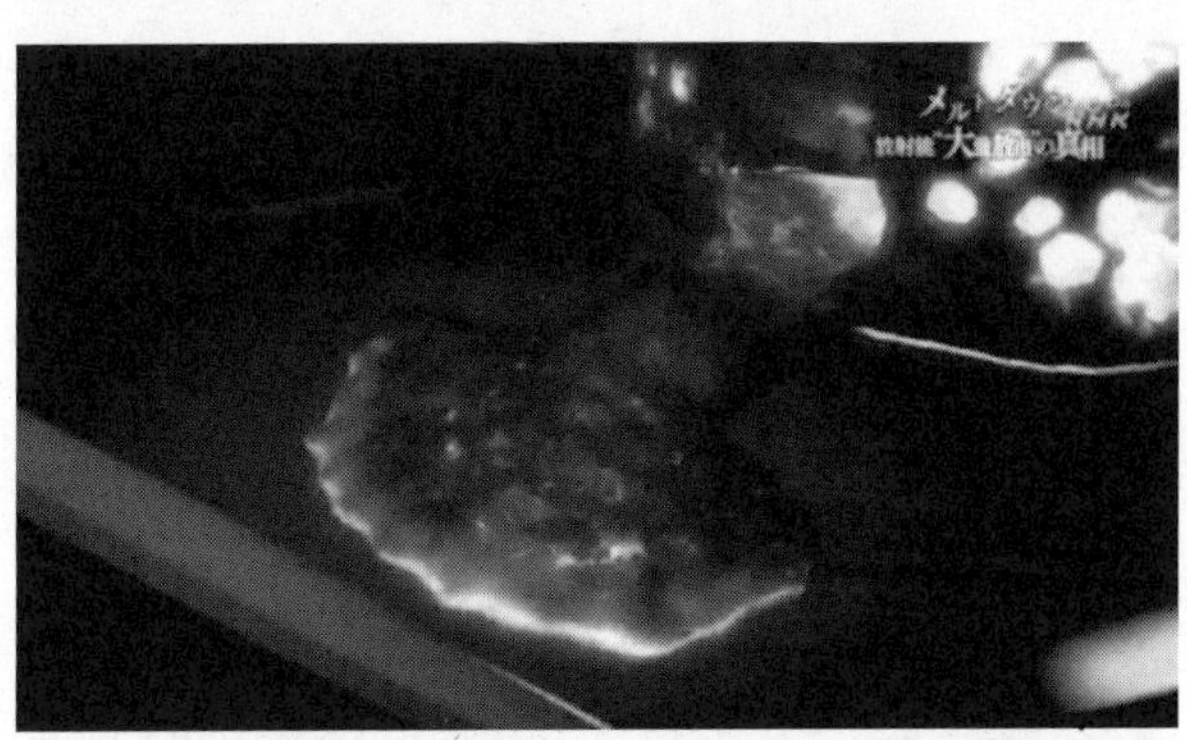

サンプソン（SAMPSON）のシミュレーションによると、原子炉圧力容器の底を突き破った燃料デブリは、格納容器の鋼鉄部分までわずか1メートルまで迫った可能性がある（©NHK）

から材料の応力特性を調べ上げ、応力計算の下地を作っていった。

解析を始めてから1ヵ月後、シミュレーションによる結果が出た。解析を担当したエンジニアが内藤に解析結果を報告する。

「格納容器の鋼鉄部分が５５０℃に達した場合に、降伏応力・引っ張り応力を超えるという計算結果が出ました」

内藤がすぐに問い返す。

「ということは５５０℃に達すると、格納容器が壊れる可能性がかなり高いと……」

「そうです」

1号機の格納容器の鋼鉄部分が、燃料デブリによってどれだけ高温になったかは、現時点では正確なことはわからない。ただ、２０００℃ある燃料デブリがわずか1メートルにまで迫ったとすれば、輻射熱により、相当な高温になったと推測されている。

現実に格納容器が破損している以上、鋼鉄部分は、シミュレーションで示された550℃を上回る高温になった可能性が高い。格納容器の健全性が保たれる上限の設計温度は138℃。間違いなく、1号機の格納容器はこの設計温度を超えていたはずだ。

シミュレーションの結果と、格納容器下部にあるサンドクッションドレン管から汚染水が勢いよく漏れ出ているという調査結果を踏まえると、高温の燃料デブリが格納容器の内壁に迫ったことで、鋼鉄製の格納容器の壁が550℃を超える熱さに耐え切れず、そのどこかが破損した可能性が出てきたのである。放射性物質を封じ込める「最後の砦」となる格納容器は、万が一メルトダウンが起きても、その健全性が保たれるはずだった。しかし、今回の調査結果は、その「安全神話」を根底から揺るがす衝撃的なものとなった。

2015年、そして2017年の調査が示す1号機の「高温」のシナリオ

1号機の格納容器の内部にロボットが初めて投入されたのは2015年。そのときに、ペデスタルの外側に設置されたグレーチングと呼ばれる格子状の足場をロボットは調査した。その結果、形状が維持されていることが確認されたことから、今度はこ

こからカメラや線量計、そして格納容器の床に堆積している「堆積物」を回収する調査の計画が立てられた。

２０１７年3月から4月に行われた調査では、デブリではないものの、ペデスタルの外周部に堆積した謎の物質のサンプルを取得することができた。ＪＡＥＡ（日本原子力研究開発機構）では格納容器内部で取得された貴重なサンプルを詳細に分析。すると、1号機は2号機や3号機に比べて事故当時に最も過酷な状況に陥っていた可能性が高いことがわかってきた。

倉田らＪＡＥＡの分析チームが注目したのは、堆積物に含まれる亜鉛（Zn）や鉛（Pb）の含有量である。特に亜鉛の含有量に関しては、1号機は2号機に比べて10倍程度多い。この亜鉛はどこから由来し、なぜ1号機が桁外れに含有量が多いのか。

「格納容器内壁の塗装材に亜鉛が含まれています。1号機はメルトダウンの際に、格納容器内部が2号機、3号機に比べ最も高温になった結果、この塗装材の成分に含まれる亜鉛が溶け出し、オペフロに移行したり、堆積物に含まれている可能性がある。そうした分析を進めているところです」

つまり、ＩＣ（非常用復水器、通称イソコン）による冷却がうまくいかず、一気にメルトダウンした1号機は3つの号機のうち最も格納容器内部が高温になっていた可能性が強まったのだ。

原子炉を支えるコンクリートの台座が消失　最新の調査が示した衝撃

事故から12年目を迎える2022年2月、いよいよ1号機の原子炉の真下、ペデスタル内部に迫る調査が始まった。2号機では2017年1月、3号機では2017年7月にペデスタル内部にカメラやロボットを投入できていたことを考えると、約5年も遅れたことになる。調査ルートに使われる格納容器のペネトレーション（貫通孔）が高線量であることが事故調査を阻む現実からは、原発事故の爪痕の深さを感じざるを得ない。

2022年5月、初めて1号機のペデスタルの入り口をロボットのカメラが捉えた。東京電力が公開した映像に取材班は衝撃を受けた。原子炉の土台・ペデスタルからコンクリート部分が消失していたのだ。一方で、よく映像を見てみると、コンクリートの内部に設置されている土台の要である鉄筋構造物は形状を保っているようにも見える。構造物は、その上に設置されている原子炉を支える役割を担っている。

東京電力は会見で「直ちに耐震性に問題があるとは見ていない」と語っていた。いつもの慎重な言い回しである。

ペデスタル開口部（左側基礎部）の状況

ペデスタル開口部（右側基礎部）の状況

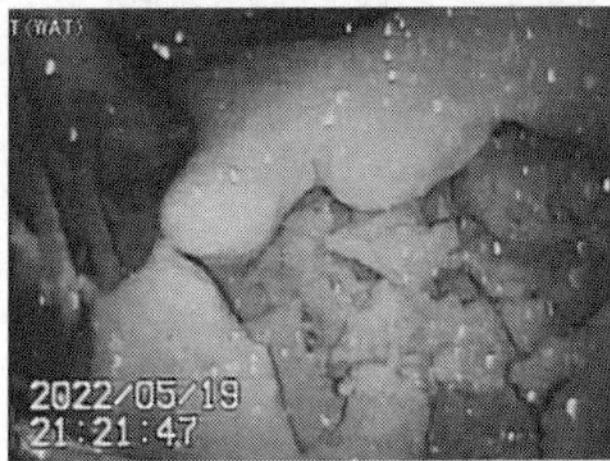

ペデスタル開口部（内部手前）の状況①

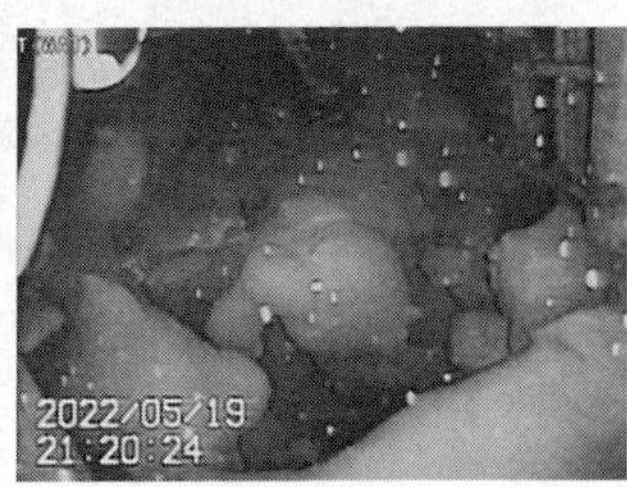

ペデスタル開口部（内部手前）の状況②

ペデスタル開口部（右側基礎部）の堆積物下部の状況

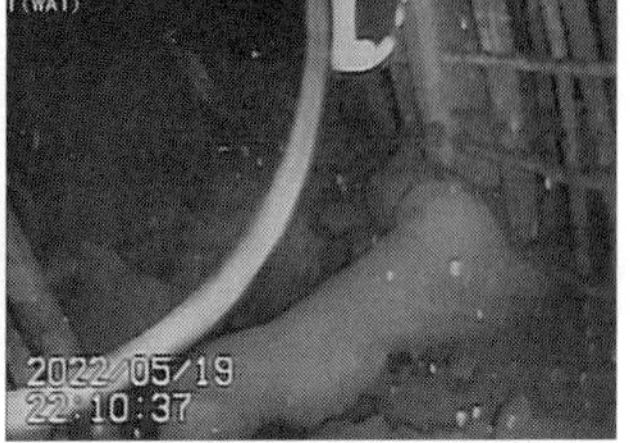

ペデスタル開口部（内部手前）俯瞰

福島第一原発 1 号機原子炉格納容器内部調査（ROV-A2）の実施状況
〈2022年5月17〜19日の作業状況〉
（©国際廃炉研究開発機構、日立GEニュークリア・エナジー）

1号機ペデスタル開口部から撮影した映像のパノラマ画像（2023年3月30日）

実際ＩＲＩＤ（国際廃炉研究開発機構）が２０１６年に行っていた解析では、ペデスタルの４分の１が全損しても耐震性に問題はないという結果が出ていた。

しかし、あらわになった土台の損傷状況を現場は本音ではどう感じているのか。取材班は福島第一原発に旧知の幹部を訪ねた。

対応してくれたのは東京電力の技術者。事故発生後から技術的な見解を語ってくれた人物だ。率直に１号機のペデスタルの現状を尋ねた。１号機に最も近い場所で働き、寝泊まりする東電社員たち。ペデスタルの一部のコンクリートがなくなっている状況でも現場で作業することに不安はないのか、率直に質問を当ててみた。

この技術者はまだすべての調査が終わっていないことを前提に、原子炉はペデスタルだけでな

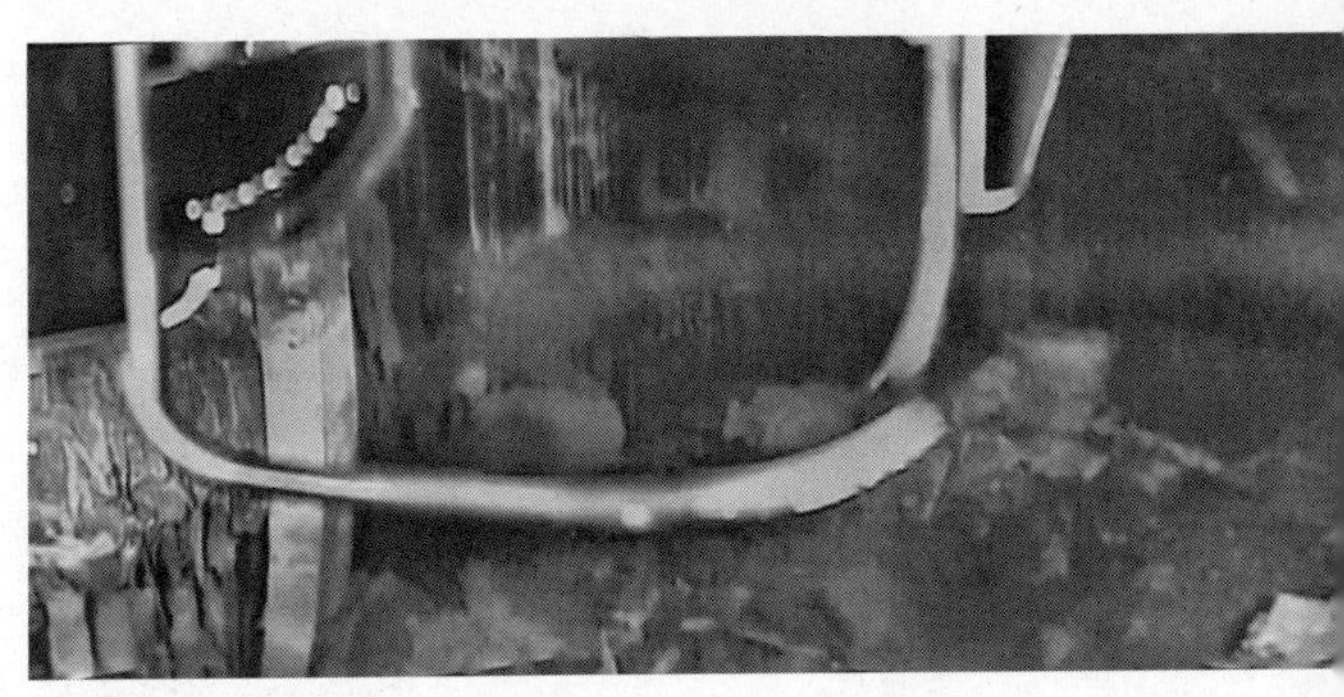
（画像処理　東京電力ホールディングス）

く、配管やサポートなど様々な構造物で支持されていることから「現時点で眠れないほどの不安を持っているわけではない」と、いつもより少し緊張した表情で答えてくれた。同席していた何人かの技術者も同じ意見だった。

その後も、1号機の調査は難航した。始まれば数ヵ月で終わるとメーカーの技術者は語っていたが、ロボットに接続したケーブルの扱いなど様々なトラブルが重なり、調査は長期化し、1号機のペデスタル内部にロボットが入ったのは1年以上が経過した2023年3月のことだった。ある程度予想されていたことだが、カメラが捉えたのは、日本原子力学会の廃炉検討委員会の委員長を務める宮野ら専門家も驚く状況だった。コンクリートの土台がほぼ全周にわたって損傷し鉄筋がむき出しになっていたのだ。

東京電力は、ペデスタルが原子炉を支えられなくなった場合でも周りの構造物に抑えられて大きく倒れることはないと見解を述べたが、規制機関である原子力規制委員会は、1号機の状況を深刻に受け止め、検証と対策を求めた。コンクリートが損傷したペデスタルが原子炉を支えられないことを前提に、耐震性など想定されるリスクを抽出し、仮に、圧力容器が沈下し、格納容器に大きな配管に相当する大規模な開口部が生じる場合も含めて、放射性物質の飛散の影響を分析し、対策を取るよう指示した。

2023年9月、東京電力は福島第一原発で想定する最大規模の地震の揺れ、900ガルを仮定した場合の評価結果を説明した。原子炉は下部から支えるペデスタルだけでなく上部にスタビライザと呼ばれる支持機構を有している。事故による高温状態になると構造物の膨張による「強度の低下」が懸念されるが、東京電力は、このスタビライザは高温に強くさらに熱による膨張にも対応できる構造になっていると説明した。同社は、原子炉から溶け落ちた核燃料などの構造物や通常原子炉を満たしている水の重量から差し引き、現在想定される原子炉の重量で解析を行ったところ、「十分な強度で支持が可能で、原子炉が転倒することはない」と発表した。

しかし、原子力規制庁は、原子炉の周辺はまだ詳しい状況がわかっていないこと、

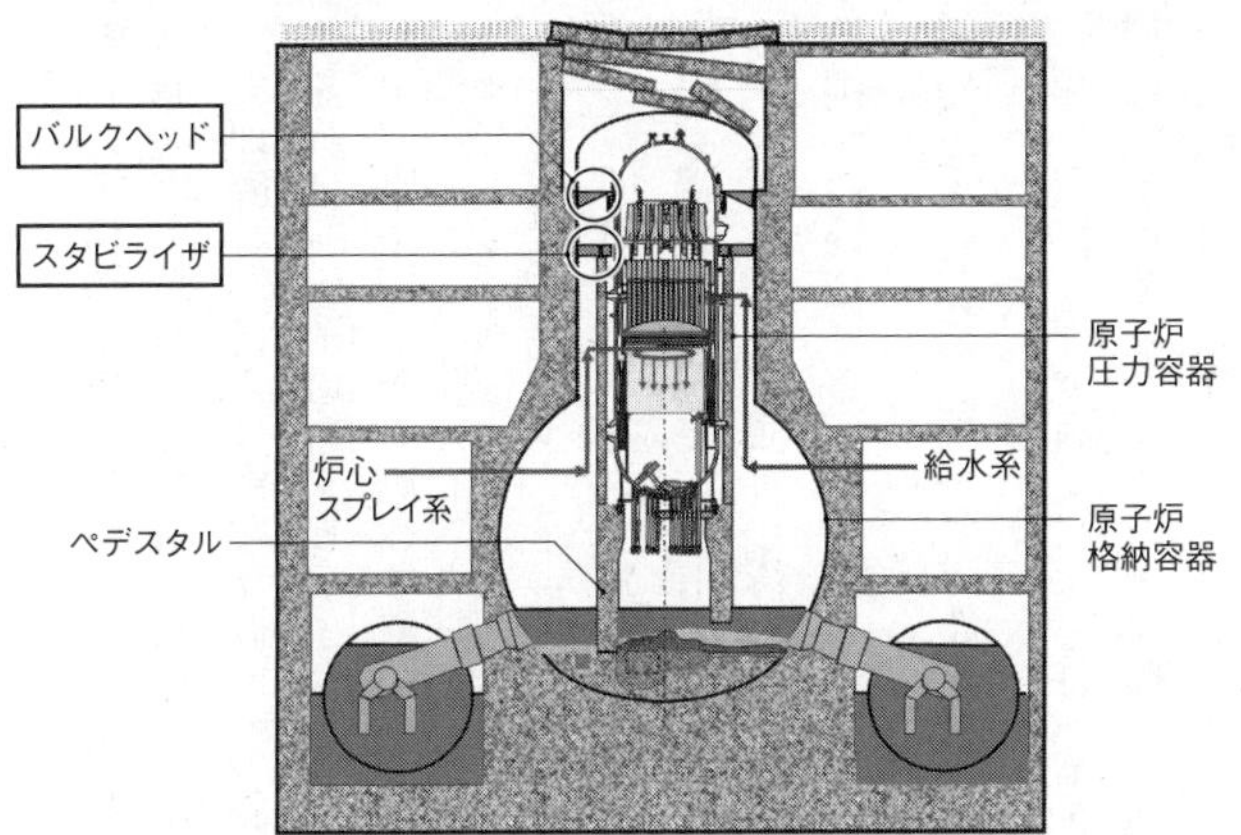

1号機構造物配置概要

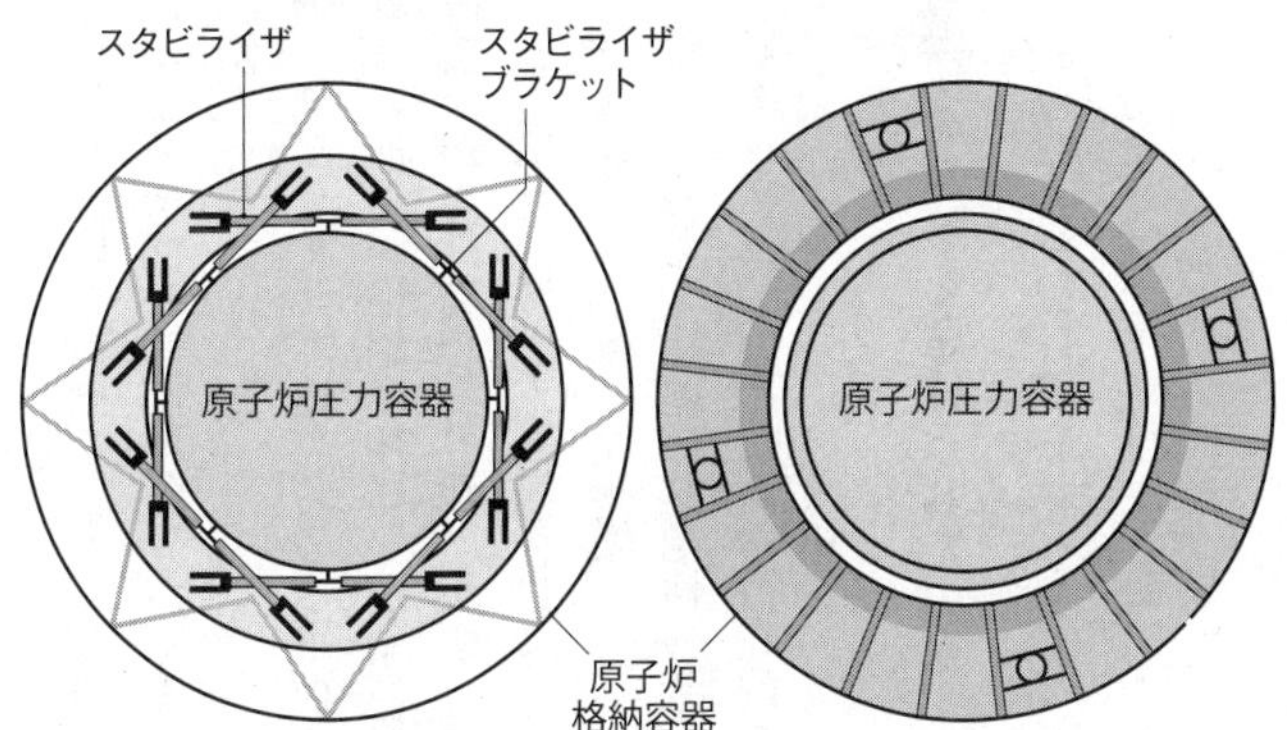

原子炉を支えるスタビライザとその周囲を囲むバルクヘッドを上から見た図
（東京電力資料をもとに作成）

※東京電力の見解では、原子炉はペデスタルだけでなく、スタビライザや配管などで支えられており、仮に傾いたとしても、バルクヘッドと呼ばれる原子炉の周辺につけられた構造物が転倒を防ぐとしている

さらに東電の解析は仮定のデータに基づく部分が多いと指摘。一方で、格納容器内部の損傷状況の調査は容易ではなく、解析による健全性の評価に限界があることを規制庁も理解し、自ら「極端な仮定」とした評価も行った。

それは、原子炉スタビライザも格納容器スタビライザも地震時の水平荷重を支えられず、原子炉やその遮へい壁が転倒。それらの加重が格納容器にかかり、原子炉、格納容器、遮へい壁の加重が原子炉建屋に直接かかった場合に、建屋が壊れないか、という分析だ。結果としては、厚さ2メートルほどの原子炉建屋が貫通することはなく、敷地境界での線量上昇も限定的であると規制庁は判断している。

最も過酷な状況でメルトダウンした1号機。今後も、建屋の健全性の変化を見るため、規制庁は東電に対し新たな地震計の設置を求めた。いまだ潜む潜在的なリスクの監視が続いている。

未知なる真相の解明へ　1号機はなぜ最悪の事態を避けられたのか

早い段階でイソコンによる注水を停止。さらに実質12日間にわたってほとんど原子炉に注水ができなかった1号機。最悪のシナリオをたどった1号機がなぜ格納容器の大規模破損を免れていたのか。

福島第一原発の事故前、放射性物質を閉じ込める格納容器の破損モードとして、想定されていた一つが高温のデブリが格納容器に高圧で噴出し、温度と圧力が一気に上昇することによって格納容器が破壊されるＤＣＨ（Direct Containment Heating＝格納容器直接加熱）と呼ばれる現象だ。原子力学会の中でも、ＤＣＨは「格納容器にとって最も厳しい」と専門家が指摘するシナリオだ。福島第一原発事故の後に出されたＯＥＣＤ／ＮＥＡのレポートでは、ＤＣＨが発生した場合「格納容器が破壊され、その後に放射性物質の大気への放出が起こる」可能性を示している。

可能性は低いとされているものの、ＤＣＨによって格納容器が破壊された場合の放射性物質の放出量は膨大だ。場合によっては原子炉建屋周辺での作業ができなくなり、原子炉や使用済み燃料プールの冷却が止まることで、さらに大量の放射性物質が放出されるいわゆる〝最悪の事態〟のトリガーとなる恐れがある。1号機では事故前に恐れられていたこのシナリオが起こる可能性があった。しかし、なぜかこのＤＣＨが1号機では起こらなかった。

その理由を探ると、手がかりは、1号機で事故当初、計測された原子炉の圧力のデータに残されていた。

3月11日午後8時7分に、原子炉圧力はおよそ70気圧が実測されている。この時点では、SR弁が開閉を繰り返すことで原子炉圧力は高い状態を維持していた。次に、原子炉の圧力が見えたのは、翌日3月12日の午前2時45分。原子炉の圧力は一気に下がって8気圧程度であり、[※]格納容器（ドライウェル部分）の圧力もほぼ同等であった。つまり、メルトスルーはこの6時間の間に起こったと内藤ら専門家は見ている。原子炉からメルトダウンした核燃料が一気に噴出すればDCHが生じ格納容器が破壊されてしまう。だが、1号機ではそれが起こらなかった。なぜか。

内藤らは福島第一原発の事故を分析するOECD／NEAのプロジェクト（BSAF）で、各国の専門家と検討を重ねた結果、「原子炉から溶けた核燃料が噴出する〝メルトスルー〟が起こる前に、原子炉から蒸気が漏れ出てしまい、原子炉圧力を下げた」という可能性を導き出した。本来、原子炉につながる配管や弁からは格納容器に蒸気が漏れてはならない。しかし、それが1号機では起こった可能性があるというのだ。

蒸気が漏れた箇所の候補の一つは、SR弁だ。原子炉の状態が高温になればSR弁を流れ出る蒸気の温度も高温になる。SR弁の接続部分には、機密性を保つためのシール材が挟まれているが、この設計最高温度は450℃。当時、原子炉の温度はこれより高温になっていたことから、このシール材が損傷し、蒸気が漏れ出て、結果とし

※原子炉圧力は、慣例に従い、ゲージ圧で記載した。ちなみに本書では格納容器圧力の単位は絶対圧で示している

て原子炉の圧力を下げた可能性がある。原子炉が低圧になれば、高圧で核燃料が格納容器に噴出するＤＣＨは起こらないというわけだ。

さらに、内藤によれば、漏れた箇所の候補は他にもいくつも考えられるという。

「蒸気の漏れ出る可能性がある箇所は、3号機の漏洩箇所でもあった主蒸気配管。原子炉から直接つながる配管だが、1号機のイソコン停止後まったく冷却ができなかった。主蒸気配管は高温と高圧力の継続により損傷し、亀裂部から蒸気が噴出したことも考えられる。さらに原子炉内の状況を把握するために挿入されている計装管から格納容器に徐々に蒸気が漏れたことも考えられる」

3つの要因の1つだけでは、原子炉圧力を8気圧程度まで低下させることは難しいが、複数の要因が重なれば、原子炉圧力が徐々に低下することは十分考えられる。内藤や倉田によれば、低圧状態の原子炉から、溶けた核燃料（デブリ）が格納容器に徐々に噴出することで、格納容器のＤＣＨが防げた可能性が高いという。原子炉や周辺の弁や配管に、弱い部分があったことで結果としてＤＣＨが起こらなかったという、皮肉なシナリオを2人は指摘した。

取材班が注目してきた1号機で早期に起きたとされる蒸気の漏洩。２０２３年9月12日、原子力規制委員会でそれと重なる議論が熱を帯びていた。議論を投げかけたのは元原子力規制庁長官の安井正也（やすいまさや）。安井は原子力政策を推進する官庁だった経済産業省出身で、事故発生後3日目には、菅直人総理に頼られ官邸で事故対応に当たった人物だ。

すさまじい勢いで進展する原発事故に対しあまりにも無力だった国・電力会社・メーカーなどの状況を目の当たりにし、原子力規制庁発足当時から幹部として新たな規制の策定を担い、そして福島第一原発事故の検証を今も続けている。その安井が1号機の主蒸気配管付近から早い段階、つまり格納容器の圧力上昇より前に、温度が上昇することで格納容器から漏れが生じ、放射性物質のリークがあった可能性を指摘した（ただし、安井の問いかけは、「なぜＤＣＨが起こらなかったか」を探るためのものではない。放射性物質の放出の経過と経路を検証するための議論で指摘したものだ）。

東京電力、メーカー、大学の研究者、原子力安全を研究する専門機関など数十人がリアルとリモートで参加し、その主蒸気配管付近からリークがあった可能性について熱を帯びた議論が続いた。その中で、前原子力規制委員会委員長の更田豊志が事故進展の中でのＤＣＨとの関係について言及した。

更田は格納容器が高温・高圧になることで、大規模に破壊される事象のＤＣＨだけを想定するのではなく、格納容器内の温度が上昇することで起こる放射性物質の放出を調べるべきだと考えていた。

「格納容器の雰囲気全体の温度が上がっていってその温度の影響で（格納容器の）シール部分から漏れた可能性もある。（格納容器の）各シール部について調査は行われていないのか？」

更田から、問いを投げかけられたのは原子力規制庁の技術的な支援組織である日本原子力研究開発機構（ＪＡＥＡ）の専門家だった。その人物は、「シール部がどういう状態になると壊れるかという情報は現時点では持ち合わせていないです。すみません」と答えるにとどまった。

この日の議論は1号機のペデスタルのコンクリート損傷や、放射性物質のリークのタイミングや原因など広範囲にわたり4時間に及んだ。最後に議論を取り仕切った安井はこう結んだ。

「福島の事故の原因、あるいは事故がどのようなプロセスをたどったのかを解明することで得た知見を、現行の原子炉にフィードバックしていくというのが、このチームの仕事でもあるし、東電の役割でもあると思う。線量の環境を調べたからそこで終わりということにはならない。福島の事故の原因究明に常に興味を持って、影響範囲を広く捉えて問題を見逃さないように、そして、できるだけ多くのフィードバックをできるように取り組んでいくのが、原子力関係者の責任だと思っている」

この日の議論は東京電力で事故の検証を続けてきた専門の社員も出席し、時には安井や原子力規制庁の見解に反論しながら活発な議論が行われていた。事故前、「規制に言われたことは従う」「規制機関に言われたことを守っていればよい」という〝事なかれ主義〟が原子力の持つ潜在的なリスクを見逃し、絶え間ない安全性の向上を鈍らせたと、事故後東電の社内で教訓として語られていた。しかし、この日の議論からはその姿はもうなくなっているようにも見えた。

世界で続く1号機の検証

アメリカ中西部イリノイ州の郊外で、日本の原子力規制庁など福島第一原発事故の検証を続ける各国の専門家たちが共同で進めているプロジェクトがある。アルゴンヌ国立研究所。アメリカの原子力研究を戦前からリードしてきた場所である。

研究所の前身となったのは、原子爆弾を製造するためのマンハッタン計画の中で、歴史上初めて臨界反応に達した原子炉が作られたシカゴ大学冶金研究所である。日本に投下された原子爆弾の材料となったプルトニウムを生成するために始まったこの地での研究は、戦後、原子力事故に関するものに置き換えられ発展を続けてきた。

内藤たちは、福島第一原発の1号機で起きた、原子炉から溶け落ちた（メルトスルーした）核燃料が格納容器の底部でどのような反応をするのかを解明する国際プロジェクトのために集まっていた。

それまでのサンプソンを用いたシミュレーションでは、核燃料はコンクリートと化学反応を起こしながら深く侵食し、格納容器の鋼鉄部分にまで達するシナリオを示していた。しかし、1号機から3号機までの状況を見ると、むしろ垂直方向への侵食は限定的と見られ、核燃料デブリは水平方向に広がっていた。従来のシミュレーションでは解明できていない事故進展を解明するため、アメリカ、フランス、日本など世界8ヵ国が参加し、実際の高温の溶融物をコンクリートと反応させ、冷却の効果などを確かめる実験や分析が2024年まで続けられる。

我々が取材したドイツ・カールスルーエでも続く「水－ジルコニウム反応」に関する研究に象徴されるように、原子力には未知の領域が多く残されている。1979年、世界で初めてスリーマイル島原発でメルトダウンが起こってから45年がたった今もなお、その謎とリスクを解き明かす研究は道半ばだ。

福島第一原発事故からまもなく13年。格納容器内部に次々とロボットが投入され、少しずつではあるが3つの号機のメルトダウンの様相が見え始めた。しかしながら、現時点では、格納容器のどこが本当に壊れているのか、デブリがどこまで広がっているのか、正確にはわかっておらず謎に包まれたままである。もしかすると、私たちがまだ想像していない場所に損傷箇所があるかもしれない。そうなれば、ようやく見え始めた格納容器の破損の原因もまったく違うものになる可能性すらある。

3号機の格納容器内部調査前に東京電力のある技術者は「CRガイドチューブがペデスタルに落下するほど大きな穴が開くとは考えられない」と述べていた。しかし、現実はより過酷で、その損傷状況に関係者は衝撃を隠さなかった。

廃炉へ向けた調査を通じて見えはじめた、デブリや格納容器の損傷状況。1号機から3号機の被害は、三者三様で、それらはすべて事故対応におけるオペレーションと強く結びついていた。減圧・注水に曲がりなりにも成功したと思われた3号機で発見された原子炉の大規模な損傷と大量のデブリ。一方で、減圧後に、消防ポンプが停止し、東電の現場を「死を覚悟」させるまで追い込んだ2号機では、幸運にも、水不足が水－ジルコニウム反応の激しさを抑制し、メルトダウンの進行に一定のブレーキをかけた。その結果、原子炉の底を突き破ったデブリの量は相対的に少なかった。

そして、原子炉への消防注水がほぼゼロだった1号機では、膨大な量のデブリが発生し、原子炉を支える台座部分のコンクリートを溶かし大規模に損傷させた。

ただし、調査は格納容器内部の調査にとどまり、すべての号機のいずれもいまだ原子炉内部のデブリの状況は見えていない。事故の全容が明らかになったとき、当時現場が必死に対応した消防車による代替注水やベントの「本当の意味」が評価されるはずである。

現場の決死の努力が、事態の悪化を食い止めることに寄与したかどうかを。

エピローグ　途上の「真実」

あの事故で死を覚悟した時はあったのか。

事故後、幾人もの事故対応にあたった当事者にそう尋ねてきた。ほぼ例外なく「死ぬと思った」という答えが返ってきた。とりわけ事故4日目の3月14日、2号機が危機に陥った時「もう生きて帰れないと思った」と語る人が多かった。家族に宛てて書いたという遺書を見せてくれた人もいた。このとき、冷却が途絶えた2号機は、何度試みてもベントができなくなり、なんとか原子炉を減圧したが、消防車の燃料切れで水を入れることができず、原子炉が空焚き状態になった。テレビ会議では、吉田所長や武藤副社長が血相をかえて「格納容器がぶっ壊れる」「とにかく水を入れろ」と怒鳴っている。

後に吉田所長は、「このまま水が入らないと核燃料が格納容器を突き破り、あたり一面に放射性物質がまき散らされ、東日本一帯が壊滅すると思った」と打ち明けている。吉田所長が語った「東日本壊滅」は、事故後、専門家によってシミュレーションが行われている。当時の菅総理大臣が近藤駿介（こんどうしゅんすけ）原子力委員会委員長に事故が連鎖的に悪化すると最終的にどうなるかシミュレーションをしてほしいと依頼して作成された「最悪シナリオ」である。そこに描かれていたのは、戦慄すべき日本の姿だった。

最悪シナリオによると、もし1号機の原子炉か格納容器が水素爆発して、作業員が全員退避すると、原子炉への注水ができなくなり、格納容器が破損。2号機、3号機、さらに4号機の燃料プールの注水も連鎖してできなくなり、各号機の格納容器が破損。さらに燃料プールの核燃料もメルトダウンし、大量の放射性物質が放出される。その結果、福島第一原発の半径170キロ圏内がチェルノブイリ事故の強制移住基準に達し、半径250キロ圏内が、住民が移住を希望した場合には認めるべき汚染地域になるとされている。半径250キロとは、北は岩手県盛岡市、南は神奈川県横浜市に至る。東京を含む東日本3000万人が退避を強いられ、これらの地域が自然放射線レベルに戻るには、数十年かかると予測されていた。

この東日本壊滅の光景は、2号機危機の局面で、吉田所長だけでなく最前線にいたかなりの当事者の頭をよぎっている。しかし、2号機の格納容器は決定的には破壊されなかった。なぜ、破壊されなかったのか。そこに、決死の覚悟で行われたいくつかの対応策が何らかの形で貢献していたのだろうか。私たち取材班は、この疑問にこだわって、事故から10年以上にわたって事故対応の検証取材を続けてきた。この謎を解き明かすことが、人間は核を制御できるのかということの事故が突きつける根源的な問いの答えに近づけるのではないかと考えたからである。なぜ、格納容器は破壊されなかったと思うか。免震棟にいた何人もの当事者にも聞いたが、明確な答えは返ってこなかった。原子炉が空焚きになって2時間後に始まった消防注水が奏功したのではないかと水を向けても、事故対応の検証に真摯に向き合っている当事者ほど「証拠がなく安易なことはいえない」と首を振った。

事故から10年を超えた頃、この謎を包んでいた厚いベールが剥がれ始めてきた。廃炉作業が進むうちに原子炉や格納容器に溶け落ちた核燃料デブリの状態が垣間見えてきたからである。ベントができず肝心なときに水が入らなかったため過酷な高温高圧状態だったと思われた2号機の原子炉や格納容器の中には、思いのほか溶け残っている金属が多く、予想に反して高温に達していなかったことがわかってきた。その理由は、皮肉にも肝心なときに水が入らなかったことではないかと研究者は指摘している。

メルトダウンは、核燃料に含まれるジルコニウムという金属と水が高温下で化学反応を起こすことで促進される。消防車の燃料切れでしばらく水が入らなかった2号機は、水-ジルコニウム反応が鈍くなり、1号機や3号機に比べて原子炉温度が上昇せず、メルトダウンが抑制された可能性が出てきたのである。さらに格納容器は破壊ぎりぎりの高圧になったが、上部の繋ぎ目や、配管との接続部分が高熱で溶けて隙間ができ、図らずも放射性物質が漏れ出ていたことも破壊を防いだ一因とみられている。そして2号機は、電源喪失から3日間にわたってRCICと呼ばれる冷却装置で原子炉を冷やし続けていたため、核燃料のもつ熱量が、1号機や3号機に比べると小さくなり、メルトダウンを抑制させたのではないかと指摘する専門家もいる。こうした僥倖が複雑に折り重なって、格納容器は決定的に壊れなかった。しかし、もしこの僥倖の何かが欠けていれば、果たしてどうなっていたか。吉田所長ら当事者の頭を「最悪シナリオ」がよぎった後、私たちの目の前に、事故後日本社会が積み上げてきた歳月とまったく違った歳月が広がっていたのかもしれない。

核の暴走に人間が向き合った最前線では、時に決死の覚悟と英知が最悪の事態からの脱出に寄与したこともある。2号機の危機でも3日間奇跡的に原子炉を冷却し続けたRCICは、津波で電源喪失する直前に中央制御室の運転員がとっさの判断で起動させたものだった。しかしこうした人間の力をはるかに超えた偶然が重なって、2号機は格納容器が決定的に壊れるという事態を免れた。それが事故から10年以上を経て見えてきた「真実」ではないだろうか。

最悪シナリオで示された4号機の燃料プールの水がなくなり、高熱の使用済み核燃料がメルトダウンして、大量の放射性物質が放出されなかったのも偶然のなせるわざだった。4号機プールの水が干上がらなかったのは、たまたま隣接する原子炉ウェルの仕切り板に隙間ができて、大量の水が流れ込んだおかげだった。4号機が水素爆発し、原子炉建屋最上階が壊れたことで、外からの注水が可能になったことも、まさに怪我の功名だった。爆発前、3号機の格納容器ベントによって排出された放射性物質が流れ込み、4号機の原子炉建屋には人が立ち入れない状態だった。コンクリート注入用の特殊車両を遠隔操作し、燃料プールに冷却水を注入できたのも4号機の爆発があったからに他ならない。

もし、これらの偶然が重なっていなかったら、4号機プールの水位はどんどん低下し、使用済み核燃料がむき出しになる恐れがあった。そうなると最悪シナリオで描かれた恐怖が現実のものになりかねなかったのである。

事故から13年。福島第一原発では、日々廃炉作業が続けられている。最悪シナリオでメルトダウンの恐怖を指摘された4号機の燃料プールには、もう使用済み核燃料の姿はない。2014年中に取り出しが完了し、3号機の燃料プールからも2021年に使用済み核燃料が取り出された。取り出しは2号機、1号機と続き、2031年までに5号機、6号機含めすべての使用済み核燃料が取り出されることになっている。しかし、事故1年後に国と東京電力が掲げた当初のロードマップでは、使用済み核燃料は2021年中にはすべて取り出されることになっていた。実に10年遅れているのである。

さらに輪をかけて困難なのが推定880トンある核燃料デブリの取り出しである。ロードマップでは、当初2021年にデブリ取り出しを開始し、2031年から2036年には完了すると宣言していた。しかし、2015年の改定で取り出し完了年の記載は完全に消えた。2019年の改定では、まず2号機でデブリの試験的な取り出しを開始し、イギリスで開発しているロボットアームを使って、格納容器の底にある粉状のデブリを取り出すとされた。ところが、2020年末、東京電力は、急遽、デブリの取り出しを、1年遅らせると発表。新型コロナウィルスの感染拡大で、イギリスでのロボットアームの開発作業が遅れ、日本への輸送も困難になったためだった。その後もトラブルが続き、2024年に年が改まった時点でもデブリの試験的な取り出しは始められていない。もっとも、デブリを取り出すと言っても、ロボットアームで1回に取り出す量は、わずか数グラム程度。その後、段階的に取り出す量を増やすとしているが、その工程の詳細は決まっていない。1号機と3号機は、2号機の取り出しで得られる知見を踏まえ、取り出し規模を大きくするとしているが、実際に取り出し量を思うように増やせるかは未知数である。ロードマップでは、廃炉作業は、2041年から2051年には終了することになっているが、福島第一原発を最終的にどのようにするのか、最終形はどこにも記されていない。当初のロードマップに掲げられた机上の計画と廃炉作業の現実を見比べるとき、そのあまりにも大きなズレに暴走した核の後始末が途方もなく難しいことに思えてくる。

あの2号機の極限の危機。核の暴走を食い止めようと、吉田所長らは、爆発や被ばくの恐怖と闘いながら決死の覚悟で現場にとどまり、知恵を絞り出して、原子炉に水を入れ続けた。しかし2号機の格納容器が破壊されなかったのは、肝心なときに水が入らなかったり、格納容器の繋ぎ目の隙間から圧が抜けたりといった幾つかの偶然が重なった公算が強い。この極限の危機において、人間は核を制御できていなかった。それが「真実」である。ただし、これは途上の「真実」だろう。この後、廃炉作業の中で新たな事実が浮かび上がったとき、これまでの事故像が一転して変わるかもしれない。この事故では、当初考えられていた事故像が新たに発見された事実や知見によって、どんでん返しのように変わった例は枚挙に暇がない。メルトダウンした1号機の危機を救うために吉田所長が一芝居打って消防注水を止めなかった英断は、事故直後、喝采を浴びたが、後の研究で、当時1号機の冷却に消防注水がほぼ寄与していなかったことが判明している。3号機の原子炉を急減圧させることができたのは、当初思われた復旧班渾身の急造バッテリーのおかげではなく、偶然が重なって自動減圧装置が働いたためだった。

事故から10年以上を経ても事故像は変わり続ける。これから最難関の核燃料デブリの取り出しのために原子炉や格納容器、そしてデブリの詳細を粘り強く調査分析していかなければならない。そこから見つかる新たな事実や知見は核の暴走の後始末に役立つだけでなく、人間の対応が危機の回避にどこまで貢献していたのかを見極めることにつながる。その一つ一つを丹念に検証すれば、危機の時、そして危機に備えて、人間が何をすべきなのかという未来につながる普遍的な教訓が浮かび上がってくるはずである。その時こそ、人間は核を制御できるのかという根源的な問いの答えをつかめるのではないだろうか。そのために、私たち取材班は、これからも検証取材を続ける所存である。

ＮＨＫ　近堂靖洋

解説

鈴木達治郎（長崎大学核兵器廃絶研究センター　副センター長・教授）

先日、5年ぶりに福島を訪れ、2020年9月に開館した「東日本大震災・原子力災害伝承館」を見学することができた。福島駅から車で1時間半、双葉町で津波に襲われ、原発からの放射能におびえたまさにその土地に建設されていた。震災と原子力事故という二重の「災害」と復興の記録、教訓を未来に伝承することを目的として、総工費53億円の費用をかけて建設された。国が建設費を負担し、運営は福島県の外郭団体。近くには東京電力の「廃炉資料館」があり、富岡町にも「とみおかアーカイブ・ミュージアム」が開館している。伝承館は、とても立派な施設であり、原発事故については、「安全神話の崩壊」から始まって、「メルトダウンに至る経緯」、「住民避難の課題」などもわかりやすく展示されており、最後には「廃炉の見通し」と「福島イノベーション・コースト構想」の説明で終わっていた。充実した展示ではあったが、どこか心に引っかかるものがあった。その後参加した「公害資料館連携フォーラム」（福島大学にて開催。主催は公害資料館ネットワーク）における議論を通じて、それが何かがはっきりした。

まず、原子力「災害」は、他の「公害」と同様、「人災」なのである。伝承館では、大震災の結果、避けられなかった災害のように原発事故が扱われていたような印象が強い。あの事故は本当に避けられなかったのか、という問いには答えていない点が、大きな違和感の一つだ。さらに言えば、実はまだ「事故は終わっていない」のだ。他の公害にも共通しているのだが、時間とともに記憶が風化し、被害者（原発事故の場合、避難者）にとって「災害」はまだ継続中であるにもかかわらず、「過去の教訓」として片付けられてしまう点に違和感があった。まして、福島第一原発の廃炉作業は未だに継続中であり、その終着点は見えていない。そして、何よりも、事故の全貌はまだ解明されていないのである。伝承館での最大の違和感は、「震災や原子力事故」が、過去の災害のように扱われている点であることに気が付いたのである。

事故から12年がたった今、確かに事故の影は薄くなりつつあるのは事実だ。何よりも、岸田政権が２０２２年末に「ＧＸ（グリーン・トランスフォーメーション）実現に向けた基本方針」に基づいて、「原子力の活用」を打ち出し、新規原発の「開発、建設」を、事故以降初めて政策として明らかにしたことが、その例証でもある。事故の反省を踏まえて「原子力発電への依存度をできる限り低減させる」としていたはずが、「最大活用」に転じたのも、「事故の記憶の風化」が大きく影響しているのではないだろうか。伝承館の大きな役割の一つが、このような「風化」を防ぐことであるならば、「事故はまだ終わっていない。再び事故が起こるリスクは未だに存在する。被災者はまだ苦しんでいる」事実をもっと伝える必要がある。

まさに、本書の底本となる『福島第一原発事故の「真実」』は、その役割を果たす重要な取材記録である。2021年に刊行されたハードカバー版は、なんと734頁の大作。当時、依頼されて本書の書評を書かせていただいたが、その冒頭の文章は以下の通り。

「734ページの圧巻。まずその厚さに圧倒された。しかし、本当に圧倒されたのは、10年もたってもいまだにその全貌は見えていない福島第一原発事故の真相を追求するNHK取材班の執念と熱意だ」（公明新聞、2021年4月26日）

改めて、文庫版となった本作を読み直してみたが、その厚さをもろともしないように、とても読みやすく、まるでドキュメンタリー・サスペンスと呼ぶにふさわしい、読み応えのある書物となっている。

734ページだった大著は、文庫化にあたり、事故の経過を記録した「ドキュメント編」と事故原因を究明する「検証編」とに分冊化されている。

「ドキュメント編」は、メルトダウンを起こした1〜3号機、停止中ながら水素爆発を起こした4号機の危機を、時系列的に追いかけている。

映画『Fukushima 50』が2020年に公開されたことで、多くの方が原発事故後の深刻さと現場の混乱状況について理解されたであろう。ただ、この映画は、前述の伝承館と多少似ていて、事故は無事終結し、福島の復興は進んでいるとのメッセージが強かった点に私は違和感を強く感じていた。いわば「ヒーロー物語」の色合いが強すぎた。一方、ネットフリックスで独占公開された『THE DAYS』のほうは、同様に事故後の現場を詳細に描いているのであるが、今でも事故の全貌がわかっていないこと、事故は未だに継続していること、という「不都合な真実」が、極めて明確に伝わってきていた。本書と同時に刊行された「ドキュメント編」と映画『THE DAYS』をご覧になれば、そのメッセージはさらに深く理解できるのではないだろうか。

「検証編」では、「事故はなぜ起きたのか、本当に防ぐことはできなかったのか」という問いに迫る。ここでは、その真相を丁寧な取材と調査で、一つずつ明らかにしていくのであるが、その過程で協力していただいた、政府・東京電力の当事者、事故究明に執念を燃やす研究者、そして本プロジェクトを企画・実行していく取材班の人々の思いや人生が、背景に描かれている点が、本書の特徴だ。事故は単なる過去の技術的問題ではなく、それにかかわった人たちの人生にも大きな影響を与えているという事実も忘れてはならないのだ。

文庫版の刊行に際して、ハードカバー版の最終章が大幅に加筆され、最新の取材成果を反映した第11〜13章となっている。今回解明された新たな事実は、驚くべき内容であった。プロジェクトを継続した取材班と、それに協力した研究者たちの執念が、まさにこの3章に集約されている。

第11章の焦点は、2号機に当てられている。調査の結果、2号機のほうが3号機に比べ、メルトダウンが進んでいなかったことが判明した。ハードカバー版では、その謎の原因に「水—ジルコニウム（燃料棒のさやに使われる金属）反応」があるのではないか、との解析を行っていた。今回は、その「深まる2号機メルトダウンの謎」をさらに追究した研究結果が詳細に紹介されている。まさに「ミステリー小説」ではないが、わくわくしてその謎の解明プロセスを読ませていただいた。その分析を描く「最新のシミュレーション結果」は、驚きの連続であった。その結果を一言でいえば、

「運よくメルトダウンの進行が防げた」というものであった。実は「注水が遅れて絶望感に包まれていた」状況が、かえって「メルトダウンの進行を4時間ほど遅くさせていた」というシミュレーションの結果は、「未知、予測不能、制御不能」という福島第一原発事故の本質を見事に描いているといえる。

さらに、ドイツまで駆けつけて、「水－ジルコニウム反応」の専門家に取材し、ドイツでの実験結果を紹介しているところも驚きである。というのも、脱原発を決定したドイツで、最先端の核燃料の開発とその安全性評価が行われている、という事実を私たちは知らされるのである。脱原発をしたら技術力が失われる、との懸念がよく指摘されるが、そういった懸念は単に「先入観」であり、ドイツの底力を見せられたような気がする。このような取材と分析を通じて、本書は2号機のメルトダウンの謎を見事に解明しているのであるが、その過程をぜひ読者も体験していただきたい。

第12章は3号機に焦点を当てている。こちらは逆に、「思いのほか深刻な事態になっていたこと」が、今回明らかにされている。ここでも謎の解明のカギになるのが「水－ジルコニウム反応」であった。そして、その原因解明に活躍するのが、やはり事故を再現した「シミュレーション」である。ここでの興味深い分析は、運転員が異なる対応をしていたら「メルトダウン」は防げた可能性があったか、という問いに挑戦したところである。いくつかのシミュレーションの結果、どのような結論に達したかは、ぜひ読んでいただきたいのであるが、このような分析結果は、事故の原因究明、そしてそこから教訓を得るために極めて重要なことがよくわかる。本書では、分析に当たった研究者から、教訓を踏まえた具体的な提言がされているのが注目される。そこで指摘されているのが、「事故はマニュアル通りにはいかない」という事実であり、特に計器が読めない状況で、どう対応するかは手順書には書かれていないため、運転員は「目隠し運転」にならざるを得ない。そういった状況にどう対応するか。まさに今後の事故対応に重要な教訓が示唆されているのであるが、国会の事故調査報告書でも他の事故調でも、このような分析はされていない。

さらに、この章では、「12年目の新事実」として、3号機の水素爆発の原因についても分析されている。ここでは、事故が起きない想定で設置されていた「ラプチャーディスク」に焦点を当て、その存在が本来なら継続していなければいけなかった作業を阻害した、ということがわかった。その教訓として「事故が起きない」という発想ではなく、「事故が起きたときにどう対応できるか」という発想に設計を変えなければいけない、というメッセージが明記されている。これは今後の原発の在り方に大きな教訓を与えている。事故後、各地の原発ではラプチャーディスクを撤去したという。

さらにこの章では、事故対応の意思決定プロセスについても、追究している。本来対応の責任は現場にある。というのも現場が最も事情に詳しく、最新の情報を把握しているからである。しかし、今回の分析では、東京電力本店からの指示が現場に介入することがしばしば起きた。その本店の指示は、政府からの指示や政府への忖度で行われたことも明らかにされている。そのような「現場への介入」が、事故対応を混乱させた事実も忘れてはいけない。

最終章となる第13章では、1号機が焦点となっているが、新たに注目される事実として、２０２２年2月に実施された、1号機原子炉の真下、「ペデスタル」と呼ばれる個所の初めての調査結果が紹介されている。そこで明らかになった衝撃の事実が「ペデスタルからコンクリート部分が消失していた」ことだ。ペデスタルの土台はその上部の鉄筋構造物を支えるために重要な役割を果たしており、その部分が消失しているということは、耐震性に懸念が生じる。その調査の直後となる２０２２年3月16日には福島県沖を震源とするＭ７・４、最大震度6強となる事故以降最大の地震が福島第一原発を再度襲った。東京電力の解析結果では、「今回の地震では原子炉が転倒することはない」という報告がされているが、原子力規制庁はその説明には「まだ根拠が足りない」として、さらなるデータの提供を求めている。この議論は、現在も継続中であり、大地震が来ないことを祈るばかりであるが、この章は、福島第一原発事故は未だに終わっていないことを改めて認識させるものであった。

以上、特に文庫版で新たに追加された章について、解説を加えてきたが、本書全体を通じて、改めて感じたことを、最後にまとめておきたい。本書から読者は何を読み取るのだろうか。以下は筆者が感じて重要と思われる点をまとめたものである。

1. 福島第一原発事故の全貌はまだわかっていない。事故は未だに終わっていない。
本書を通じて、最も強く感じるのが、この点である。伝承館で感じた違和感につながるものである。事故の全貌も未解明であると同時に、福島第一原発は未だに、多くのリスクを抱えている。膨大な放射性物質が原子炉内部にあり、その全貌はまだつかめていない。現場はまだまだ未知のリスクに満ちている。事故は終結したとはとても言えないのだ。

2. 事故の解明と廃炉は車の両輪であり、相互に連携しながら継続していくべきだ。
本書でも明らかになったように、廃炉が進むにつれ、新たな情報が入手でき、それにより事故の解明が進む。当然のことながら、事故の解明と廃炉はつながっているのであり、相互に連携しつつ、事故の全貌を明らかにし、かつリスクを最小化した廃炉を実施していく必要がある。

3. 事故の解明は、原発の運転・安全確保、将来の設計に大きな示唆をもたらす。当然のことながら、既存原発の運転・安全確保に、事故の解明は大きな意味を持つ。新たな知見が得られれば、その知見は安全規制や運転に即時反映されなければいけない。また、新型原子炉の設計にも大きな示唆をもたらす。言い換えれば、事故の全貌が明らかになっていない状況での原発の運転や、新規原子炉の設計には、リスクが伴うことも認識する必要がある。新たな規制基準は、あくまでも現時点における科学的知見に基づいたものであり、新たな知見が得られれば、また基準も改正されなければいけない。

4. 国・電力業界は、福島第一原発事故の教訓を真摯に学ぶ態度を継続しないと、事故の再発可能性が懸念される。福島第一原発事故の教訓を常に真摯に学ぶ態度を継続しないと、事故が再び起きる可能性を否定できない。国・電力業界は、事故の解明に全力を挙げて取り組むべきであり、その対応が不十分であれば、運転停止もやむをえない、との認識を共有すべきだ。

5. 事故の解明や廃炉に伴う情報は、すべて地元の住民のみならず、全国民、いや世界の市民にも共有されるべきものだ。

最後に、以上のような情報は、すべての関係者に共有されるべきだ。国や電力業界はこの点についても反省が不足している。原発事故にかかわる情報は、二度と事故を起こさないために活用されるべきであり、あくまでも公開の原則、できる限りの情報公開、そして意思決定の透明性確保をまもるべきである。

以上、この大作を改めて、手に取って感じることを述べてきたが、原子力に従事してきた研究者の一人として、あまりにも知らないことが多すぎたことに改めて愕然としている。本書から学ぶことはあまりにも多く、ぜひ多くの方に読んでいただきたい。そして事故の教訓を学び、二度と事故を起こさないために活用していただきたい。私自身の反省を込めて、本書とともに声を大にして言いたい。

「福島第一原発事故はまだ終わっていない」

2023年12月

執筆者一覧

近堂靖洋（こんどう　やすひろ）
NHKメディア総局アナウンス室長
1963年北海道生まれ。本書ではドキュメント編「プロローグ」と1章〜8章、検証編1章と「エピローグ」を執筆。1987年NHK入局。科学・文化部や社会部記者として、東海村JCO臨界事故などの原子力事故やオウム真理教事件、北朝鮮による拉致事件、虐待問題を取材し、NHKスペシャルなどを制作。福島第一原発事故では、発生当初から取材指揮にあたり、事故の検証取材を続け、NHKスペシャル『メルトダウン』『廃炉への道』を制作。報道局編集主幹などを経て、現職。

藤川正浩（ふじかわ　まさひろ）
NHK仙台放送局　シニアディレクター
1969年神奈川県生まれ。本書では検証編3章、5章を執筆。1992年NHK入局。NHKスペシャル『白神山地　命そだてる森』『気候大異変』など自然環境や科学技術に関する番組を担当。原発関連では、動燃の東海再処理工場事故、東京電力トラブル隠し、中越沖地震による柏崎刈羽原発への影響などを取材。福島第一原発事故後はNHKスペシャル『知られざる放射能汚染』『メルトダウン』や、サイエンスZERO『シリーズ原発事故』など事故関連番組を継続的に制作。

山崎淑行（やまさき　よしゆき）
NHKラジオセンター　NHKジャーナル解説キャスター
1969年山口県萩市生まれ。本書ではおもに検証編9章とコラムを執筆。1997年NHK入局。初任地の福井局で原子力を担当し、以来、東海村JCO臨界事故や東京電力シュラウドひび隠し問題を始め、数々の原発トラブルや不祥事を取材。前任の科学・文化部では原子力、エネルギー、宇宙などをニュースデスクとして担当。福島第一原発事故の検証番組、NHKスペシャル『メルトダウン』シリーズの立ち上げにも関わる。

鈴木章雄（すずき　あきお）
NHK報道番組センター　チーフプロデューサー
1977年東京都生まれ。本書では検証編7章、8章、10章〜13章を執筆。2000年NHK入局。大型企画開発センター、仙台局など経て現職。福島第一原発、柏崎刈羽原発、セラフィールド（英）、カールスルーエ（独）などの現場を取材。NHKスペシャル『メルトダウン』『廃炉への道』シリーズ、『原発メルトダウン　危機の88時間』や、東日本大震災の被災地10年の軌跡を描いた『定点映像 10年の記録』を制作。

花田英尋（はなだ　ひでひろ）
NHK新潟放送局　ニュースデスク
1979年青森県生まれ。本書では検証編4章、5章などを執筆。2003年NHK入局。2011年から科学・文化部で福島第一原発事故をめぐる国や東京電力の対応、事故検証を中心に取材。原発再稼働や核燃料サイクル政策など、原子力をめぐる動きも幅広く取材。NHKスペシャル『メルトダウン』『廃炉への道』『汚染水』などの取材担当。

大崎要一郎（おおさき　よういちろう）
NHK報道局　科学・文化部　ニュースデスク
1978年東京都生まれ。本書ではドキュメント編コラム「混乱の病院避難　失われた命」を執筆。2003年NHK入局。福島第一原発事故の後、科学・文化部で原発安全対策や住民避難の検証取材を担当。2015年から福島局で被災地復興や原発廃炉の課題などを取材。2019～22年福島局ニュースデスク。NHKスペシャル『シリーズ原発危機　安全神話』『廃炉への道』『メルトダウン』、クローズアップ現代＋『検証 避難計画』などを取材・制作。

岡本賢一郎（おかもと　けんいちろう）
NHK山口放送局　ニュースデスク
1978年香川県高松市生まれ。本書では検証編2章、3章、6章を執筆。2004年NHK入局。鳥取局、松江局、科学・文化部、京都局を経て現職。大学時代に社会学部で青森県六ヶ所村の処分場問題を研究したのを機に、大学院で原子力工学を専攻し、核のごみの地層処分を研究。福島第一原発事故では当日から対応したほか、その後も廃炉や政策影響を取材し、現在は中間貯蔵施設の取材指揮にあたる。NHKスペシャル『メルトダウン』『廃炉への道』などを担当。

沓掛慎也（くつかけ　しんや）
NHK富山放送局　ニュースデスク
1978年長野県生まれ。本書では検証編4章を執筆。2004年NHK入局。金沢局で北陸電力志賀原発の臨界事故隠蔽問題を取材。2010年より科学・文化部で経済産業省原子力安全・保安院を担当。福島第一原発事故後は原子力規制委員会発足や新規制基準策定など規制のあり方を取材。2013年からは東京電力を担当し廃炉現場を取材。NHKスペシャル『メルトダウン』『廃炉への道』を担当。

重田八輝（しげた　ひろき）
NHK広島放送局　記者
1984年石川県生まれ千葉県育ち。本書では検証編9章、コラムを執筆。2007年NHK入局。福井局や大阪局で原子力や医療・公害、科学・文化部で福島第一原発事故後の核燃料サイクル政策や原発規制、電力需給などを取材。現在は広島局で主に原爆被害や核兵器問題に取り組み、G7広島サミットも担当した。原発事故の検証番組NHKスペシャル『メルトダウン』シリーズも制作。

阿部智己（あべ　ともき）
NHK新潟放送局　記者
1982年東京都生まれ。本書では検証編9章、コラムを執筆。2008年NHK入局。福井局で福島第一原発事故後の関西電力大飯原発再稼働や活断層問題を取材。札幌局を経て2015年夏から科学・文化部で消費者庁を担当、消費者問題や子どもの事故を取材。2017年より東京電力を担当、福島第一原発事故の検証や廃炉の課題を取材。NHKスペシャル『メルトダウン』や『廃炉への道』を担当。

藤岡信介（ふじおか　しんすけ）
NHK佐賀放送局　記者
1986年広島県生まれ。本書では検証編9章を執筆。2008年NHK入局。青森局で東日本大震災を経験したことを機に、原発や核燃料サイクル関連施設を取材。福井局を経て、2017年からは科学・文化部で、原子力規制委員会や電力各社を担当。原発の再稼働や安全対策、福島第一原発事故の検証を取材。

長谷川 拓（はせがわ　たく）
NHK報道局　科学・文化部　記者
1990年東京都生まれ。本書では検証編9章を執筆。2014年NHK入局。初任地の福島局では、沿岸部の南相馬支局や福島県政を担当し、原発事故で避難指示が出された地域の復興の課題などを取材。2019年から現職。福島第一原発の廃炉や処理水をめぐる問題、人材不足が懸念される原子力業界の行方などを取材している。

右田可奈（みぎた　かな）
元NHK福島放送局　記者
1988年山口県生まれ。本書では検証編9章を担当。2011年NHK入局。神戸局にて阪神・淡路大震災をテーマに取材。2015年より福島局で浪江町など被災地を取材するとともに、福島県政を担当。復興にむけた課題をテーマに幅広く取材し、NHKスペシャルやクローズアップ現代+などを制作。現在は退職し、不動産関連の企業に勤務。

本書は二〇二一年二月に小社より刊行された、『福島第一原発事故の「真実」』所収「第2部 検証 事故はなぜ起きたのか？ 本当に防ぐことはできなかったのか？」に加筆・修正のうえ、文庫化したものです。

なお、本文中、敬称は略させていただきました。

福島第一原発事故の「真実」
検証編

NHKメルトダウン取材班

2024年2月15日第1刷発行
2024年4月22日第3刷発行

発行者――森田浩章
発行所――株式会社　講談社
東京都文京区音羽2-12-21　〒112-8001
電話　出版（03）5395-3521
　　　販売（03）5395-5817
　　　業務（03）5395-3615

Printed in Japan

定価はカバーに
表示してあります

デザイン―菊地信義
図版制作―さくら工芸社
印刷―――株式会社新藤慶昌堂
製本―――加藤製本株式会社

ISBN978-4-06-532818-7

講談社文庫刊行の辞

二十一世紀の到来を目睫に望みながら、われわれはいま、人類史上かつて例を見ない巨大な転換期をむかえようとしている。

世界も、日本も、激動の予兆に対する期待とおののきを内に蔵して、未知の時代に歩み入ろうとしている。このときにあたり、創業の人野間清治の「ナショナル・エデュケイター」への志を現代に甦らせようと意図して、われわれはここに古今の文芸作品はいうまでもなく、ひろく人文・社会・自然の諸科学から東西の名著を網羅する、新しい綜合文庫の発刊を決意した。

激動の転換期はまた断絶の時代である。われわれは戦後二十五年間の出版文化のありかたへの深い反省をこめて、この断絶の時代にあえて人間的な持続を求めようとする。いたずらに浮薄な商業主義のあだ花を追い求めることなく、長期にわたって良書に生命をあたえようとつとめるところにしか、今後の出版文化の真の繁栄はあり得ないと信じるからである。

同時にわれわれはこの綜合文庫の刊行を通じて、人文・社会・自然の諸科学が、結局人間の学にほかならないことを立証しようと願っている。かつて知識とは、「汝自身を知る」ことにつきていた。現代社会の瑣末な情報の氾濫のなかから、力強い知識の源泉を掘り起し、技術文明のただなかに、生きた人間の姿を復活させること。それこそわれわれの切なる希求である。

われわれは権威に盲従せず、俗流に媚びることなく、渾然一体となって日本の「草の根」をかたちづくる若く新しい世代の人々に、心をこめてこの新しい綜合文庫をおくり届けたい。それは知識の泉であるとともに感受性のふるさとであり、もっとも有機的に組織され、社会に開かれた万人のための大学をめざしている。大方の支援と協力を衷心より切望してやまない。

一九七一年七月

野間省一

講談社文庫　目録

芥川龍之介　藪の中
有吉佐和子　新装版 和宮様御留
阿刀田 高　ナポレオン狂
阿刀田 高　新装版 ブラック・ジョーク大全
安房直子　春の窓〈安房直子ファンタジー〉
相沢忠洋　「岩宿」の発見〈幻の旧石器を求めて〉
赤川次郎　偶像崇拝殺人事件
赤川次郎　人間消失殺人事件
赤川次郎　三姉妹探偵団
赤川次郎　三姉妹探偵団2〈キャンパス篇〉
赤川次郎　三姉妹探偵団3〈珠美・初恋篇〉
赤川次郎　三姉妹探偵団4〈怪奇篇〉
赤川次郎　三姉妹探偵団5〈復讐篇〉
赤川次郎　三姉妹探偵団6〈危機一髪篇〉
赤川次郎　三姉妹探偵団7〈駆け落ち篇〉
赤川次郎　三姉妹探偵団8〈人質篇〉
赤川次郎　三姉妹探偵団9〈青ひげ篇〉
赤川次郎　三姉妹探偵団10〈父恋し篇〉
赤川次郎　死が小径をやってくる〈三姉妹探偵団11〉
赤川次郎　死神のお気に入り〈三姉妹探偵団12〉
赤川次郎　次女と野獣〈三姉妹探偵団13〉
赤川次郎　心地よい悪夢〈三姉妹探偵団14〉
赤川次郎　ふるえて眠れ、三姉妹〈三姉妹探偵団15〉
赤川次郎　三姉妹、呪いの道行〈三姉妹探偵団16〉
赤川次郎　三姉妹、初めてのおつかい〈三姉妹探偵団17〉
赤川次郎　恋の花咲く三姉妹〈三姉妹探偵団18〉
赤川次郎　月もおぼろに三姉妹〈三姉妹探偵団19〉
赤川次郎　三姉妹、ふしぎな旅日記〈三姉妹探偵団20〉
赤川次郎　三姉妹、清く貧しく美しく〈三姉妹探偵団21〉
赤川次郎　三姉妹と忘れじの面影〈三姉妹探偵団22〉
赤川次郎　三姉妹、舞踏会への招待〈三姉妹探偵団23〉
赤川次郎　三人姉妹殺人事件〈三姉妹探偵団24〉
赤川次郎　三姉妹、さびしい入江の歌〈三姉妹探偵団25〉
赤川次郎　三姉妹、恋と罪の峡谷〈三姉妹探偵団26〉
赤川次郎　静かな町の夕暮に
赤川次郎　キネマの天使〈レンズの奥の殺人者〉
新井素子　グリーン・レクイエム〈新装版〉
安能 務 訳　封神演義 全三冊
安西水丸　東京美女散歩
綾辻行人　殺人方程式〈切断された死体の問題〉
綾辻行人　鳴風荘事件 殺人方程式II
綾辻行人　十角館の殺人〈新装改訂版〉
綾辻行人　水車館の殺人〈新装改訂版〉
綾辻行人　迷路館の殺人〈新装改訂版〉
綾辻行人　人形館の殺人〈新装改訂版〉
綾辻行人　時計館の殺人〈新装改訂版〉
綾辻行人　黒猫館の殺人〈新装改訂版〉
綾辻行人　暗黒館の殺人 全四冊
綾辻行人　びっくり館の殺人
綾辻行人　奇面館の殺人(上)(下)
綾辻行人　どんどん橋、落ちた〈新装改訂版〉
綾辻行人　緋色の囁き〈新装改訂版〉
綾辻行人　暗闇の囁き〈新装改訂版〉
綾辻行人　黄昏の囁き〈新装改訂版〉
綾辻行人　人間じゃない〈完全版〉
綾辻行人ほか　7人の名探偵
我孫子武丸　探偵映画

あさのあつこ NO.6〔ナンバーシックス〕#5
あさのあつこ NO.6〔ナンバーシックス〕#6
あさのあつこ NO.6〔ナンバーシックス〕#7
あさのあつこ NO.6〔ナンバーシックス〕#8
あさのあつこ NO.6〔ナンバーシックス〕#9
あさのあつこ NO.6beyond〔ナンバーシックス・ビヨンド〕
あさのあつこ 待ってる〈橘屋草子〉
あさのあつこ さいとう市立さいとう高校野球部 (上)(下)
あさのあつこ 甲子園でエースしちゃいました〈さいとう市立さいとう高校野球部〉
あさのあつこ おれが先輩?〈さいとう市立さいとう高校野球部〉
阿部夏丸 泣けない魚たち
朝倉かすみ 肝、焼ける
朝倉かすみ 好かれようとしない
朝倉かすみ ともしびマーケット
朝倉かすみ 感応連鎖
朝倉かすみ たそがれどきに見つけたもの
朝比奈あすか 憂鬱なハスビーン
朝比奈あすか あの子が欲しい
天野作市 気高き昼寝

天野作市 みんなの旅行
青柳碧人 浜村渚の計算ノート
青柳碧人 浜村渚の計算ノート 2さつめ〈ふしぎの国の期末テスト〉
青柳碧人 浜村渚の計算ノート 3さつめ〈水色コンパスと恋する幾何学〉
青柳碧人 浜村渚の計算ノート 3と$\frac{1}{2}$さつめ〈ふえるま島の最終定理〉
青柳碧人 浜村渚の計算ノート 4さつめ〈方程式は歌声に乗って〉
青柳碧人 浜村渚の計算ノート 5さつめ〈鳴くよウグイス、平面上〉
青柳碧人 浜村渚の計算ノート 6さつめ〈パピルスよ、永遠に〉
青柳碧人 浜村渚の計算ノート 7さつめ〈悪魔とポタージュスープ〉
青柳碧人 浜村渚の計算ノート 8さつめ〈虚数じかけの夏みかん〉
青柳碧人 浜村渚の計算ノート 8と2分の1さつめ〈つるかめ家の一族〉
青柳碧人 浜村渚の計算ノート 9さつめ〈恋人たちの必勝法〉
青柳碧人 浜村渚の計算ノート 10さつめ〈ラ・ラ・ラ・ラマヌジャン〉
青柳碧人 霊視刑事夕雨子1〈誰かがそこにいる〉
青柳碧人 霊視刑事夕雨子2〈雨空の鎮魂歌〉
朝井まかて 花競べ〈向嶋なずな屋繁盛記〉
朝井まかて ちゃんちゃら
朝井まかて すかたん
朝井まかて ぬけまいる

朝井まかて 恋歌
朝井まかて 阿蘭陀西鶴
朝井まかて 藪医 ふらここ堂
朝井まかて 福袋
朝井まかて 草々不一
歩りえこ ブラを捨て旅に出よう〈貧乏乙女の"世界一周"旅行記〉
安藤祐介 営業零課接待班
安藤祐介 被取締役新入社員
安藤祐介 おい!山田〈大翔製菓広報宣伝部〉
安藤祐介 宝くじが当たったら
安藤祐介 一〇〇〇ヘクトパスカル
安藤祐介 テノヒラ幕府株式会社
安藤祐介 本のエンドロール
青木理 絞首刑
麻見和史 石の繭〈警視庁殺人分析班〉
麻見和史 蟻の階段〈警視庁殺人分析班〉
麻見和史 水晶の鼓動〈警視庁殺人分析班〉
麻見和史 虚空の糸〈警視庁殺人分析班〉
麻見和史 聖者の凶数〈警視庁殺人分析班〉

麻見和史　女神の骨格〈警視庁殺人分析班〉
麻見和史　蝶の力学〈警視庁殺人分析班〉
麻見和史　雨色の仔羊〈警視庁殺人分析班〉
麻見和史　奈落の偶像〈警視庁殺人分析班〉
麻見和史　鷹の砦〈警視庁殺人分析班〉
麻見和史　凪の残響〈警視庁殺人分析班〉
麻見和史　天空の鏡〈警視庁殺人分析班〉
麻見和史　賢者の棘〈警視庁殺人分析班〉
麻見和史　深紅の断片〈警防課救命チーム〉
麻見和史　邪神の天秤〈警視庁公安分析班〉
麻見和史　偽神の審判〈警視庁公安分析班〉
有川　浩　三匹のおっさん
有川　浩　三匹のおっさん ふたたび
有川　浩　ヒア・カムズ・ザ・サン
有川　浩　旅猫リポート
有川ひろ　アンマーとぼくら
有川ひろ ほか　ニャンニャンにゃんそろじー
荒崎一海　門前仲町〈九頭竜覚山 浮世綴㈠〉
荒崎一海　蓬萊橋雨景〈九頭竜覚山 浮世綴㈡〉

荒崎一海　寺町哀感〈九頭竜覚山 浮世綴㈢〉
荒崎一海　小名木川〈九頭竜覚山 浮世綴㈣〉
荒崎一海　一色町雪花〈九頭竜覚山 浮世綴㈤〉
朱野帰子　駅物語
朱野帰子　対岸の家事
東　浩紀　一般意志2・0〈ルソー、フロイト、グーグル〉
朝倉宏景　白球アフロ
朝倉宏景　野球部ひとり
朝倉宏景　つよく結べ、ポニーテール
朝倉宏景　あめつちのうた
朝倉宏景　エール〈夕暮れサウスポー〉
朝倉宏景　風が吹いたり、花が散ったり
朝井リョウ　スペードの3
朝井リョウ　世にも奇妙な君物語
有沢ゆう希 末次由紀 原作　〈小説〉ちはやふる 上の句
有沢ゆう希 末次由紀 原作　〈小説〉ちはやふる 下の句
有沢ゆう希 末次由紀 原作　〈小説〉ちはやふる 結び
有沢ゆう希　小説 パーフェクトワールド〈君といる奇跡〉
有沢ゆう希 原作：金田一蓮十郎 脚本：徳永友一　小説 ライアー×ライアー

秋川滝美　幸腹な百貨店
秋川滝美　幸腹な百貨店〈デパ地下おにぎり騒動〉
秋川滝美　幸腹な百貨店〈催事場で蕎麦屋呑み〉
秋川滝美　マチのお気楽料理教室
秋川滝美　ヒソップ亭〈湯けむり食事処〉
秋川滝美　ヒソップ亭2〈湯けむり食事処〉
赤神　諒　神遊の城
赤神　諒　大友二階崩れ
赤神　諒　大友落月記
赤神　諒　酔象の流儀 朝倉盛衰記
赤神　諒　空貝〈村上水軍の神姫〉
赤神　諒　立花三将伝
彩瀬まる　やがて海へと届く
浅生　鴨　伴走者
天野純希　有楽斎の戦
天野純希　雑賀のいくさ姫
青木祐子　コーチ！〈はげまし屋・立花ことりのクライアントファイル〉
秋保水菓　コンビニなしでは生きられない
相沢沙呼　medium〈霊媒探偵城塚翡翠〉

相沢沙呼　invert 城塚翡翠倒叙集
新井見枝香　本屋の新井
碧野　圭　凛として弓を引く
碧野　圭　凛として弓を引く〈青雲篇〉
碧野　圭　凛として弓を引く〈初陣篇〉
赤松利市　東京棄民
五木寛之　ソフィアの秋
五木寛之　狼のブルース
五木寛之　海峡物語
五木寛之　風花のひと
五木寛之　鳥の歌(上)(下)
五木寛之　燃える秋
五木寛之　真夜中の望遠鏡〈流されゆく日々'78〉
五木寛之　ナホトカ青春航路〈流されゆく日々'79〉
五木寛之　旅の幻燈
五木寛之　他力
五木寛之　こころの天気図
五木寛之　新装版 恋歌
五木寛之　百寺巡礼　第一巻　奈良

五木寛之　百寺巡礼　第二巻　北陸
五木寛之　百寺巡礼　第三巻　京都Ⅰ
五木寛之　百寺巡礼　第四巻　滋賀・東海
五木寛之　百寺巡礼　第五巻　関東・信州
五木寛之　百寺巡礼　第六巻　関西
五木寛之　百寺巡礼　第七巻　東北
五木寛之　百寺巡礼　第八巻　山陰・山陽
五木寛之　百寺巡礼　第九巻　京都Ⅱ
五木寛之　百寺巡礼　第十巻　四国・九州
五木寛之　海外版　百寺巡礼　インド1
五木寛之　海外版　百寺巡礼　インド2
五木寛之　海外版　百寺巡礼　朝鮮半島
五木寛之　海外版　百寺巡礼　中国
五木寛之　海外版　百寺巡礼　ブータン
五木寛之　海外版　百寺巡礼　日本・アメリカ
五木寛之　青春の門　第七部　挑戦篇
五木寛之　青春の門　第八部　風雲篇
五木寛之　青春の門　第九部　漂流篇
五木寛之　親鸞　青春篇(上)(下)

五木寛之　親鸞　激動篇(上)(下)
五木寛之　親鸞　完結篇(上)(下)
五木寛之　五木寛之の金沢さんぽ
五木寛之　海を見ていたジョニー　新装版
井上ひさし　モッキンポット師の後始末
井上ひさし　ナイン
井上ひさし　四千万歩の男　全五冊
井上ひさし　四千万歩の男　忠敬の生き方
井上ひさし　司馬遼太郎　新装版　国家・宗教・日本人
池波正太郎　私の歳月
池波正太郎　よい匂いのする一夜
池波正太郎　梅安料理ごよみ
池波正太郎　わが家の夕めし
池波正太郎　新装版　緑のオリンピア
池波正太郎　新装版　殺しの四人〈仕掛人・藤枝梅安㈠〉
池波正太郎　新装版　梅安蟻地獄〈仕掛人・藤枝梅安㈡〉
池波正太郎　新装版　梅安最合傘〈仕掛人・藤枝梅安㈢〉
池波正太郎　新装版　梅安針供養〈仕掛人・藤枝梅安㈣〉
池波正太郎　新装版　梅安乱れ雲〈仕掛人・藤枝梅安㈤〉

講談社文庫　目録

池波正太郎　新装版梅安影法師〈仕掛人・藤枝梅安(六)〉
池波正太郎　新装版梅安冬時雨〈仕掛人・藤枝梅安(七)〉
池波正太郎　新装版忍びの女(上)(下)
池波正太郎　新装版殺しの掟
池波正太郎　新装版抜討ち半九郎
池波正太郎　新装版娼婦の眼
池波正太郎　近藤勇白書(上)(下)〈レジェンド歴史時代小説〉
井上　靖　楊貴妃伝
石牟礼道子　新装版苦海浄土〈わが水俣病〉
いわさきちひろ　ちひろのことば
いわさきちひろ／松本　猛　いわさきちひろの絵と心
いわさきちひろ／絵本美術館編　ちひろ・子どもの情景〈文庫ギャラリー〉
いわさきちひろ／絵本美術館編　ちひろ・紫のメッセージ〈文庫ギャラリー〉
いわさきちひろ／絵本美術館編　ちひろの花ことば〈文庫ギャラリー〉
いわさきちひろ／絵本美術館編　ちひろのアンデルセン〈文庫ギャラリー〉
いわさきちひろ／絵本美術館編　ちひろ・平和への願い〈文庫ギャラリー〉
石野径一郎　新装版ひめゆりの塔
今西錦司　生物の世界
井沢元彦　義経幻殺録

井沢元彦　光と影の武蔵〈切支丹秘録〉
井沢元彦　新装版猿丸幻視行
伊集院　静　乳房
伊集院　静　遠い昨日
伊集院　静　夢は枯野を〈競輪躁鬱旅行〉
伊集院　静　野球で学んだこと ヒデキ君に教わったこと
伊集院　静　峠の声
伊集院　静　白秋
伊集院　静　潮流
伊集院　静　冬の蜻蛉
伊集院　静　オルゴール
伊集院　静　昨日スケッチ
伊集院　静　あづま橋
伊集院　静　ぼくのボールが君に届けば
伊集院　静　駅までの道をおしえて
伊集院　静　受け月
伊集院　静　坂の上のμ〈野球小説アンソロジー〉
伊集院　静　ねむりねこ
伊集院　静　新装版三年坂

伊集院　静　お父やんとオジさん(上)(下)
伊集院　静　ノボさん(上)(下)〈小説 正岡子規と夏目漱石〉
伊集院　静　機関車先生〈新装版〉
伊集院　静　ミチクサ先生(上)(下)
伊集院　静　それでも前へ進む
いとうせいこう　我々の恋愛
いとうせいこう　「国境なき医師団」を見に行く
いとうせいこう　「国境なき医師団」をもっと見に行く〈ガザ、西岸地区、アンマン、南スーダン、日本〉
井上夢人　ダレカガナカニイル…
井上夢人　プラスティック
井上夢人　オルファクトグラム(上)(下)
井上夢人　もつれっぱなし
井上夢人　あわせ鏡に飛び込んで
井上夢人　魔法使いの弟子たち(上)(下)
井上夢人　ラバー・ソウル
池井戸　潤　果つる底なき
池井戸　潤　架空通貨
池井戸　潤　銀行狐
池井戸　潤　仇敵

池井戸 潤 空飛ぶタイヤ(上)(下)
池井戸 潤 鉄の骨
池井戸 潤 新装版 銀行総務特命
池井戸 潤 新装版 不祥事
池井戸 潤 ルーズヴェルト・ゲーム
池井戸 潤 半沢直樹 1〈オレたちバブル入行組〉
池井戸 潤 半沢直樹 2〈オレたち花のバブル組〉
池井戸 潤 半沢直樹 3〈ロスジェネの逆襲〉
池井戸 潤 半沢直樹 4〈銀翼のイカロス〉
池井戸 潤 半沢直樹 アルルカンと道化師
池井戸 潤 花咲舞が黙ってない〈新装増補版〉
池井戸 潤 ノーサイド・ゲーム
池井戸 潤 新装版 BT'63(上)(下)
石田衣良 LAST[ラスト]
石田衣良 東京DOLL
石田衣良 てのひらの迷路
石田衣良 40 翼ふたたび
石田衣良 s e x
石田衣良 逆島断雄〈進駐官養成高校の決闘編1〉
石田衣良 逆島断雄〈進駐官養成高校の決闘編2〉
石田衣良 逆島断雄〈本土最終防衛決戦編1〉
石田衣良 逆島断雄〈本土最終防衛決戦編2〉
石田衣良 初めて彼を買った日
井上荒野 ひどい感じ―父・井上光晴
稲葉 稔 椋鳥の影〈八丁堀手控え帖〉
いしいしんじ プラネタリウムのふたご
いしいしんじ げんじものがたり
伊坂幸太郎 チルドレン
伊坂幸太郎 サブマリン
伊坂幸太郎 魔王〈新装版〉
伊坂幸太郎 モダンタイムス(上)(下)〈新装版〉
伊坂幸太郎 PK〈新装版〉
絲山秋子 袋小路の男
絲山秋子 御社のチャラ男
石黒 耀 死都日本
石黒 耀 忠臣蔵異聞〈家老 大野九郎兵衛の長い仇討ち〉
犬飼六岐 筋違い半介
犬飼六岐 吉岡清三郎貸腕帳
石川大我 ボクの彼氏はどこにいる?
石松宏章 マジでガチなボランティア
伊東 潤 国を蹴った男
伊東 潤 峠越え
伊東 潤 黎明に起つ
伊東 潤 池田屋乱刃
石飛幸三 「平穏死」のすすめ〈口から食べられなくなったらどうしますか〉
伊藤理佐 女のはしょり道
伊藤理佐 また! 女のはしょり道
伊藤理佐 みたび! 女のはしょり道
石黒正数 外天楼
伊与原 新 ルカの方舟
伊与原 新 コンタミ 科学汚染
稲葉圭昭 恥さらし〈北海道警 悪徳刑事の告白〉
稲葉博一 忍者烈伝
稲葉博一 忍者烈伝ノ続
稲葉博一 忍者烈伝ノ乱〈天之巻〉〈地之巻〉
伊岡 瞬 桜の花が散る前に
石川智健 エウレカの確率〈経済学捜査と殺人の効用〉

講談社文庫 目録

石川智健 60〈誤判対策室〉
石川智健 20〈誤判対策室〉
石川智健 第三者隠蔽機関
石川智健 いたずらにモテる刑事の捜査報告書
井上真偽 その可能性はすでに考えた
井上真偽 聖女の毒杯〈その可能性はすでに考えた〉
井上真偽 恋と禁忌の述語論理
泉ゆたか お師匠さま、整いました!
泉ゆたか お江戸けもの医 毛玉堂
泉ゆたか 玉の輿猫〈お江戸けもの医 毛玉堂〉
伊兼源太郎 地検のS
伊兼源太郎 Sが泣いた日〈地検のS〉
伊兼源太郎 Sの幕引き〈地検のS〉
伊兼源太郎 巨悪
伊兼源太郎 金庫番の娘
逸木裕 電気じかけのクジラは歌う
今村翔吾 イクサガミ 天
今村翔吾 イクサガミ 地
入月英一 信長と征く 1・2〈転生商人の天下取り〉

磯田道史 歴史とは靴である
石原慎太郎 湘南夫人
井戸川射子 ここはとても速い川
五十嵐律人 法廷遊戯
五十嵐律人 不可逆少年
一色さゆり 光をえがく人
石沢麻依 貝に続く場所にて
一穂ミチ スモールワールズ
伊藤穰一 〈増補版〉教養としてのテクノロジー〈AI、仮想通貨、ブロックチェーン〉
市川憂人 揺籠のアディポクル
内田康夫 シーラカンス殺人事件
内田康夫 パソコン探偵の名推理
内田康夫 「横山大観」殺人事件
内田康夫 江田島殺人事件
内田康夫 琵琶湖周航殺人歌
内田康夫 夏泊殺人岬
内田康夫 「信濃の国」殺人事件
内田康夫 風葬の城
内田康夫 透明な遺書

内田康夫 鞆の浦殺人事件
内田康夫 終幕のない殺人
内田康夫 御堂筋殺人事件
内田康夫 記憶の中の殺人
内田康夫 北国街道殺人事件
内田康夫 「紫の女」殺人事件
内田康夫 「紅藍の女」殺人事件
内田康夫 藍色回廊殺人事件
内田康夫 明日香の皇子
内田康夫 華の下にて
内田康夫 黄金の石橋
内田康夫 靖国への帰還
内田康夫 不等辺三角形
内田康夫 ぼくが探偵だった夏
内田康夫 逃げろ光彦〈内田康夫と5人の女たち〉
内田康夫 戸隠伝説殺人事件
内田康夫 新装版 死者の木霊
内田康夫 新装版 漂泊の楽人

講談社文庫　目録

2024年3月15日現在